天津市级普通高校精品教材

膜法水处理技术

Membrane Technology for Water Treatment

王捷　吴云　张阳　陆彩霞　等编著

化学工业出版社

·北京·

内容简介

本书围绕膜法水处理技术的发展历程、膜材料制备、膜分离基本原理、膜组件设计、膜工艺形式和膜法水处理技术应用案例几部分内容展开，通过各部分的详细介绍，形成了从"经典理论"到"实践应用"的完整膜法水处理理论和技术体系。 在此基础上，针对不同的水质特征和应用场景，给出一系列的实际应用案例，以"工程化"的思维来阐述和分析膜法水处理工程中的设计、评价、运行和维护各技术环节。 并且在主要章节末梳理了课后要点，以总结涵盖膜法水处理技术的核心内容。

本书旨在为高校环境、化工及材料等专业学生以及膜法水处理工程的技术人员，提供一本专业性和系统性较强并能够反映当前膜法水处理技术前沿和发展方向的教材和技术指导用书。

图书在版编目（CIP）数据

膜法水处理技术 / 王捷等编著. -- 北京：化学工业出版社，2025.7. -- （天津市级普通高校精品教材）.
ISBN 978-7-122-47914-3

Ⅰ. TU991.2

中国国家版本馆 CIP 数据核字第 2025ES0838 号

责任编辑：王 琰　　　　　　　　　文字编辑：李晓畅
责任校对：杜杏然　　　　　　　　　装帧设计：刘丽华

出版发行：化学工业出版社
　　　　　（北京市东城区青年湖南街 13 号　邮政编码 100011）
印　　装：北京科印技术咨询服务有限公司数码印刷分部
787mm×1092mm　1/16　印张 18　字数 378 千字
2025 年 8 月北京第 1 版第 1 次印刷

购书咨询：010-64518888　　　　　　　售后服务：010-64518899
网　　址：http://www.cip.com.cn
凡购买本书，如有缺损质量问题，本社销售中心负责调换。

定　　价：78.00 元

水安全保障是国家安全的重要组成部分，随着国家"双碳"目标的提出和推进，我国水处理技术必然会朝着绿色低碳化方向发展。安全卫生的饮用水、质优价廉的工业水成为人类生活和生产中必不可少的要素，传统的水处理方法在应对安全、高效、绿色、低碳要求的同时，面临着处理效率低、处理成本高和资源浪费等诸多挑战。在这样的背景下，膜法水处理技术作为一种先进的处理方法引起了广泛的关注。膜法水处理技术能够过滤、分离和浓缩水中的污染物，其高效、可控和环保的特性使其在各类水处理中都具有广阔的应用前景。

由于膜技术在饮用水安全和环境治理领域中的广泛应用，许多国家都将膜技术列为战略性的工业化核心技术，自二十世纪七八十年代开始，全球膜法水处理技术就进入了高速发展期。我国膜法水处理技术研究及应用起步较晚，共经历了实验室阶段、小型工程应用阶段、规模化工程应用阶段与全面推广阶段四个阶段。经过持续地努力和发展，现今国产品牌膜产品已然能够对标甚至优于国际品牌膜产品，加之国产膜设备更加适应我国的水质状态和运维方式，同时性价比更高，因而在国内更具市场竞争力。

随着国家生态文明建设的发展和新型城镇化建设的推进，国家出台了一系列政策，有力带动了为水处理提供技术设备的膜产业发展。但我们仍然面临着材料性能提升、工艺运行优化、系统运行稳定、节能降耗、浓水处置安全等方面的技术挑战。膜法水处理技术的快速推广能够有效扩大市场规模，降低新型膜的研发和生产成本。同时，目前社会急需大量的膜法水处理专业人才。基于上述背景，结合当前膜法水处理技术前沿和我国膜法水处理技术现状，面向高校相关专业本科及研究生的专业教学和科研需求，编著团队编写了本书。

　　本书介绍了各种膜法水处理技术的概念和原理、工艺形式及系统装备，并结合实际工程案例，详细介绍了适合不同水质特征的膜法水处理工艺组合系统。全书内容旨在为高校环境、化工及材料等专业学生提供膜法水处理技术的理论和应用知识，并为从事膜法水处理工程的技术人员提供一本专业性和系统性较强的参考书目。

张宏伟

天津工业大学

2025 年 6 月

随着膜法水处理技术成为环境工程领域的热点，社会也急需大量能够掌握并应用相关理论和技术的专业人才。当前膜技术的书籍多以理论性专著为主，面向普通高校及相关专业人员的教材类书籍偏少。在相关课程的建设和教学实验中发现，在基础理论、工艺设计方法、案例分析的诸多环节中均缺乏"抓手"，缺少一本兼具系统性、理论性和应用性的教材，以满足高等学校相关专业的膜法水处理技术课程需要。

基于此，为适应学科交叉融合背景下对复合型、应用型工科人才的需求，一方面有利于学生掌握必备的专业知识，另一方面有助于增强学生的工程实践能力，编写了这本《膜法水处理技术》教材。本书坚持"夯实基础，强化应用"的原则，力求让学生通过对本教材的阅读和自学清晰地了解膜法水处理技术的知识体系，掌握工程应用中的设计原则和系统运行维护的方法。本书注重内容组织上的基础性、系统性、先进性及针对性的统一，力求理论和概念准确严谨，知识点深入浅出、循序渐进，并引入实际的工程案例，便于教师教学和学生自学。同时，本书中还介绍了国内膜技术的发展史以及我国膜法水处理技术的发展历程，以激发学生的学习热情，为提升我国膜法水处理技术水平做出贡献。

本书内容共分为 7 章，第 1 章主要介绍膜分离技术及其发展现状，第 2 章主要介绍膜性能评价及膜组件设计，第 3 章主要介绍超、微滤膜分离技术，第 4 章主要介绍纳滤及反渗透膜分离技术，第 5 章主要介绍电渗析及电辅助膜分离技术，第 6 章主要介绍一些新型膜处理技术在膜法水处理中的应用，第 7 章主要介绍膜法水处理技术的组合工艺应用案例。本书中还根据主要章节的内容列出了课后要点，以便于学生对相关知识点进行总结和掌握。

全书由王捷、吴云、张阳、陆彩霞等编著。各章节的主要撰写人分别为：第 1、2、3 章，王捷、贾辉、刘宏宇、周建睿；第 4、5 章，张阳；第 6、7 章，吴云、陆彩霞、杨军。此外，高菲、程志杨、于洋也参与了本书的编写工作。

本书在编写过程中得到了天津市级普通高校精品教材建设项目的支持，同时也得到了天津工业大学和中海油天津化工研究设计院有限公司的大力支持。

本书在编写过程中参考了一些国内外出版的文献、教材和著作，从中获得许多启发和教益，在此向这些作者表示诚挚的感谢。由于编者水平有限，书中难免存在不足之处，还望广大读者指正。

编者

2025 年 6 月

目 录

第3章 超、微滤膜在水处理中的应用 // 065

第4章　纳滤及反渗透膜分离技术　// 109

第 **5** 章 电渗析及电辅助膜分离技术 // 160

第 6 章　其他新型膜处理技术在膜法水处理中的应用 // 206

第 7 章　膜法水处理技术的组合工艺应用案例 // 246

第 **1** 章 膜法水处理技术发展及理论概述

1.1 膜法水处理技术的发展历程

1.1.1 膜分离的概念

膜，从广义上可定义为两相之间的一个不连续区间，这个区间三维量度中的一度和其余两度相比要小得多；从狭义上可理解为具有分离功能的膜，即不同物质可选择透过的膜。在国家标准中，膜被定义为表面有一定物理或化学特性的薄的屏障物，它使相邻两个流体相之间构成了不连续区间并影响流体中各组分的透过速度。为了突出膜在空间上的传质和分离能力，膜也被定义为"一种三维结构，三维中的一维（如厚度方向）尺寸要比其余两维小得多，并可通过多种推动力进行质量传递"，这种定义强调了维度的相对大小和功能（质量传递），强调膜的"三维"或"区间"，对双组分或多组分体系进行分离、分级、提纯或富集。

膜分离则是以选择透过性膜作为分离介质，以外界能量或化学位差作为推动力，对双组分或多组分的流体进行分离、分级、纯化和浓缩的方法。在膜分离过程中，膜两侧的推动力可包括压强差、浓度差、电位差等。原料侧组分在推动力的作用下选择性地透过膜，达到分离提纯的目的。目前普遍认为，主要有两种不同的机理支配着膜中的质量传递和渗透过程。第一，通过膜结构微孔的传递，这是单纯的对流传递；第二，基于膜内扩散的传递，要传递的组分首先必须被溶解在膜相中。因此，理想化的过程是把膜看作单纯的多孔膜或单纯的溶解-扩散膜（致密膜）。在实际膜过程中，两种基本的传递机理是可以同时存在的。

根据膜的定义，膜过程可认为是借助膜分离特性实现不同物质分离的操作与工艺。因此，一般认为膜过程狭义上可涉及膜分离过程及相关的工艺组成，而从广义上讲，膜过程的概念则可延伸至膜材料设计及以此为基础的膜工艺。当前膜分离过程已广泛延伸至生物、化工、能源及环境等多个应用领域，根据其用途会有各自的功能特点，但无论应用至何种领域，理想的分离膜通常要满足以下三个特征：高通透率、高机械强度和耐污染。因此，应用在水处理中的各种膜及工艺过程，其运行和设计也需要围绕以上三个特征展开。

膜分离过程依靠的是膜的选择透过性，这种选择性可以包括：膜中分布微细的孔道，根据孔径大小所形成的选择性；膜中存在的固定荷电基团，根据电荷的吸附排斥产生选择透过性；分离物在膜中的溶解、扩散作用产生选择透过性。以压力作为推动力是最为常见的膜分离过程，从提供物质通过膜的"动力"来看，除了压力以外，膜两侧的电位差、浓度差和温度差都能够成为分离对象通过膜的推动力。

膜分离工艺是基于膜材料的特殊功能，将混合物、溶液或气体等物质分离、浓缩、净化或纯化的技术方法，其主要包括膜过滤、膜渗透、膜吸附和膜离子交换等几种基本工艺形式。几乎所有的膜分离工艺都具有以下典型特征。

首先，根据膜的定义和特性，膜分离工艺是物理性的分离，即要求被分离的组分既不会有热学性的变化，也不会有化学性或生物性的变化，更不发生相的变化，且不需添加助剂，这是与其他传统过滤分离技术最大的不同。因而，理论上膜可以回收，并且混合物中的组分可以再利用。其次，膜工艺是由组件构成的。因此，它的规模和处理能力可在很大范围内变化，可以适应不同应用领域的需要。上述特点使得不同的膜分离工艺在分离领域中都具有非常广泛的应用。

膜技术是材料、化工、环境等相关学科交叉融合形成的分离技术，已经成为化工分离、环境保护、节能减排、复杂物质精密分离、深度净化与回收、分离与浓缩耦合等方面的支撑性、引领性技术。同时它是解决当前全球面临的水资源危机、大气污染、能源危机等重大问题的关键技术手段，也是破解能源环境、石油化工、生物医药、食品饮料等领域重大问题的通用技术，被看作是 21 世纪人类最有价值的科技成果之一。欧美等发达国家和地区高度重视膜分离技术的开发和应用，均从国家层面进行了长期且系统化的布局和组织。我国政府也高度重视膜分离技术发展，把膜分离技术作为节能环保、新材料两大战略性新兴产业的核心技术，并在《中国制造 2025》中将高性能分离膜技术纳入了重点工程方向。

1.1.2 膜分离技术的发展和应用

膜广泛存在于自然界中，尤其是生物体内。早在 1748 年，法国学者 Abbe Nollet 发现水能自然扩散到猪膀胱内，揭示了膜分离现象的存在。但是几十年之后，人们才真正对膜分离开始了研究。

1827 年，法国植物学家 Henri Dutrochet 提出了"Osmosis"（渗透）一词，用其定义了 Abbe Nollet 发现的膜分离现象。但是，这一现象在当时并未能够引起足够的重视，直到 1854 年英国科学家 Thomas Graham 的实验表明，放置在半透膜一侧的晶体会比胶体更快地扩散到另一侧，并提出了"Dialysis"（透析）的概念，这项高效节能分离技术的发现，使人们开始对膜分离现象重视起来并开始了对膜过程的研究。德国生物化学家 Moritz Traube 于 1864 年研制出了人类历史上第一片人造膜——亚铁氰化铜膜，并用人造膜进行了以蔗糖和其他溶液为样品的试验，成功地使渗透压与温度和溶液浓度联系了起来。用于水处理的膜技术可追溯到 19 世纪中叶，德国在早期的开拓性工作上做出了贡献。德国人 Wilibald Schmidt 在 1861 年用牛心包膜截取阿拉伯胶，被认为是世界上第一次超滤（UF）分离研究。20 世纪初，大量有关膜技术的研究成果开始出现，Heinrich Bechhold 在 1907 年开始较为系统地测试合成超滤膜，并首次提出了"Ultrafilter"（超滤）的概念。跟随 Richard Zsigmondy 和 Willhelm Bachman 等的早期研究，德国 Sartorius Werke Gmbh 公司在 20 世纪 20 年代中期开始进行微滤膜的商业开发。20 世纪 60 年代，美国学者 Smith 等首次采用超滤膜对活性污泥进行过滤，开始了应用超滤膜生物反应器（ultrafiltration membrane bioreactor，UMBR）对污水进行处理的研究，开创了膜法水处理技术的先河。相比于超微滤技术，用于淡化海水的反渗透膜最初是由美国研究人员在 20 世纪 50 年代开发的。日本学者 Yamamoto 在 20 世纪 80 年代末提出的应用型浸没式膜生物反应器（submerged membrane bioreactor，SMBR）对于膜法水处理的大规模应用有着重要的意义。自 1925 年以来，在 20 世纪中每十年左右就会有一项新的膜技术在工业上得到应用：30 年代的微孔过滤（microfiltration，MF）；40 年代的渗析；50 年代的电渗析（electrodialysis，ED）；60 年代的反渗透（reverse osmosis，RO）；70 年代的超滤（ultrafiltration，UF）；80 年代的气体分离（gas separating，GS）；90 年代的渗透汽化（pervaporation，PV）。进入 21 世纪以后，膜技术在世界各国的很多领域中应用都非常广泛，在能源紧张、资源短缺而又伴随着生态环境恶化的今天，无论是产业界还是科技界都把膜技术视为工业领域中一项极为重要的技术。

　　至今，膜技术已经历了近 200 年的发展。随着人们对膜分离现象、机理的认识逐渐加深，各种各样的膜材料已经广泛应用于生活和生产中。膜分离作为一种高性能的分离技术，在能源、化工、电子、生物、医药、冶金、食品等行业中均有着广泛的应用，同时由于其优异的分离、截留和去除性能，其在水处理领域中也有着非常广泛的应用，如饮用水净化、海水淡化、污水资源化、工业水回用、污水分离和纯化、无菌水和超纯水的制备等。膜技术自开始应用于水处理领域以来，因其可对细菌和微生物、颗粒物进行有效截留而得到广泛关注。2020 年，全球水处理膜材料市场规模达到了 2967.57 百万美元，预计 2027 年将达到 3901.93 百万美元。从产品类型及技术方面来看，可分为反渗透膜、超滤膜、微滤膜、纳滤膜。从结构来看，随着对海水淡化、苦咸水软化、超纯水制备以及微量污染物去除需求的逐年增加，反渗透膜在水处理膜市场中的占比也随之增大，2020 年市场份额超过 50%。未来随着污水资源化、深度水处理需求的增加，水处理膜产业仍将快速发展。

　　我国膜技术的发展最初源于 1958 年离子交换膜的研发，大致经历了 3 个发展阶段：1965～1985 年为膜技术研究起步阶段，该阶段为中国膜技术发展奠定了基础；1986～1999 年为膜技术应用研究阶段，膜产业雏形基本形成；2000 年至今为膜技术快速发展阶段，研究范围和研究内容基本与国外同步，反渗透、纳滤、超滤、微滤、膜生物反应器（MBR）、陶瓷膜等也实现了产业化。其中，超滤、微滤、MBR 等具有较强的国际竞争力，海水淡化、工业废水零排放、高盐废水资源化和市政污水再生利用等应用技术也处于国际先进水平。

进入 21 世纪以来，我国的膜技术无论是在基础研究上还是在工程推广应用上，都展现出了高速发展的态势。2000 年我国将新型膜材料及制品生产列为国家重点支持的 22 项化工产业之一。目前，全国已有膜科学与技术的研究开发单位上百个，膜法水处理技术的研究取得了长足的进步，我国自主研发的膜材料及组件也逐渐打开了市场。膜分离技术在我国环境、能源、健康和传统技术改造等领域发挥着关键性作用，成为推动国家支柱产业发展、改善生存环境、提高生活质量的共性技术。膜技术推广应用的覆盖面可以反映出一个国家过程工业、能源利用和环境保护的水平。经过 50 多年的发展，中国膜产业逐渐走向成熟，并进入高速增长期。1993 年我国膜产业总产值为 2 亿元，2009 年为 227 亿元，2014 年首次突破 1000 亿元，2019 年已达到 2773 亿元。

2021 年，国家发展改革委联合住房城乡建设部印发的《"十四五"城镇污水处理及资源化利用发展规划》中提出：到 2025 年，基本消除城市建成区生活污水直排口和收集处理设施空白区，全国城市生活污水集中收集率力争达到 70% 以上；城市和县城污水处理能力基本满足经济社会发展需要，县城污水处理率达到 95% 以上。随着一系列节水和污水处理目标政策的出台，膜工艺技术相关产业在污水资源化市场中得到了广泛应用并迎来快速发展，"十四五"期间膜处理市场已达到千亿级，市场空间广阔。目前我国污水处理率已接近饱和，未来增量主要在于提标改造，水资源短缺及水处理标准的提高将推动污水处理产业的升级。市场规模的稳步释放将为膜制备、膜生产及膜运营的相关企业提供业绩支撑，应关注具备膜工艺核心技术及丰富项目经验的水处理龙头企业。国家发展改革委、自然资源部印发的《海水淡化利用发展行动计划（2021—2025 年）》中提出，"十四五"时期要着力推进海水淡化规模化利用，拓展淡化利用技术应用领域，推广使用膜分离、能量回收等海水淡化技术，促进浓盐水处理利用、污水资源化利用和苦咸水综合利用等。

与国外先进的膜技术相比，我国膜技术研究起步较晚，还存在膜组件品种少、性能较低、规格不全的情况。一些高性能膜组件还需进口，相应的配套设备亟待开发。加之实际应用中的经验有限，因此在工程化应用中还存在很多问题，这些都有待于科研单位和膜生产供应商的密切合作。未来膜分离技术的发展趋势可包括：分离膜将向绿色低碳、高性能、多功能、更适于工程化的方向发展；超滤、微滤技术成为废水资源化、饮用水安全保障的重要手段，其系统配套的产品、技术将是未来研究的重要方向；纳滤和反渗透将大规模应用于污水深度处理领域，同时呈现向化工、医药及其他特种分离领域的多元化应用趋势；电、磁等辅助的膜过程、膜渗透和膜蒸馏过程，将随着材料、器件与系统的进一步升级得到更为广泛的应用；膜组件形式多样化，处理装置大型化，工程集约化，集成膜过程将成为工艺升级的重点，分离膜将成为未来工业节水与资源循环体系中的核心技术。

1.2 膜技术在水处理领域中的应用

作为一种以分离、截留为主要功能的水处理技术，膜法水处理单元通过与其他物理、化学等工艺的有机结合，可以实现水中颗粒物杂质、溶解性有机物及盐分的有效去除。因其可操作性强、处理效果极好和无二次污染等优势，使得膜法水处理技术被运用在越来越多的领域，为人们的生活带来了更高的经济利益和环境效益。

随着工业的进步，水污染问题日益突出，膜分离技术在水处理领域中得到了极为广泛的应用。与传统水处理方法相比，膜法水处理技术具有很好的优势，具体表现为：膜分离过程中不会出现相变，且能耗水平很低，可以实现溶液体系中无机盐和大分子的分离，具有操作简单、易掌控、处理效果极好等优点。例如：膜法水处理技术可以实现废水的过滤及循环回收利用，超滤和反渗透在实际生产生活中不仅可以直接进行锅炉水补给，提供工艺用水，经过组合还能满足特殊工业生产中更为严苛的技术要求，如可实现电子超纯水、循环高洁净用水等超过常规用水标准的要求。通过膜技术与电场的结合而形成的电去离子技术，可在水处理过程中实现持续除盐、无酸碱污染排放等效果。膜蒸馏过程若能有效原位利用环境中的热源，则可实现低能耗的水质净化。总之，通过各种膜技术的应用和与其他技术有机结合，极大地提升了水处理的效能，提高了人们生产和生活中的水资源利用效率，减少了污染物的排放，有效增强了对水环境的保护。

1.3 水处理工艺中分离膜的分类

膜的分类方式有很多，可以从膜用途、膜材料、膜作用机理和膜结构角度对膜进行分类，如图 1-1 所示。

按照目前较为常用的膜分离孔径和分离机理，可将水处理领域中常见的膜分为微滤膜、超滤膜、纳滤（nanofiltration，NF）膜、反渗透膜、正渗透（forward osmosis，FO）膜、电渗析膜等几种类型。膜蒸馏（membrane distillation）也可用于很多水处理的场景，与上述膜类型不同的是，其材料属于一种疏水性膜材料。

1.3.1 微滤膜

微滤（MF）过程是以静压差为推动力，利用膜的筛分作用进行分离的膜过程。微滤膜过滤通常是在给定压力（$50 \sim 100 kPa$）下，溶剂、盐类及大分子物质透过孔径为 $0.1 \sim 20 \mu m$ 的微孔膜，因此，理论上只有直径大于其孔径的微细颗粒和大分子物质被截留，小于其孔径的颗粒与溶解性的物质则会透过膜孔，从而使溶液或水得到分离。微滤膜的特性一般用过滤通量、溶质截留率和最大孔径三个参数表示。最大孔径就是与滤膜最大孔等效的圆形毛细孔直径。膜过滤通量也称膜通量，是指一定压力和温度下，在单位时间内通过单位膜面积的流体量，其单位一般为

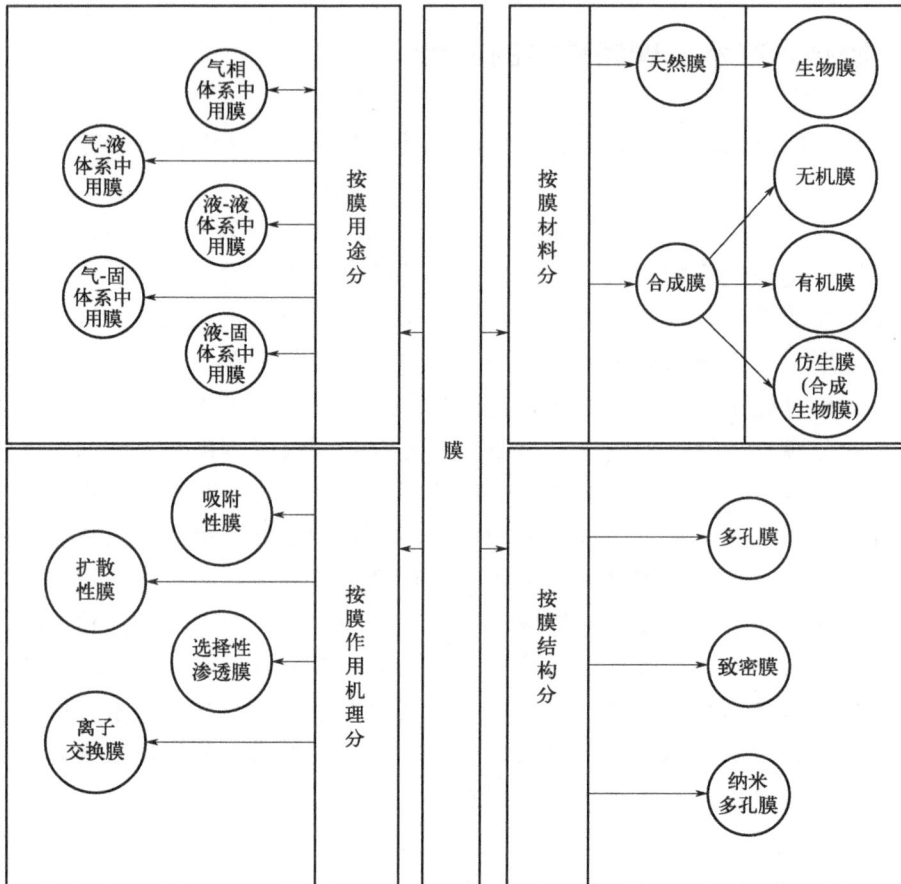

图 1-1　膜的不同分类方式

L/($\text{m}^2 \cdot \text{h}$)。溶质截留率是指某一溶质被膜截留的百分数。

目前较为公认的微滤分离过滤机理包括机械截留作用、吸附截留作用、架桥截留和网络内部截留作用。由于在膜通量和截留能力上的特点，微滤较为适用于水处理工艺中去除粒径相对较大的物质，可作为膜组合系统中的首道截留单元。

1.3.2　超滤膜

超滤（UF）也被认为是一种筛孔分离过程，其过滤粒径在 5～10nm，因此，过滤精度高于微滤膜。一般将其置入压力在 0.1～0.5MPa 的过滤设备中，根据不同超滤膜的孔分布，可实现对分子量大于 500 的大分子、胶体、蛋白质等颗粒和物质的过滤和分离。由于超滤可在较低的压力下进行，因此，在一些工艺环境中，超滤可借助静压差的作用，使原料中溶剂和小颗粒溶质从高压的料液侧透过膜进入低压侧，而大颗粒组分被膜截留，从而使其达到浓缩的目的。超滤膜的孔径分布很难确定，通常以截留分子量（molecular weight cut off，MWCO）作为表征尺度。截留分子量可表征超滤膜的截留能力，一般指截留率为 90%～95% 的溶质分子量。与微滤相似，超滤分离机理主要包括孔内阻塞、机械截留和膜面吸附。

基于超滤膜的孔径分布特点，超滤主要适用于大分子溶液的分离与浓缩，广泛应用在食品、医药、工业废水处理、超纯水制备及生物技术等领域，例如牛奶的浓缩、果汁的澄清、医药产品的除菌、电泳涂漆废水的处理、各种酶的提取等。在水处理领域，超滤膜常常用于饮用水净化、工业水深度处理以及海水淡化过程中，通常与反渗透技术构成"双膜"系统组合使用。

1.3.3　纳滤膜

纳滤（NF）膜技术是介于传统分离范围的超滤和反渗透之间的一种新型膜分离技术。纳滤膜又称为超低压反渗透膜或疏松型反渗透膜，截留分子量一般在200～1000 之间，分离精度在 0.1～1nm 之间，小于超滤膜，但高于反渗透膜。过滤设备压力在 0.5～1MPa 之间，能够过滤出超滤膜无法截留的大分子有机物。纳滤膜通常能截留有机小分子物质而使部分无机盐通过，能分离不同价态的离子，并实现较高分子量和较低分子量有机物的分离。目前对于纳滤膜的截留分子量还未有一个非常明确的界定，加之不同的纳滤膜产品之间存在差异，因而一般将截留分子量较小，并更接近于反渗透膜的纳滤膜（截留分子量在 200～300）称为致密型纳滤膜，而将截留分子量较大的纳滤膜（截留分子量在 300～500）称为疏松型纳滤膜。纳滤膜主要应用在苦咸水淡化、膜法软化水、溶液的分级和浓缩等方面。纳滤膜的分离机理可以运用荷电模型、细孔模型、静电排斥和立体阻位模型等来描述。纳滤技术不同于反渗透技术，纳滤不以脱盐为主要目的，而以选择性去除水中的污染物为目标。纳滤对水中溶质的截留机理包括空间位阻效应、道南效应和介电效应。

最早报道的纳滤膜应用是从 1970 年美国佛罗里达的一个膜软化水项目开始的，而最早的商业化纳滤分离膜在 1983 年被用于食品着色剂脱盐。"nanofiltration"这个词是由 Film Tec 集团于 1984 年提出的，当时是基于纳滤膜的等效孔径在纳米级范围而提出。由于具有介于超滤膜和反渗透膜间的"跨界"效应，纳滤膜可广泛应用于饮用水的深度处理、工业废水中有效资源的回收和生物过滤体系中高附加值物质的分离等场景。例如，在饮用水处理领域中，纳滤可应用于水质软化、消毒副产物控制和微量有机物的去除；在印染废水的处理中，纳滤膜则可用于部分染料的回收与资源化；在新能源领域中，高浓度卤水中锂离子的分离也是近年来纳滤膜应用的热点领域。

道南（Donnan）效应是纳滤膜分离过程中发生的一个典型过程，也称为泵效应。以 Donnan 平衡为基础，用来描述荷电膜的脱盐过程。当纳滤膜置于含盐溶液中时，溶液中的反离子（所带电荷与膜内固定电荷相反的离子）在膜内的浓度大于其在主体溶液中的浓度，而同电荷离子在膜内的浓度则低于其在主体溶液中的浓度，如图 1-2 所示。由此形成的 Donnan 位差阻止了同电荷离子从主体溶液向膜内的扩散，为了保持电中性，反离子也会被膜截留。具体来说，在利用纳滤膜对含有一价和多价阴离子的溶液进行脱盐处理时，会出现一价氯离子的截留率随着二价硫酸根离子浓度的增加而下降的情况，甚至会出现负值。负的截留率意味着氯离子逆其浓度梯度而渗透，渗透物中氯离子的浓度高于进料中的浓度。在加入硫酸钠的情况下，为了达到新的平衡，氯离子由滤后液侧逆其浓度梯度转入过滤液侧。产生道南效应的根源是由于加入硫酸钠而增大了膜上钠离子的浓度差，于是就增强了钠离子的渗透，而为了保持电中性，氯离子也跟着渗透过去。

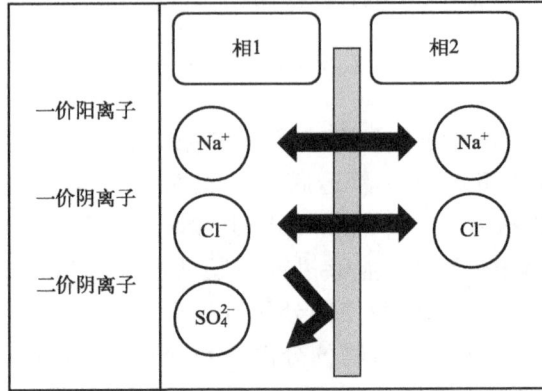

图 1-2   纳滤膜中的道南效应示意图

1.3.4　反渗透膜

反渗透（RO）这一术语于 1953 年由 Reid 首次提出。在 1959 年之前，研究者们基于半透膜概念测试了大量材料对水分子的选择透过性，并由 Breton 和 Reid 寻找到了醋酸纤维（cellulose acetate，CA）这种真正具有规模化应用潜力的膜材料，于 1960 年首次制备出了可应用的反渗透膜。随后相关公司投入了大量经费以期将反渗透技术真正推向实用，并于 1963 年开发出了第一支卷式反渗透膜组件。兼顾承压性能、膜填充率等综合因素的螺旋卷式反渗透膜组件构型，其膜组件的设计理念及方法一直沿用至今。反渗透是在高于溶液渗透压的作用下，利用其他物质不能透过半透膜的特点，将这些物质和水分离开来的过程。当用一个半透膜分离两种不同浓度的溶液时，膜仅允许溶剂分子通过。由于浓溶液中溶剂的化学势低于它在稀溶液中的化学势，稀溶液中的溶剂分子会自发地透过半透膜而向浓溶液中迁移，这一过程称为渗透或者正渗透（FO）。若浓溶液中溶剂分子的化学势高于稀溶液中溶剂分子的化学势，溶剂分子将通过半透膜向稀溶液迁移，与自发的趋势相反，即称为反渗透，如图 1-3 所示。在实际反渗透过程中为达到一定的渗透速率，施加在膜两侧的压差应远大于溶剂分子的渗透压。

目前被大家认可的反渗透分离机理包括溶解扩散理论和优先吸附-毛细孔流动理论。对 RO 膜过滤机理及其微观结构的研究，始于 20 世纪 50 年代。1958 年，Kedem 等提出了用于描述 RO 过滤过程的表观现象模型。该模型只从表观现象层面进行分析，将膜表面分为清洁与污堵两部分，模型假设过于理想，也并未涉及 RO 膜的结构，与实际的复杂情况偏差较大。随着研究的深入，RO 膜孔与分离机理的问题在 1965 年被首次关注。Lonsdale 等认为 RO 膜的功能层是致密无孔的结

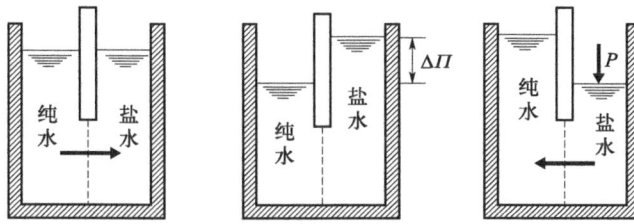

图 1-3 反渗透膜分离过程示意图

（ΔΠ 为溶液渗透压，P 为外部施加压力）

构，并基于此提出了首个 RO 膜过滤的机理模型——溶解-扩散模型（solution-diffusion model，SDM），溶质和溶剂在化学位差的推动下以扩散的形式穿过 RO 膜。随后，Sherwood 修正了该模型，他认为 RO 膜表面并非绝对的致密无孔，而是存在一些孔结构。但此次修正仅仅将这些孔视为膜表面的缺陷，仍然忽略了膜的精细结构对膜性能的影响，也并不认为理想的 RO 膜是有孔结构。

1960 年，Sourirajan 在 Gibbs 吸附方程的基础上提出了优先吸附-毛细孔流动模型（preferential sorption-capillary flow model，PSCFM），为反渗透膜的研制和过程的开发奠定了基础。而后又按此机理发展为定量表达式，即表面力-孔流动模型。Sourirajan 基于有孔膜假设提出优先吸附模型，该模型认为 RO 膜面的孔径是在时刻变化的，膜孔可以对进水中的不同组分进行选择性透过，从而达到分离作用。这为 RO 膜的研究提供了一种思路，即可结合有孔膜的过滤定律——达西定律（Darcy's law），描述 RO 膜过滤过程。Sourirajan 认为孔径必须等于或小于纯水层厚度的二倍，才能达到完全脱盐而连续地获得纯水，但在膜孔径等于纯水层厚度二倍时工作效率最高，如图 1-4 所示。

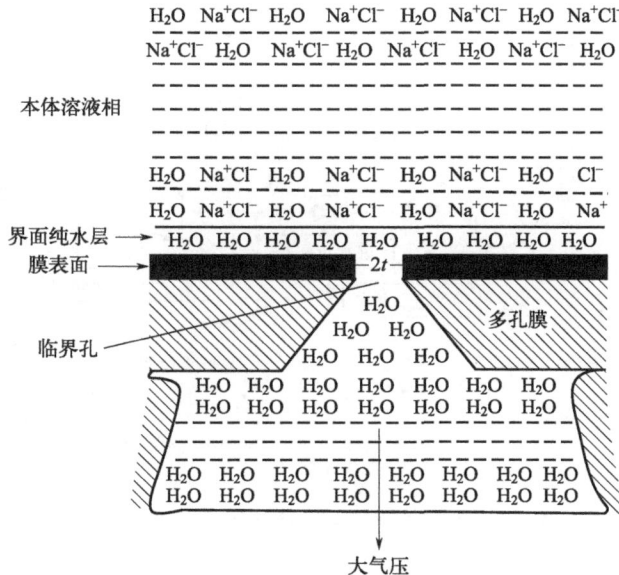

图 1-4 优先吸附-毛细孔流动机理示意图

（t 为纯水层厚度）

图 1-4 表示水脱盐过程的优先吸附-毛细孔流动机理,在这一过程中,溶剂是水,溶质为氯化钠。由于膜表面具有选择性吸水斥盐作用,水优先吸附在膜表面上,因此在压力的作用下,优先吸附的水渗透通过膜孔,就形成了脱盐过程。

关于 RO 膜过滤机理的研究大多是基于 PSCFM 的假设(即 RO 膜有孔),但 RO 膜的有孔结构一直未被直接证实。直到 2011 年,Chen 等利用新型正电子湮灭技术(positron annihilation techniques)首次证实了 RO 膜为有孔膜。紧接着,Jonathan 等在 2014 年利用新型仪器纳米高渗仪,通过纳米渗透法(nanoperm-porometry,NPP)对 RO 膜的孔径进行了测定,并将测定结果与根据归一化 Knudsen 渗透率(normalized knudsen-based permeance,NKP)和正电子衰减谱图(positron annihilation lifetime spectroscopy,PALS)估算得出的孔径进行定量比较。该研究测算出 RO 膜的孔径大多在 0.2~0.6nm,且证实了不同的 RO 膜合成方法将会影响膜孔径大小。Hideaki 等也利用正电子湮灭技术测得的正电子衰减谱图,计算出 RO 膜孔径在 0.6~0.7nm,并在不断变化,且发现操作压力对膜孔径有一定影响。2023 年,Menachem Elimelech 等在溶解-扩散模型的基础上,基于前人有关 RO 膜中孔道的研究,提出了"溶解-摩擦"模型(solution-friction model),该模型基于离子、水分子与膜材料的相互作用,揭示了压力梯度下水分子在 RO 膜中的传质过程,与实际的实验现象更为相符。

图 1-5 为典型反渗透和纳滤系统应用的工艺流程,可以看出反渗透在水处理过程中的工艺单元需要配合适当的预处理装置,高压泵,压力、流量、温度等仪表,在反渗透系统运行过程中,需要设定合理的运行参数,以实现其在不同水质工况下的稳定长期运行。与其他膜法水处理过程相比,反渗透膜系统运行压力大、能耗高,因此对其的运行控制尤为重要,相关原理和内容会在后续的章节中介绍。

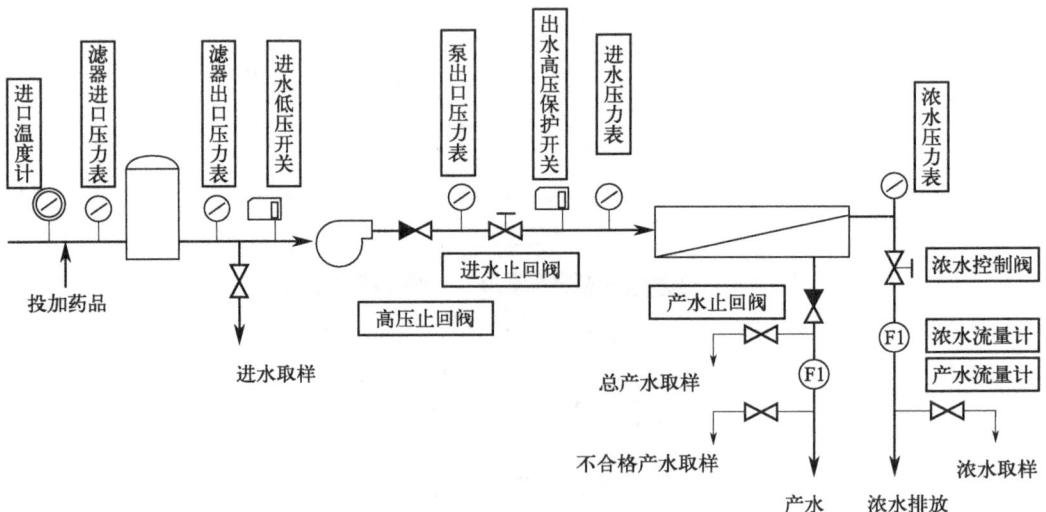

图 1-5　典型反渗透和纳滤系统应用工艺流程

进入 21 世纪后,随着材料科学的不断发展,利用碳纳米管、石墨烯、水通道蛋白等新型材料制备高通量且高脱盐率反渗透膜的探索不断深入,但相关研究仍然局限于实验室规模。从反渗透技术本身的发展规律来看，新型材料膜代替聚酰胺膜是未来的发展趋势。但是对于一项全新的技术，从理念提出到真正实现大规模应用，仍然是一个漫长的过程。

1.3.5　正渗透膜

正渗透（FO）过程中，正渗透膜两侧放置不同浓度的溶液，一种是低渗透压的原料液（feed solution，FS），其浓度较低，另一种是高渗透压的汲取液（draw solution，DS），其浓度较高，膜两侧的渗透压差为 $\Delta \Pi$。通过膜两侧存在的渗透压差，驱动水自发从低渗透压侧向高渗透压侧渗透，原料液浓缩的同时实现水的回收。由于渗透压差的存在，水自发地从低渗透压侧传递到高渗透压侧。随着渗透过程的发生，汲取液得到稀释，渗透压减小，原料液得到浓缩，渗透压增加，直到 $\Delta \Pi$ 等于 0 时渗透过程结束。

根据渗透原理，渗透过程的水通量（J）可由式(1-1) 表示：

$$J = A(\Delta \Pi - \Delta P) \tag{1-1}$$

式中，A 是膜的纯水渗透系数，L/(m^2 · h · bar)，1bar＝10^5Pa；$\Delta \Pi$ 是膜两侧溶液的渗透压差，bar；ΔP 是膜两侧的液压差，bar；J 是渗透过程产生的水通量，L/(m^2 · h)。

采用数学坐标系描述水通量与压力的关系，如图 1-6 所示。$\Delta \Pi$ 表示膜两侧不同浓度溶液的渗透压差，ΔP 表示在汲取液侧施加的外加压力。当 $\Delta P < 0$ 时，为压力辅助渗透过程（pressure assisted forward osmosis，AFO），相当于在原料液侧施加一定压力，实际是一种特殊的正渗透过程；当 $\Delta P = 0$ 时，为正渗透（FO）过程，此时由于渗透压的作用，水从原料液侧渗透到汲取液侧；当 $\Delta P < \Delta \Pi$ 时，为压力延迟渗透过程（pressure retarded osmosis，PRO），虽然在汲取液侧施加了一定的压力，但由于外加压力小于渗透压，水仍会从低渗透压的原料液侧流向高渗透压的汲取液侧；当 $\Delta P > \Delta \Pi$ 时，为传统的压力驱动反渗透过程（RO），水会在外加压力的作用下从高渗透压的汲取液侧流向低渗透压的原料液侧。图 1-7 为几种不同渗透过程的工作原理图。

与传统的外压驱动膜过程的原理不同，正渗透过程依靠膜两侧的渗透压差进行

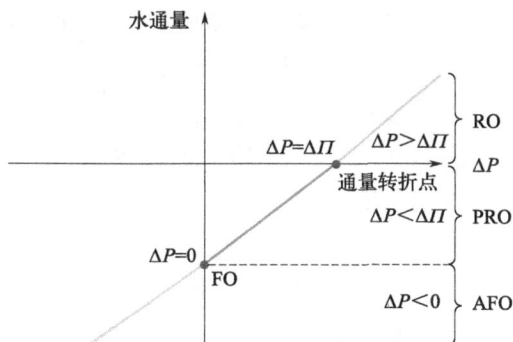

图 1-6　不同渗透过程水通量与压力关系示意图

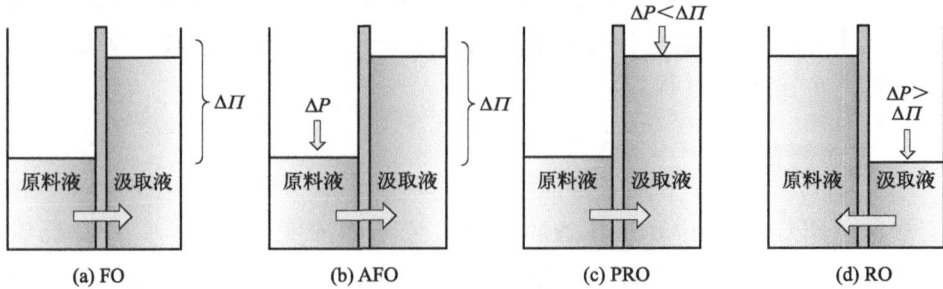

图 1-7　不同渗透过程的工作原理示意图

分离，不需要借助外界压力或仅需要借助较小的外界压力即可达到较好的渗透效果。相比于传统膜过滤过程，正渗透主要具有以下优势：a. 能耗低，依靠渗透压提供驱动力，不需要施加外界压力或仅施加较小的压力；b. 膜污染倾向低且可逆，易清洗，能够通过优化流体力学的方法最小化膜污染；c. 高溶质截留率；d. 高水回收率，有助于减小海水淡化中盐水的体积，降低高浓度盐水的排放量。

正渗透驱动力仅由渗透压构成，不需要额外施加压力，水在渗透压作用下从原料液通过膜进入汲取液。该过程除将溶液输送至膜表面需要能量外，无须消耗其他能量，其最大的优势就是能耗低。因为膜两侧不承受液压，所以膜表面多形成可逆污染并且易于清洗。

与反渗透技术相比，正渗透是一种基于半透膜的自发过程，也是近年来发展起来的一种由浓度驱动的新型膜分离技术，它是依靠选择性渗透膜两侧的渗透压差作为驱动力自发实现水传递的膜分离过程，是膜分离领域研究的又一热点。如前所述，正渗透技术因其能耗低、水回收率高、截留能力强等优势，成为极具发展潜力的膜分离技术。目前，正渗透技术的研究主要围绕膜材料的设计以及汲取液的制备展开。但限于其渗透过程的工艺特点，还未实现大规模工程应用，多数还停留在研究及探索阶段。尽管如此，由于渗透过程广泛存在于自然界的多个领域之中，因此其在生物、医药及能源领域中的应用潜力还远未开发。

压力延迟渗透是利用盐差能进行产能的一项技术，在浓溶液侧施加一个小于渗透压的液压，渗透压驱动仍然处于主导地位，渗透过膜进入汲取液的水使原有汲取液体积变大，在液压作用下混合后的汲取液流速快速提升，产生势能，从而推动涡轮旋转达到发电的目的。压力延迟渗透虽然需要消耗一部分能源（提供液压需要的电能），但借助渗透过程又可以生成能源，做到尽可能降低能源消耗的同时实现高产能，这是压力延迟渗透需要重点突破的目标。长期以来，全球河流入海处的盐差能是庞大的可利用资源。据资料可知，全球盐差能含量可达 2.6TW，是目前世界能源消耗的 13%。PRO 的应用前景十分广阔，但河流入海处的盐差能在目前的技术下还不能达到理想的产能状态以抵消整体能耗，主要原因有两个：一是缺乏高效渗透的 PRO 膜，二是海水的渗透压较低。目前，PRO 正在不断被尝试用于处理高浓度工业废水结合工艺优化实现其价值。

压力协同渗透（AFO）是在渗透压作用的基础上在原料液侧施加一定压力，

以液压和渗透压共同作为驱动力，提高 FO 膜的渗透水通量，有助于 FO 技术在工业上得到更好的应用。一些研究发现 AFO 技术能使 FO 膜产水得到极大的提高，这归因于进料液压作用。液压和渗透液之间的耦合效果成为该技术研究的新趋势。AFO 与 FO 相似，多与 RO 等工艺结合来增加产水和降低脱盐率。例如，一些研究使用海水和处理后废水分别作为汲取液和原料液，采用了 FO-RO 联合处理工艺，实现了海水淡化和污水回用技术的同步操作，同时一些应用数学模拟技术研究也表明，将 FO-RO 工艺中的 FO 转变为 AFO 将更加经济可行。

1.3.6　电渗析膜

利用半透膜的选择透过性来分离不同的溶质粒子（如离子）的方法称为渗析。在电场作用下进行渗析时，溶液中带电的溶质粒子（如离子）通过膜而迁移的现象称为电渗析（electrodialysis，ED）。电渗析是在直流电场的作用下，以电位差为推动力，利用阴、阳离子交换膜对溶液中阴、阳离子的选择透过性（即阳膜只允许阳离子通过，阴膜只允许阴离子通过）而使溶液中的溶质与水分离的一种物理化学过程，从而实现溶液的浓缩、淡化、精制和提纯，如图 1-8 所示。但由于电渗析膜的特殊结构，其多数为平板形膜片，而很少采用中空纤维膜的形式。

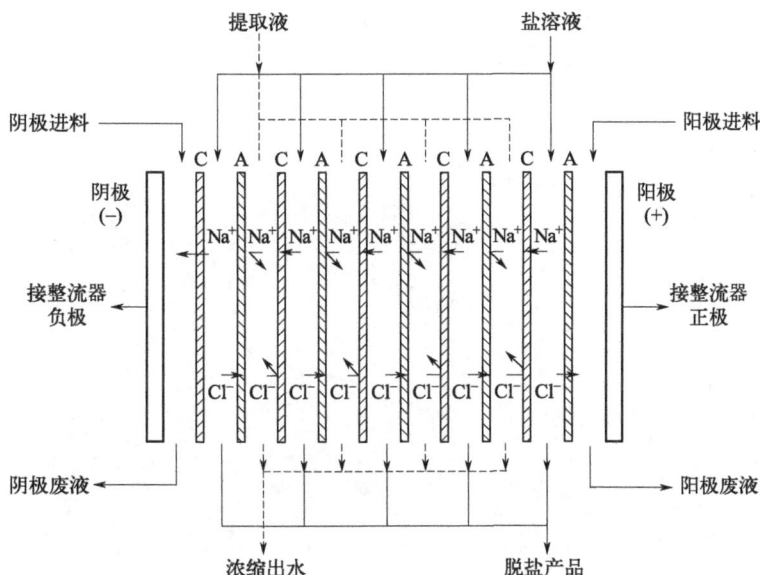

图 1-8　电渗析分离过程示意图
（A 表示阴离子交换膜，C 表示阳离子交换膜）

填充床电渗析又称电脱（去）离子法（electrodeio-nization，EDI），也称离子交换电渗析，它是将电渗析法与离子交换法结合起来的一种新型水处理方法。利用电渗析过程中的极化现象对离子交换填充床进行电化学再生，巧妙集中了电渗析与离子交换两种方法的优点，如图 1-9 所示。具体原理及过程将在后续的章节中介绍。

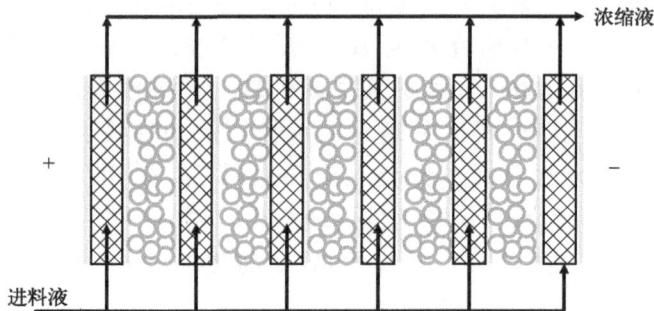

图 1-9　电去离子法分离过程示意图

1.4　膜法水处理中的膜污染及控制原理

1.4.1　膜污染

膜污染是指在膜过滤过程中，水中的微粒、胶体粒子或溶质大分子由于与膜存在物理化学相互作用或机械作用而引起的在膜表面或膜孔内吸附、沉积造成膜孔变小或堵塞，使膜产生透过流量与分离特性的不可逆变化现象。图 1-10 为中空纤维膜污染及电子显微镜下的污染形态分析图。

膜纤维断面

膜纤维断面(支撑层)

膜纤维表面

图 1-10　中空纤维膜污染及电子显微镜下的污染形态分析图

根据膜污染发生机制分类标准，膜污染包括物理污染和化学污染。化学污染是由于污染物质与膜面发生了化学反应，从而使得污染物质附着吸附在膜表面与膜孔内部。化学污染受污染物质和膜材料的疏水性、带电性及吸附活性等因素影响。物理污染则不涉及化学反应过程，而是由于污染物质和膜面间的机械作用而引起的，其污染程度受污染物外形结构和膜孔尺寸等因素的影响。

膜污染是影响膜分离效能的主要因素。膜污染会导致膜通量下降，增加膜组件更换和膜清洗的频率，还会增加膜系统的运行费用。根据膜污染的特点，膜污染可划分为如下过程：膜孔内壁的吸附，膜孔的堵塞，膜表面（凝胶）泥饼层的压实和形成，浓差极化。因此膜污染也可认为是一系列增加膜阻力的因素叠加作用的结果，如图 1-11 所示。

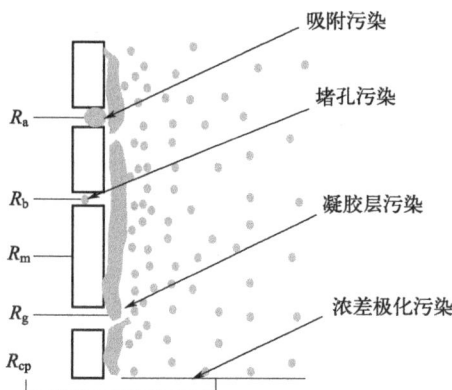

图 1-11　膜污染分布示意图

（R_m 为清洁膜的固有阻力，R_{cp} 为过滤过程中的浓差极化阻力，R_g 为凝胶层污染阻力，R_b 为堵塞阻力，R_a 为吸附阻力）

通常情况下，膜污染可采用经典的达西定律来表述。达西定律是描述流体流过多孔介质的基础公式，最早由 Henry Darcy 基于水流经沙床的试验结果而得出。当应用于膜过滤领域时（膜也是多孔介质），达西定律可以表达为：

$$J=\frac{\Delta P}{\Delta R_T} \tag{1-2}$$

式中，R_T 为过滤总阻力；ΔP 为膜两侧的液压差。

若以水处理过程中超（微）滤膜为例，与上述膜阻力相匹配的污染可以概括为吸附污染、膜孔堵塞污染及滤饼层污染等形式。

不同研究选用的膜材料和过滤料液特征存在差异，因此对于除了膜固有阻力以外的其余各项均有不同的理解和划分，并由此产生了对膜污染阻力的不同理解。以典型的超滤水处理膜污染过程为例，总结如下。

对于膜不完全截留：

$$R_T=R_m+R_{cp}+R_f=R_m+R_{cp}+R_{ef}+R_{inf}=R_m+R_{cake}+R_{inf} \tag{1-3}$$

对于膜完全截留：

$$R_T=R_m+R_{cp}+R_{ef}=R_m+R_{cake} \tag{1-4}$$

根据水力清洗：

$$R_T=R_m+R_f=R_m+R_{rf}+R_{irf} \tag{1-5}$$

根据化学清洗：

$$R_T=R_m+R_f=R_m+R_{ef}+R_{inf}=R_m+R_{cake}+R_g+R_{inf} \tag{1-6}$$

式（1-3）～式（1-6）中，R_T 为膜过滤过程中的总阻力；R_m 为清洁膜的固有阻力；R_{cp} 为浓差极化阻力；R_f 为污染阻力，$R_f=R_{ef}+R_{inf}$，其中 R_{ef} 为外部污染

(external fouling) 阻力，R_{inf} 为内部污染 (internal fouling) 阻力；R_{cake} 为泥饼层阻力 (cake resistance)，$R_{cake} = R_{cp} + R_{ef}$；$R_{rf}$ 为可逆污染阻力 (reversible fouling resistance)，代表能够通过清洗措施去除的阻力；R_{irf} 为不可逆污染阻力 (irreversible fouling resistance)；R_g 为凝胶层污染 (biological gel fouling) 阻力，代表能够通过化学清洗去除的阻力。

式(1-3) 和式(1-4) 中的膜污染都是根据发生的位置来划分的，而式(1-5) 和式(1-6) 则是根据膜清洗的效果来划分的。由此可见，膜的各类阻力都可以采用其他方式来间接描述。因此可根据膜污染发生的位置，对各项污染阻力进行分析测定，并通过比较得出优势污染阻力。

广义的膜污染阻力可定义为除了膜固有阻力外的所有能够使通量衰减的过滤阻力，但目前对于膜污染阻力的精确划分还无公认的方法，需要根据具体膜材料、工况及运行环境决定。

建立完善的膜污染理论是解决膜法水处理过程中膜污染的前提。从上述研究中可以看出，影响膜污染的因素极为复杂，很难从单一某个方面来解释和解决膜污染的问题。因此研究膜污染堵塞机理，确定膜阻力的大小，并用数学模型描述膜的污染是目前膜法水处理工艺需要研究解决的关键问题之一。根据污染形式，膜污染模型可分为多种类型：一类是从膜的结构、特性出发来描述污染现象的模型，另一类是指数式经验模型。这些模型又可根据不同的影响因素分为与运行压力有关的模型，与温度有关的模型，与运行时间有关的模型，与过滤对象性质有关的模型，以及多重影响因素的组合模型等。

建立全面描述膜污染的评估准则，不仅有利于深化对各种污染的理解，更为寻找能够有效防治膜污染的措施提供了理论依据。虽然在膜法水处理中已经对膜污染过程及原理进行了非常深入的研究，但仍需要建立不同膜的过程、工艺与环境的模型，以便更好地适应复杂的水处理工艺要求。

1.4.1.1　吸附污染

对于吸附污染而言，其发生的根本原因在于污染物与膜表面接触时表面能的变化或热力学平衡过程的存在。许多研究表明，当使用超滤膜截留蛋白质、腐殖酸等大分子污染物时，即使超滤膜处于非过滤状态，膜表面仍会因吸附而形成单分子层结构的污染层，并且这种污染通常是不可逆的。与此同时，与膜表面亲和度较高且易形成吸附污染的大分子，通常在分子组成上都具有异相性或多相性。这种非均相性易使大分子在界面处与膜面产生相互作用，进而通过静电力、范德华力或疏水作用而形成吸附污染。此外，吸附污染还会造成膜材料表面亲疏水性以及电荷性质等固有特性的改变。有研究发现，超滤膜对腐殖酸的吸附会显著提高膜面的电负性。另一方面，由于超滤膜的膜孔尺寸与原水中许多大分子污染物尺寸接近，因此膜孔内部的吸附污染往往会显著影响膜材料的孔隙率和有效过滤面积，大大降低膜的分离效率。吸附污染在热力学上的独特属性使其很容易与其他污染形式相区分，而这种因吸附所形成的单层污染结构也被认为较其他污染形式更难去除（例如由水力学因素造成的膜面污染物沉积等形式）。

1.4.1.2　膜孔堵塞污染

　　膜孔堵塞污染通常是指由于颗粒或胶体进入膜孔内部而造成的部分或全部膜阻塞的污染。膜孔堵塞往往快速发生于过滤初始阶段，此时膜材料表面沉积物较少，颗粒物或胶体可以轻易地进入膜孔从而造成堵塞。膜污染机理可以被描述为统一的数学模型，如式（1-7）所示。

$$\frac{\mathrm{d}^2 t}{\mathrm{d}V^2} = k_n \left(\frac{\mathrm{d}t}{\mathrm{d}V}\right)^n \tag{1-7}$$

　　式中，t 为过滤时间；V 为过滤比体积；k_n 为模型常数；n 为膜污染特征指数。

　　当 $n=2$ 时，为完全堵塞形式，此时污染物粒径大于膜孔径，堵塞发生在膜孔口；$n=1.5$ 时，对应标准堵塞，此时污染物粒径小于膜孔径，污染物进入膜孔并吸附在膜孔内壁；当 $n=1$ 时，为间接堵塞形式，此时污染物颗粒以一定概率堵塞膜孔，同时还可沉积到之前的颗粒上；当 $n=0$ 时，为滤饼层形成。根据上述膜孔堵塞的变化形式，可分为完全堵塞污染、标准堵塞污染、混合（过渡）型堵塞污染和滤饼过滤污染四种类型。

　　① 完全堵塞（complete blocking）污染：假设膜孔被污染物完全堵塞，造成单位面积膜孔数目减少，堵塞为单层的污染物且相互之间没有重叠。

　　② 标准堵塞（standard blocking）污染：假设膜孔内部被污染物不断附着，造成膜孔内部体积的减小，该体积的减小与滤过液体积成正比。

　　③ 混合（过渡）型堵塞（intermediate blocking）污染：类似于完全堵塞污染模型，但不受单层堵塞假设的限制。

　　④ 滤饼过滤（cake filtration）污染：适用于描述较大颗粒或污染物在膜表面附着、沉积形成滤饼层污染的情形。

　　表 1-1 列举了恒压操作中几种堵塞模型的积分形式。

表 1-1　堵塞模型的积分形式

n 值	模型	堵塞模型的积分形式
2	完全堵塞	$J = (J_0 - J_S)\mathrm{e}^{-Kt} + J_S$
1.5	标准堵塞	$\ln \dfrac{J}{J-J_S} - \ln \dfrac{J_0}{J_0-J_S} = KJ_St$
1	混合型堵塞	$\dfrac{J}{J_S}\left[\ln\left(1-\dfrac{J_S}{J}\right)\right] - \ln\left(1-\dfrac{J_S}{J_0}\right) = -Kt$
0	滤饼过滤	$\dfrac{J}{J_S^2}\left[\ln\left(\dfrac{J-J_S}{J}\right)\right] - \ln\left(\dfrac{J_0-J_S}{J_0}\right) = -Kt$

　　注：J_S 为初始通量进行标准化后的稳定膜通量；J_0 为初始通量；K 为与膜污染相关的参数。

　　然而在微滤中，过滤往往以恒流的形式进行，因此 Hlavacek 等对上述模型做了进一步改进，以适用于恒通量模式，具体可以描述为：

$$-\frac{\mathrm{d}J_s}{\mathrm{d}V_s} = k_v J_s^{2-n} \tag{1-8}$$

式中，V_s 代表过滤累积的过滤体积；k_v 为膜污染系数；n 为膜污染特征指数。

1.4.1.3 滤饼污染

分子量或粒径超过膜截留精度的污染物在过滤的过程中会被截留在膜表面，随着超滤过程的进行，被截留的污染物颗粒越来越多并逐渐在膜表面积累，进而形成了一层致密且具有一定渗透性的滤饼层。滤饼污染是指被截留污染物颗粒或胶体在膜面处发生层状沉积及叠加而形成的污染形式，滤饼污染的形成能够显著增加滤液的过膜阻力。滤饼污染被认为是超（微）滤过程中主要的污染机制。此外，随着滤饼层的发展，颗粒物和菌体会与凝胶类物质结合，逐渐累积并压实在膜表面，导致过滤阻力大幅增加，膜组件的过滤性能显著降低。

滤饼污染层往往由多种污染物共同组成，其中包括化学惰性胶体（chemically inert colloids）和化学活性污染物（chemically active foulant）。当惰性胶体首先在膜表面形成滤饼层时，一方面可有效阻止其他污染物与膜表面的接触，防止膜污染的进一步发生；另一方面，惰性胶体滤饼层所形成的网状结构还能起到预滤（pre-filter）或助滤（filter aid）的作用，提高对污染物的截留率。活性污染物在膜表面建立的滤饼污染层不仅能够促进其他污染物的进一步沉积，同时也可使其与膜材料间的黏附力更强，易转化为不可逆污染。因此，滤饼层的形态及结构决定了其阻力大小（即对通量衰减的影响），而滤饼层的化学性质及其与膜表面间的相互作用则决定着滤饼污染的可逆程度。凝胶层污染通常也被认为是滤饼层污染的一种特殊形式，其形成的主要机制是大分子污染物在临近膜表面位置因浓差极化而形成的高浓度类凝胶层。凝胶层污染的形成很大程度上取决于其所处的水力学环境及膜材料的表面特性，当膜表面对污染物的牵引力大于排斥力时，浓差极化层便可转化为凝胶层污染。

吸附和堵塞污染主要发生在膜孔内部。天然有机物中的蛋白质、腐殖酸、多糖、脂肪酸等大分子有机污染物，与膜间存在范德华力、静电力、氢键力、疏水力等物化作用力，因而当污染物与膜表面接触时，二者之间存在的相互作用会导致有机物被快速吸附在超滤膜表面及膜孔壁上，从而造成污染阻力迅速升高。此外有研究表明，即使没有发生过滤，水中的污染物也会通过扩散作用发生吸附污染。膜孔堵塞是指在膜孔大小范围内的污染物，如高分子量生物聚合物，可能会导致完全或部分的膜孔堵塞，并引起严重的通量下降。当小于膜孔大小的污物通过孔隙时，污染物会被吸附到孔隙内表面，最终导致孔隙变窄。

1.4.1.4 膜污染指数

如前所述，在 Hermia 公式及其衍生公式的基础上，形成了完全堵塞、标准堵塞、混合型堵塞和滤饼过滤的污染类型。Huang 等则通过数学推导，建立了针对膜污染特性的标准膜污染指数（unified membrane fouling index，UMFI），能够在一定程度上描述不同规模膜过滤过程的污染趋势，并在低压膜处理废水中得到验证。同时研究表明，UMFI 与原水的浊度（NTU）、总有机碳（TOC）没有直接的相关性，而膜的特性（如亲水性、膜孔大小）则对其有一定的影响。

通常滤饼层形成和污染是低压膜过滤中膜污染的主要形式，尤其是在长期运行的反应器中。对于滤饼层阶段的污染，可用 UMFI 来表征膜污染过滤液的污染趋势，可以描述如下：

$$J_n = \frac{J}{J_0} \tag{1-9}$$

$$\frac{1}{J_n} = 1 + \mathrm{UMFI} \times V \tag{1-10}$$

式中，J_0 为初始清水通量，$\mathrm{L/(m^2 \cdot h)}$；J_n 为归一化通量；J 为运行通量，$\mathrm{L/(m^2 \cdot h)}$；V 为过滤比体积，$\mathrm{L/m^2}$。通常情况下 UMFI 数值越大，表示膜污染潜势越高。

1.4.1.5　凝胶层污染

凝胶层阶段主要为膜表面凝胶层的形成及凝胶层的压缩过程。膜污染物中的生物污染物或其他高分子物质在膜表面累积，达到凝胶层的络合浓度后，在钙、镁、铝、铁等硬度离子的络合作用下形成凝胶层，造成膜阻力进一步攀升。凝胶层阶段也会造成膜过滤孔径进一步减小至纳米级别，在一定程度上增加了膜过滤性能，使得膜对氮、磷等有机物的截留能力进一步增强。一般来说，凝胶层污染与其他污染形式相比，由于凝胶层在膜面上具有较强的黏附力，因此其形成的污染较其他污染形式更难恢复。

1.4.2　膜通量

膜通量（membrane flux）是指在一定压力和温度下，在单位时间内通过单位膜面积的流体量，其标准单位为 $\mathrm{m^3/(m^2 \cdot s)}$，或者简写为 m/s，因此也称为渗透速率。膜通量主要由驱动力和总阻力两个因素决定。根据材料及膜组件形式的不同，膜通量的差异较大。其他常用单位还包括 $\mathrm{L/(m^2 \cdot h)}$ 或者 m/d。有的文献和研究也使用比通量的概念，其代表单位压力下的膜通量性能，单位为 $\mathrm{m^3/(m^2 \cdot s \cdot bar)}$ 或者 $\mathrm{m^3/(m^2 \cdot s \cdot psi)}$，1psi＝6894.757Pa。

膜通量是评价膜分离和过滤性能的最基本指标，是膜分离工艺的设计基础，它直接决定着膜分离工艺运行的效率。在许多情况下，需要对不同工艺环境中的膜通量进行比较，需要对其进行标准化。例如，可借助一个温度校正系数进行标准化。温度标准化特性通量计算如式(1-11) 所示：

$$J_{20℃} = \frac{J}{T_{K,20℃}(T)} \tag{1-11}$$

式中，$J_{20℃}$ 为 20℃下的温度标准化特性通量；J 为运行压力；$T_{K,20℃}$ 为温度校正系数。

1.4.3　临界通量

1995 年，Field 针对错流微滤提出了临界通量（critical flux，CF）的概念。其理论的核心为当实际运行通量低于该通量时，不产生膜污染，如图 1-12 所示。随着膜技术理论的不断拓展和延伸，根据不同的应用条件和运行过程，膜通量的概念被赋予了更加丰富的内涵。其延伸概念包括阈值通量、强势临界通量、弱势临界通量、极限通量等。此后在膜过滤技术的低通量运行研究中，临界通量的内涵和应用得到不断扩展，亚临界通量、可持续通量、经济通量、零污染通量、渗透通量、可逆性临界通量等一系列新的通量概念进入低通量膜过滤技术体系，如图 1-13 所示。

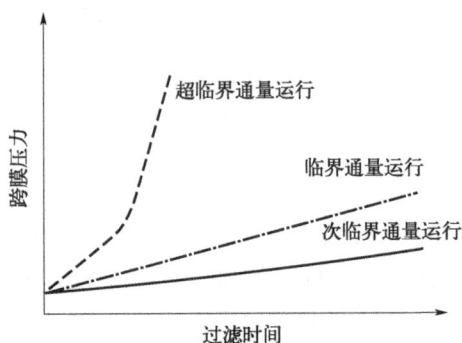

图 1-12　临界通量现象

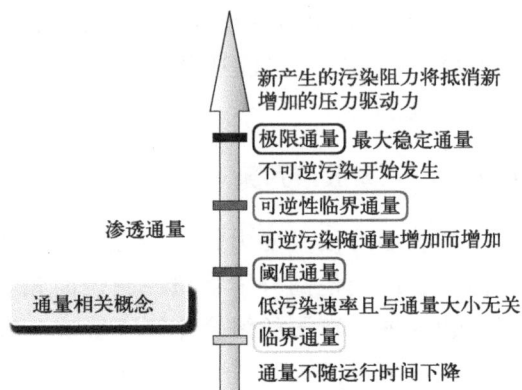

图 1-13　临界通量相关概念

压力驱动膜过程中的临界通量从表观上来讲被认为是有、无膜污染的分界点。但是在实际应用中，即使在极低的通量下操作，通量同样会有所下降，膜污染是无法避免的。因此临界通量理论的奠基者 Field 又在临界通量的基础上提出了阈值通量（threshold flux）的概念，即低污染和高污染的分界点。在阈值通量下，总的过滤阻力不受通量大小影响，而一旦通量超过临界值，膜污染就会随通量的增加而增加。阈值通量的提出，解决了之前对临界通量的一些质疑，这样在实验研究中，不需要用长时间的实验找到零污染点（实际也是不存在的），只需通过短时间的压力递增实验就能得到这个临界点（临界点之下的通量会很快稳定下来）。

临界通量在最初定义时给出了两种情况，强形式（strong form）和弱形式（weak form），强形式认为其在过滤过程中的阻力等同于自身的原始膜阻力，弱形式则考虑了膜由于初期的吸附作用而形成的过滤额外阻力。二者的表达形式如式(1-12) 和式(1-13) 所示。针对滤饼层污染的膜工艺理论建立在"临界流量假设"之上。"临界流量假设"认为：对于任何一个特定的微滤体系，都存在一个临界流量；当膜的渗透通量低于临界流量时，膜的边界层形成滤饼的速度为零，膜的过滤阻力不随时间或跨膜压差（TMP）的改变而改变；当膜的渗透通量高于临界流量时，膜的边界层将逐步地形成滤饼，膜的过滤阻力会随着时间延长或跨膜压差的增加而增加。例如，在实际应用中为了避免滤饼层污染的过度发展，绝大多数商业化浸没式膜生物反应器都在低于临界流量的亚临界区长期稳定地运行。

在强形式下　$J < J_{cs}, J = \dfrac{\Delta P}{\mu R_m}$　　　$J > J_{cs}, J = \dfrac{\Delta P}{\mu [R_m + (R_{rf} + R_{irf})]}$　　（1-12）

在弱形式下　$J < J_{cw}, J = \dfrac{\Delta P}{\mu (R_m + R_{ads})}$　　$J > J_{cw}, J = \dfrac{\Delta P}{\mu [R_m + R_{ads} + (R_{rf} + R_{irf})]}$

$$\text{（1-13）}$$

式中，J_{cs} 为强形式下的临界通量；J_{cw} 为弱形式下的临界通量；R_m 为清洁膜的阻力；P 为跨膜压力；μ 为过滤体系黏度；R_{ads} 为膜外部沉积和吸附阻力；R_{rf} 为可逆阻力；R_{irf} 为不可逆阻力。其中在上式中，R_{rf} 和 R_{irf} 至少有一项不为零。

随着临界通量理论研究的不断拓展与深入，其逐步应用于各种膜分离过程中，尤其是应用在膜生物反应器工艺的膜污染控制中。由于过滤对象是污染性较强的污泥混合液，因此临界通量的理论对于膜生物反应器的运行有重要意义，可用于指导膜系统的长期稳定运行。临界通量代表了膜过滤从量变到质变的一个表观现象，其与水力操作条件、膜分离操作模式、料液性质以及膜本身性质等多个因素有关。临界通量一般是指污染物开始在膜表面大量沉积的最低过滤通量，适用于通量对膜污染有显著影响的情形，例如颗粒物和胶体大分子的污染。因此认为运行于次临界通量工况之下时，膜污染发展可得到有效控制，不可逆污染的累积程度较低，有利于维持膜组件的长期稳定运行。相应地，在膜过滤的操作中还存在临界压力的概念，即膜在某一运行压力作用下，膜通量不会显著衰减。

对于临界通量的现象和本质，有研究者认为其与浓差极化有着密切的联系，由于临界通量概念成立的先决条件是滤饼层的形成，因而对比浓差极化，似乎临界通量的产生更应该依赖于外部的水力学环境，而浓差极化的产生则是由于膜界面与过滤物质间的热力学作用。正如有研究者将膜污染归结为热力学因素和水力学因素，很好地对应了浓差极化现象和滤饼层形成的过程。临界通量概念中的核心思想是滤饼层的形成，就应用环境来说，其直接面向工程应用中的宏观体系也说明了临界通量的概念与更为宏观的水力学因素紧密相关。

将膜污染归结为热力学因素和水力学因素，很好地诠释了影响膜污染的根源。这既考虑到膜污染的形成机理，同时也在膜分离过程的尺度上进行了划分。因此，对膜污染的理解，也应对应膜界面的微观尺度以及膜工艺的宏观尺度。所以说，对于膜污染过程的诠释，其难度并不在经典理论的应用与构建上，而在于如何正确地将对应的理论应用于微观尺度下膜孔的过滤行为与宏观尺度下膜分离的工艺操作上。在尺度上划分其范畴和模式，明晰膜孔与过滤对象之间相互作用的关系，可有效地判断与掌握过滤对象在整个过滤操作工艺中尺度的变化。如何由微观的尺度范畴转化为宏观的尺度范畴，以及由此引发的热力学因素与水力学因素之间的交互变化，也是当前膜污染研究中的一个关键问题。介观（mesoscopic）概念的引入可有效衔接微观与宏观的转化，介观尺度是指介于宏观和微观之间的尺度。一般认为它的尺度在纳米和毫米之间。通常认为介观是介于宏观与微观之间的一种体系，从尺度这一因素入手来判定和分析影响膜污染的主导因素，有助于对膜污染概念的归一化判定。目前已有一些学者从这个角度出发来重新认识超、微滤膜污染的问题。

临界通量一般采用通量阶梯法（flux step-wise method，FSM）测定，其原理是依据临界通量的基本假设：高于临界通量时悬浮物沉积形成滤饼，并引起过滤阻力的变化。根据同样的原理，临界压力采用压力阶梯法（pressure step-wise method，PSM）测定。在介绍两种方法之前，需要了解一下膜过滤中最为常用的两种过滤方式：恒流过滤和恒压过滤。膜生物反应器利用的是抽吸泵负压吸引作用提供的过膜驱动力，常常采用固定流量的运行方式，即通过调节不同时段的运行压力而使膜的出水流量恒定，这种运行方式称为恒流过滤。有的膜分离过程需要在一定的压力下进行，以获得较高的初始运行通量，从而利用压力提供过滤的驱动力，进而经常采用恒定操作压力的运行方式，这种运行方式称为恒压过滤。

通量阶梯法是在一定工况条件下，采用恒通量的操作模式（出水抽吸泵工作参数在一个级数上），依次使膜通量增加一个设定阶量，重新观测 TMP 在 ΔT 内的变化，如此继续，直到出现 TMP 在 ΔT 内不能稳定（即 TMP 在 T 内随时间延长不断增长）为止，记此时的膜通量为 F_{N+1}（N 为试验中膜通量增加的次数）。F_{N+1} 即为这个操作条件下使 TMP 上涨的最小膜通量，F_N 则为这个操作条件下使 TMP 恒定的最大膜通量，如图 1-14(a) 所示。与之类似，临界压力的测定，即采用恒压的操作方式依次使运行压力增加，并观测膜通量在 ΔT 内的变化情况，直到出现膜通量在 ΔT 内不能稳定，出现显著衰减为止，记此时的 TMP 为 P_{N+1}，P_{N+1} 即为这个操作条件下的临界压力，如图 1-14(b) 所示。

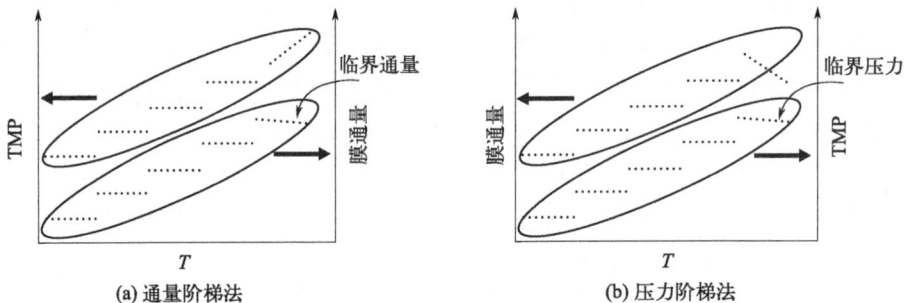

(a) 通量阶梯法　　　　　　　　(b) 压力阶梯法

图 1-14　临界通量和临界压力的测定

受膜自身材料、操作条件、工艺及进料液等因素的影响，临界通量和临界压力的差异往往很大，例如采用中空纤维膜组件的膜生物反应器工艺的临界通量范围大致在 $15\sim30L/(m^2 \cdot h)$，而临界压力往往小于 50kPa，绝大多数在 $20\sim30kPa$ 范围内。

在膜过滤操作中，应该首先找到膜组件在一定条件下阈值通量的操作压力，如果要尽量避免污染的影响，则可在这个临界压力以下操作，如果要考察污染的影响，则可以在这个压力以上操作。通过阈值通量的概念，可以明确通量/压力对膜污染的影响，也可为考察其他因素的影响提供参考，如图 1-15 所示。

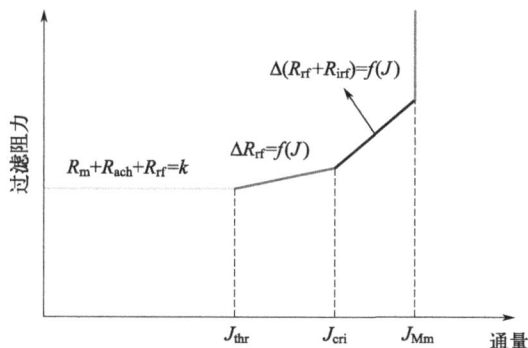

图 1-15　阈值通量的控制

（R_m 为膜阻力，R_{ach} 为污染物吸附阻力，R_{rf} 为可逆污染阻力，k 为膜污染相关系数，

ΔR_{rf}、ΔR_{irf} 为可逆及不可逆污染的变化量，J_{thr} 为阈值通量，J_{cri} 为临界通量，J_{Mm} 为极限通量）

1.4.4　浓差极化

在压力驱动下，溶剂可以自由通过膜，而溶质则被部分截留。于是在膜的表面处造成溶质的累积，因而膜表面附近溶液的浓度升高，形成一种聚集浓缩现象。在浓度梯度的作用下，溶质反向扩散回原料液的主体，经过一段时间，当主体中以对流方式传递到膜表面溶质的量与膜表面以扩散方式返回流体主体的溶质的量相等时，浓度分布即达到一个相对稳定的状态，于是在边界层中形成一个垂直于膜方向的由流体主体到膜表面浓度逐渐升高的浓度分布，如图 1-16 所示。在边界层外，原料的浓度为 c_b，并且各处浓度相等；在边界层内，随着到膜表面距离 x 的减小，溶质的浓度 c 逐渐上升，在膜表面达到最大值 c_m；透过侧浓度为 c_p；纯水通量为 J_w；溶质扩散系数为 D；浓差极化层厚度为 δ。溶质的通量与 c_m 的大小有着密切的关系，因此 c_m 的大小会影响到膜的分离效率。

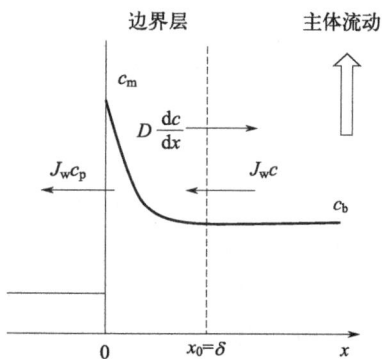

图 1-16　浓差极化

对于稳定状态的膜过滤而言，当溶液以一定的流速平行流过膜表面时，其质量守恒方程可以用式（1-14）表示：

$$J_s = J_w c - D\frac{dc}{dx} \tag{1-14}$$

式（1-14）的物理意义是单位时间内、单位膜面积的溶质透过量 J_s 等于以对流方式传递到膜表面的溶质的量减去由膜表面扩散返回流体主体的溶质的量。

由于

$$J_s = J_w c_p \tag{1-15}$$

因而可得：

$$D \frac{\mathrm{d}c}{\mathrm{d}x} = J_w c - J_w c_p = J_w (c - c_p) \tag{1-16}$$

式(1-16) 的边界条件是：

$$x = \delta, c = c_b \tag{1-17}$$

将式(1-16) 积分可得：

$$\ln\left(\frac{c_m - c_p}{c_b - c_p}\right) = \frac{J_w \delta}{D} \tag{1-18}$$

式(1-18) 可转化为：

$$\frac{c_m - c_p}{c_b - c_p} = \exp\left(\frac{J_w \delta}{D}\right) \tag{1-19}$$

假定：

$$k = \frac{D}{\delta} \tag{1-20}$$

式中，k 为扩散系数 D 与浓差极化层厚度 δ 之比，被称为传质系数。传质系数与膜组件形式和进料液的流动形式（湍流状态或层流状态）有关。

溶质的截留率 R 为：

$$R = \frac{c_m - c_p}{c_m} = 1 - \frac{c_p}{c_m} \tag{1-21}$$

将式(1-20) 和式(1-21) 代入式(1-19) 得

$$\frac{c_m}{c_b} = \frac{\exp(J_w/k)}{R + (1-R)\exp(J_w/k)} \tag{1-22}$$

通常情况下，$c_p \ll c_b < c_m$。

因此在工程使用中，对于某些近似的计算，式(1-19) 可以进一步简化为：

$$\frac{c_m}{c_b} = \exp(J_w/k) \tag{1-23}$$

式中，c_m/c_b 为浓差极化比，其值越大，对膜分离过程越不利。因为 c_b 及 c_p 比较容易测得，而 c_m 的测定非常困难，所以浓差极化比只能靠式(1-23) 右边的 J_w 与 k 值来确定。对一定的膜品种和一定的操作条件而言，J_w 比较容易测量，因此计算的关键就在于正确估算 k 值。

浓差极化现象表明，被截留在膜表面的组分浓度 c_m 会随着渗透通量 J_w 的增加而增加。边界层的浓差极化现象和滤饼层是制约渗透通量增加的限制性因素，而且边界层的存在还有可能会带来渗透压的阻力效应。所以单纯地提高压力无法实现长期提高渗透通量的目标。在跨膜压差充分大的情形下，膜的渗透通量 J_∞（极限通量）完全为边界层的 c_m 所确定。假定此时截留组分完全被边界层截留，则式(1-24) 给出了极限通量的表达式，即：

$$J_\infty = k \ln\left(\frac{c_m}{c_b}\right) \tag{1-24}$$

一些研究表明，浓差极化理论只是大致地适用于粒径小于 $0.1\mu m$ 的截留组分的过滤过程，而对于粒径大于 $0.1\mu m$ 的颗粒，浓差极化理论的极限通量比实际测定值要小一至两个数量级，这一事实表明：微米尺寸颗粒的逆向扩散要比大分子低得多。对于以微滤为主的 MBR 工艺来说，污泥颗粒粒径往往大于 $0.1\mu m$，所以由浓度梯度引起的布朗扩散并非主要因素。而对于其他膜过滤过程，如纳滤、反渗透膜，浓差极化对于膜过滤效能的影响则非常重要。

1.4.5　过滤方式

常规的膜过滤过程可以分为死端过滤（dead-end filtration）和错流过滤（cross-flow filtration）两种方式，如图 1-17 所示。死端过滤，又称全量过滤（full-flow filtration），是指膜在两边压力差的驱动下，溶质和溶剂垂直于分离膜的方向运动，溶质被截留，溶剂通过膜而被分离。死端过滤中，主体料液与透过液运动方向相同。其特点是随着操作时间的增加，膜污染会越来越严重，过滤阻力会越来越大，膜通量随之下降。因此，进行死端过滤必须周期性地停下来清洗膜表面或者更换膜，所以其往往是间歇式操作。错流过滤则是主体料液与膜表面相切而流动，料液中的溶质被膜截留，透过液垂直于膜面而通过膜流出的过滤方式，因此错流过滤也称为切向流过滤。在错流过滤过程中，料液流经膜表面时产生的剪切力会把膜表面上滞留的颗粒带走，使污染层保持在一个较薄的水平上，能有效地控制浓差极化和滤饼堆积，所以长时间运行仍可保持稳定的膜通量。错流过滤时，截留液离开组件后还可以与原水混合重新进入设备，不断地进行循环。为了控制循环回路中颗粒的浓度，一部分浓缩液会以特定的流量排出。错流过滤的优点在于高速流体在膜表面产生的剪切力能在一定程度上抑制污垢的持续积累，从而使膜组件能够连续化操作。

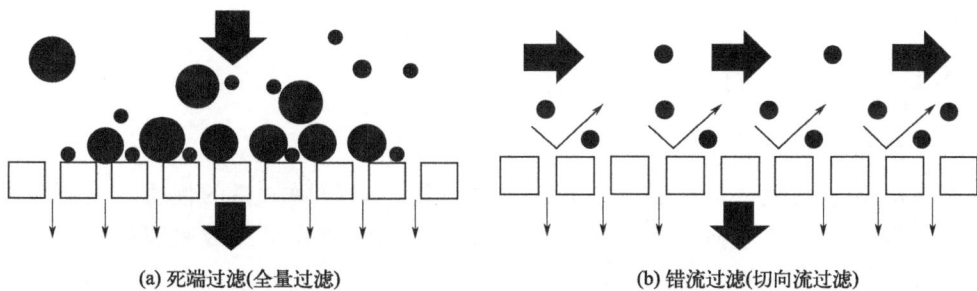

(a) 死端过滤(全量过滤)　　　　(b) 错流过滤(切向流过滤)

图 1-17　膜过滤过程中的操作方式

死端过滤操作简单，相比之下更适用于实验室等小规模操作。在实际工程应用中，一般采用错流过滤。如膜生物反应器中主要是通过气、液的高流速来实现错流过滤的。从成本来看，死端过滤方式不需要错流过滤那样的平行流，因此动力费用少。错流过滤膜面流速越高，在膜面上就越不容易堆积附着物质，因此从防止膜污染的角度来看，必须实现高膜面流速。但是，膜面流速提高会增加运行成本，因此必须全面考虑处理水量和清洗效果的关系，设计经济的膜面流速。如与临界通量的理论相结合，则两种操作方式在超临界区域的操作会导致滤饼层在形成上的较大差异。

除此以外，膜组件在运行时还包括恒流过滤和恒压过滤两种方式。恒流过滤是指在膜系统在运行过程中保持膜通量恒定，随着膜过滤的进行，为保持通量的稳定，过膜压力会随之增加。与之对应的是恒压操作，恒压操作是指在运行过程中保持跨膜压力恒定，而在运行过程中，膜通量会逐渐发生衰减。在大规模的膜法水处理技术应用中，一般来说膜系统的运行处理量是预先设计的固定值，因此恒通量的运行模式较为常用。而对于恒压操作，往往适用于对膜过滤和污染性能的评价。

1.5　水处理工艺用膜的制备

膜分离技术的核心是分离膜材料。为了适应不同水处理的要求，水处理中的分离膜应主要具备以下条件：a. 较高的截留率（或较高的分离系数）和通量；b. 较强的抗物理、化学和微生物侵蚀的能力；c. 较好的柔韧性和足够的机械强度；d. 使用寿命长，适用 pH 值范围广；e. 成本合理，制备简便，利于大规模的工业化生产。从目前广泛应用在膜法水处理中的膜材料来看，主要包括有机膜和无机膜两大类膜材料。而这两类膜为达到上述的应用要求与性能，有着不同的制备技术和方式。

1.5.1　有机膜的制备

许多有机高分子都可以做成薄膜，但若要成为具有高性能和高实用价值的水处理用分离膜，除了选择合适的膜材料外，找到一种使其具有合适结构的制造工艺技术同样重要。有机高分子膜从形态结构上可以分为对称膜（或称均质膜）和非对称膜两大类。

1.5.1.1　对称（均质）膜

（1）致密均质膜

有机高分子的致密均质膜，在实验室中可用于表征膜材料的性质。其制备方法包括溶液浇铸法、熔融挤压法以及不同聚合物之间的交联形成致密膜等方式。一般来说，致密均质膜的膜壁较厚、渗透通量较小，在工业化的水处理中应用较少。

（2）微孔均质膜

其制备方式包括核径迹法、拉伸法、溶出法和烧结法。核径迹法是用荷电粒子照射高分子膜，使其化学键断裂并留下径迹，后将膜浸入化学刻蚀试剂中，敏感径迹被溶解而形成孔的方法。拉伸法是将温度已达熔点的高分子经挤压并迅速冷却成膜后，将其沿机械力方向拉伸而产生孔隙的方法，这种方法一般称为 Celgrad 法。溶出法是在难溶高分子材料中掺入某些可溶性的组分，再用溶剂将可溶性组分浸提出来，形成微孔膜的方法。烧结法是指微小颗粒在高温条件下聚集，从而形成适当的孔隙的方法。

（3）离子交换膜

离子交换膜是用于电渗析过程的一种荷电有机高分子均质膜。根据膜中活性基团分布的均一程度，离子交换膜大体上可分为异相膜、均相膜和半均相膜三类。根据在膜本体上的不同电性能，离子交换膜又可分为阳离子交换膜和阴离子交换膜两大类。最常用的离子交换膜材料有聚乙烯、聚丙烯、聚氯乙烯等的苯乙烯接枝高分子。形成的膜材料不是呈单一相存在的膜叫异相膜，例如，离子交换树脂粉加上黏合剂和增塑剂后热压所成的膜即为异相膜。热压成型法是制备异相离子交换膜最常用的方法。均相离子交换膜的制备方法一般包括以下几种：a. 将能反应的混合物（酚、苯磺酸、甲醛）进行缩聚，混合物中至少有一种能在它的某一部分中形成阴离子或阳离子；b. 将能反应的混合物（苯乙烯、乙烯基吡啶和二乙基苯）进行聚合，混合物中至少有一种物质含有阴离子或阳离子，或者有可以成为阴离子或阳离子的部位；c. 将阴离子或阳离子基团引入高分子或高分子膜，例如将苯乙烯浸吸入聚乙烯薄膜内，使浸吸进去的单体聚合，然后将苯乙烯进行磺化，也可以通过接枝聚合将离子基团接到高分子薄膜的分子链上；d. 将含有阴离子或阳离子的一部分引到一个高分子（如聚砜）上，然后将此高分子溶解并浇铸成膜；e. 把离子交换树脂高度分散于一高分子中，形成高分子合金或共聚体。

无论用以上哪一种方法制备，所制得的膜都需要用织物增强，以改善其强度及形态稳定性。均相膜的性能远优于异相膜，所以目前使用的离子交换膜多为均相膜。

（4）半均相离子交换膜

从宏观上看，这是一种均匀的整体结构，成膜的高分子化合物与具有离子交换特性的高分子化合物十分紧密地结合为一体，但都不是化学键结合；从微观上看，其属于异相膜范畴，习惯上将此膜看作是均相离子交换膜。其制备方法与异相及均相离子交换膜类同。

1.5.1.2 非对称膜

非对称膜一般比均质膜的通量要高得多，它由一层薄的多孔或致密皮层（起分离作用）和一层厚得多的多孔层（起支撑皮层作用）组成。在大多数的工业应用中，还是以有机高分子非对称膜为主，包括相转化膜和复合膜。

（1）相转化膜

将一均相的高分子铸膜液通过各种途径使高分子从均相溶液中沉析出来，分为两相：一相为高分子富相，最后形成高分子膜；另一相为高分子贫相，最后成为膜中之孔。相转化法制备的高分子非对称膜具有两个特点：皮层与支撑层为同一种材料；皮层与支撑层是同时制备形成的。相转化法制膜包括以下几种方法。

① 溶剂蒸发法（干法）。如图 1-18 所示，最简单的情况是一种高分子材料溶于一双组分溶剂混合物中，此混合物由一类易挥发的良溶剂（如氯甲烷）和一类相对不易挥发的非溶剂（如水和乙醇）组成。将此铸膜液在玻璃板上铺成一薄层，随着

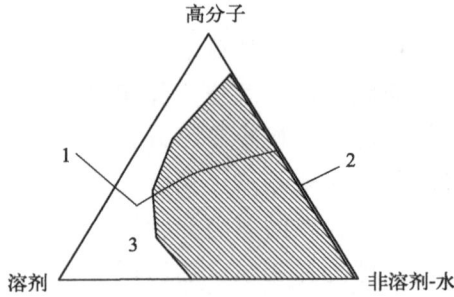

图 1-18　溶剂蒸发法制备多孔膜的铸膜液组成相变化图
1—原始铸膜液；2—两相区；3—单相区

易挥发的良溶剂不断蒸发逸出，非溶剂的比例愈来愈大，高分子沉淀析出形成薄膜，因此，此方法也称为干法。这是相转化制膜工艺中最早使用的方法，在二十世纪二三十年代就已被使用。

② 水蒸气吸入法。如图 1-19 所示，高分子铸膜液在平板上铺展成一薄层后，在溶剂蒸发的同时，吸入潮湿环境中的水蒸气，使高分子从铸膜液中析出，并进行相分离。

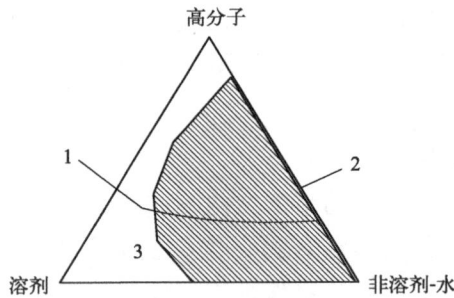

图 1-19　水蒸气吸入法制备多孔膜的铸膜液组成相变化图
1—原始铸膜液；2—两相区；3—单相区

③ 热致相分离（thermally induced phase separation，TIPS）法。其原理为：在聚合物的熔点以上，将聚合物溶于高沸点、低挥发性的溶剂中，形成均相溶液，然后降温冷却成膜。控制适当的工艺条件，在分相之后，体系形成以聚合物为连续相、溶剂为分散相的两相结构。这时再选择适当的挥发性试剂（即萃取剂）把溶剂萃取出来，从而获得一定结构形状的聚合物微孔膜。与其他方法相比，TIPS 法有许多优点：迅速地热交换可促使高分子溶液分相，而不是缓慢地溶剂-非溶剂交换；TIPS 法相对成孔率高；易形成晶球结构，成膜的透水量较大；TIPS 法的影响因素要比 NIPS（非溶剂致相分离）法少，更容易控制；由 TIPS 法可获得多种微观结构，如开孔、闭孔、各同向性、各异向性、非对称性等；成膜强度比其他方法高3～5 倍，不易断。工艺优化点：可从膜液温度、凝固浴温度、空气程、料液排放比例上进行优化。

④ 非溶剂致相分离（non-solvent induced phase separation，NIPS）法。其原

理为：常温或微温下，选择合适的溶剂溶解聚合物，形成均相溶液，然后转移到非溶剂相成膜。因 N-甲基吡咯烷酮（NMP）、二甲基亚砜（DMSO）等溶剂很容易溶进水中，从而得到了多孔的膜结构，这也是形成指状结构的重要过程。与其他方法相比，NIPS 法对设备要求简单，无高温高压等要求。但制膜的材料相对有限，膜的透水量比 TIPS 法低很多。工艺优化点：可从溶剂温度、凝固浴温度、空气程、卷曲时间、速度上进行优化。

⑤ 蒸发致相分离（volatilize induced phase separation，VIPS）法。其原理为：常温或微温下，选择合适的溶剂溶解聚合物，形成均相溶液，然后转移到非溶剂相成膜。与 NIPS 法不同的是，其用高温、高湿度的水蒸气箱代替凝固水槽。因 NMP 等溶剂很容易溶进水蒸气中，从而得到了多孔的膜结构。VIPS 与 NIPS 区别较大，但原理相仿，用于平膜、卷膜较多。与其他方法相比，VIPS 法无须高温高压，但湿度要求为 50%～80%（相对湿度）。制膜过程中，要及时更换清洁水蒸气。根据溶液的饱和蒸气压来控制置换时间，其对致密层的形成，影响很大。本工艺可以从湿度、温度、蒸发面积等方面进行优化。

（2）复合膜

制作复合膜工艺的基本思路为：采用其他制膜工艺，分别制备致密皮层和多孔支撑层，既可减少致密皮层的厚度，又可消除易引起压密的过渡层，从而提高膜的通量和抗压密性。复合膜与相转化法制备的非对称膜相比具有以下特点：可分别选择不同的膜材料制备致密皮层（也称超薄脱盐层）和多孔支撑层，使它们的性能分别达到最佳；可用不同方法制备高交联度和带离子性基团的致密皮层，从而使膜对小分子物质有良好的分离效果，以及具有良好的物理化学稳定性和抗压密性；大部分复合膜可制成干膜，有利于膜的运输和保存。其复合方法包括：高分子溶液涂敷、界面缩聚、原位聚合以及等离子体聚合等。

1.5.2　无机膜的制备

金属膜、陶瓷膜、多孔玻璃膜、分子筛膜等都属于无机膜。无机膜耐高温、耐溶剂、耐生物降解，有较宽的 pH 值适用范围。但其制法完全不同于有机膜，制造过程较为复杂，价格相对昂贵。

无机膜的研究始于 20 世纪 40 年代，其发展可分为三个阶段：用于铀同位素分离的核工业时期，液体分离时期，以膜催化反应为核心的全面发展时期。

无机膜的制备技术主要有：采用固态粒子烧结（solid state sintering）法制备载体及过渡膜；采用溶胶-凝胶（Sol-Gel）法制备超滤、微滤膜，如图 1-20 所示；采用分相法制备玻璃膜；采用专门技术（如化学气相沉积、无电镀等）制备微孔膜或致密膜。

已经开发用于无机膜制备的材料有 TiO_2、Al_2O_3、ZrO_2、SiO_2、Pd 及 Pd 合金、Ni、Pt、Ag、硅酸盐、沸石等。其中 Al_2O_3 是研究最多、应用最广泛的无机膜材料。致密的金属膜主要指的是钯膜，但钯膜只在一些小型系统中应用。钯（钯-

银合金）、银、钛、镍等金属能选择性地透过特定气体。25μm 厚的膜可采用压延的制造方式，更薄的膜可在多孔体上采用喷溅、电化学沉积、化学气相沉积等技术制造。由于气体透过量和膜厚度成反比，金属用量和膜厚度成正比，所以超薄金属膜有极大的吸引力。

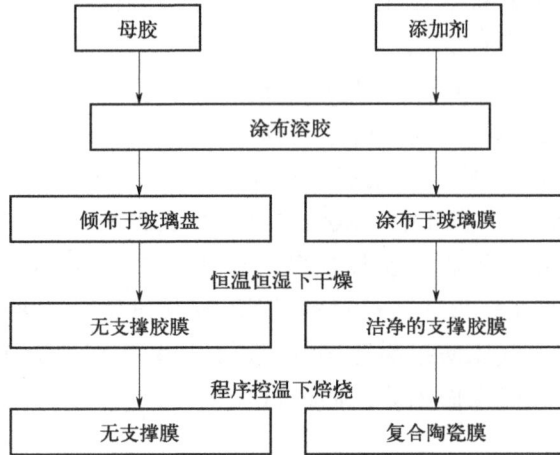

图 1-20 Sol-Gel 法制备无机膜流程

无机陶瓷膜的主要制备技术有采用固态粒子烧结法制备载体及微滤膜、采用溶胶-凝胶法（Sol-Gel）制备超滤膜、采用分相法制备玻璃膜、采用专门技术（如化学气相沉积、无电镀等）制备微孔膜或致密膜。其基本理论涉及材料学科的胶体与表面化学、材料化学、固态离子学、材料加工等。其中 Sol-Gel 是目前制备无机陶瓷膜最重要的一种方法。通常是以金属醇盐为原料，经有机溶剂溶解后在水中通过强烈快速搅拌进行水解，水解混合物经脱醇后，在 90～100℃ 下，以适量的酸（pH＜1.1）使溶胶沉淀进行胶溶，形成稳定的胶态悬浮液，溶胶经低温干燥后形成凝胶，控制一定的温度与湿度继续干燥成膜。凝胶膜再经高温焙烧后制成具有陶瓷特性的氧化物膜。用此法制备的无机陶瓷膜孔径可达 1～100nm，适用于气体分离和超滤。

分子筛膜指的是其表观孔径小于 1nm 的膜。将聚合物中空纤维在惰性气体或真空中加热而分解成为碳，孔径为 0.2～0.5nm。沥浸法亦可制得孔径小于 1nm 的玻璃纤维。

与有机膜分类方式较为类似，无机膜按形状可分为管式（包括单通道和多通道）、圆平板式、多沟槽式、中空纤维式；按功能可分为微滤膜、超滤膜、纳滤膜、反渗透膜、气体分离膜、渗透气化膜和催化反应膜。

当前，欧美、日本等国家和地区的膜制造商的无机超滤膜和微滤膜已形成了很大的市场规模，除了在水处理领域中的应用，无机膜在化工、生物、食品等领域中也有着广泛的应用。如果膜的高温稳定性、价格和污染问题都能够得到解决，则无机膜的应用领域将更为广泛。

近年来，无机膜由于有着更为稳定的化学及抗污染性能、更长的使用寿命和更强的适应恶劣环境的能力，越来越多地应用在水处理领域中。无机膜的制备技术主要包括：烧结法、溶胶-凝胶法、分相法以及化学气相沉积法等。

课后习题

1. 膜污染分为哪几种？其各自特点是什么？
2. 死端过滤和错流过滤的概念和特点分别是什么？
3. 临界通量和临界压力的测定方法及原理分别是什么？
4. 对称（均质）膜的种类有哪些？讲述其制备方法。
5. 热致相分离法的概念及步骤是什么？
6. 说明浓差极化现象。
7. 无机膜有哪些？制备无机膜的方法及原理是什么？
8. 膜分离的选择性来源于哪些作用和原理？
9. 什么是膜？膜过程的概念是什么？
10. 以膜孔径分类，在水处理中，常用的膜过程可以分为几类？简述各种膜过程的特点。
11. 简述有机膜与无机膜的常用制备方法。
12. 膜组件有哪些形式？

参考文献

[1]　时钧，袁权，高从堦. 膜技术手册 [M]. 北京：化学工业出版社，2001：274.
[2]　邓麦村，金万勤. 膜技术手册 [M].2 版. 北京：化学工业出版社，2020：232.
[3]　许振良. 膜法水处理技术 [M]. 北京：化学工业出版社，2001：331.
[4]　P. 希利斯. 膜技术在水和废水处理中的应用 [M]. 刘广立，赵广英，译. 北京：化学工业出版社，2003：183.
[5]　黄萌，于水利. 聚四氟乙烯膜及应用 1998-2017 文献计量分析 [J]. 水处理技术，2020，46（02）：128-132，136.
[6]　郑思伟，栗鸿强，薛立波，等. 中国膜产业发展概况及市场分析 [J]. 水处理技术，2021，47（02）：12-15.
[7]　郑根江. 中国膜产业发展状况与展望 [J]. 水处理技术，2020，46（06）：1-3.
[8]　肖长发，何本桥，武春瑞，等. 我国中空纤维膜技术与产业发展战略研究 [J]. 中国工程科学，2021，23（02）：153-160.
[9]　郑祥，魏源送，王志伟. 中国水处理行业可持续发展战略研究报告：膜工业卷Ⅲ [M]. 北京：中国人民大学出版社，2019：230.
[10]　徐慧芳. 中空纤维膜技术研发态势分析报告 [R]. 北京：中国科学院文献情报中心，2019.
[11]　HUANG H O, THAYER Y T, JACANGELO J G. Unified membrane fouling index for low pressure membrane filtration of natural waters: principles and methodology [J]. Environmental Science & Technology, 2008, 42 (3)：714-720.
[12]　CHUNG T S, ZHANG S, WANG K Y, et al. Forward osmosis processes: Yesterday, today and tomorrow [J]. Desalination, 2012, 287：78-81.

［13］ ZHAO S F，ZOU L，TANG C Y Y，et al. Recent developments in forward osmosis：Opportunities and challenges ［J］. Journal of Membrane Science，2012，396：1-21.

［14］ GE Q C，LING M M，CHUNG T S. Draw solutions for forward osmosis processes：developments，challenges，and prospects for the future ［J］. Journal of Membrane Science，2013，442：225-237.

［15］ 王亚琴，徐铜文，王焕庭. 正渗透原理及分离传质过程浅析 ［J］. 化工学报，2013，64 (1)：252-260.

［16］ QASIM M，DARWISH N A，SARP S，et al. Water desalination by forward (direct) osmosis phenomenon：A comprehensive review ［J］. Desalination，2015，374：47-69.

［17］ ZHANG M X，LIU R X，WANG Z W，et al. Dehydration of forward osmosis membranes in treating high salinity wastewaters：Performance and implications ［J］. Journal of Membrane Science，2016，498：365-373.

［18］ 虞源，吴青芸，陈忠仁. 压力延迟渗透膜技术 ［J］. 化学进展，2015，27 (12)：1822-1832.

［19］ 张丽. 无机陶瓷膜的制备及其在废水处理中的应用 ［J］. 环境科学与技术，2001，96 (4)：27-31.

第**2**章 膜法水处理应用中膜性能评价及组件设计

2.1 膜性能分析及评价方法

在膜法水处理的设计和应用中，不但需要对膜的分离性能进行充分的评价，还需要对膜的物理和化学性能进行深入了解和全面分析，以适应不同工艺环境及分离过程的需要。分离性能是膜在膜法水处理应用中应考虑的首要因素，包括膜孔径大小与分布、膜面电荷、粗糙度等，也包括通量性能以及抗污染性能等。膜的化学性能主要体现在抗氧化性、抗水解性和耐酸碱性等方面，既取决于膜材料的化学结构，又取决于被分离溶液的性质。如果膜在使用过程中被氧化、水解，最终结果会导致膜色泽变深、发硬变脆，使其化学结构与外观形态受到破坏而最终影响其分离功能。膜的物理性能则主要体现在耐热性、机械强度等方面，同时也与膜的应用领域和适用范围紧密相关。

2.1.1 膜孔径大小与分布

孔径是膜法水处理中表征多孔膜性能的重要参数。膜孔径是决定膜分离性能的关键指标。理论上讲，在满足截留要求的前提下，应尽量选择孔径或截留分子量较大的膜，从而得到较高的膜通量。但选用较大膜孔径，混合液中相当数量的胶体会进入膜孔内部并被吸附，从而引起膜孔堵塞，反而会加速膜污染，而这种内部的膜污染是很难清除的。对于远小于溶质颗粒尺寸的膜孔径，则需要更大的工作压力。准确表征膜孔径的特征就显示出越来越强的重要性，它不仅对新型膜的研制有着重要的指导意义，而且在膜的应用技术中，对于膜类型的迅速、正确选用有着极大的辅助作用，对于膜系统的设计和工艺的稳定运行也有着重要的作用。

分离膜的孔结构和分布非常复杂，有多种形式，如图 2-1 所示。为了简化其结构以进行膜孔径及分布的测定，在微滤膜孔径测定中，一般假定膜孔结构为圆直筒状。考虑到孔形状不规则，可加适当修正系数。由于超滤分离机理基本等同于微

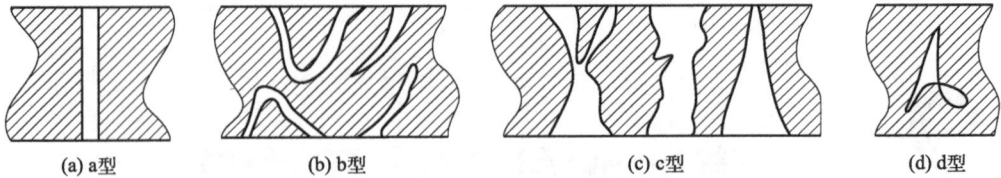

|(a) a型|(b) b型|(c) c型|(d) d型|

图 2-1　膜结构示意图

滤，因而在超滤膜孔径测定中也可沿用微孔膜孔径测定思路。

目前常用的测试膜孔径及分布（主要指微滤和超滤）的方法包括液体流速法、泡点压力法、压汞法、电镜法、固体表面吸附法、分子探针法等。

（1）液体流速法

液体流速法中假设所测定分离膜的平均孔径相同，且膜孔为垂直于膜表面的圆筒形通孔。

由 Guerout-Elford-Ferry 方程计算膜孔的平均孔径 $\bar{r}$，如式（2-1）所示：

$$\bar{r}=\sqrt{\frac{8\mu LQ}{\varepsilon\Delta P}} \tag{2-1}$$

式中，μ 为纯水黏度；Q 为纯水透过速率；L 为膜厚度；ΔP 为膜两侧压力差；ε 为膜孔隙率。

$$\varepsilon=(1-m/V\rho)\times100\% \tag{2-2}$$

式中，m 为膜试样干重；ρ 为膜材料密度；V 为湿膜试样体积。

该方法更适用于孔径较大且多为直通孔分布的微滤膜的测定。对于超滤膜则会由于存在较多非直通孔而导致一定的失真。同时，由于实际膜孔长度不等效于膜厚，也会使 $\bar{r}$ 在一定程度上存在偏差。

（2）泡点压力法

分离膜具有离散的类似于毛细管贯穿膜两侧的孔结构，使膜可被浸润液体充分润湿，浸润液在毛细吸附与表面张力的作用下吸附于毛细管孔中，给膜的一侧施以逐渐增大的气体压强，当气体压强大于某孔径内浸润液的表面张力所产生的压强时，该孔径中的浸润液将被气体推出。因为孔径越小，表面张力产生的压强越高，所以要推出其中的浸润液所需施加的气体压强也越高。孔径最大的孔内，其浸润液将首先被推出，使气体透过。然后随着压力的升高，孔径由大到小，孔中的浸润液依次被推出，使气体透过，直至全部的孔被打开透气，达到与干膜相同的透过率。被打开的孔所对应的压力即为泡点压力，该压力所对应的孔径为最大孔径。在此过程中，实时记录压力和流量，得到压力与流量曲线。压力反映孔径大小的信息，流量则反映某种孔径的数量信息，然后测试出干膜的压力与流量曲线，根据计算得到该膜样品的最大孔径、平均孔径、最小孔径以及孔径分布等数据。膜孔径可由 Laplace 方程计算求出，如式（2-3）所示：

$$d=\frac{4\gamma\cos\theta}{P} \tag{2-3}$$

式中，d 为膜孔直径；γ 为浸润液表面张力；P 为跨膜压力；θ 为浸润液与膜的接触角。

当膜孔完全被打开后，浸润液随着气体流过而挥发干净，可将此时的膜认为是干膜，可直接减小压力，测定干膜的气体流量。由于在气体压力较小时，干膜气体流量不是很稳定，可通过所测得的干膜数据，推导出干膜压力的数值渐变公式：

$$y = kx + b$$

式中，x 为测定湿膜气体流量时所用到的压力；y 为该压力下干膜的气体流量，$y = Q_{dry}$。

然后用相同压力下的湿膜流量 Q_{wet}，求取无量纲流量 Q_r，如式(2-4) 所示：

$$Q_r = Q_{wet}/Q_{dry} \tag{2-4}$$

（3）压汞法

用高压使汞渗入膜的微孔，监测汞体积的变化，经体积收缩校正后，可得膜孔径分布的情况。压汞法测试过程中，渗入膜中的汞量并非只反映出对透过性能有贡献的孔结构。由于测试压力较高，可能会改变原始的膜孔结构。对于有一定孔径分布的孔，只有能满足下述关系才能被液体（如汞）所充满，如式(2-5) 所示：

$$r \geqslant \frac{2\delta |\cos\theta|}{P} \tag{2-5}$$

式中，r 为孔半径；δ 为表面张力；P 为测试压力；θ 为接触角。

随着施加压力的增加，膜内部的孔被液体所充满，渗入固体汞的总体积就会相应地增加。通常采用压汞孔隙率作为测量结果。

设 dV 为孔半径在 r 与 $r+dr$ 之间的孔体积，dV 一般可通过其分布函数 $D(r)$ 与 r 相联系，如式(2-6) 所示：

$$dV = D(r)dr \tag{2-6}$$

当接触角 θ 和表面张力 δ 不变时（实际上 δ 与压力关系不大），由 Laplace 公式：

$$\Delta P = \delta \left(\frac{1}{R_1} + \frac{1}{R_2} \right) \tag{2-7}$$

得出：

$$P\,dr + r\,dP = 0 \tag{2-8}$$

式(2-7) 中，R_1、R_2 为毛细管中液体的曲率半径。

由式(2-6) 和式(2-8) 得：

$$dV = -D(r)r\,dP/P \tag{2-9}$$

又

$$r = \frac{2\delta\cos\theta}{P} \tag{2-10}$$

带入式(2-9) 得：

$$D(r) = -\frac{P^2}{2\delta\cos\theta} \times \frac{dV}{dP} \tag{2-11}$$

由 $D(r)$-r 作图，则可画出孔径分布图。

对该方法的理论基础进行分析可知，它所测出的孔的含义为空隙孔，可包括图 2-1 中的 a、b、c 型孔。而超滤膜的孔含义仅限贯通于膜两侧的孔，图 2-1 中 b 型孔为无效孔。同时由于所需测试压力大，将部分改变膜孔结构，因此该方法不适用于超滤膜孔径测定。

（4）电镜法

电镜法最初是由扫描电镜直接观察膜表面孔的情况，并计量孔个数，现已成为一种结合计算机图像分析膜孔径特征的重要分析技术，是一种发展中的图像处理技术。由于所采用的数据处理数学模型不同，得出的孔分布情况也不同。在其数学模型中，必须考虑如图 2-1 中 b、d 型无效孔和 c 型存在孔径的情况。同时，相比于其他方法，电子显微镜观察法虽然可以直观地观察膜面和断面的孔结构，但它仅反映了膜的一个极其微小的局部结构，因此为了使膜孔分析更为准确，需要用更多的电镜分析数据进行分析。

（5）固体表面吸附法

这是一种测定多孔物质中孔径及其分布的常用方法。通过在一定压力与温度下，测定固体表面吸附气体分子的数量来计算固体的孔径分布。根据圆筒等效模型，多孔固体的孔可用许多半径不同的圆筒来代表。根据吸附和毛细管原理，在一定温度下，先有部分气体在孔壁吸附，随着气体压力逐渐升高，除气体在各孔壁的吸附层厚度相应地逐步增加外，当达到与某个孔径相应的临界压力时，还会发生毛细管凝聚现象，半径越小的孔越先被凝聚液充满。随着该气体相对压力的不断升高，半径稍大一些的孔也相继被凝聚液充满。当相对压力为 1 时，则所有孔都被充满，并且在一切表面上都发生凝聚。相反，随着该气体相对压力由 1 开始逐渐下降，半径由大到小的孔则依次蒸发出孔中的凝聚液，并于孔壁留下与平衡相对压力相应厚度的吸附层，孔越小，则相对压力越低才能蒸发放空。

超滤膜孔径是指贯通于膜两侧的孔通道中最窄细处的通道半径，不等同于固液吸附理论中的孔径含义。由于固液吸附法中孔的含义为空隙孔，与分离膜贯通孔的意义不同，则包括了如图 2-1 中的 b 型孔，故固体表面吸附法不适用于测定超滤膜孔径及孔径分布。

（6）分子探针法

该方法直接用一系列已知分子量的标准物质，配制成一定浓度的测试原液，通过测定其在超滤膜上的截留特性来表征膜的孔径大小，是应用最广的一种方法。常用的分子探针包括聚乙二醇（MWCO＝400～20000）、葡萄糖（MWCO＝10000～2500000）、蛋白（MWCO＝1000～350000）以及其他易于检测的标准物质。配制测试原液时，要控制分子探针的浓度，以减小膜表面浓差极化的影响。

但对同一分子量的不同分子探针，其超滤膜截留率仍不完全相同，这与分子探针形状、膜孔形状、膜材质特性和测定条件有关。如在一定条件下，线形聚乙二醇分子比球形蛋白更易于透过较小的膜孔；又如对于荷电膜、分子尺寸与膜孔径相近的非荷电分子探针，在压力驱动下可透过膜，而带有同种电荷的分子探针则不易透过荷电膜。利用这一点，通过调配原液的 pH 值，也可使分子量相近的蛋白质、氨基酸等实现分离。利用分子探针法测定超滤膜孔径及其分布仍是一个相对指标，对实际应用体系仍需作具体考察。

2.1.2　膜表面粗糙度

膜表面粗糙度是影响膜污染的一个重要指标，它决定了膜污染的难易程度。有研究认为粗糙的膜面比表面积大，污染物更易吸附在膜面上。而也有一些研究表明膜面粗糙度增大的同时也增加了膜面附近的水流扰动程度，可一定程度上延缓污染物在膜表面上的积累。综上，膜面粗糙度对膜污染的影响是表面吸附作用和外部水力环境等多方面共同作用的结果，存在一个最合理的值。通常情况下，原子力显微镜可对不同膜面的粗糙度进行测量和分析，但其分析的膜面范围尺度较小。与之相对，光学显微镜则可以在相对较大的尺度范围内分析膜面的粗糙度情况。

2.1.3　膜接触角

接触角为微小液滴与固体样品表面接触时的气、液、固三相夹角，如图 2-2 所示。采用水滴时，接触角（θ）可以用于表征分离膜材料表面的亲疏水性，θ 越大，疏水性越强，反之则亲水性越强。

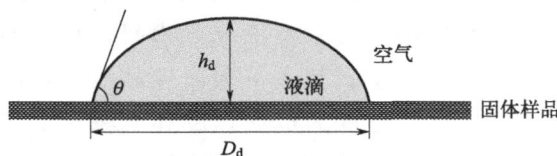

图 2-2　接触角示意图
（h_d 表示液滴高度，D_d 表示液滴底部直径）

通常认为，亲水性较强的膜不容易与混合液中的蛋白质类污染物结合，从而减少了膜对于生物类污染物质的吸附。例如，在膜生物反应器工艺中，活性污泥属于有机类物质，因而疏水性膜易于受到污染，亲水性膜则更耐污染。对于疏水性膜，可以通过人为改性引进亲水基团（如磺酸基）或通过表面改性技术来增加透水性。对于没有进行改性的疏水性膜，在使用之前应该用相应的溶剂（如乙醇）浸泡，进行亲水化处理。

接触角可分为静态接触角和动态接触角。一般情况下，可以测定静态接触角。当膜表面对液滴的吸收比较大时，建议测定动态接触角。动态接触角是指液滴在固体表面缓慢移动过程中的接触角，前进侧的接触角为前进角，后退侧的则为后退角。静态接触角的数值一般介于前进角和后退角之间。前进角的测量需要使液滴缓慢移动并停止 5s 以上，在此过程中前进角需要几乎保持不变（准稳态），以读取准确数值。在膜的接触角测量过程中，由于膜的多孔结构（尤其是亲水膜）会导致水滴的渗透，接触角的读取必须在水和样品接触后，在尽量短的时间内完成。这使得前进角的测量难度较大。鉴于此，推荐采用水滴到达样品表面 0.2s 的瞬时静态接触角代替前进角。在 0.2s 时，水滴在样品表面的振动几乎停止，刚好得以读取瞬时静态接触角。

接触角可采用视频光学接触角测量仪测定。利用该仪器的快速拍照功能，可读取瞬时静态接触角，采用 Young-Laplace 方法拟合水滴轮廓，可得出接触角、水滴体积、高度及底部直径等信息。

2.1.4　膜表面电性

膜表面的电荷性质直接影响到其对料液中正负离子的吸附和排斥，因此对膜污染有一定的影响。由于水溶液中胶体粒子大部分带负电，当膜表面基团带正电时，胶体杂质更容易吸附沉积在膜的表面而造成膜污染，相反，如果膜表面基团带负电，则不容易形成污染。当膜表面的电荷与溶质电荷相同时，同性电荷相斥使膜表面凝胶层疏松，污染层阻力减小。可以通过表面改性，改变膜表面的电荷性质，增强膜的抗污染性。例如，Shimizu 等发现带负电荷的陶瓷微滤膜比带正电荷的膜通量有很大提高，其原因在于带负电荷的胶体与膜表面之间存在较强的电性斥力，从而使膜污染减轻。

固体（膜）表面的带电性可以用 Zeta 电位表征。膜表面的 Zeta 电位通过带有平表面样品池的纳米粒度及 Zeta 电位分析仪采用电渗探粒技术进行测量，测量所用的电解质溶液与膜所应用的背景溶液成分相同，其中加入经改性荷负电的醋酸纤维素标准颗粒作为探粒。将膜装入平表面样品池中，使其与电解质溶液接触。在电场作用下，探粒的运动速度为电泳速度和电渗速度的加和，可通过激光多普勒效应测量。电泳速度和电渗速度可分别反映探粒和膜表面的 Zeta 电位。需要注意的是，Zeta 电位受溶液环境的影响较大，测试时需设定合适的溶液 pH 值和离子强度。

2.1.5　泡点压力及拉伸断裂强力

分离膜的材料学特性是其在水处理工艺应用中需要考虑的关键因素。一般来说，具有较高材料学强度的膜分离材料使用的耐久性更强，并且更适于需要大强度清洗的膜分离工艺。具体评价参数包括膜的爆破压力和拉伸强度。

爆破压力，也称破裂压力，是综合表征分离膜材料学性能的关键指标之一。在分离膜一侧通入氮气等惰性气体，逐步升高氮气压力，直至膜破裂，此时的气压值就是该膜的破裂压力，该压力值与测试液体有关。例如，对于中空纤维膜丝，其在水中的破裂压力显著大于在乙醇中的破裂压力。当膜丝的孔径较大或疏水性较强时，随着氮气压力的升高，膜纤维可能并不会发生破裂，而膜丝会变得可透气。建议采用中空纤维膜丝在水中测得的破裂压力值作为其破裂压力。

膜拉伸断裂强力可确切地表征膜材料的拉伸强度。拉伸断裂强力与膜的应用环境和测试条件有关。中空纤维膜的拉伸断裂强力可采用通用型电子单纱强力仪测量。取一定长度的湿态中空纤维膜丝，将其固定在电子单纱强力仪的两夹持器之间，在室温下，一般按照 500mm/min 的速度均匀拉伸膜丝直至断裂，记录拉伸断裂强力和拉伸伸长率，可依此评价中空纤维在断裂破损上的性能。值得注意的是，在不同的干湿状态、拉伸速度下，中空纤维膜的拉伸断裂强力会有所不同。

2.2　膜污染的表征及测试方法

完善的膜污染分析途径和表征方法是建立和探究膜污染理论的前提条件。就目前的分析手段来看，膜污染分析的最好方法是解剖已污染的膜组件，并详细分析其污染物，但这样必然会破坏膜组件。因而需通过其他方法来确定膜污染物的结构、组成和性质特征，这样更有利于对运行中的膜污染情况进行评估。

2.2.1　无机污染物

在以压力为驱动力的膜分离系统中，由于膜的截留作用，在膜表面会发生体系中组分的浓缩，导致浓差极化现象的产生。对于可溶性组分来说，当离子的含量超过其溶解度后就会在膜表面和孔内形成沉淀或结垢。对于超滤和反渗透来说，最主要的无机污染物是钙和镁等的硫酸盐和碳酸盐形成的水垢层，其中以 $CaCO_3$ 和 $CaSO_4$ 最为常见。在大多数情况下，无机与有机污染物之间还存在着相互促进的作用，会加剧膜的污染。如在 MBR 中形成的无机污染物往往与进水水质的特点有很大的关系，进水中含有较高浓度的金属成垢元素或在反应器内投加无机混凝剂等均会造成膜表面的无机污染。

无机污染物的鉴别方法通常有：a. X 射线荧光分析法（XRF），光束能渗透到膜表面及以下 10μm 的深度，可测定所含金属元素种类与含量；b. X 射线衍射法（XRD），可测定晶态无机物含量，如 SiO_2、$Ca_2SiO_4 \cdot H_2O$ 等结晶体；c. 离子色谱法（IC），通常用于测定溶液中阴离子（酸根离子）和阳离子（金属离子）类别及其浓度；d. 电感耦合等离子体发射光谱法（ICP），通常用于测定溶液中金属离子类别及其浓度；e. 场发射扫描电镜及能谱仪（FESEM-EDX），可测定污染物中无机元素类别及其相对含量的多少；f. X 射线光电子能谱仪（XPS），可测定污染物中元素类别及其含量。

2.2.2　有机污染物

膜法水处理工艺中的有机污染物主要包括细菌胞外聚合物（EPS）、蛋白质、多肽、脂肪类和多糖等大分子类物质，其中含有活性基团的大分子物质可能会与金属离子（Ca^{2+}、Mg^{2+} 和 Ba^{2+} 等）相互作用而在膜的表面形成凝胶层，从而使膜通量下降或膜的过滤阻力上升。许多研究表明，在微生物絮体的污染中，EPS 是优势污染物，微生物通过这些物质相互粘连，形成菌胶团，并在过滤中显示出较强的压密性，从而使过滤阻力不断升高。此外，EPS 还能以化学键形式与膜交联，改变膜的渗透特性，既导致了膜渗透通量的下降，又遏制了水力剪切作用对污染层的脱除。黏附在膜表面的细菌和微生物还会直接或间接地对膜进行降解，使膜结构变得疏松，严重影响了膜的分离性能，并大大缩短了膜的寿命。

　　有机污染物的评价方法包括：a. X 射线光电子能谱仪（XPS），可测定污染物中元素类别及含量；b. 总有机碳测定仪（TOC），可测定溶液或清洗液中总有机碳与无机碳含量，从而间接地表明清洗效果；c. 傅里叶变换红外光谱仪（FTIR），可测定各官能团特征峰图谱，通过相互比较，可初步确定污染物的类别；d. 拉曼光谱法（Raman spectra），可鉴别有机物质、高分子物质和生物质的类别和结构；e. 色谱-质谱法（LC-MS），可测定有机化合物的组成、结构及含量；f. 基质辅助激光解吸电离-质谱法（MALDI-MS），可测定聚多糖成分与结构。

　　利用衰减全反射傅里叶变换红外光谱法（ATR-FTIR）可对污染膜样品表面的有机成分进行检测。根据对官能团振动峰的分析，可以初步判断出膜丝表面污染物的种类。红外光谱测定仪的采样深度为膜表面以下数微米。膜表面官能团信息可由ATR-FTIR 给出。表 2-1 为红外光谱吸收带与膜表面污染物疑似官能团的对应关系。

表 2-1　红外光谱吸收带与膜表面污染物疑似官能团的对应关系

波数范围	吸收强度	振动类型	可能的官能团
3600～2700	强	O—H 伸缩	羟基、氢键、水
3350～3050	中	酰胺 N—H 伸缩	酰胺、肽键、蛋白类
2950～2850	强	C—H 伸缩	饱和脂肪酸
1800～1700	强	C =O 伸缩	羧酸酯
1750～1650	强	C =O 伸缩	羧酸
1700～1600	强	酰胺 C =O 伸缩	酰胺、肽键、蛋白类
1600～1550	强	C =O 伸缩	羧酸盐
约 1450	中	C—H 变形	饱和脂肪酸
1400～1250	强	O—H 弯曲	羟基
1400～1000	强、尖锐	C—F	膜背景（C—F）
1300～1000	强	C—O 伸缩	含氧亲水物、多糖类
850～700	强	苯环 C—H 弯曲	芳香环
800～700	弱	C—F	膜背景（C—F）
800～600	强	C—Cl	膜背景（C—Cl）

2.2.3　污染物的形貌

　　膜表面污染物形貌的直观观察是反映膜污染程度和特点最基本的方法，可观察和分析膜污染物的外部形态、相对尺寸、在膜表面的聚集状况、膜孔的堵塞状态等。其鉴定方法包括：a. 扫描电镜（SEM），观察分析污染膜的形貌结构，包括污染层厚度，聚集体大小及分布，膜孔内污染情况等；b. 光学显微镜（OM），在较大范围内观察污染膜的形貌结构，聚集体大小及分布等；c. 原子力显微镜（AFM），能获得膜表面污染物质三维微观表面形貌图，定量计算膜表面粗糙度；d. 光学相干断层扫描仪（OCT），能够原位观测污染层的厚度与变化状况，且能够实现无损原位观测；e. 超声扫描技术，能够原位获得膜表面污染层的厚度及密度等参数，并实现对污染层变化的连续观测。

2.3　膜组件设计

2.3.1　膜组件构型分类

由膜、膜支撑体、流道间隔体、带孔的中心管等构成的膜分离单元，称为膜元件（membrane element），由膜元件、壳体、内连接件、端板和密封圈等组成的实用器件，则称为膜组件（membrane module）。将一定数量的膜单元以特定的形式组合排列在一起形成膜组件，膜组件在一定程度上可以节约空间，也可使设备更易于实现自动化。工业上常用的膜组件形式主要有四种：板框式、螺旋卷式、管式和中空纤维式。板框式和螺旋卷式均使用平板膜。表 2-2 列举了水处理中的四种膜组件。

表 2-2　水处理中的膜组件分类

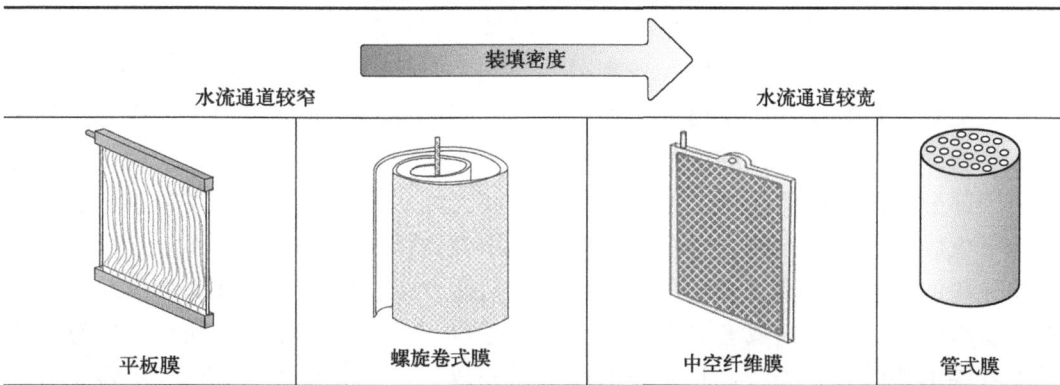

为了便于工业化生产和安装，提高膜的工作效率，在单位体积内实现最大的膜面积，通常将膜以某种形式组装在一个基本单元设备内，在一定的驱动力下，完成混合液中各组分的分离，这类装置称为膜组件。膜组件是膜在系统中应用的基本单元。在废水处理中，膜组件的常用形式包括管式（tubular module）、毛细管式（capillary module）、板框式（plate and frame module）、中空纤维式（hollow fiber module）和螺旋卷式（spiral wound module），各种膜组件的优缺点如表 2-3 所示。上述几种膜组件中，中空纤维膜组件的形式在水处理工艺中均有所应用。例如，MBR 中常用的膜组件形式包括平板式（flat membrane module）、中空纤维帘式（hollow fiber flat-plate membrane module）、浸没式中空纤维式（submerged hollow fiber membrane module）以及管式组件。对于中空纤维帘式膜组件，GB/T 25279—2022 中给出的定义是：由中空纤维膜、集水管、浇铸槽及封端用树脂或其他材料粘接而组成的帘式膜器件。

表 2-3   各种膜组件优缺点比较

膜组件形式	优点	缺点
板框式	运转灵活，组装简单，寿命较长，易于维护、清洗和更换	成本较高，密封操作复杂，装填密度极低（$100\sim400m^2/m^3$）
螺旋卷式	装填密度较高（$1000m^2/m^3$），结构简单，成本较低，抗污染性强	清洗麻烦，必须是可焊接或粘贴的膜
管式/毛细管式	流道较大，对料液中杂质含量要求不高，清洗方便	装填密度低（$<300m^2/m^3$）
中空纤维式	单位膜面积生产成本较低，附属设备能耗较低，装填密度极高（$16000\sim30000m^2/m^3$）	一旦损坏无法更换，需要对原料液进行预处理，清洗较困难

中空纤维膜一般是指外形为纤维状，空心的、具有自支撑作用的膜，也包含带编织管的内衬增强型膜。中空纤维膜组件将大量中空膜纤维端部采用树脂浇铸构成进出水端，并辅以相应的支撑和保护构件，就构成了中空纤维膜组件。中空纤维膜组件装填密度大，且不需外加支撑材料，造价相对较低，寿命较长，但膜对堵塞敏感，污染和浓差极化对膜的分离性能有很大影响。

管式膜组件由膜和膜的支撑体构成，膜直径在 $6\sim24mm$ 之间。管式膜组件的优点包括：料液可以控制湍流流动，不易堵塞，易清洗，压力损失小。而不足之处则在于其装填密度小，运行能耗较高。

螺旋卷式是膜组件中重要的类型之一。在很多膜法水处理应用工艺中，膜都是以螺旋卷式膜的形式出现的。螺旋卷式膜组件最初是为反渗透过程开发的，目前也被用于部分超滤和气体渗透过程。螺旋卷式膜元件主要是通过平板膜卷制而成，包括了平板膜片、进料格网、透析液格网、胶水和透析液收集管等，其中常见的用于工业分离的螺旋卷式膜元件还自带两端的防扭装置。从图 2-3 中可以看出，在螺旋卷式膜组件中，单个（或者多个）膜袋与由塑料制成的网状分隔板配套，按螺旋形式围着渗透物收集管卷绕。膜袋是由两层膜构成的，两层膜之间设有一层多孔的塑

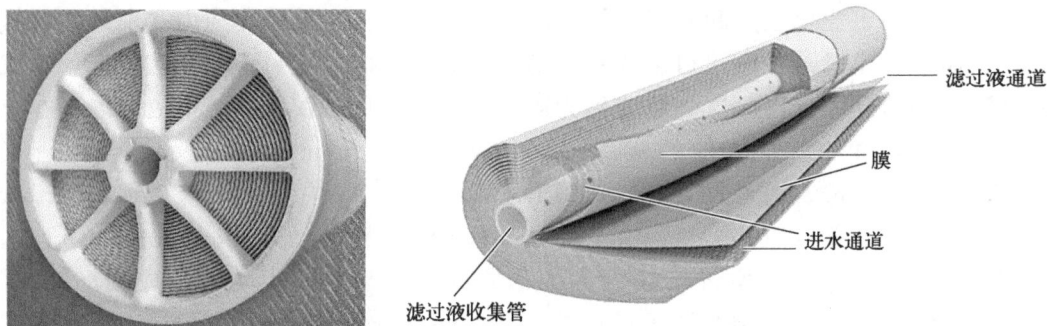

图 2-3   螺旋卷式膜组件

料网状织品（渗透物分隔板）。膜袋有三面是封闭的，第四面（即敞开的那一面）接到带有钻孔的渗透物收集管上。原料溶液从端面进入，按轴向流过膜组件；而渗透物在多孔支撑层中，按螺旋形式流进收集管。进料侧分隔板并不只是起着使膜之间保持一定间隔的作用，其对物料交换过程也有着重要的促进作用，在流动速度相对较低的情况下，可控制浓差极化的影响。螺旋卷式膜组件是市场使用最多、最广泛的膜应用形式，其主要优点是装填密度大，使用操作简便，行业标准比较一致。

板框式装置采用平板膜，类似板框压滤机的形式，以"隔板—膜—支撑板—膜"的顺序多层重叠交替组装。隔板上开有沟槽，作为进水和浓水的流道。支撑板上的开孔作为产水通道。装置结构紧凑，通过简单地增加或减少膜的层数，就可以调整处理量。同螺旋卷式、中空纤维式和管式相比，板框式装置最大的优点是制造组装简单、易拆卸、操作方便，膜的清洗、更换、维护比较容易。从二十纪六七十年代开始，中国科学院海洋研究所、中国科学院大连化学物理研究所、国家海洋局第二海洋研究所等单位先后研制了板框式反渗透组件。具有代表性的板框式膜组件是丹麦 DDS 公司的板框式反渗透膜组件，如图 2-4 所示。与 DDS 公司板框式膜组件相仿的是 Rhone Poulene 公司的膜组件，流道高度为 1.5mm，不易堵塞，能组装的最大膜面积为 $50.4m^2$，透水速率约为 $400L/(m^2 \cdot h \cdot atm)$，$1atm = 101325Pa$。

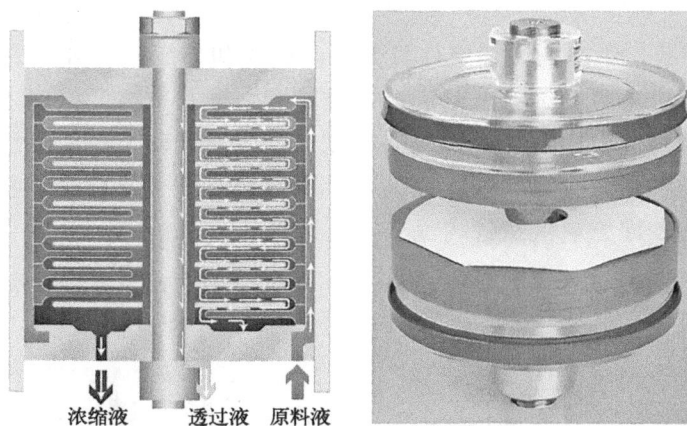

浓缩液　　透过液　原料液

图 2-4　板框式反渗透膜组件

板框式膜组件的流道是敞开式流道，流道高度一般在 $0.5 \sim 1.0mm$ 之间，原水流速可达 $1 \sim 5m/s$。由于流道截面积比较大，对原水的预处理要求较低，所以可以将原水流道的隔板设计成各种形状的凹凸波纹以实现湍流。膜污染低，可选用不同的膜。与其他形式膜组件相比，装填密度较小（通常小于 $400m^2/m^3$），易泄漏，成本高。因此板框式组件在小型水处理厂或浓缩分离中有着较多的应用。

正如前述分析，膜污染会引发膜过滤性能下降、运行能耗增加和膜寿命缩短等一系列问题，因此围绕不同形式的膜组件，优化其外形设计是控制膜污染和获得稳定运行通量的有效措施。

在膜系统中，膜组件的几何结构及应用方式是决定整个工艺性能的关键。因此，性能优异的膜组件应有以下特点：

① 装填密度较高；

② 进料侧具有较高的湍流度，以提高传质效果；

③ 单位产水量能耗低；

④ 单位膜面积造价低；

⑤ 有较方便的清洗设计；

⑥ 模块化的设计。

2.3.2 膜组件运行及相关设计参数

膜组件的过滤方式可分为死端过滤和错流过滤，相关概念见 1.4.5 节。相比之下，死端过滤操作简单，更适用于实验室等小规模操作。在实际工程应用中，一般采用错流过滤。如在 MBR 工艺中主要是通过气、液的高流速来实现错流过滤的，而在连续膜过滤工艺中，往往调节通过调节过滤流量和错流流量的比率（错流比）来控制膜通量和膜污染的程度。从成本来看，死端过滤方式不需要错流过滤那样的平行流，因此动力费用少。死端过滤膜面流速越高，在膜面上就越不容易堆积附着物质，因此从防止膜污染的角度来看，必须实现高膜面流速。但是，膜面流速提高会增加运行成本，因此必须全面考虑处理水量和清洗效果的关系，设计经济的膜面流速。

如图 2-5 所示，中空纤维膜组件可分为内压式和外压式。外压式即原料液在外部推动力作用下由中空纤维膜外侧流过，过滤液则进入中空纤维膜内侧汇集。内压式刚好相反，原料液由中空纤维膜内侧流过，并借助推动力作用达到中空纤维膜外侧。与中空纤维膜类似，管式膜组件也有内压型和外压型两种运行方式，实际应用中多采用内压型，即原料液从管内流入，过滤液从管外流出。

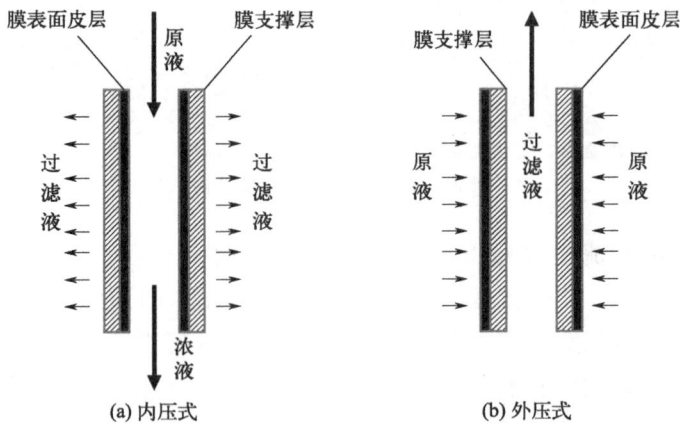

图 2-5 中空纤维膜组件的操作方式

由多个膜组件及进出水管路、曝气管路及连接构件组成的工程应用单元称为膜单元（膜箱，membrane cassette）。图 2-6 为典型的不同浸入式的 MBR 膜单元，下

部为 1.0～1.5m 的曝气箱，内有 8mm 的曝气管，上部为膜组件安装区，可安装
50～150 块膜组件。

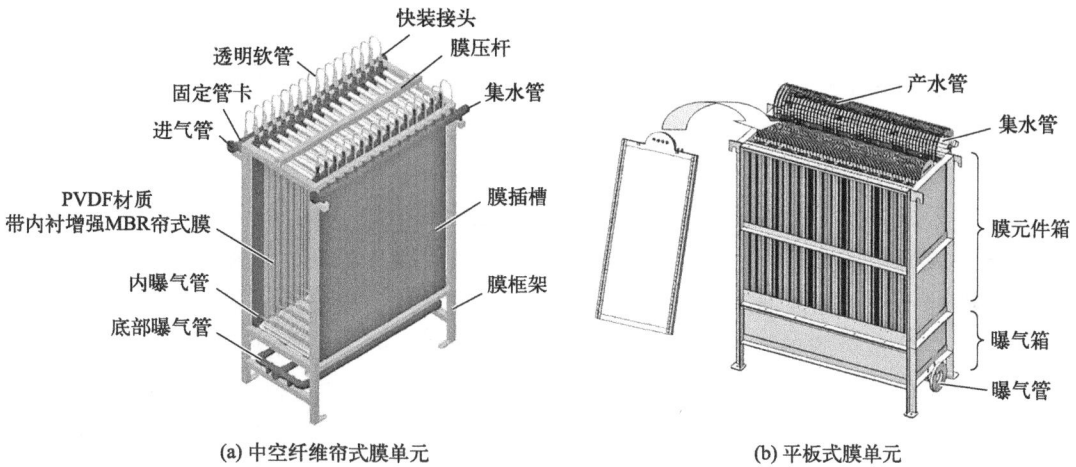

图 2-6　MBR 中的膜单元
（PVDF 为聚偏氟乙烯）

2.3.3　膜组件优化设计

　　膜法水处理系统是由若干膜单元并列组装而成的。每个膜单元的工作均具有相
对独立性，所以膜系统中的膜单元数可以随着处理水量的增加而逐步增加，即在膜
工程中可采用模块化设计的方法，每个模块由若干膜单元构成，随着处理水量的增
加，相应地建设并增加新的模块，从而缩短初期建设的周期以及减少投资。

　　以市政和工业水处理中最为常用的超滤柱式膜为例，一支柱式膜的填充面积一
般为 40～60m²，大型水厂需要的柱式膜常达数百甚至数千支。数十支膜柱组成一
个膜堆单元，根据现场条件的不同，膜堆单元数也可达数十个，其配套的设备和装
置数量也会相当多。

　　增大膜堆单元的容量，减少膜单元及其配套设备和装置的数量，不仅可以降低
建设费用，并且可提高膜系统运行的安全性。从降低膜工程的建设费用和提高运行
的安全性两方面综合考虑，在采用膜法处理的饮用水厂中，中、小型水厂比较适宜
采用柱式膜，大型水厂比较适宜采用浸没式膜。例如，国内某大型 $30 \times 10^4 \mathrm{m}^3/\mathrm{d}$
的膜处理水厂，如使用柱式膜组件，仅阀门就有 500 多个，平均 $1 \times 10^4 \mathrm{m}^3/\mathrm{d}$ 有阀
门近 20 个。但如果通过工艺优化并升级设计，采用流程更为简洁的浸没式外压膜
组件，则可大幅度地减少控制器件和降低系统的复杂性。由于浸没式膜组件的膜堆
单元直接放置于过滤池中，过滤池内的膜堆单体设计得非常紧密且填充量相当高，
因此可大幅减少压力式系统中阀门的用量。现国内一个浸没式膜堆单元的膜面积
可达 15000m²，膜堆单元的处理水量可达 $1 \times 10^4 \mathrm{m}^3/\mathrm{d}$，只需设置 6 个阀门，与柱
式膜相比，数量显著减少。

　　膜组件是膜工艺及装置的核心部分，在将膜组装成组合构件的过程中，无论是

膜还是膜组件都必须考虑若干经济因素，这些因素又与膜制作技术和组件的构造等密切相关。膜组件的设计宗旨是考虑如何使膜抗堵塞，维持较高的运行膜通量，从而延长使用周期和提高其运行经济性。

膜组件的结构形式（如长径比、膜的装填密度等）会直接影响膜表面的料液流态，从而影响膜的抗污染性，因此设计结构合理的膜组件十分重要。例如对于中空纤维膜来说，膜组件的长径比就是一个重要的结构因素，其主要影响沿膜纤维长度方向上的膜通量和压力分布的不均匀性。膜组件运行一段时间后，膜纤维靠近出水端部分由于膜通量和跨膜压力较大，所以首先受到污染，此处膜通量也随之降低，随后这种膜通量和压力的变化会沿膜丝长度方向传递。因此，一般说来这种膜通量和膜污染的不均匀性会随着膜纤维长度的增加而增大，单位膜面积的通量效率也随之降低。与之相对应的是膜纤维的内径越大，其内部的水力损失越小，有利于保持稳定的膜通量，但随之会造成膜装填密度的下降。膜的装填密度主要会影响单位容积膜组件的处理能力。装填密度低意味着系统的处理能力弱，但过高的装填密度也会使膜污染加剧。因此，最佳的膜组件设计应该是各参数综合优化的结果。

平板式膜组件和中空纤维膜组件是超、微滤膜最为常用的膜组件形式，而中空纤维膜组件更是占据了膜系统应用中最大的比重，因此本章的介绍主要以中空纤维膜组件为主。图 2-7 以中空纤维膜组件为例，给出了与膜组件优化相关的几个核心参数之间的关系。可以看到膜组件的设计主要涉及组件几何尺寸的设计、组件装填密度的设计、排布形式的设计以及膜清洗曝气装置的设计等几个方面。上述几个方面都是相互关联且相互影响的，但各方面的设计均是以延缓膜污染和降低能耗为最终目标。例如，在设计外置式工艺的膜组件时，要考虑到中空纤维膜内腔的压力损失和沿着膜丝方向浓差极化现象的加剧；在设计浸没式工艺的膜组件时，则需要考虑膜丝内腔的压力损失、膜外壁的滤饼层分布、膜组件的装填密度、曝气装置的形式、气液两相流的模式及其清洗效果等。无论是外置式还是浸没式工艺，沿着透过液体流动方向的压力损失都是影响膜组件性能的核心因素。

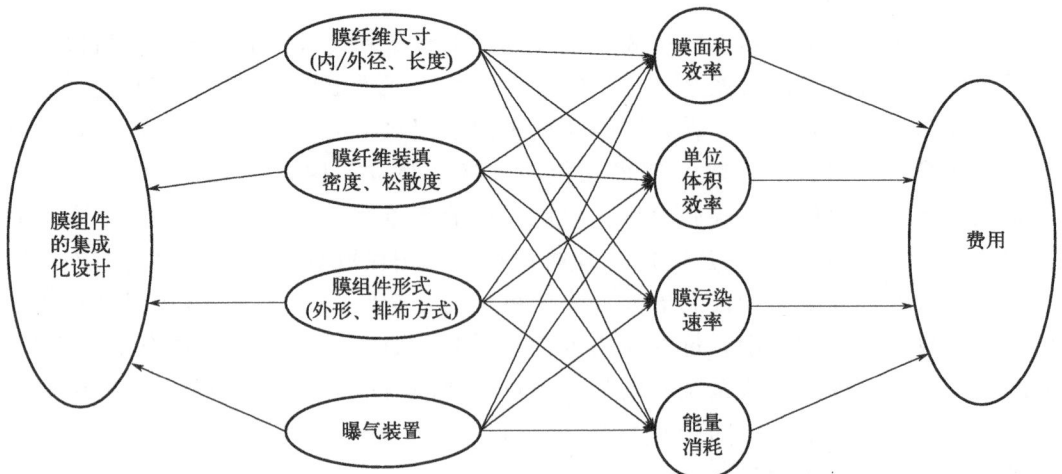

图 2-7 膜组件的设计思路（以中空纤维膜组件为例）

2.3.4　单根膜纤维传质模型

图 2-8 反映了浸没式中空纤维膜过滤水力学状况。

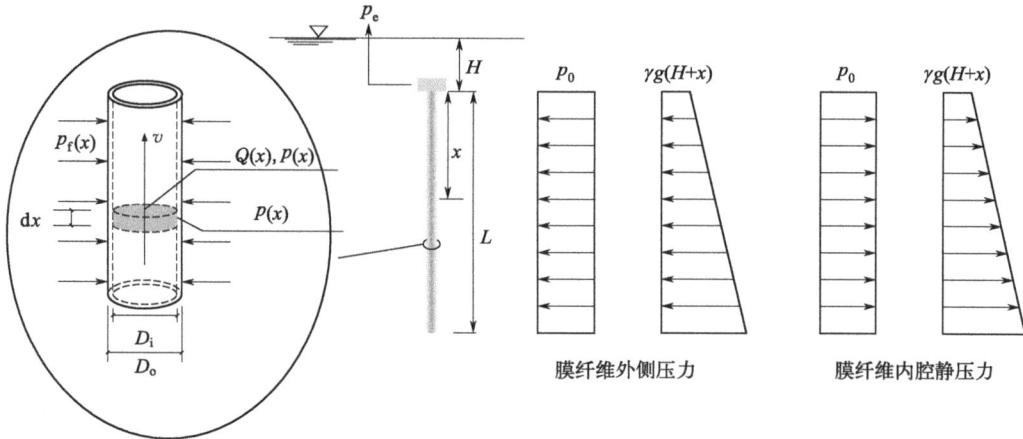

图 2-8　浸没式中空纤维膜的过滤水力学模型

[$p_f(x)$ 为膜纤维外侧所受压力；v 为纤维内腔的过滤液流速；D_i 为纤维内径；D_o 为纤维外径；$p(x)$ 为膜纤维内侧所受压力；x 为膜组件上某一点的位置距离；$Q(x)$ 为与膜组件出口距离为 x 的膜上的点通量；p_e 为大气压强；H 为膜组件浸没水深；L 为膜组件长度；γ 为过滤液体密度；p_0 为中空纤维膜出水端压强；g 为重力加速度]

根据单根膜纤维传质特点，可得式（2-12）：

$$\frac{\pi}{4}D_i^2 \mathrm{d}v = \pi D_o J \mathrm{d}x \tag{2-12}$$

式中，J 为膜通量，L/(m²·h)。

式（2-12）可变为式（2-13）：

$$\frac{\mathrm{d}v}{\mathrm{d}x} = \frac{4D_o J}{D_i^2} \tag{2-13}$$

根据 Hagen-Poiseuille 方程和流体静力学原理，竖直放置的膜纤维内腔压力变化可由式（2-14）描述：

$$\frac{\mathrm{d}p(x)}{\mathrm{d}x} = -\rho g - \frac{32\mu v}{D_i^2} \tag{2-14}$$

式中，μ 为流体黏度，Pa·s；ρ 为内腔中液体密度，kg/m³。

不可压缩流体流动时，其所受总压力实际上是由两类压力组成的：一类是静压力，即流体静止时所呈现的压力；另一类是动压力，即流体流动所需的压力。就压力梯度而言，流体静止时，流体的总压力梯度应等于静压力梯度，而动压力梯度应等于零；流体处于流动状态时，则总压力梯度应等于上述两类压力之和。式（2-15）右端第一项即为膜内腔所受静压力梯度，第二项为动压力梯度。如图 2-8 所示，膜纤维内腔所受静压力与外侧所受压力恰好相等，二者可相互抵消，因此根据式（2-14）可得纤维内腔动压力梯度，而动压力梯度实际上就是膜纤维上的过膜压力梯度，即：

$$\frac{\mathrm{d}p_\mathrm{d}(x)}{\mathrm{d}x} = \frac{\mathrm{d}p_\mathrm{TMP}(x)}{\mathrm{d}x} = -\frac{32\mu v}{D_\mathrm{i}^2} \tag{2-15}$$

式中，$\mathrm{d}p_\mathrm{d}(x)/\mathrm{d}x$ 为动压力梯度，$\mathrm{Pa/m}$；$\mathrm{d}p_\mathrm{TMP}(x)/\mathrm{d}x$ 为过膜压力梯度，$\mathrm{Pa/m}$。

膜通量与过膜压力的关系可表示为：

$$J(x) = k[p_\mathrm{f}(x) - p(x)] \tag{2-16}$$

式中，k 为膜过滤系数，$\mathrm{s \cdot Pa}$。

式(2-16)可变为：

$$J(x) = kp_\mathrm{TMP}(x) \tag{2-17}$$

综合式(2-13)、式(2-15)、式(2-17)可得

$$\frac{\mathrm{d}^2 p_\mathrm{TMP}(x)}{\mathrm{d}x^2} = \frac{128 D_\mathrm{o} \mu k p_\mathrm{TMP}(x)}{D_\mathrm{i}^4} \tag{2-18}$$

代入式(2-18)的边界条件，在 $x=0$ 处，$p_\mathrm{TMP}(0) = p_\mathrm{e}$；在 $x=L$ 处，$\dfrac{\mathrm{d}p_\mathrm{TMP}(L)}{\mathrm{d}x} = 0$，解得：

$$p_\mathrm{TMP}(x) = \frac{p_\mathrm{e} \cdot \cosh[\lambda(x-L)]}{\cosh(\lambda L)} \tag{2-19}$$

式中，$\lambda = \sqrt{\dfrac{128 D_\mathrm{o} \mu k}{D_\mathrm{i}^4}}$。

将式(2-19)代入式(2-17)，可得：

$$J(x) = \frac{k \cdot p_\mathrm{e} \cdot \cosh[\lambda(x-L)]}{\cosh(\lambda L)} \tag{2-20}$$

根据式(2-20)，在整根纤维上对通量进行积分，可得单根膜纤维的产水量 Q，如式(2-21)所示：

$$Q = \pi D_\mathrm{o} \int_0^L \frac{k \cdot p_\mathrm{e} \cdot \cosh[\lambda(x-L)]}{\cosh(\lambda L)} \mathrm{d}x = \pi D_\mathrm{o} \cdot k \cdot p_\mathrm{e} \cdot \tanh(\lambda L) \tag{2-21}$$

式(2-12)~式(2-21)是基于单端出水膜纤维进行分析的。双端出水比单端出水膜内腔压力损失小，产水率更大，在实际生产中应用较多，因此建立双端出水优化模型更具意义。当膜纤维完全浸没于水中时，纤维内腔所受静压力与外侧压力相互抵消，当集水管出口压力稳定时，双端出水的膜纤维过膜压力由两端向中部逐渐下降，此时膜纤维中点处的"点通量"为零，这与单端出水的通量分布是一致的。当忽略膜纤维中点附近处"点通量"分流的微小扰动时，可认为两端出水的水力特性与单端出水基本相同，是两根单端出水封闭端的叠加，因此根据单端出水膜纤维建立的优化模型也同样适用于双端出水。

2.3.5　膜组件结构及装填密度的设计

在膜组件的结构设计中，与其最直接相关的是其所处的水力环境。不同装填密

度的膜组件应用于污水处理过程中时，膜组件外形会对其外部流体环境造成影响，不同膜组件外形造成的流体均匀性会有所差异。有学者建立了过滤模型来分析在膜生物反应器应用中膜组件的差异，如式（2-22）所示：

$$J = 1.0K'\Phi u\,\mathrm{MLSS} - 0.5 \tag{2-22}$$

式中，Φ 为几何堆积系数；MLSS 为混合液悬浮固体浓度；K' 和 u 为与膜组件及工艺环境有关的参数。

用上述模型对 4 种具有不同几何堆积系数的膜组件过滤特性进行考察，膜组件结构示意图如图 2-9 所示。

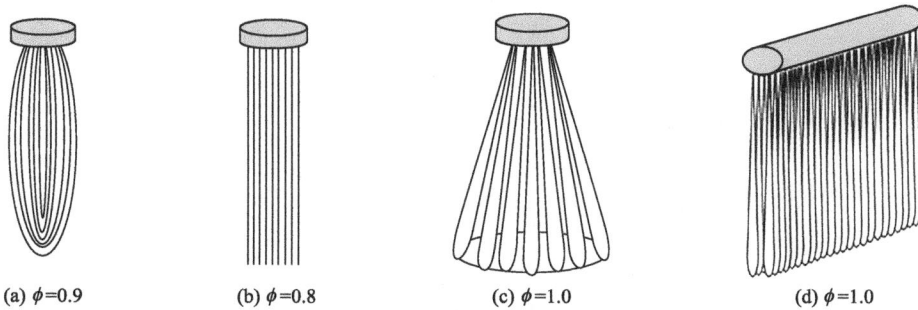

(a) ϕ=0.9　　　　(b) ϕ=0.8　　　　(c) ϕ=1.0　　　　(d) ϕ=1.0

图 2-9　4 种膜组件结构示意图

（实验参数：膜孔径 0.1μm，操作压力 30kPa，膜面流速 7.2m³/(m²·h)，MLSS=3g/L，温度 20℃）

上述的研究结果表明，过大的抽吸压力和过小的膜面剪切流速均会引起中空纤维膜丝的堆积，使有效膜面积减小。中空纤维膜的运动或振动，对膜通量的提高很小。装填密度高的中空纤维膜组件可有效地用于活性污泥的过滤。不同膜组件形式由于膜纤维浇铸和堆积形式的不同，会对其通量产生影响。

膜组件的装填密度定义为单位体积膜组件内的膜面积，这一定义较适用于有外壳的中空纤维膜组件（柱式或筒式等）。而对于无外壳的浸没式中空纤维膜组件，则可将膜组件装填密度定义为膜组件单位垂直投影面积上容纳的膜纤维总面积，并根据膜纤维在膜组件中的排布特点，假设膜纤维的浇铸面积占浇铸端总面积的 ξ。由图 2-10 可见，根据不同的膜纤维排布形式，膜组件的装填密度可用式（2-23）计算：

$$\alpha = \frac{2\pi\xi D_{\mathrm{o}}L}{\sqrt{3}\,(D_{\mathrm{o}}+d)^2} \tag{2-23}$$

式中，α 为中空纤维膜装填密度；D_{o} 为膜纤维外径，m；L 为膜纤维长度，m；d 为膜纤维间距，m；ξ 为膜纤维的浇铸面积与浇铸端总面积的比值。

根据式（2-21），膜纤维的单位面积产水率 E 为：

$$E = \frac{Q}{\pi D_{\mathrm{o}}L} = \frac{k \cdot p_{\mathrm{e}} \cdot \tanh(\lambda L)}{L} \tag{2-24}$$

则膜组件单位占地面积上的产水率 β 为：

$$\beta = \frac{2\pi\xi D_{\mathrm{o}} \cdot k \cdot p_{\mathrm{e}} \cdot \tanh(\lambda L)}{\sqrt{3}\,(D_{\mathrm{o}}+d)^2} \tag{2-25}$$

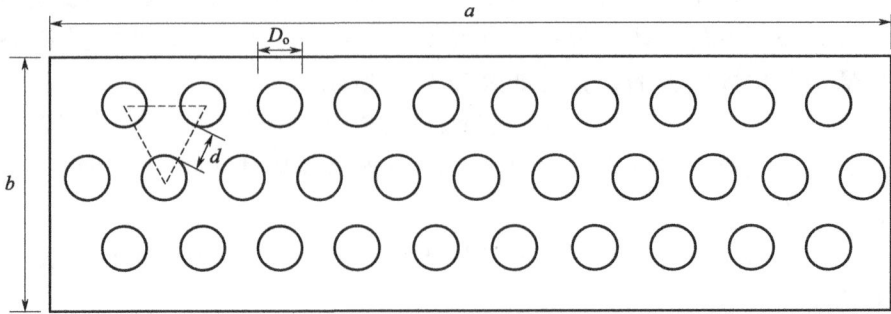

图 2-10　中空纤维膜组件的装填密度示意图
（a、b 分别为膜组件浇铸盒长、宽）

2.3.6　膜纤维松弛度的设计

适宜的膜纤维松弛度可以强化膜纤维的抖动，有助于减缓膜污染。中空纤维膜松弛度 γ 的定义如下式：

$$\gamma = \frac{L_0 - L_m}{L_m} \tag{2-26}$$

式中，L_0 为膜纤维的原始长度；L_m 为膜组件的固定长度。

许多研究表明，具有一定膜纤维松弛度的膜组件（膜纤维长度为膜组件安装长度的 105%）与紧绷的膜纤维相比，运行一段时间后过膜压力更稳定，且可长时间保持在较低水平。根据膜组件的外形结构特点和纤维特性，组件生产厂商均有其各自的设计参数。在中空纤维膜组件的设计中，推荐膜纤维松弛度为 1%～5%，以使膜纤维摆动时有足够的灵活性，而当松弛度大于 10% 时，容易使膜纤维产生破损。

2.3.7　气提式膜组件的设计

许多研究表明，提高膜面错流速率可减轻过滤料液中因颗粒沉积所造成的快速污染，有助于维持系统长期稳定运行。因此，许多研究都围绕如何提高系统中膜面错流速率展开，气提式反应器（air lift reactor）构型便是其中一种，如图 2-11 所示。例如，在浸入式 MBR 中的气提式构造，就是在气、水两相流环境下将反应器分为升流区和降流区两部分，通过升流区和降流区含气率的差别，导致两个区域内流体密度的差异，从而形成流体的循环流动，以达到强化紊动的目的，如图 2-12 所示。

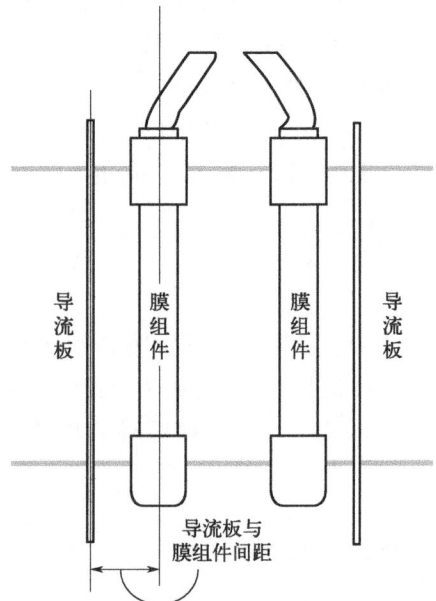

图 2-11　气提式反应器构型示意图

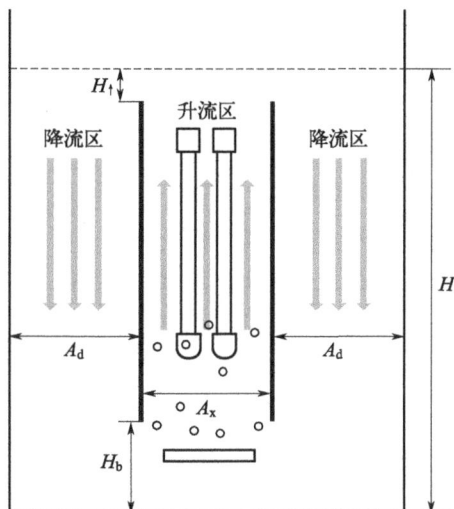

图 2-12　膜组件和导流板示意图

(H 为膜组件浸没深度，H_b 为反应器底部距组件底端距离，A_x 和 A_d 分别为升流区
和降流区宽度，可通过对这些参数的设计实现不同工况下的运行最佳效果)

　　实验研究表明，气提式构型对膜组件运行具有较为显著的影响。图 2-13 给出了两个运行控制参数完全相同的阶段，其中 A 阶段在膜组件外部加装了导流板（如可设置导流板距膜组件距离为 30mm），使膜组件位于导流板内侧的升流区，而外部成为降流区，形成了简单的气提式反应器构型；B 阶段采用常规的构型。对比 A 与 B 阶段运行期间的跨膜压力（TMP）变化趋势，可以看到加装导流板后，跨膜压力的变化更为平缓，说明气提式反应器构型在提升曝气控制膜污染效率方面的作用是明显的。

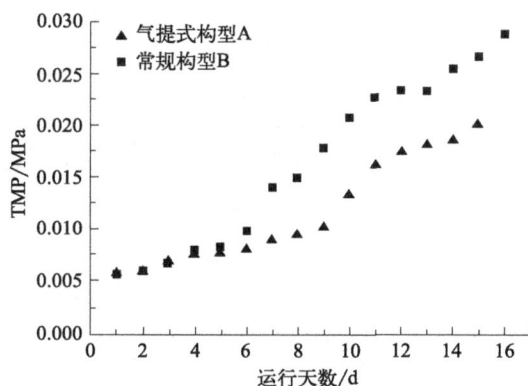

图 2-13　气提式构型与常规构型运行效果对比

　　根据反应器内能量守恒，给出了气提式反应器中液体上升流速 u_{Lr} 的计算公式，如式(2-27)所示，其可用于近似求解膜生物反应器中混合液的上升流速。

$$u_{Lr} = \left[\frac{2gh_D(\varepsilon_r - \varepsilon_d)}{K_b\left(\dfrac{A_r}{A_d}\right)^2 \times \dfrac{1}{(1-\varepsilon_d)^2}} \right]^{0.5} \tag{2-27}$$

式中，u_{Lr} 为液体上升流速，m/s；g 为重力加速度，m/s²；h_D 为反应器中气液扩散高度，m，$h_D = \dfrac{h_L}{1-\varepsilon}$，其中 ε 为总含气率，$\varepsilon = \dfrac{(\varepsilon_r A_r + \varepsilon_d A_d)}{(A_r + A_d)}$，$h_L$ 为反应器有效高度，m；A_r 和 A_d 分别为升流区和降流区过水总断面面积，m²；ε_r、ε_d 分别为升流区和降流区的含气率，其中 $\varepsilon_r = \dfrac{U_{Gr}}{0.24 + 1.35\ (U_{Gr} + U_{Lr})^{0.93}}$，$U_{Gr}$ 为曝气强度，m³/(m²·s)，U_{Lr} 为混合液流速，m/s，由于 ε_d 很小，可近似地认为 $\varepsilon_d = 0$；K_b 为反应器底部的阻力损失系数，$K_b = 11.402 \times \left(\dfrac{A_d}{2A_b}\right)^{0.789}$，其中 A_b 为底部过水断面面积，m²。

根据式(2-27)，对试验环境中升流区混合液的上升流速 u_{Lr} 进行了计算。由图 2-14 和图 2-15 可见，u_{Lr} 除了与升流区内曝气量的大小有关系外，还与导流板与膜组件间的距离有关，距离越小，u_{Lr} 越高。这是因为越小的板间距可使升流区断面越小，其产生的"拢气"作用越强，形成的上升流速也就越大。由此可见，板间距的设计对提升混合液上升流速有重要的作用。在由多个膜组件组成的膜单元（块）中，可借鉴气提式构型的特点，采用适当尺寸的隔板在两侧封装膜组件，使膜单元内部形成气提式反应器的升流区，以提高曝气的能效。

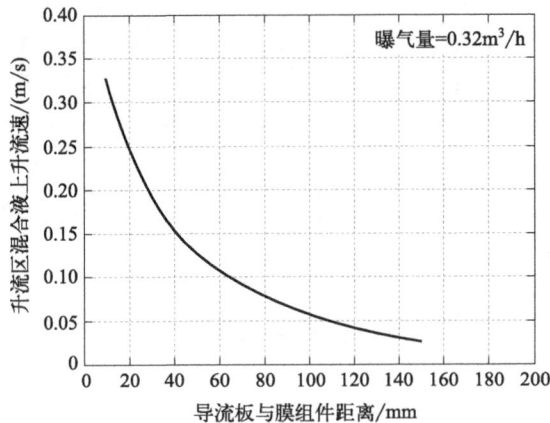

图 2-14　导流板位置与升流区混合液上升流速的关系

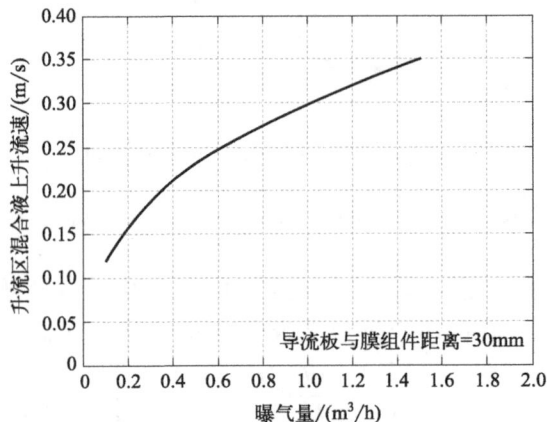

图 2-15　曝气量与升流区混合液上升流速的关系

2.3.8　膜组件曝气的设计

曝气管路的设计是膜组件设计中重要的一环。曝气除为膜生物反应器内部微生物提供足够的溶解氧外，主要是对膜表面滤饼层的剪切和吹脱，以控制膜污染和保持膜通量。在中空纤维 MBR 内，鼓入气泡促进了气、水两相流态的发展，并使气、水两相流的紊动性增强，同时气泡与膜纤维碰撞产生的抖动作用甚至可使膜纤维之间相互摩擦，加速了膜表面滤饼层的脱落。曝气对于中空纤维膜污染控制的机理见图 2-16。

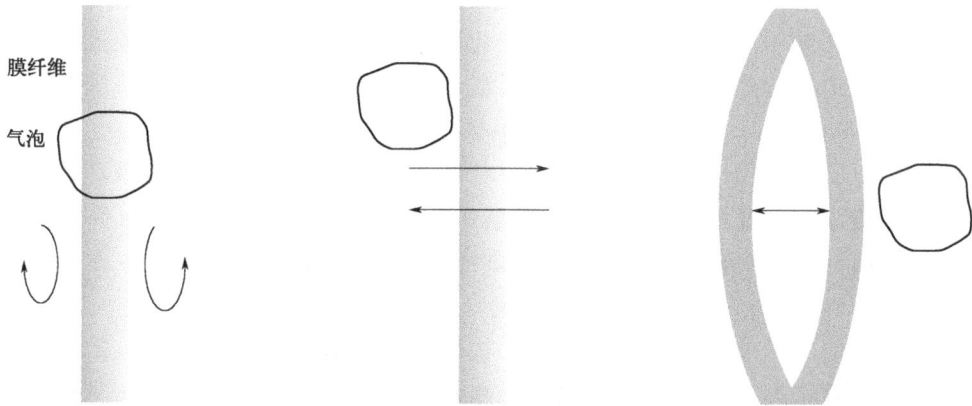

(a) 气泡尾迹涡流引起的对膜表面的剪切　　(b) 气、水两相流引起的膜纤维抖动　　(c) 气、水两相流引起的膜纤维易位

图 2-16　膜系统中曝气减缓膜污染的机理

在膜生物反应器中，曝气的能耗可占运行总能耗的 80% 以上。为了提高单位能耗下的曝气效率，设计中应主要围绕曝气管路的位置、气泡的大小、气泡的运行方式等几个方面进行优化。

中空纤维膜根部聚集性的污染是竖直排布的中空纤维膜组件的一个普遍问题。曝气和抽吸压力分布的不均匀会使反应器运行中污泥淤积于纤维根部，针对这种问题，可在膜纤维与出水管连接器结合处采用局部加强曝气装置，有效地控制膜污染。为了提高气泡利用率，有些设计将曝气管分布于束状中空纤维膜之间，并与曝气导管相通。这种膜组件可使气泡直接对膜进行冲刷，冲刷效果好，并能减少曝气量，降低能耗。

鼓入气泡的最佳形式是在中空膜纤维间的"流道"间形成气、水两相的活塞流，因此应根据膜组件的装填密度，适当控制气泡的尺寸。一般来说，曝气系统产生气泡的最佳范围为 2～5mm，根据气、水两相流气泡的形成特点，此时形成的椭圆状气泡可诱发对膜纤维有较强剪切作用的螺旋状涡流。

为了降低曝气的能耗，目前有采用循环曝气的操作方式，可在降低膜污染的基础上缩短曝气时间。采用循环曝气时，曝气管路分别在膜组件两侧进行间歇循环曝气，相同动力消耗下可提供比连续曝气更强的局部曝气强度，同时在反应器内形成气提效应，提高纤维间的穿过流速。研究证明，这种操作方式与间歇比有关，例如，在 MBR 中采用曝气 10s、间歇 10s 的操作方式效果最好，在 $30\sim40\text{L}/(\text{m}^2 \cdot \text{h})$ 的通量条件下，膜污染速率比常规连续曝气降低 30％以上，而曝气 5s、间歇 5s 的操作方式膜污染速率反而高于连续曝气。

2.4 膜组件完整性检测

在膜法水处理领域中，大规模应用的中空纤维膜微滤/超滤与其他膜技术相比，分离精度低，过滤对象复杂，伴随其在各种水处理工程案例中的高频应用，发生漏损的概率也比较大，是工程应用中的突出问题。在工程应用中，由于有机膜本身的材料学特性和使用条件等因素，材料老化、膜孔变形甚至是断丝现象成为了膜法水处理技术稳定运行的潜在问题。据资料显示，采用有机中空纤维膜系统的，年断丝率在 0.2％～0.4％，一旦膜完整性遭到破坏，水质安全将面临风险。

受到材质和应用形式的影响，中空纤维膜在使用过程中较易被破坏，从而引起膜组件的破损。主要原因包括：a. 频繁用化学药剂清洗污染的膜组件，膜组件会受到氧化腐蚀，出现破损；b. 受膜材质强度限制，在较为剧烈的冲刷和剪切作用下发生疲劳性损伤；c. 操作不当导致膜壳断裂刺破膜面，割断膜丝；d. 偶然因素，例如，超滤前的预处理不彻底，有些尖锐的东西刺破了膜组件。完整的低压膜（微滤和超滤）可物理截留两虫（贾第鞭毛虫和隐孢子虫）和大肠杆菌，具有一定的消毒和澄清作用。膜破损将造成严重的后果，尤其是在饮用水处理中，不但可导致急、慢性中毒，还将引起流行性疾病的发生。因此，及时有效地检测膜破损，确保膜完整性，对于饮用水安全、污水达标排放尤为重要。

2.4.1 膜破损诱因及膜完整性定义

如前所述，膜破损的诱因包括外部物理、化学等因素，也与膜材料的自身性质和膜工艺环境有关。膜完整性从广义上讲可定义为膜结构的整体完整及分离性能的稳定而使膜分离达到其孔径范围的分离精度效果。美国环保署（EPA）对其定义为任何膜过滤系统经过完整性测试，对隐孢子虫的去除率符合建立的最大对数去除值（log removal value，LRV）规范要求，其中 LRV 允许范围内的最大极限值是通过完整性测试方法在标准操作过程中评估确立的，如式(2-28) 所示。根据 EPA 指导手册定义，膜完整性检测方法主要分为两大类。直接检测法的定义为直接作用于膜元件（本体）的物理测试方法；间接检测法则定义为通过测试一些过滤水中物质参数的效果来判定膜完整性的测试方法。

$$\text{LRV} = \log \frac{C_f}{C_p} \tag{2-28}$$

式中，C_f 为原水中颗粒物浓度；C_p 为滤过液中颗粒物浓度。

LRV 针对一定粒径分布和尺寸，主要表征细菌或者颗粒的对数去除值，LRV 越大，该方法的检测灵敏度越高。

直接法和间接法的显著区别在于灵敏度和测试频率的不同。一般来说，直接法比间接法具有更高的测试灵敏度。但是间接法可以对膜的完整性进行连续测试，而直接法一般只可以进行周期性测试（如每天或每周）。因此，直接法和间接法是互补的。

2.4.2　直接检测法

直接检测法是直接作用于膜组件或者膜本体，直接测试膜组件或膜本体是否完整的方法。直接检测法包括泡点测试、压力衰减测试、扩散空气流测试、真空衰减测试、声传感器测试、液-液孔隙率测试和双重气体测试等，有关学者已经做过相对标准化的定义概括。其中以泡点测试为基础的压力驱动测试（压力衰减测试、扩散空气流测试和真空衰减测试）是指以外加压力作为推动力的非破坏性膜系统测试。在膜完整性检测过程中，泡点测试、压力衰减测试和扩散空气流测试最为常见且工程应用最广泛，由于受到膜本体承压能力限制，泡点测试通常不作为首选方法，主要用于膜完整性被破坏后确定破损位置。如在佛山新城区水厂"活性炭＋浸没式超滤膜"工艺中，采用压力衰减法进行漏损监测可以获得理想的灵敏度，但这种方法只限于膜单元的检漏，对于单个膜组件仍需要较大的工作量。

2.4.2.1　泡点测试

泡点测试（bubble point test）的原理是检测一个完全润湿膜在缓慢加压条件下，气体冲破润湿膜孔形成大量气泡时，能被检测的最小压力。所测最小压力即为泡点压力 P，其与膜的最大孔径有关，可以用式(2-29)计算：

$$P = \frac{4K\sigma\cos\theta}{d} \qquad (2\text{-}29)$$

式中，K 为最大孔形状纠正系数；d 为膜最大孔直径；θ 为液体与膜表面的接触角；σ 为液体表面张力。

由式(2-29)可见，泡点压力与膜孔径成反比，膜孔径越大，泡点压力越小。理论上，泡点压力会随着膜表面存在的漏洞增大而下降，检测 20nm 的膜孔径破损需要 3500kPa 的压力，如此高的压力在实际应用中不易实现，超出了膜的承压范围，容易导致膜破损。因此，泡点测试通常与压力衰减测试（PDT）方法连用，来确定膜破损的位置。

2.4.2.2　压力衰减测试

压力衰减测试（pressure driven tests，PDT）基于泡点压力的概念，将空气以低于起泡点的压力压入润湿膜的上游侧，将膜隔离在特定的时间段（一般为几分钟）检测压力衰减速率（或称压力降）。膜表面结构完整时，压力降范围在 0.5～1.5kPa/min；当检测压力迅速下降时，即认为膜有破损。研究表明 PDT 可以检测到 100 万根膜纤维中单根膜纤维的破损。PDT 会因膜组件没有完全润湿而引起膜损坏，同时出现检测偏差，且不能反映滤过液的水质和检测纳米级的破损。

2.4.2.3　扩散空气流测试

扩散空气流测试（diffusive air flow test，DAF）的主要原理是空气在低于起泡点的压力下通过扩散穿过润湿膜，测定通过膜的空气流速，与完整膜的扩散空气流速进行比较。根据 Fick 扩散定律模型，通过一个完全润湿膜的扩散空气流速可用式(2-30) 表示：

$$Q=\frac{A\varepsilon DS(P_{\mathrm{f}}-P_{\mathrm{p}})}{\tau L} \tag{2-30}$$

式中，Q 为扩散空气流速；A 为膜面积；ε 为膜孔率；D 为气体在液体中的扩散率；S 为气液系数；P_{f} 为原水侧压力；P_{p} 为滤过液侧压力；τ 为孔径的弯曲率；L 为膜表面的液体厚度。

如果通过膜的空气流速大于完整膜的扩散空气流速，膜的完整性就可能会遭到破坏。空气扩散流速的灵敏性与温度有关，季节温差会影响测试结果，且 DAF 需要额外的管线和装置。

直接检测法的特点之一是对于膜元件漏损的位置可实现准确度较高的判断，但是无法实现在线监测，仅可作为定期检测手段。扩散空气流测试的扩散流与膜孔径无关，适合大面积的滤膜测试，对于小面积滤膜测量误差较大。压力衰减测试对膜组件破损响应时间短，能够准确反映膜丝破损情况，但需要离线检测，而且需要借助泡点测试确定具体破损位置。在进行压力衰减测试时，可以人工观察膜池水体表面是否存在气泡分布、数量、移动速度和大小异常等情况，判断膜的完整性。压力衰减测试可以作为膜破损的一种快速、准确的评价方法，但泡点测试在应用中存在一定的不足，需要通过手动操作，测试人员采用肉眼观测气泡情况，偶然误差大，自动化程度低。

近年来，在直接检测法的研究中，开发自动检测仪器及系统，减小人为误差，实现自动化操作成为该方向的研究热点。有研究者基于芯片与数据采集模块，通过压力传感器和流量计的反馈信号，设计了一款基于泡点测试的自动膜完整性检测仪，具有体积小、携带方便、信号稳定且反馈时间短的特点。

2.4.3　间接检测法

直接测试法虽然可以较为直观地获得膜完整性的信息，但是由于测试条件及装置的限制，大都需要进行离线测试，因此很难获得膜组件过滤的原位运行情况。而间接检测法主要是借助膜过滤过程中膜截留与分离性能的变化，间接反映膜的完整性。间接检测技术由于和膜的连续分离与过滤操作相同步，可适用于水处理中各种类型分离膜的原位监测，因此更容易与工程系统相结合。较为常用的间接检测法包括颗粒计数法、颗粒检测法和浊度检测法，均利用多重介质中的光散射原理，将测量数据与先前建立的基线水平进行比较，监测滤液质量的变化，能够实现连续在线监测。此外，相同的间接检测法和检测仪器因其待测物质的非特异性，可以应用于任何膜系统，不受膜制造商、系统配置和系统固有其他参数的限制。基于上述特征，间接检测法是大规模膜法工程中应用最为普遍的膜完整性检测方法，但相应地也存在着初期设备投资成本高、较难实现定位膜破损位置等问题。

2.4.3.1　颗粒计数

颗粒计数（particle counting）检测的基本原理是通过长时间检测膜出水的颗粒数量，确定颗粒计数基线，若观测到颗粒计数高峰（相对于颗粒计数基线），则膜完整性遭到破坏。颗粒计数的原理如图 2-17 所示。

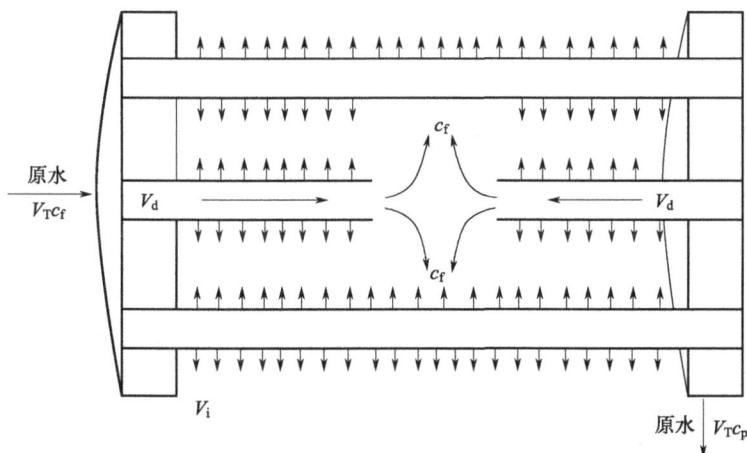

图 2-17　颗粒计数的原理

（c_f 为原水中颗粒物浓度，c_p 为滤过液中颗粒物浓度，V_T 为透过液体积）

图 2-17 中忽略通过完整膜的颗粒浓度，通过破损膜的颗粒浓度可以用式(2-31)计算：

$$c_p = \frac{n_d V_d c_f}{n_i V_i + n_d V_d} \tag{2-31}$$

式中，c_p 为滤过液中颗粒物浓度；c_f 为原水中颗粒物浓度；V_i 为通过完整膜的滤过液体积；V_d 为通过破损膜的滤过液体积；n_i 为完整膜的数量；n_d 为破损膜的数量。通过式(2-31) 可以确定颗粒计数基线。

目前发展的激光散射技术大大提高了检测灵敏性，可检测不同粒径的颗粒。颗粒计数检测膜完整性依赖原溶液的颗粒浓度，浓度越高，检测越灵敏。不适用于死端过滤，反洗时形成的气泡容易影响检测结果。

基于激光散射技术的颗粒计数器属于典型的间接检测仪器，可以检测滤液中大于 $2\mu m$ 的颗粒。研究表明，单根中空纤维膜发生破损后，出水颗粒数比完整膜出水增大约 180 倍。在出水浊度较低时，颗粒数比浊度更能直观地表征和评价膜的完整性，两者在数值上相差两个数量级。但在应用中，颗粒计数器的检测结果易受到微气泡的影响，应安装在远离泵和系统管路弯头等容易发生流量扰动的位置。如 MBR 工艺中生物颗粒粒径为 $3.5\sim35\mu m$，因此颗粒计数器较适用于 MBR 系统中的膜完整性检测。颗粒计数器是目前产品应用最为普遍的一种检测技术，如美国

HACH 颗粒计数器、德国 Parnas 颗粒计数器、美国贝克曼库尔特颗粒计数器等，在膜法饮用水净化和污水回用中均有应用，如北京自来水集团多座水厂的超滤膜过滤系统均采用了颗粒计数系统对膜破损进行预警和监测。

近年来，光阻法技术越来越多地应用到颗粒计数器的研发中。光阻法是通过对透射光强的检测，间接判断遮光颗粒物理特性的方法。根据光敏元件发出的电信号表征颗粒浓度，可实现对颗粒浓度的快速检测。当颗粒浓度增大时，信号幅值可增大数倍，而且信号幅值会随着粒径增大而增大。这种技术还可与相应颗粒形状的解析算法相结合，能够进一步提高对膜漏损的监测范围与反馈精度。

基于浊度检测的膜完整性检测，可以和工程现场的浊度监测相结合，在工程中较为常用。浊度检测主要是基于光的散射、透射以及折射原理。在应用形式上包括透射-散射光比值法、双散射光比值法等。但由于影响浊度变化的因素较多，需要结合其他的方法进行判断，或者作为膜破损的早期预警方式。在双散射光比值法的浊度监测基础上，有研究采用两组发射和接收器件，立体式交替接收光电数据，开发了一种双路二维式光电检测的水质浊度传感器，提出一种新的背景光消除电路，通过浊度与光强关系的数学模型建立，在 $0\sim120$NTU 内，测得数据准确度可在 0.5% 以内。随着浊度监测技术测量精度的不断提高，其在膜完整性监测技术应用中的适用性也越来越广。

超声波以方向性好、穿透能力强、在水中传播距离远等特点被应用于对水中颗粒浓度的检测。利用超声波集成系统，对水质颗粒质量分数进行检测，结果发现颗粒质量分数在 25% 以内时，检测得到的超声信号值与浓度值有着较好的对应关系。超声检测虽然是可以达到原位无损的检测方式，但其会受到气体的显著影响，因此该方法的应用还需要配合更为适合的模式识别系统。

2.4.3.2　媒介示踪测试法

媒介示踪测试技术从应用方式上属于间接检测法的一种。其特点是受各类分离膜的使用和工艺条件限制较小，主要是为了克服基于光学检测的间接检测技术中易受外界因素影响的弊端，提高检测的准确性和灵敏度。媒介示踪测试法通过外部引入不同特性的示踪媒介，以进一步提升间接检测法的灵敏度。选择适合的媒介和相应的检测方法是媒介示踪技术的关键。对于媒介示踪剂的选择，必须考虑多种因素。示踪剂的分散性、回收率和检测方式都是影响媒介示踪技术的核心因素。图 2-18 是媒介示踪法装置简图，含有示踪剂的原料液经过膜系统后，检测器检测其含有的示踪剂水平，判断膜组件对原液的截留情况并进行完整性测试。

媒介示踪法包括尖峰完整性测试（spiked integrity monitoring system test）、微生物示踪测试（microbial challenge test）、纳米探针测试（nano scale probe challenge test）、顺磁性颗粒示踪测试（paramagnetic particle challenge test）和荧光纳米粒子示踪测试（fluorescentsilica particles challenge test）等方法。涉及的示踪剂包括颗粒活性炭、噬菌体和孢囊、磁性颗粒、纳米颗粒等，检测方法涉及电磁学、光学、微生物学、电化学等领域，如图 2-19 所示。上述方法主要是基于膜孔对于示踪剂的分离，因此相关的技术对于各种低压膜均有一定的普适性。

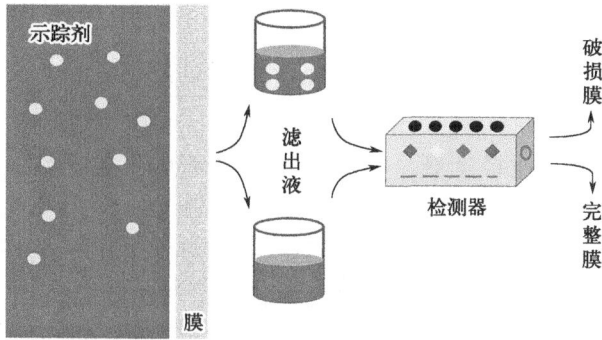

图 2-18　媒介示踪法装置简图

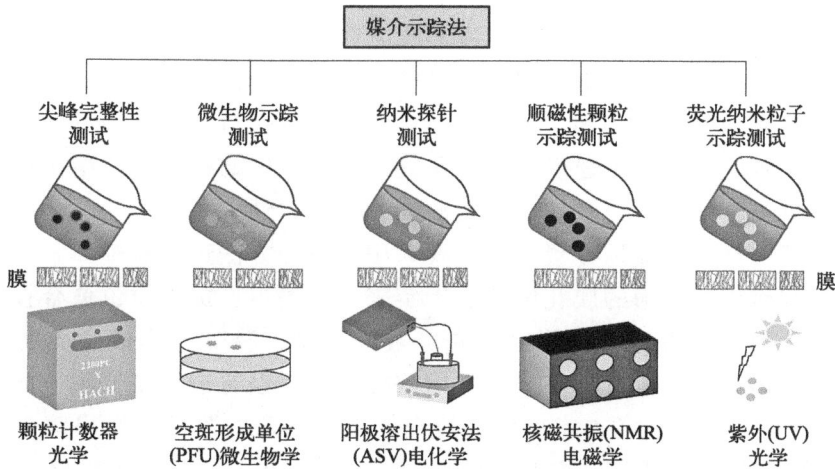

图 2-19　媒介示踪法分类

　　颗粒活性炭可作为示踪剂进行低压膜完整性的测试，投入水体中的颗粒活性炭可以覆盖在膜表面，限制滤饼层的形成，促进滤饼层的去除，同时还可以作为膜完整性检测的示踪剂。但不恰当的颗粒活性炭会对膜面造成一定的磨损，增加膜破损程度，因此选择合适的颗粒活性炭对于测试至关重要。

　　具有典型特征的细菌及微生物同样也可以作为完整性检测的示踪剂。例如，MS2 噬菌体外壳直径 27.4nm，高于超滤膜的孔径，可用于对膜截留性能进行评价。有研究采用结合猪口蹄疫病毒蛋白（VP1）的鼠多瘤病毒（MPV）作为示踪剂，利用酶联免疫吸附测定法（ELISA）和离子色谱分析技术（IEC）对这种类病毒颗粒膜完整性进行检测，结果表明灵敏度超过 5log，类病毒只对动物进行感染，对人体属于非感染病毒。虽然上述技术对于高分离精度的膜完整性检测灵敏度具有显著的提高效果，但对检测示踪剂及检测设备的要求很高，并不适用于大规模的水处理工程。

　　纳米颗粒具有优异的光学性质和理化特征。例如，有研究提出用金纳米颗粒的比色法检测，可在较低的检测成本下得到较高的灵敏度。还有研究利用稳定的柠檬酸银纳米粒子作为示踪剂，银纳米粒子的形状、尺寸和表面特性使其易于检测，而且银纳米粒子表面净负电荷与水中细菌等微生物体内的蛋白酶结合有灭菌效果，在不影响膜的水力学性质条件下，灵敏度可达3log以上。利用阳极伏安溶出法检测金纳米颗粒时，需要添加额外的金属离子来提高特异性和降低背景噪声，以及需要额外的处理时间。采用激光诱导击穿光谱（LIBS）检测系统可替代阳极伏安溶出法，可检测最小颗粒的粒径达到20nm，颗粒浓度可以检测到ng/L级，高于常规的浊度检测法和颗粒计数法。

磁性纳米颗粒由于附带了磁性特征而更容易被检测出来，故也可用于对超滤膜组件完整性进行检测。通过对透过液磁化率指标进行测定，可以有效分辨出膜组件的完整性，而且简易方便，能够达到与压力衰减测试法相同的检出精度，但需要排除水体背景中铁离子的干扰。同时基于达西定律和伯努利方程演绎预测模型，还可对膜破损程度进行预测。

荧光硅颗粒示踪测试根据荧光强度和荧光颗粒质量判断膜组件破损程度，增强颗粒荧光强度可以提高荧光纳米颗粒测试的灵敏度，缩短检测时间，因此需要选择和制备较高荧光强度的示踪剂。微波加热可使多孔硅颗粒的荧光强度增加，同时颗粒粒径变小，协同导致荧光强度增加。研究表明，较好的颗粒尺寸稳定性和附加磁性能，能够进一步增强荧光颗粒的可检测性和可回收性。

膜破损后一旦定位破损位置，就需要采用合适的方法进行修补，常用的修补方法是利用胶塞将出现破损的膜孔堵住。近年来，相关学者提出原位愈合技术，通过实验验证，利用壳聚糖对受损部位优先屏蔽，与戊二醛交联形成坚固的附聚物塞子，在不需要知道破损位置和破损情况的前提下，可以有效地恢复膜性能，使渗透率恢复到96%。通过以MS2噬菌体为媒介的微生物示踪测试，得出膜截留率接近6log，反冲洗会对恢复的膜破损产生破坏，但是可以重复利用壳聚糖修复。

上述各膜完整性测试方法的优缺点及应用范围总结见表2-4。

表 2-4　膜完整性测试方法优缺点及应用范围

膜完整性测试方法	优点	缺点	应用范围
泡点测试	①不依靠原水水质，操作简单 ②常用于定位破损的位置	①离线操作，测量时需要将膜从膜架上移除，常与PDT联用 ②不宜单独使用	工业化应用
压力衰减测试(PDT)	①不依靠原水水质，没有破坏性 ②应用广泛，可靠，灵敏度高达4～5LRV ③自动化程度高	①离线运行 ②不能测量滤过液的水质和纳米级的破损 ③膜没有完全润湿会产生误差 ④确定破损膜的数量需要更灵敏的传感器	工业化应用
扩散空气流测试(DAF)	①不依靠原水水质，没有破坏性 ②易操作，测量精确 ③应用广泛，可靠，比PDT灵敏，灵敏度可达6LRV	①离线运行 ②不能测量滤过液水质和纳米级破损 ③对温度灵敏	工业化应用

续表

膜完整性测试方法	优点	缺点	应用范围
真空衰减测试	①不依靠原水水质,没有破坏性 ②可用于螺旋卷式膜或不在滤过液侧加压的膜系统	①离线操作,不能测量滤过液水质 ②很少独立使用 ③测量结束后难以去除混入的空气	工业化应用
双重气体测试	①不依靠原水水质,没有破坏性 ②比单重气体测试灵敏度高,灵敏度可达 6LRV	①离线操作 ②受制于气体的储存、毒性	中试研究
声敏测试	①简单易操作,在线检测,独立于原水水质 ②需要专业人员	①受背景噪声和流速的影响 ②不能测量滤过液的水质	工业化应用
颗粒计数	①连续在线检测,应用广泛 ②独立于膜的特征 ③比颗粒检测和浊度检测灵敏	①检测灵敏度(<4LRV)与原水颗粒浓度和工艺条件有关 ②易受混入空气的影响 ③启动和停工时不稳定 ④需要定期清洗和校准传感器	工业化应用
颗粒检测	①连续在线检测,应用广泛 ②独立于膜的特征 ③比颗粒计数价格便宜 ④比浊度检测灵敏,不需校准	①检测灵敏度(<4LRV)与原水颗粒浓度和工艺条件有关 ②易受混入空气的影响,在水处理中很少使用	工业化应用
浊度检测	①连续检测,应用广泛 ②比颗粒计数价格便宜	①检测灵敏度(<4LRV)与原水颗粒浓度和工艺条件有关 ②易受混入空气的影响	工业化应用
尖峰完整性测试	在线检测,灵敏度高	易引起膜污染	中试研究
微生物示踪测试	①灵敏度高 ②与其他完整性测试方法联用,可改善完整性测试	①自然的生物媒介具有破坏性 ②测试时间长,不能及时反映膜完整性 ③离线操作,不连续	小试研究
纳米探针测试	①在线检测,灵敏度高 ②能够检测病毒粒径的改变	①易引起膜污染 ②不能与微生物去除直接相关 ③阳极伏安溶出法运行时间长	中试研究
磁性纳米颗粒示踪测试	①在线操作,检测灵敏 ②能够检测病毒粒径的破损 ③简单易行,价格低廉,不依赖原水水质	①需要完善纳米材料 ②无法确定对人体健康的影响	中试研究
荧光硅颗粒示踪测试	①在线操作,检测灵敏 ②可计算破损膜的尺寸	①荧光硅颗粒无法回收 ②无法确定荧光硅颗粒是否对环境有害	小试研究

2.5　膜技术标准

标准化工作是建设资源节约型、环境友好型社会的重要支撑,是我国科技创新体系的重要组成部分。2008 年全国分离膜标准化技术委员会(SAC/TC382)正式成立,标志着膜技术的标准化工作已经进入影响和促进国民经济和社会发展的重要领域，膜技术产业步入标准化、规范化和国际化的发展轨道。膜技术标准是膜产品进入市场的消费导向信息，是保障膜产品质量、规范膜市场的有力手段。近年来，我国膜分离技术相关产品在国际市场上刚刚崭露头角，制定适应我国发展需要的高水平膜分离技术标准对于提升我国膜产品在国际市场上的竞争力至关重要。近年来，我国水处理膜行业的标准发展迅速，但在满足不同行业、应用场景及产品的需求上仍显不足。因此结合我国膜技术标准的现状，分析我国膜技术标准制定过程特点及其存在的问题显得尤为重要。

2013 年《国务院关于加快发展节能环保产业的意见》中将开发新型水处理技术装备、推动海水淡化技术创新均列为重点节能领域，要求推动形成一批水处理技术装备产业化基地，重点发展高通量、持久耐用的膜材料和组件，高浓度难降解工业废水成套处理装备等。我国膜技术标准化工作应结合我国膜技术发展实际，提高科技成果和专利技术转化为技术标准的比例；加速在化工、医药、生物及新能源等领域的布局；加快建立膜产品与工程的标准体系和第三方评价中心；建立能效和水效强制性标准；在采用国际标准和国外先进标准方面加大力度，在标准国际化方面尽快实现突破。为了促进我国分离膜产品技术的发展，需要不断地汲取国际上先进的科学技术，参照国际标准和国外先进标准，取人之长，补己之短，编制适合我国国情的，具有科学性、先进性、可操作性的产品技术标准、检验标准和管理标准，以达到既能提高我国分离膜产品质量，又能够与国际上分离膜产品技术指标接轨的目的。

用于膜分离的技术和产品分类复杂，相关性能指标繁多。目前主要可包括分离透过性能、物理性能和化学性能三大类。其中，分离透过性能包括：产水量、水通量、纯水透过率、截留分子量（切割分子量）、截留率、脱盐率、回收率、最大孔径、平均孔径、孔径分布、孔隙率、气密性及完整性等。物理性能包括：结构性能（外观、膜面积、膜厚、膜丝内外径）、力学性能（拉伸强度、爆破强度、弯曲强度、柔润指数、断裂伸长率）、电性能（荷电性、Zeta 电位）、亲水性（接触角）及耐热性（最高操作温度）等。化学性能包括：化学稳定性（化学相容性）、耐氧化性（短时余氯耐受限度、过氧化氢耐受限度）、耐酸碱性（运行及清洗 pH 值范围）及抗污染性能等。

膜分离透过性能反映了滤膜的适用范围，膜物理性能和化学性能反映了滤膜的使用条件。膜分离透过性能是膜产品最重要的技术指标，相关研究和测试方法较多，也是现有膜产品标准的主要技术内容；膜物理和化学性能指标中，除结构性能外，相关标准还相对较少。

在各膜分离技术标准中，《膜分离技术　术语》（GB/T 20103—2006）和《膜组件及装置型号命名》（GB/T 20502—2006）属于通用技术标准。其中 GB/T 20103—2006 界定了膜分离领域包括电渗析、反渗透、纳滤、超滤、微滤、气体膜分离和其他膜分离过程中的常用术语，对膜分离技术领域的多条术语进行了定义，适用于膜与膜材料、膜组器、各种溶液、气体分离及其他膜分离过程中涉及的术语。GB/T 20502—2006 规定了膜组件及装置型号的命名规则，适用于反渗透、纳滤、超滤、微滤、气体分离膜、电渗析及电去离子装置的命名。

课后要点

1. 膜分离透过性能、化学性能、物理性能具体体现。
2. 测试膜孔径及孔径分布（主要指微滤和超滤）的方法。
3. 接触角分类、定义、测定方法。
4. 膜表面电性表征及测定方法。
5. 无机污染物、有机污染物具体鉴别方法。
6. 膜组件具体形式及其优缺点。

课后习题

1. 膜法水处理中表征膜性能的参数有哪些？
2. 膜污染的主要类型及其鉴定方法有哪些？
3. 膜分离设备的主要类型及其主要结构和优缺点有哪些？
4. 膜组件的设计包含哪些内容？
5. 膜过滤过程的主要方式及其定义是什么？
6. 中空纤维膜易受损的主要原因有哪些？
7. 膜完整性的定义是什么？检测膜完整性的方法有哪些？

参考文献

[1] Tom Stephenson. 膜生物反应器污水处理技术 [M]. 张树国，李咏梅，译. 北京：化学工业出版社，2003：190.

[2] 顾国维，何义亮. 膜生物反应器——在污水处理中的应用和研究 [M]. 北京：化学工业出版社，2002.

[3] 曾一鸣. 膜生物反应器技术 [M]. 北京：国防工业出版社，2007.

[4] 黄霞，文湘华. 水处理膜生物反应器原理与应用 [M]. 北京：科学出版社，2024.

[5] 孙启超，杨振生，伍联营，等. 聚合物分离膜表面形态及微结构研究进展 [J]. 高分子材料科学与工程，2021，37（11）：185-190.

[6] 于慧，张梦，宋杰，等. 生物污染对反渗透膜的微观结构和宏观性能的影响 [J]. 中国给水排水，2021，37（11）：46-51.

[7] 王吉超. 基于多巴胺仿生改性聚醚砜超滤膜及其抗污染性能研究 [D]. 哈尔滨：哈尔滨工业大学，2020.

[8] 吕晓龙. 中空纤维多孔膜性能评价方法探讨 [J]. 膜科学与技术，2011，31（02）：1-6.

[9] 邵嘉慧，何义亮，顾国维. 膜生物反应器——在污水处理中的研究和应用 [M]. 2 版. 北京：化学工业出版社，2012.

[10] 李金钊，贾辉，信常春，等. 水处理中超/微滤膜完整性检测研究进展 [J]. 膜科学与技术，2018，38（05）：130-136.

[11] FIELD R，WU D，HOWELL J，et al. Critical flux concept for microfiltration fouling [J]. Journal of Mem-

brane Science, 1995, 100 (3): 259-272.

[12] 中华人民共和国国家质量监督检验检疫总局，中国国家标准化管理委员会. 膜分离技术　术语：GB/T 20103—2006 [S]. 北京：中国标准出版社，2006：1-40.

[13] 中华人民共和国国家质量监督检验检疫总局，中国国家标准化管理委员会. 膜组件及装置型号命名：GB/T 20502—2006 [S]. 北京：中国标准出版社，2006：1-50.

[14] YOON S-H, KIM H-S, YEOM I-T. Optimization model of submerged hollow fiber membrane modules [J]. Journal of Membrane Science, 2004, 234 (1-2): 147-156.

[15] SHENG C, FANE A G. Filtration of biomass with laboratory-scale submerged hollow fibre modules-effect of operating conditions and module configuration [J]. Journal of Chemical Technology & Biotechnology, 2002, 77 (1-3): 1030-1038.

[16] PANGLISCH S, DEINERT U, DAUTZENBERG W, et al. Monitoring the integrity of capillary membranes by particle counters [J]. Water supply, 1999, 17 (1): 349-356.

第**3**章 超、微滤膜在水处理中的应用

3.1 超、微滤的发展历程

近 50 年来，随着水资源现状的不断恶化，超滤和微滤膜技术逐步大规模地应用至水的回收利用、深度净化和深度处理中。经过膜材料及膜工艺技术的发展，现在膜分离技术被公认为是目前较为可靠的水处理技术。超、微滤的价格便宜、过滤效率高，在分离性能上更具广谱性，因此在各种膜法水处理技术中有广泛的应用。

在 100 多年前已在实验室制造出了微孔滤膜，1907 年 Bechhold 制备了系列化的多孔火棉胶微孔膜。1918 年，Zsigmondy 提出了商品微孔滤膜的制造方法。1925 年，在德国建立了世界上第一个微孔滤膜公司"Sartorius"，专门生产和经销微孔滤膜。1954 年，美国 Millipore 公司实现了微滤膜的规模化生产并将其工业化应用。20 世纪 60 年代后，微孔滤膜技术主要围绕开发新品种、控制膜的孔径分布、扩大应用领域等几个方面展开。较之于其他过滤技术，微滤膜具有相对较大的孔径，因此，其主要的分离对象是水中大分子物质、微粒和悬浮物等。表 3-1 给出了微滤、超滤与反渗透膜在分离性能及参数上的差异。

表 3-1 微滤、超滤、反渗透膜分离特征参数比较

膜过程	膜孔径	分离粒径/μm	渗透压	操作压力/MPa	截留物质
微滤	$0.05\sim2.0\mu m$	$0.03\sim15$	很小	$0.01\sim0.2$	微粒
超滤	$0.001\sim0.1\mu m$	$0.05\sim10$	小	$0.1\sim0.5$	大分子物质、胶体
反渗透	$<10\text{Å}$	<0.1	高	$2\sim10$	糖、盐

注：$1\text{Å}=10^{-10}\text{m}$。

20 世纪 60 年代，污染指数检测法被广泛应用，污染指数也被称为淤泥堵塞指数（sludge density index，SDI），其是利用同一种水样通过 $0.45\mu m$ 微滤膜后所收集到水样的时间差，来衡量水质的好坏。反渗透（RO）的进水指标通常以 SDI 值

来规定。SDI 也称为污垢指数（FI），是水质测定时需要测量的参数之一。它代表了水中的颗粒、胶体和其他能阻塞各种水纯化装置的物质含量。通过测定 SDI 值，可为水纯化设备的设计及选型提供参考。

SDI 的测定是基于阻塞系数（PI，%）的测定。测定是在 $\phi 47mm$ 的 $0.45\mu m$ 微孔滤膜上连续加入一定压力（30psi，相当于 $2.1kg/cm^2$）的被测定水，记录过滤得 500mL 水所需的时间 T_i 和 15min 后再次滤得 500mL 水所需的时间 T_f。按式(3-1)求得阻塞系数 PI。按式(3-2)求得 SDI。

$$PI = \left(1 - \frac{T_i}{T_f}\right) \times 100\% \tag{3-1}$$

$$SDI = \frac{PI}{15} \tag{3-2}$$

式中，PI 为阻塞系数，%。

需要注意的是，当水中的污染物质浓度较高时，滤水量可取 100mL、200mL、300mL 等，间隔时间可改为 10min、5min 等。

超滤是在压差推动力作用下进行的筛孔分离过程，它介于纳滤和微滤之间。最早使用的超滤膜是天然动物的脏器薄膜。1861 年，Schmidt 首次公布了用牛心包薄膜截留可溶性阿拉伯胶的试验结果。1867 年，Traube 在多孔磁板上凝胶沉淀铁氰化铜制成了第一张人工膜。1907 年，Bechhold 较为系统地研究了超滤膜，并首次采用了"超滤"这个科技术语。1963 年，Michaels 开发了不同孔径的不对称醋酸纤维素（CA）超滤膜。20 世纪 60 年代，分子量级概念的提出是现代超滤的起点。20 世纪 70 年代，超滤从实验室规模的分离手段发展成为重要的工业分离单元操作技术，工业应用发展迅速，20 世纪 90 年代以后开始趋于成熟。我国对该项技术研究较晚，20 世纪 70 年代，尚处于研究期间；20 世纪 80 年代末，超滤膜技术才进入工业化生产和应用阶段。近年来，超滤技术的发展极为迅速，不仅在特殊溶液的分离方面有独到的作用，在水处理领域中也越来越多地得到应用。例如，在海水淡化、纯水及高纯水的制备中，超滤可作为预处理设备，确保反渗透等后续设备的长期安全稳定运行。在食品、饮料、矿泉水生产中，超滤也发挥了重要作用。超滤仅去除了水中的悬浮物、胶体微粒和细菌等杂质，而保留了对人体健康有益的矿物质。除此之外，超滤技术还被应用于农业、能源和环境等领域。

目前随着膜材料性能的不断提升，超、微滤膜在抗污染性和寿命上有了显著的进步，其应用范围也越来越广泛，除了在污水资源化、饮用水净化、工业水处理和海水淡化中继续应用外，还延伸至化工物质分离、生物分离浓缩、中医药提取等诸多领域，而且体现出比原有技术更好的应用性和经济性。

3.2 微滤

微滤又称为精密过滤。通常微滤膜具有比较整齐、均匀的多孔结构，孔径范围为 $0.1 \sim 10.0\mu m$，过滤范围可从相对粗糙的大颗粒物质到相对精细的颗粒性胶体，主要用于对悬浮液和乳浊液的过滤截留。它主要用于从气相和液相悬浮液中截留微粒、细菌及其他污染物，以达到净化、分离和浓缩等目的。微滤膜分离通常是以静压差为推动力，其主要的分离对象是水中大分子物质、微粒和悬浮物等，如图 3-1 所示。微滤膜在结构上包括以下特点：a. 孔隙率高，如采用相转变法制造的有机高聚物微滤膜，孔隙率可达 90%，平均孔密度可达 107～1011 个/cm²；b. 微滤膜厚度般为 10～200μm，水的过滤速度比粒状过滤介质高几十倍，过滤时对过滤对象的吸附量小，因此，贵重物料通过微滤膜时成分的损失较小；c. 微滤膜孔径大，膜通量大，操作压力低，在同等过滤精度下，跨膜压差一般低于 0.3MPa。

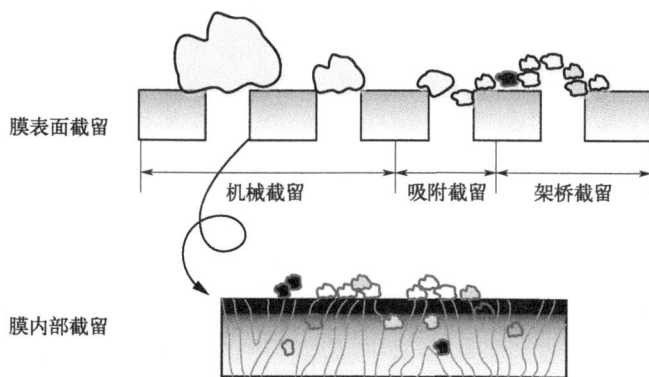

图 3-1　微滤膜部分截留作用示意图

　　微滤膜的截留作用可分为膜表面截留（过滤）和膜内部截留（深层过滤）类。微滤的基本原理为筛网型过滤，即表面过滤，主要以筛分截留作用达到分离目的，其可包括机械截留作用（筛分作用）、吸附截留作用和架桥截留作用，如图 3-1 所示。通过微观观测手段可以发现，在微滤膜孔的入口处，因为架桥作用，小于膜孔径的微粒同样也可以被膜截留。膜内部截留不是发生在膜的表面，而是指将污染粒子截留在膜内部。由于膜内部孔是不规则的网络型孔，不是贯通孔，所以还存在膜内部网络型膜孔的内部截留作用，即膜深层过滤作用。微滤运行时，水、微粒向膜表面移动，较大的微粒被膜截留，一部分细小微粒可以被流体带回流体主体，部分细小微粒由于架桥或吸附作用积累在膜表面，导致膜表面局部浓度升高，少量细小微粒进入膜孔。膜表面吸附的微粒会进一步阻碍细小微粒和水通过膜孔。微滤膜表面截留的污染物相对容易清洗，膜内部深度截留，则污染物不易被清洗出来，易造成膜孔不可逆污堵。除了要考虑孔径因素外，还要考虑其他因素对微滤的影响，如存在于膜表面的物理、化学和电性吸附截留作用，吸附性能和电性能的强弱等因素也会对截留产生相应的影响。

　　在微滤分离过程中，不同的过滤阶段呈现出以下特点。

　　① 微滤过滤初始阶段以筛分为主，比膜孔径小的粒子进入膜孔，其中一些粒子由于电性引力、分子间作用力等力的作用被吸附于膜孔内，减小了膜孔的有效直径，导致膜通量下降。该阶段持续时间的长短与膜孔径相对于微粒的大小、料液浓度以及料液流速等因素有关。

②　微滤过滤中期属于过滤微粒开始在膜表面形成滤饼层，膜孔内吸附逐渐趋于饱和的阶段，此时膜表面吸附微粒较多，开始形成膜表面上的微粒层，此阶段膜孔内和膜表面的吸附共同对膜通量变化起控制作用。

③　微滤过滤后期，随着更多微粒在膜表面上的吸附，微粒开始在膜孔处"架桥"，部分微粒阻塞膜孔，最终在膜表面形成一层稳定的微粒层，膜通量随之趋于稳定下降。

微滤膜的孔径可用泡点法表征。美国材料与试验协会（ASTM）给出的微滤膜孔测试方法［F316-03（2011）］，可测量最大孔径为 $0.1 \sim 15.0 \mu m$ 的微滤膜孔径分布。

微滤膜的孔径也可采用压汞仪测定（与膜孔隙率的测试方法相同）。压汞仪将水银压入膜样品的孔内，孔道越小，压汞所需施加的压力越大。通过测量水银压入体积与施加压力之间的关系，换算得到孔径分布。需要注意的是，压汞仪测出的是整个样品的孔径分布，对于非对称膜或带衬膜而言，指状孔或支撑层孔也将被纳入整个样品的孔径分布。建议将带衬膜的皮层剥离，单独对皮层进行测量，从而得到有效膜孔的孔径分布。

微滤的操作压力一般在 $0.01 \sim 0.2 MPa$，属于低压膜分离过程。微滤价格便宜、过滤效率高。微滤膜的结构决定了微滤技术的特点，其在分离性能上更具广谱性，因此，在各种膜法水处理技术中有广泛的应用。微滤膜包括以下分离特征。

①　分离效率高。这是微滤最重要的特征。微滤膜孔径比较均匀，最大孔径与平均孔径之比在 $3 \sim 4$ 之间，孔径基本呈正态分布，常被作为起保证作用的精密过滤手段，可靠性强。

②　操作条件温和。膜分离过程操作温度和反应条件较为温和，基本在常温下进行，不仅可以用于对热敏感物质的分离浓缩，也可以降低料液有效成分的损失。

③　过程无相变。微滤膜分离过程是一个物理变化过程，不会发生相转变，因此，使用膜分离技术不仅可以保持原有物质的性质，也可降低总体生产成本。

④　工艺适应较强。微滤膜分离过程工艺简单、操作方便，不仅可实现小规模的操作，而且可实现规模化、集成化生产。

3.3　超滤

3.3.1　超滤分离机理

超滤又称为超过滤，主要用来截留水中胶体大小的颗粒，而水和低分子量溶质则允许透过超滤膜。超滤膜是由起分离作用的一层极薄表皮层和起支撑作用的较厚的海绵状或指状多孔层组成，截留分子量（MWCO）在几千至几百万的膜。超滤膜的表皮层厚度通常仅为 $0.1 \sim 1 \mu m$，多孔层厚度通常在 $100 \mu m$ 左右。多数超滤膜具有不对称膜结构，有效分离层为极薄且具有特定孔径尺寸的皮层；支撑层部分较厚，为具有海绵状或指状结构的多孔层。与微滤膜相比，超滤膜在物理结构上膜孔径更加微小，孔径范围在 10^{-6} m 左右。超滤是压力型驱动，分离对象为大分子物质、病毒、胶体等。超滤膜表征分离性能的指标通常用截留分子量来表示，如截留分子量为 10 万，表示水中分子量大于 10 万的物质基本无法透过膜，被截留在膜面。超滤的分离机理主要以膜表面机械筛分、膜孔阻滞和膜表面及膜孔吸附的综合效应为主，筛分在其中发挥首要作用。超滤膜筛分过程，以膜两侧的压力差为驱动力，以超滤膜为过滤介质，在一定的压力下，当原液流过膜表面时，超滤膜表面密布的许多细小的微孔只允许水及小分子物质通过而成为透过液，而原液中粒径大于膜表面微孔孔径的物质则被截留在膜的进液侧，成为浓缩液，进而达到对原液净化、分离和浓缩的目的。超滤需要的工作压力较小，工作温度在 30～40℃，也可达 50℃，压力一般在 1～10kPa，最高不超过 10kPa，膜片受到的影响很小。

超滤分离的优点是工艺形式简单且能耗较低，与微滤相比，其能够形成更高的分离精度和稳定的分离效率。由于膜表面膜孔大小与形状的限制，分子溶质和微粒被截留在超滤膜的一侧，溶剂和小分子溶质则透过膜孔到达超滤膜的另一侧。在超滤过程稳定时，滤饼层在膜表面厚度稳定，有效地阻止了大分子透过。相比之下，滤饼层的截留作用比膜孔更显著。溶液经泵加压进入超滤膜时，与超滤膜形成错流，从而使膜两侧存在压力差，导致溶液在压力的驱动下在膜的表面发生分离，截留下其中大分子溶质和微粒，其他小分子溶质和溶剂则透过超滤膜，从而使溶液分离、提纯和浓缩。

如前所述，超滤是一种与膜孔径大小相关的筛分过程，以筛分理论作为主要分离机制。相较于基于溶解-扩散作用为主的无孔理论的反渗透分离过程，超滤基于有孔分离过程中杂质粒径大于膜孔径而被截留的原理。因此，超滤膜具有的选择性也是源于形成了具有一定大小和形状的孔。聚合物质的化学性质对膜的分离特性影响不大，因此，可以用细孔模型表示超滤的传递过程。然而实际上超滤膜在分离过程中，膜孔径大小和膜表面的化学性质等将分别起着不同的截留作用。除了普遍认同的机械筛分理论以外，索里拉金认为，超滤不仅仅是一种筛孔过滤的过程，溶质-溶剂-膜材质的相互作用对传质也起着很重要的作用。索里拉金的理论认为有两个因素会影响超滤膜的分离特性：a. 溶质-溶剂-膜材质的相互作用，包括范德华力、静电力、氢键作用力，溶质分子在膜表面或膜孔壁上受到吸引或排斥，影响膜对溶质的分离能力；b. 溶质分子与膜孔相对尺寸大小，即膜的平均孔径和孔径分布会影响膜的分离特性。随着近年关于超滤膜功能化方面的研究越来越多，超滤膜分离机理的外延也在不断地扩展，通过对其表面荷电性、亲疏水性以及特定功能基团的修饰，也能够对特定的物质具有极高的分离与截留效果，如对水中的小分子物质及重金属等。

超滤膜分离的过程需要在密闭的常温环境中进行，几乎不会损害诸如蛋白质等热敏性物质以及一些挥发性物质，而且清洁卫生，避免了过程中的再污染；截留了绝大多数细菌等微生物，极大地减轻了杀菌除菌的负担，提高了产品的质量；生产效率高，实用性强，利用超滤进行浓缩并除去水分时，物质的相不会发生改变，能够节省大量的能源；推动力只有压力，所以装置简单，易操作，控制与维修简单。

3.3.2　水处理超滤膜材料与性能

超滤膜一般是非对称膜，其表皮层为控制孔的大小和表状要具有选择性、各向异性，通过膜两侧的表面活性层完成分离功能。超滤膜经过多年发展，已经产生数代不同材料：第一代为醋酸纤维素膜；第二代为聚合物膜，如聚砜、聚丙烯膜、聚乙烯薄膜、聚醋酸乙烯膜以及聚酰亚胺膜等，其性能相对优于第一代膜，且应用面更广；第三代为陶瓷膜，强度较高，其膜组件型式有片型、管型、中空纤维及螺旋型等。几种典型材质超滤膜材料及物化性能如表 3-2 所示。

表 3-2　几种典型材质超滤膜材料及物化性能

物化性能	聚偏氟乙烯	聚醚砜	聚氯乙烯	聚砜	聚丙烯	聚丙烯腈
密度/(g/cm³)	1.75～1.78	1.37	1.40	1.24	0.905	1.184
结晶性	结晶性聚合物，结晶度 68%	无定形	部分结晶性聚合物，结晶度 35%～40%	无定形	高结晶性聚合物，结晶度 95%	无定形
玻璃化温度/℃	−39	220～225	87	190	−20	95
熔融温度/℃	174	—	212		160～175	317
使用温度/℃	−40～125	−100～170	<80	−100～150	<120	—
抗张强度/MPa	30～50	83	48～69	70	35	62
断裂伸长率/%	20～50	25～75	25～50	50～100	10	3～4
耐酸碱性	良好，耐酸、弱碱、强氧化剂腐蚀能力较弱	耐强酸、强碱性能良好	耐强酸、强碱性能中等	耐强酸、强碱性能良好	优秀，除氧化性酸对其有腐蚀作用外,能耐多数酸碱	耐强酸、强碱性能中等
耐油脂性	好	良	差	良	好	良
耐光性	好	好	中	中	中	差

超滤进行过程中，某些小分子物质可通过膜，所以渗透压小于同种物料在反渗透中形成的渗透压。

超滤膜的孔径一般不用绝对孔径表示，而以公称孔径表示。通常用分子量代表分子大小以表示超滤膜的截留特性，习惯上以截留分子量（MWCO）来表示膜的截留能力。通常情况下，膜孔径越大，MWCO 也相应越大，反之亦然。测量 MWCO 的待过滤液通常为具有相似化学结构的、不同分子量的一系列化合物，如聚乙二醇（polyethylene glycol，PEG）等。在分析超滤膜孔径的过程中，可按照分子量由小到大的顺序依次使用同一张超滤膜过滤，收集滤出液。测定原始过滤液和滤出液的总有机碳（total organic carbon，TOC），用以表征原始过滤液和滤出液中的物质浓度，并分别计算出该滤膜对不同分子量物质的截留率，可绘制截留分子量曲线。当滤膜对某一分子量物质的截留率达到 90％时，其所对应的最小分子量即为该滤膜的 MWCO。分子量大于 MWCO 的物质则绝大多数被膜所截留。在 MWCO 附近，截留分子量曲线越陡，膜的截留性能越好。

超滤过滤孔径和截留分子量的范围一直以来定义较为模糊，一般认为超滤膜的过滤孔径为 $0.001\sim0.1\mu m$，截留分子量为 $10^3\sim10^6$，但就目前来说，截留分子量与膜孔径两者之间尚无公认的对应关系。可以理解为超滤膜如同筛子，在一定压力（$0.1\sim0.6MPa$）作用下，允许溶剂和小于膜孔径的溶质透过，而阻止大于孔径的溶质通过，以完成溶液的净化、分离和浓缩。表征超滤膜分离性能和分离效果的参数有水通量（透水速率）、截留率、截留分子量、亲/疏水性、化学稳定性及抗断裂性能等，而超滤膜的耐压性、耐清洗性、耐温性等性能对于工业应用也是非常重要的。另外，要求超滤膜能适应的 pH 值范围要宽，对有机溶剂要具有化学稳定性，并具有足够的机械强度。

泡点测定法是测定微滤膜孔径的主要方法之一，也可以测定截留分子量大的超滤膜孔径。用水测试时，对于孔径较小的超滤膜，理论泡点压力非常高，实际上是无法测得的。此时可以换成其他液体，比如用异丙醇测定。当然，也可以通过测定某种高分子物质的截留率，来表征膜孔的大小，特别是对于超滤膜。超滤膜孔径和泡点压力的关系见表 3-3。

表 3-3　超滤膜孔径和泡点压力的关系

膜孔径/μm	泡点压力/MPa
0.22	0.38
0.10	1.70
0.01	27.50

泡点测定法的另一个用途是对中空纤维膜的检漏，具体可见第 2 章中有关膜检漏的相关内容。如果膜纤维（丝）出现破损，那么进行泡点压力测定时，将处于较低的压力下，如 0.2MPa 或者 0.1MPa 甚至更低压力，此时就会出现气泡，也即表明膜出现了破损，需要修补。膜纤维破损太快，膜元件的修补、更换将带来许多问题。因为超滤膜的泡点压力很高，所以不可能用气进行反洗；而对于有些微滤膜产品，由于孔径大，材料疏水性较强，可以采用气反洗（材料越疏水，气反洗需要的压力越低）。

相对于纳滤膜与反渗透膜，超滤膜相对孔隙比较大，因此其更易在外界拉伸、压力以及长期机械动作而导致疲劳强度下降的情况下产生破损。例如，在饮用水生产中，膜破损、断裂和泄漏问题非常值得关注，因为膜破损会使得细菌和微生物进入产水一侧而产生卫生和健康风险。在作为纳滤或反渗透预处理或者进行废水回用时，虽然对细菌以及病毒的要求没有饮用水处理中的标准高，但此时膜破损必将导致产水浊度和 SDI 上升，这也是需关注的要点。

3.3.3　超滤膜参数的计算

3.3.3.1　超滤膜的透水速率

超滤过程中，当孔径较大时，可用 Fick 定律表示：

$$J_s = -D_s(\mathrm{d}c_s/\mathrm{d}x) \tag{3-3}$$

式中，J_s 为组分 s 的透水速率，$\mathrm{kmol/m^2}$；D_s 为组分 s 的扩散系数，$\mathrm{m^2/s}$；c_s 为组分 s 在膜中的浓度，$\mathrm{kmol/L}$；x 为沿膜厚度的距离，m。

当孔径较小时，J_s 可由式(3-4) 计算：

$$J_s = D_s A_s(\Delta c_s/\Delta x) \tag{3-4}$$

式中，D_s 为溶质的扩散系数，$\mathrm{m^2/s}$；A_s 为修正系数；Δc_s 为膜两侧溶质浓度差，$\mathrm{kmol/m^2}$；Δx 为膜厚度，m。

3.3.3.2　超滤膜的截留率

超滤膜的截留率可由下式计算：

$$R = (c_F - c_P)/c_F \tag{3-5}$$

式中，R 为截留率；c_F 为进料液浓度，$\mathrm{mol/cm^3}$；c_P 为渗透液（产水）浓度，$\mathrm{mol/cm^3}$。

3.3.3.3　超滤膜的筛分通量模型

基于超滤过程的分离机理通常认为以筛孔分离过程为主，有人提出了筛分模型，即当溶剂向膜表面传递时，溶剂通过膜，而它所带的溶质则被膜表面排斥，导致溶质在膜上的积累。这种积累可成一层污堵（凝胶）层。因此，穿过膜的溶剂通量 J_w 可以表示如下：

$$J_w = (\Delta p - \Delta \Pi)/(R_g + R_m) \tag{3-6}$$

式中，R_g 为凝胶层的阻力；R_m 为膜的阻力；$\Delta \Pi$ 为膜两侧渗透压差；Δp 为外部施加的压力。

由于大分子以及胶体分散液的渗透压通常较低，所以式(3-6) 中的 $\Delta \Pi$ 可以忽略不计，即：

$$J_w = \Delta p/(R_g + R_m) \tag{3-7}$$

采用具有较高保持性的微孔薄膜（孔径在 $1\mu m$ 或 $1\mu m$ 以上）对大分子溶质的稀溶液进行超滤时，与 R_m 相比，R_g 在很多情况下贡献并不显著，故式(3-7) 可变为：

$$J_w = \Delta p/R_m \tag{3-8}$$

式(3-8) 是没有浓差极化的情况，或者是无限稀释时，凝胶层可以自由流动的情况。在这种情况下，溶质仅仅是靠与溶剂一起进行转移而穿过膜孔，而该膜孔又大得足以允许溶质分子通过，此时溶质的通量 J_s 可以表示为：

$$J_s = J_w(1-\phi)/(c_{s1}/c_{w1}) \tag{3-9}$$

式中，ϕ 为穿过对溶质有一定排斥作用的孔的纯溶剂流的体积分数；c_{w1} 为上游侧溶液中的溶剂浓度；c_{s1} 为上游侧溶液中的溶质浓度。

3.4　超、微滤的膜污染与防控

3.4.1　超、微滤的膜污染

超、微滤的膜污染一般是指微粒、胶体粒子或溶质大分子由于与膜存在物理化学相互作用或机械筛分作用而引起的，在膜表面或膜孔内吸附、沉积造成膜孔径变小或堵塞，使超、微滤膜产生透过流量与分离特性的现象。虽然上述膜污染的过程与其他的膜污染过程有相似之处，但是对于超、微滤膜污染，应从其所处的过滤环境与工艺出发，分析膜污染的特征。一旦料液与膜接触，膜污染也随之发生。也就是说溶质与膜之间相互作用而产生吸附后，膜特性即开始改变。对于微滤膜来说，由于其以溶质粒子截留与堵孔为主，这种影响并不十分明显；对于超滤膜，若膜材料选择不合适，此影响将极为明显。膜分离操作运行开始后，由于浓差极化产生，尤其在低流速、高溶质浓度情况下，在膜面达到或超过溶质饱和溶解度时便有凝胶层形成，导致膜的透过通量不依赖于所加压力，从而引起膜透过通量的急剧降低，在此种状态下运行的膜，使用后必须清洗以恢复其性能。

超滤膜污染程度影响因素包括滤膜性质、滤饼层厚度以及过滤对象性质等：滤膜的亲水性越好，孔径越小，膜系统污染程度减轻；当凝胶层形成后，压力、凝胶层厚度、传质阻力增加，导致膜污染程度增加；一般而言，物料大分子溶质的浓度越大，则黏度越大，扩散系数越大，膜表面的浓差极化和凝胶层越易于形成，膜污染越严重；pH 值的改变会导致溶质带电状态及膜的性质改变，从而影响吸附，是膜系统污染的一个控制因素，溶液中离子强度增加会改变物料的分散性及吸附性；溶液温度上升，料液黏度下降，扩散系数增大，浓差极化的影响降低，膜污染程度减轻；超滤膜表面料液的流速越高或湍流程度越大，则越易将吸附于膜表面的溶质大分子带走，有利于降低浓差极化或抑制凝胶层的形成，从而降低膜污染。

目前较为公认的超、微滤膜污染机理主要包括完全堵塞、标准堵塞、中间堵塞和滤饼层污染。各种污染种类与过滤对象特征和膜的结构均相关。有研究表明，水中颗粒粒径和膜孔孔径的比值在 0.1~10 之间的颗粒污染物均有堵塞膜孔的作用，颗粒粒径和膜孔孔径之比大于 10 的颗粒污染物一般是在膜污染表面形成滤饼层污染，如图 3-2 所示。

当超滤膜两侧没有压差时，膜表面上会产生吸附层，它对膜通量的影响有时甚至会超过浓差极化凝胶层的影响，膜吸附的难易程度及吸附层的稳定性同大分子溶质与膜表面及大分子溶质间的相互作用有关。由于膜和组分的化学性质、结构不

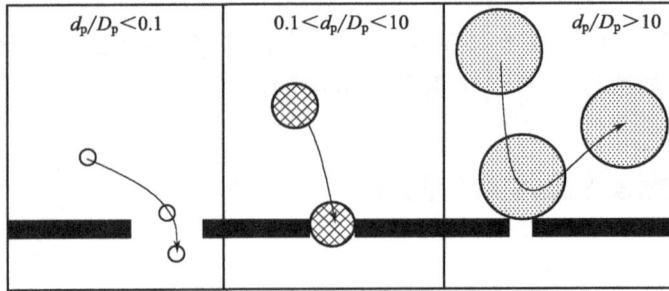

图 3-2 不同尺寸颗粒物在膜表面的截留

(d_p 为颗粒粒径，D_p 为膜孔孔径)

同，产生吸附作用的机理也不同，一般可分两大类：范德华力和双电层作用。范德华力是一种分子间的吸引力，两物体间的引力大小可用比例系数 H（Hamaker 常数）来表征，该常数与组分的表面张力有关。对于水、溶质和膜这种三元体系，决定膜和溶质间范德华力的 H 为：

$$H=\left[H_{11}^{1/2}-(H_{22}H_{33})^{1/4}\right]^2 \tag{3-10}$$

式中，H_{11}、H_{22}、H_{33} 分别为水、溶质和膜的比例系数，为常数。

由式(3-10)可见，H 始终是正值或为零。若溶质或膜是疏水的，H_{22} 或 H_{33} 下降，可使 H 增加，即膜和溶质间的吸引力增加，故疏水性高的溶质更易被吸附。双电层的作用是由于表面发生离子化作用、偶极取向、氢键作用及组成离子分布不均匀等原因，在固液界面常存在电位。在表面电位作用下，带相反电荷的离子（反离子）被吸向固体表面，使膜面附近反离子浓度升高。这种反离子浓度会随着距表面距离的增加而降低，直至达到溶液的本体浓度。

相对于传统的过滤过程，膜的对称结构显然较不对称结构更易被堵塞。这是因为对称结构膜的弯曲孔的表面开口有时比内部孔径大，这样进入表面孔的粒子往往会被截留在膜中，而对于不对称结构微滤膜，粒子都被截留在表面，不会在膜内部堵塞，易被横切流带走，即使会在膜表面孔上产生聚集、堵塞，也很容易利用反洗冲走。

3.4.2 超、微滤膜污染的控制对策

3.4.2.1 原料液预处理

使用不同原料液进行预处理可以有效地缓解超、微滤膜的污染，对原料液进行预处理尽可能地让其性质发生改变，通过絮凝、预过滤或改变溶液 pH 值等方法，可脱除一些与膜相互作用的物质，从而提高过滤通量。一些研究结果表明，较低的 pH 值能够减弱溶解性有机物与超滤膜表面的静电斥力，加速有机物在膜表面的吸附累积，造成严重的膜通量下降。金属离子（如 Ca^{2+}、Mg^{2+} 等）的存在会强化有机物在膜表面的黏附，加重膜污染，多价的重金属离子可以形成胶体，同样会使膜污染加剧。所以应在原料液进入膜过滤的前一步调节原料液的 pH 值，预先加入碱

性物质使重金属离子形成氢氧化物沉淀、难溶性的硫化物或其他物质而去除，但是预处理也需要注意，不能改变体系的性质。

3.4.2.2　膜表面改性

膜表面改性可以分为物理改性和化学改性。物理改性一般是在膜表面涂一层功能性预涂覆层，但是这样会对膜孔本身造成一定的影响，可能会导致膜通量的下降，而且物理涂层覆盖不是很牢固，很容易脱落。化学改性包括阴极喷涂法、化学接枝法、紫外线改性及亲水性物质的添加等，可以提高膜的抗污染能力。

3.4.2.3　改善膜表面的流体力学条件

改善膜表面流体力学条件可以利用流体的剪切作用而减缓膜污染在膜表面的沉积和吸附，主要可以通过改变膜表面的流动方式和水流状态来实现对膜表面的水力学控制。错流过滤是指主体流动方向平行于过滤表面的压力驱动过滤过程，错流方式是最为常用的膜污染控制模式，但其必须通过提升膜表面流速来实现。稳态湍流则是通过外部的干预手段，如挡板、湍流促进结构等，在膜表面实现持续的湍流水力环境而减弱膜污染在膜表面的沉积。不稳定流体流动是指在各个截留面积当中，流体的压强、流速、密度等物理量不仅随着位置的改变而改变，还会随着时间的变化而变化。例如，可借助外部手段（如膜表面流动的频率变化、膜表面结构的改变等）促进膜表面不稳定流体的产生以控制膜污染。

3.4.2.4　附加场强化

附加场强化包括电场、超声场等强化方法。直流电场作用下的错流过滤是一个多效应的过程。它既有颗粒在电场下的电泳迁移，又有溶剂在电场作用下的电渗效应，还有错流的剪切效应，这些效应减少了颗粒在膜表面上的沉积和极化作用，可产生"清洁膜"的效果，从而大大提高了过滤速度。超声场可以使过滤通量显著提升，但是使用附加场的方法往往需要大量的电能，会带来一定的能源损耗。附加场在应用过程中还需要注意仪器的绝缘问题。如果绝缘结构不能完美解决，附加场将不能投入使用，一旦成功解决，那么附加场的方法将具有十分广阔的应用前景。

3.4.2.5　机械方法

通过振动或者是加强搅拌的办法可以增加膜表面的湍流程度，从而减少膜表面形成滤饼层的机会，但是在膜组件中安装搅拌装置，会使膜组件的结构变得更加复杂。而且搅拌装置能耗高，操作复杂，不太适合在大型工艺系统中使用。目前，有一些通过机械振动来减缓膜生物反应器中超、微滤膜污染应用的尝试。其用机械振动的方式代替了膜池的鼓风曝气，以减轻纤维状物质对反应器内中空纤维膜的缠绕，确保膜系统的稳定运行，并在降低膜系统能耗方面表现出一定优势，全过程运行能耗较传统膜生物反应器技术可降低 20% 以上。

3.4.2.6　其他方法

合理设计膜组件的流道结构，可以让淤积在孔隙中的杂质及时地被冲走。减小膜组件内的流道面积，可增大膜表面流速，因此应设计好膜组件的流道长度，长度的大小很大程度上会影响膜组件的污染程度。另外，可以在膜组件中填充清洁球。清洁球一般为塑料球、海绵球或者凝胶球等软性颗粒，清洁球在膜过滤的过程中不断地与膜组件产生摩擦，可以达到刮除膜组件滤饼层的效果。其次，还可利用松弛法提高膜通量，即通过"工作—暂停"交替的模式来缓解膜污染在膜表面的深度沉积，但是暂停模式会引起有效产水量的降低。

3.4.3　超、微滤膜的清洗技术

膜分离技术的应用与膜的寿命有直接关系，膜的寿命除了取决于膜本身的材质及性能外，还与操作条件、处理对象等多种因素有关。其中，膜堵塞与污染问题是最直接的因素。膜受污染后，透过通量下降。当通量低于一定值时，即需进行清洗。因而，研究膜的污染，寻求适当的防治污染的清洗方法是膜技术领域中的重要部分。在各种膜技术的文献中，对膜的材料、制备、应用均有较详细的报道，但就污染与清洗方面而言，不同的膜系统清洗方式会因应用场景、工艺形式的差异而有所不同。就超滤和微滤膜清洗技术而言，选择膜的清洗方法时，需要考虑的几个因素包括污染物的种类和特性、堵塞和污染的状况、膜的物理化学性能以及膜组件的类型。

目前应用在超滤和微滤膜中的清洗主要有三种方法：物理清洗、化学清洗和生物清洗。不同的清洗方法对污染物的去除侧重点不同，物理清洗多侧重于对膜表面滤饼层的清洗，化学清洗可有效去除矿物质、无机物、有机物及微生物的污染，生物清洗借助微生物、酶等生物活性剂的生物活动来去除膜表面及膜内部的污染。

3.4.3.1　物理清洗

常用的物理清洗方式可包括水力反向冲洗、气-液脉冲清洗、机械刮除、提高膜的移动速度等。

水力反向冲洗指从膜的透过侧反向注入气体或液体，将膜表面污染物除去的方法。反向冲洗是中空纤维膜组件常用的清洗方式，需要注意的是，反向冲洗一般是有压进行，因此一些膜组件由于其结构上的特点（如采用黏合或者焊接方式的平板式膜组件），需要严格控制反向有压清洗，而对于其他形式的膜组件来说也应控制在适当的压力下（0.1MPa 左右）进行操作，以免引起膜破裂。根据膜污染的状况，反冲洗一般需要 2~20min。

气-液脉冲清洗是指采用气-液混合流体在低压下冲洗膜表面。这种处理方法简单易行，利用了气-液两相流的复合强化作用，较之于单独液相的清洗方式，气-液脉冲对于清洗前受有机物污染的膜是有效的，尤其是在大规模工程中，还可以节省

清洗水量。

机械刮除主要是用于清洁沉积在膜表面且通过水力清洗难以去除的黏附性较强的污染层。例如，对于管式超、微滤膜组件可采用软质泡沫塑料球、海绵球（直径略大于膜管内径），对内压管膜进行清洗，在管内通过水力作用让泡沫塑料球、海绵球反复擦洗膜表面，对污染物进行机械性的去除。这种方法对软质垢和膜污染层具有明显的去除效果，但对于硬质垢不但不易去除，且容易损伤膜表面。因此，该法特别适用于以有机胶体为主要成分的污染膜表面的清洗。

另一种在工程中可使用的方式是提高膜的移动速度，使膜表面高速旋转产生高剪切力，以抑制膜表面的污染。例如，可将平面膜固定在圆板上利用旋转的方式实现对膜污染的水力学冲刷。

为了强化上述的清洗方式，在实际应用中还可以采用组合清洗的形式，如先浸泡加清洗由于长期连续运转膜通量下降而再生有困难的膜组件，在停止运转时用高纯水浸泡静置数小时，然后再进行水力反冲洗，这是提高透水量的有效方法。而采用变温清洗在许多情况下也不失为一种有效的途径。在反向清洗的基础上运用热气反冲，使清洗环境温度升高，利用热胀冷缩的原理，当膜受到短暂的热气冲压后，膜孔增大，可以快速将截留物质反冲到截留液中，再利用冷气降温，使膜孔孔径变回原来孔径的大小。但是该方法需要考虑膜的材质，否则会对膜造成一定的破坏。

3.4.3.2　化学清洗

许多化学试剂对去除污垢和其他沉积物是有效的。化学清洗实质上涉及所使用的化学药剂与沉积物、污垢、腐蚀产物及影响通量速率和产水水质的其他污染物的反应。这些化学试剂包括酸、碱和螯合剂等。在具体选择的时候，应根据膜的性质和处理料液的性质来定。下面是几种常用的清洗剂。

（1）酸碱液

酸在去除诸如碳酸钙和磷酸钙等钙基垢、氧化铁和金属硫化物方面是有效的。碱清洗溶液包括磷酸盐、碳酸盐和氢氧化物。碱清洗作用的机理包括：与酸性物质的中和；与脂肪和油的皂化；对胶体物的分散和乳化。为了能去除湿润油、润滑脂、污秽物和生物质，通常加入表面活性剂来增加碱清洗剂的脱垢性。当去除诸如硅酸盐等特别难以去除的沉积物时，可交替使用碱清洗剂和酸清洗剂。

（2）螯合剂

除了酸和碱外，螯合剂也可用于去除污染膜上的沉积物。常用的螯合剂有乙二胺四乙酸（EDTA）、葡萄糖酸和柠檬酸等。其中，葡萄糖酸在强碱溶液中螯合铁离子（Fe^{3+}）通常是有效的。EDTA 常用于溶解碱土金属硫酸盐。

（3）氧化剂

当 NaOH 或表面活性剂不起作用时，次氯酸钠是膜污染清洗中最为常用的膜清洗化学药剂。在一些应用环境中，氯等氧化性药剂也可作为清洗药剂，但需根据具体情况控制浓度和适宜的 pH 值范围。

3.4.3.3 生物清洗

由醋酸纤维等材料制成的膜，由于不耐高温，在膜通量难以恢复时，须采用能水解蛋白质的含酶清洗剂清洗。但使用含酶清洗剂不当会造成新的污染，因此采用固定化酶形式，把酶固定在载体上，用含酶载体液进行清洗，该方法效果明显。

3.5 超、微滤膜系统的运行

3.5.1 膜系统的运行

尽管超滤、微滤膜分离系统的运用十分广泛，但是在其运行过程中，对于如何在满足分离效果的前提下，克服膜污染、浓差极化的问题，需要不断地优化并调整相应的运行参数。保证膜分离系统的正常稳定运行，一方面是在运行的过程中根据过滤对象和环境，设定合理的运行参数，如通量、过膜压力、料液性质等；另一方面是控制合理膜清洗周期和频率，以保证膜过滤的稳定状态以及对膜污染发展的适度控制。一般来说，根据运行的条件不同，超、微滤膜系统的供应商都会根据自身膜材料的特性，给出膜组件在各种环境下的指导性运行工艺参数，以供工程设计人员参考。

3.5.2 膜系统的停运维护

为防止膜停运时，在含杀菌剂、阻垢剂的情况下形成的亚稳态盐类析出而结晶，并避免生物的滋生与污染，应针对膜材料和装置停运实际情况，选择合适的停运保护方法。合理的膜系统停运保养措施能有效保持膜组件的"健康"状态，延长其使用寿命，节省膜系统成本。如果保养措施不到位，方法不恰当，则会给膜系统造成严重损坏。

一般认为系统停运一周以内为短期停运。停运期间可采用低压水冲洗膜装置，每 6~8h 冲洗一次，也可每天开机运行 1~2h。夏天或者因环境温度需要，冲洗周期可以缩短，开机时间可以延长 1~2h。例如对于超滤管式膜，可在超滤器上的槽中加满水，整体浸泡膜组件，每 3~5d 换一次水，以防细菌污染造成膜腐烂，同时亦可检查超滤膜组件中的水是否干涸。

如膜组件长期停运，则必须充分清洗，然后密封湿态保存，每次开机前必须先进行反冲洗。停运时间超过 7d 的应该视为长期停运。长期停运时，应用药物保护膜组件。拆解后的膜组件可放进膜保存溶液中浸泡保存，对于一些不便拆下的膜装置可以用循环的方式将保护溶液加入装置中，并确保循环结束时，系统中尽可能没有空气，关闭所有阀门，使得保护液和外部空气隔绝。每周检测保护液 pH 值，每月更换一次保护液。停运期间要保证装置所在环境的温度在其能正常运行的温度范围内。常用的保护液有 0.5%~1.0% 甲醛溶液，双氧水溶液，0.5%~1.0%、pH

值为 3～6 的亚硫酸氢钠溶液，600mg/L 盐酸溶液等。停机保存时，膜组件药物保护溶液受不同种类、相同种类不同浓度以及保护的具体方式甚至是不同季节温度等因素的影响，保护效果会有所差异。因此，建议使用药液前，先确认所购买药液的实际浓度后再使用，以保证所配制的清洗药液浓度符合要求。

3.5.3 膜系统的维护管理

首先，相比于其他水处理系统，膜系统的运行自动化程度较高，系统运行程序相对复杂，因此对操作人员的培训要求更高。系统的操作和维护管理人员应熟知正确操作规范并适当处理相关情况，预防操作失误和操作不当。比如，设备启动时升压不宜过快，应使用高压泵采用变频启动，频率逐步给定，缓慢升压；设备停运时也应该慢速降压并进行彻底冲洗等。尤其是在膜系统停机保存期间，需要人员专门管理和维护，进行周期性的反冲洗，定期对膜的保护液进行检测。

其次，膜系统的自动控制和在线清洗装置的设计应保证清洗的及时性，需要对上述装置进行日常巡检，保证程序与系统的完好性。应对膜组件污染情况和产水流量进行即时监测，以保证超、微滤膜组件的运行状态。

再次，需要对各系统中的仪表和传感器定期进行校验，保证准确可靠。

最后，应建立对膜设备运行数据分析统计的程序，以便于及时对膜系统的状况进行评估，适当地调节达到的运行参数，以实现达到的运行效果。

3.6 连续膜过滤工艺

3.6.1 工艺简介

20 世纪 80 年代初期，US Filter 公司提出了连续膜过滤技术 Memcor®。连续膜过滤（continuous membrane filtration，CMF）是一种以中空纤维微滤（或超滤）膜组件为核心处理单元，采用死端过滤、错流过滤和间歇自动清洗的膜分离过程，通过模块化的结构设计组合成一套全封闭的、连续出水的膜过滤系统。

该技术以中空纤维微滤/超滤膜为中心处理单元，配以特殊设计的管路、阀门、预处理单元、自清洗单元、加药单元和可编程控制器（PLC）自控单元等，形成闭合的连续操作系统。此外，CMF 还配备有气洗工艺设备，从而能够对整套系统进行从内到外的系统性清理。CMF 应用之初主要是面向高价值、低处理量的产品，像酒、果汁和制药等行业工业中的应用。该技术在地表水处理中有着广泛的应用，因为膜在脱除隐孢子虫、贾第鞭毛虫之类的耐氯生物上有着极好的效果，而 1993～1994 年美国正遭受水中隐孢子虫引发疾病的困扰，为 CMF 技术提供了一次飞速发展的机会。膜技术整体的快速发展及膜产品成本的不断下降也为 CMF 技术的大规模应用创造了良好的条件。

CMF 技术的核心是高抗污染膜以及与之相配合的自动化膜过滤与清洗组合系

统，可以实现在膜不停机前提下的在线清洗，从而做到对料液的不间断连续处理，保证设备的连续高效运行。对于具体的运行方式，如果按照 CMF 内处理液的过滤形式划分，可以分为死端过滤和错流过滤两类，其中死端过滤一般在处理稀料液和小规模处理时使用较多，而错流过滤由于其对悬浮粒子大小、浓度的变化不敏感，在大型污水处理中应用较为广泛。

CMF 是目前在工业水处理、市政给排水中应用较为广泛的一种膜过滤工艺，工艺成熟，运行维护简单，适用于不同处理规模，模块化设计使得大型工程设备成套化水平较高。具体来说，CMF 在大型城市污水处理厂二沉池出水的深度处理回用、海水淡化或大型反渗透系统的预处理、地表水/地下水净化、饮料澄清除浊等几个方面应用较多。

3.6.2 工艺设计与膜组件特点

CMF 系统水处理特点包括：系统构架简单紧凑、构成设备少、智能化水平高；系统操作控制简便，可根据实际需要进行功能的增加或删减；过滤膜一般采用中空纤维膜材料制作，具有一定的抗氧化性，更换频率低；在线气水双洗方法独特，膜通量恢复率优异；后期维护费用少，整体造价低；可采用氧化性清洗剂进行系统清洗；经 CMF 系统处理后的水品质较好；作为纳滤、反渗透的预处理系统，可替代传统的方法来使该系统的使用寿命尽可能延长。

CMF 系统主要包括以下几个部分。

① 预过滤系统。为防止原水中的异物进入 CMF 系统对膜造成损坏，可在原水进入系统之前设置保安过滤器，将可能造成膜损坏的、较大的机械性杂质过滤掉。

② 主机系统。主机系统主要包括膜组件、机架、阀门等部件。

③ 供水系统。CMF 供水系统由供水泵以及管路阀门等组成，运行时将来水加压并打入 CMF 主机，使产水透过膜进入 CMF 产水水箱。在 CMF 系统中，供水泵采用变频调节。PLC 采集供水母管的压力，经调节，控制供水泵的转速达到使供水母管恒压的目的。

④ 反冲洗系统。反冲洗系统由反洗泵、加药泵及相应管路、阀门组成，其作用是在膜组件污染后对其进行在线气水清洗，保证膜组件正常、高效运行。反冲洗过程包括气水双洗、大流量反冲、排污等过程，在反冲洗过程中加入化学药品可有效洗脱膜表面的各种污染物。

⑤ 压缩空气系统。压缩空气系统包括空气压缩机、空气储罐及相应管路阀门等，主要是为系统的气动阀门提供动力，在反冲洗过程中提供压缩空气来增强清洗效果。

⑥ 化学清洗系统。化学清洗系统包括酸洗泵、碱洗泵及相应管路阀门等，其作用是在 CMF 系统污染较为严重时投加药剂，对系统进行有效的清洗。

⑦ 自控系统。自控系统由 PLC、流量传感器、压力传感器、变频器、触摸屏等组成，其作用是通过流量传感器和变频器对膜装置运行中的工作与清洗状态进行控制，采用压力检测实现超运行压力时自动清洗。

CMF 系统可针对自来水、地下水、地表水的除浊澄清净化，污水深度处理，RO 系统的预处理以及一些特殊的分离工艺进行定制化设计与运行，具体操作如下：

（1）错流过滤

错流过滤即在膜过滤的同时，在膜的进水侧保持一定的流速。错流过滤方式可以减少膜污染，延长制水周期，减少反洗和清洗的次数。错流过滤方式会产生一定量的浓水（25%～50%），一般来说并不是将浓水直接排放，而是将浓水回收至 CMF 系统的进水端，再通过循环泵循环到 CMF 设备中。这种运行方式需根据 CMF 系统耐污染程度以及过滤对象的特征来决定其循环的比例。

（2）气水双洗

这是 CMF 系统中采用的一种外压式中空纤维膜的清洗技术，即膜在清洗过程中，反洗液（一般为膜的透过液）由膜组件的透过液出口进入中空纤维膜的内侧，由内向外反向清洗；同时，在膜组件的原液入口加入压缩空气，在中空纤维膜的外壁进行空气振荡和气泡擦洗。在中空纤维外壁与膜组件外壳之间的空间内，上升的压缩空气与反洗水共同作用，将膜表面的污染物清洗干净，清洗后的污水从膜元件的排污口排出。

（3）高效过滤

CMF 中可采用的有机中空纤维膜可有效去除水中杂质，降低浊度、悬浮物及胶体物质含量，降低污染指数（SDI），可最大限度地保证反渗透系统的安全运行。

（4）出水恒流控制

CMF 系统中一般采用出水恒流控制，即通过流量变送器采集每台 CMF 设备的产水流量，通过 PLC 控制该台设备的进水调节阀，使每台 CMF 设备的出水量始终为设定值。恒流控制技术通过使每台 CMF 设备的产水量始终处于额定状态，从而控制膜的污染过程。

（5）全自动控制

变频恒压供水技术和恒流控制技术在 CMF 系统中的有机结合使 CMF 系统具有极高的运行可靠性，完全避免了人为因素对系统可能产生的损害；同时可使 CMF 系统的运行操作变得极为简单，即操作人员除根据自控系统的提示及时补充运行中所需的药剂外，只需根据需要切换运行与暂停模式即可，CMF 系统的制水和清洗的切换、清洗操作及化学清洗剂的配制操作均由 PLC 控制；自控系统对全部操作点和工艺控制点均可进行监视和控制，整个系统可无人值守，全自动运行。

3.6.3　操作流程与组件维护

CMF 可以采用全自动化的过程与操作。必要时，操作人员可以进行手动操作和干预。控制系统可监控所有的运行步骤和日常操作，不需要操作人员额外进行维护，操控程序简单易懂。

CMF 的常规工艺过程为：膜过滤工作状态→气水双洗状态→反冲洗状态→排

污。这是一个特点明显的多端操作系统。系统中一般使用中空纤维膜组件，应根据不同的处理介质，选用抗污染性好、化学稳定性佳、综合成本低的外压式微滤膜或超滤膜，CMF系统中要求采用的膜水通量大、容易清洗、水通量可迅速恢复。就目前来看，聚偏氟乙烯（PVDF）、聚氯乙烯（PVC）和聚醚砜（PES）等材料均可在CMF中应用，其中PVDF材料可以使用常用的氧化性水处理药剂（如次氯酸钠、臭氧、二氧化氯等）对膜进行清洗，工艺适应性也更强。CMF系统工作流程如图3-3所示。

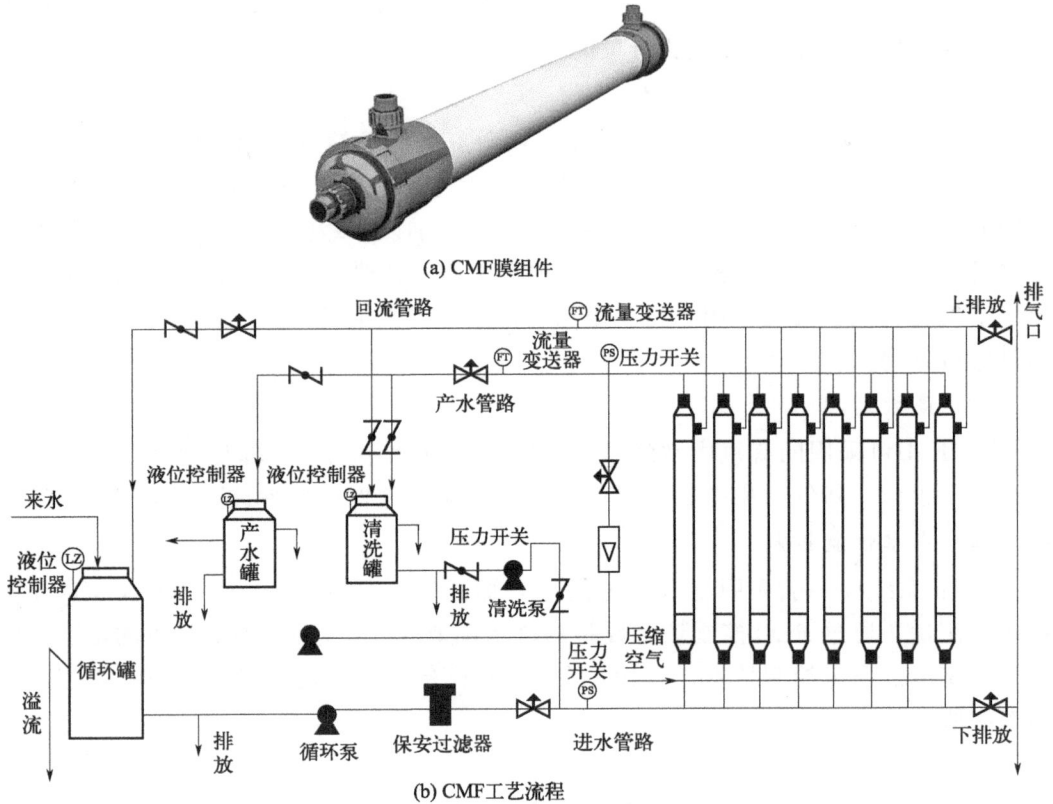

(a) CMF膜组件

(b) CMF工艺流程

图3-3　CMF系统工作流程示意图

为了保证系统长期稳定运行，需要按照工艺条件使用系统，同时需要定期对膜组件进行维护。如进水温度一般要求在15～25℃之间。在低温环境下，需要做好保温措施，适当降低膜通量和缩短制水周期，延长化学清洗周期，来保证整体的产水连续性。表3-4是CMF系统的工艺参数。

表3-4　CMF系统工艺参数

工作参数		参数设定范围
运行条件	工作温度	5～40℃
	pH值耐受范围	2～12
	设计工作压力	<0.05MPa
	运行方式	死端/错流过滤

续表

工作参数		参数设定范围
清洗条件	反洗压力	0.05~0.2MPa
	反洗周期	20~60min
	反洗时间	60~120s
	化学分散清洗频率	1~2d/次,或根据进水水质不设化学分散清洗
	化学分散清洗的时间;药液浓度;化学清洗频率	10~20min/次;200~500mg/L 次氯酸钠;2~4 月/次
	化学清洗的时间;药液浓度	10~20min/次;1000~2000mg/L 次氯酸钠或 2000~4000mg/L 柠檬酸

3.7　浸没式连续膜过滤工艺

3.7.1　工艺简介

浸没式连续膜过滤工艺最早由 US Filter（Memcor®）在工程中大规模推广采用。CMF-S 是 CMF 技术的另一种应用变形，它是将浸入式过滤方式与 CMF 技术相结合而产生的。它涵盖了 CMF 工艺的绝大多数优点，能够取代传统水处理工艺的混凝、沉淀、过滤等过程，无须加药，利用 $0.1\mu m$ 的微孔能够截留 $0.1\mu m$ 以上的悬浮颗粒，最后得到可直接回用或进入反渗透系统的处理出水。对于较大规模的处理厂有其独特的优势：能够以较低的压力进水；设备投资成本相对较低，耗电费用低，约为 CMF 的 40%；占地面积小；运行噪声低。目前在 CMF-S 工艺中，通常采用装填密度很高的中空纤维超滤或微滤膜组件。

20 世纪 90 年代，加拿大 Zenon 公司开发了无壳浸没式膜组件，并实现了其商业化应用。1996 年 Zeeweed® 系列膜系统开始应用于饮用水处理。2003 年，Zenon 公司为加拿大 Olivenhain 市设计了处理能力为 $1\times10^5\,m^3/d$ 的水处理厂。新加坡 Kranji 高科技工业园区的再生水回用厂也应用 CMF-S 工艺，处理规模为 $5.33\times10^4\,m^3/d$，该工艺对细菌和悬浮物等杂质的去除效果非常明显，净化后的水清澈透明，浊度接近于零。

CMF-S 技术适用于大型中水回用、海水淡化、废水深度处理、市政给水等水处理工程，与压力式膜工艺系统相比，由于其采用浸没式的运行方式，更适用于一些水厂的升级改造，并可取代原有的沉淀过滤池功能。

3.7.2　工艺设计与膜组件特点

浸没式连续膜过滤系统主要由进水系统、膜池和抽滤系统、排水系统、反洗系统、加药系统、供气系统、化学清洗系统、自控系统等部分组成。

CMF-S 反冲洗是低压空气从膜的外表面通过，并不进入膜孔，滤液从纤维内向外排出，把空气均匀送入高装填密度膜组件中。短时间的滤液反冲洗可增强空气在膜表面的吹扫作用，有助于膜面沉积物的剥离。从膜面剥离的固体物在清洗后应从槽内排出，必须保证膜槽内无固体积累，否则将影响膜的性能和过滤水质。

CMF-S 的离线化学清洗是将膜组件取出后放入化学清洗剂槽液中，膜与化学试剂接触，并配合间歇性曝气冲刷。清洗完成后，膜以清水洗涤后再使用。

CMF-S 的技术优势包括：原水水质适应性强，不需要任何预处理设施，可直接进入过滤系统；模块化结构，占地面积小；不需加药（混凝剂、助凝剂等），运行成本低；系统对温度、浊度等适应性强，出水水质稳定；自动化程度高，操作简单，可全自动运行；操作压力低，因而能耗相对比较小；膜的使用寿命长。CMF-S 作为一种新型膜过滤技术，与其他膜过滤技术相比有着以上诸多技术优势。该工艺的推广，一方面能够极大地扩大污水回用技术的应用领域，使有限的水资源得到充分利用；另一方面可以扩大一些膜处理技术（如与纳滤和反渗透等工艺的组合）的应用领域，取代传统的离子交换工艺，减少离子交换树脂酸碱再生时产生的废酸、废碱等污染物。

3.7.3　操作流程与组件维护

CMF-S 可以采用全自动化的过程与操作。必要时，操作人员可以进行手动操作和干预。控制系统能够监控所有的运行步骤和日常操作，不需要操作人员额外进行维护，操控程序简单易懂。

运行工艺过程包括：过滤、气水反洗、排污、维护性化学清洗和恢复性化学清洗、完整性检测等。其中排污过程有些项目采用连续排放，有些项目则选用不间断排空，用户可根据项目实际情况来选择，其工艺流程如图 3-4 所示。系统具备的在线化学清洗（CIP）和化学强化清洗（CEB）保证了 CMF-S 工艺具有良好的运行稳定性，在实际应用中二者的区别在于膜系统通量恢复的持久性和清洗液的浓度。

CMF-S 系统的恢复性化学清洗需要人工操作，完整性检测可根据设计需求而添加。系统正式运行前需根据设计方案设置合适的运行参数（产水瞬时流量、曝气量、过滤时间、气水反洗时间、排污间隔及时间、维护性清洗方式等），并根据运行情况及时进行优化。

CMF-S 的工艺流程如图 3-4 所示。原液首先从原料池通过进料泵输送到预过滤器，再通过各个膜池配置的可控制气动调节阀，进入浸没式超/微滤系统膜池。滤出液由抽吸负压驱动穿过膜壁进入膜丝内腔中。滤液经由每个膜组件汇流到集水管路中。产水泵产生抽吸负压，提供一个最高可达 85kPa 的跨膜压力，流量控制是通过滤液流量计和滤液泵变速驱动实现的。

CMF-S 系统具有如下一些工艺特点。

（1）负压抽吸出水

CMF-S 系统利用过滤泵产生的负压使净化水透过膜壁，最终进入清水箱。与

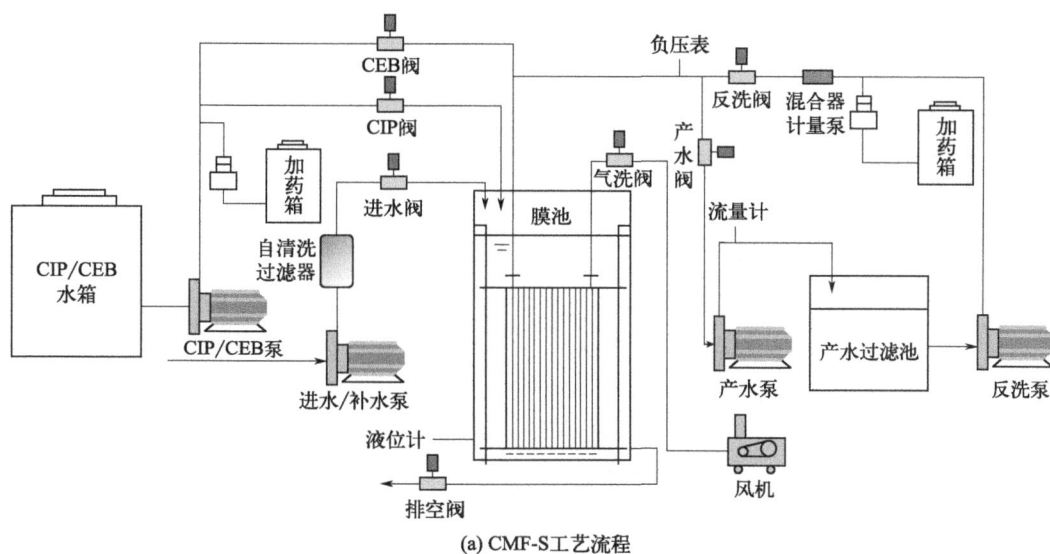

(a) CMF-S工艺流程

(b) CMF-S膜组件

图 3-4　CMF-S 系统示意图

压力式膜工艺系统相比，CMF-S 的运行跨膜压差比较低，一般压力式膜工艺系统的运行跨膜压差为 150kPa 左右，而 CMF-S 系统的运行最大跨膜压差仅有 85kPa。由于运行跨膜压差相对较低，一方面降低了 CMF-S 系统的运行能耗，另一方面因为运行跨膜压差对于膜污染以及膜的使用寿命有一定影响，低压运行有利于对系统的保护，提高了系统的安全性和稳定性，可延长膜系统的使用寿命。

（2）气水联合反冲洗

CMF-S 系统的膜组件在反洗过程中，采用气水混合反洗，使膜表面污染去除得更加彻底。同时显著节约了反洗水的消耗，系统自用水率是其他相同类型膜的 1/2，从而有效地提高了水的回收率。

（3）完善的系统设计

结合实际的运行环境，通过对 CMF-S 系统的膜组件组合、运行参数等的设计优化，与其他同类型膜系统相比，CMF-S 系统的安全性、可靠性及稳定性较高。膜池设置有专用的操作平台，以缩短安装、调试和系统维护所需的时间。

CMF-S 运行工艺参数对比如表 3-5 所示。

表 3-5　CMF-S 运行工艺参数对比

运行参数	产水过滤时间/min	气水反洗时间/s	维护加药时间/d	恢复性化学清洗频率/月
参数设定	20～120	30～120	1～15	1～6

3.8　膜生物反应器

活性污泥法（activated sludge process，ASP）是当今世界各国应用最为广泛的一种废水生物处理方法，但在多年的推广和应用中发现，ASP 还有许多不足之处，主要表现在：占地面积较大，基建投资较高；剩余污泥量大；易发生污泥膨胀，影响出水水质；固液分离主要依靠二沉池，对悬浮固体的去除往往达不到回用标准；生物反应器中污泥浓度受到二沉池固液分离的制约，不能保持较高水平，因而限制了进一步提高处理负荷。针对 ASP 的不足，人们将膜分离技术引入废水生物处理系统，开发了一种新型的废水处理工艺，即膜生物反应器（membrane bio-reactor，MBR）。

3.8.1　膜生物反应器的分类及各自特点

3.8.1.1　膜生物反应器的分类与原理

目前已开发的膜生物反应器可分为三种：膜分离生物反应器（membrane separation bioreactor）、膜曝气生物反应器（membrane aeration bioreactor）和萃取膜生物反应器（extractive membrane bioreactor）。

膜曝气生物膜反应器最早见于 Cote P 在 1988 年的报道，其采用透气性致密膜（如硅橡胶膜）或微孔膜（如疏水性聚合膜），以板式或中空纤维式组件，在保持气体分压低于泡点（bubble point）的情况下，可实现向生物反应器的无泡曝气。该工艺的特点是提高了接触时间和传氧效率，有利于曝气工艺的控制，不受传统曝气中气泡大小和停留时间因素的影响，如图 3-5（a）所示。在实际的应用和研究中，除了通过膜曝气强化生物过程外，还可利用反应器中曝气膜的功能，在膜面形成"生物膜"以实现对水中污染物的强化去除，这类反应器称为膜曝气生物膜反应器（membrane-aeration biofilm reactor）。

萃取膜生物反应器（extractive membrane bioreactor，EMB）因为高酸碱度或对生物有毒物质的存在，某些工业废水不宜采用与微生物直接接触的方法处理。当废水中含挥发性有毒物质时，若采用传统的好氧生物处理过程，污染物容易随曝气气流挥发，产生气提现象，不仅处理效果很不稳定，还会造成污染性气体的排出。为了解决这些技术难题，英国学者 Livingston 研究开发了 EMB，其工艺流程见图 3-5（b）。废水与活性污泥被膜分隔开来，废水在膜内流动，而含某种专性细菌

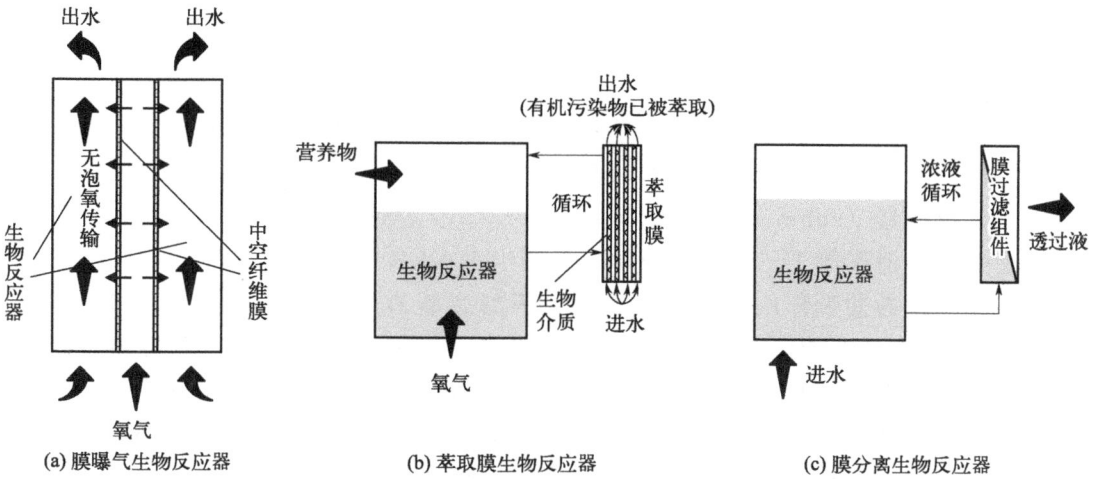

图 3-5　膜生物反应器的分类

的活性污泥在膜外流动，废水与微生物不直接接触，有机污染物可以选择性地透过膜而被另一侧的微生物降解。由于萃取膜两侧的生物反应器单元和废水循环单元是各自独立的，各单元水流相互影响不大，生物反应器中营养物质和微生物生存条件不受废水水质的影响，使水处理效果稳定。系统的运行条件，如 HRT（水力停留时间）和 SRT（污泥龄），可分别控制在最优的范围，维持最大的污染物降解速率。

膜曝气生物反应器可实现膜生物反应器中的无泡供氧，提高传氧效率。萃取膜生物反应器可利用膜的选择透过性对特定的污染物进行分离。上述两种类膜生物反应器目前的应用范围还较为有限，而本书后续内容所指的膜生物反应器即为主要应用在膜法水处理中的膜分离生物反应器［图 3-5(c)］。

固液膜分离生物反应器是在水处理领域中研究得最为广泛深入的一类膜生物反应器，是一种用膜分离过程取代传统活性污泥法中二次沉淀池的水处理技术，是水处理中应用最为广泛的膜生物反应器（MBR）。膜分离生物反应器的分类方法有很多种：按膜组件放置方式可分为分离式和浸没式膜生物反应器，如图 3-6 所示；按生物反应器是否需氧，可分为好氧和厌氧膜生物反应器；按照膜材料，可分为有机材料和无机材料膜生物反应器；按照膜组件的形式，可分为中空纤维式、板式、管

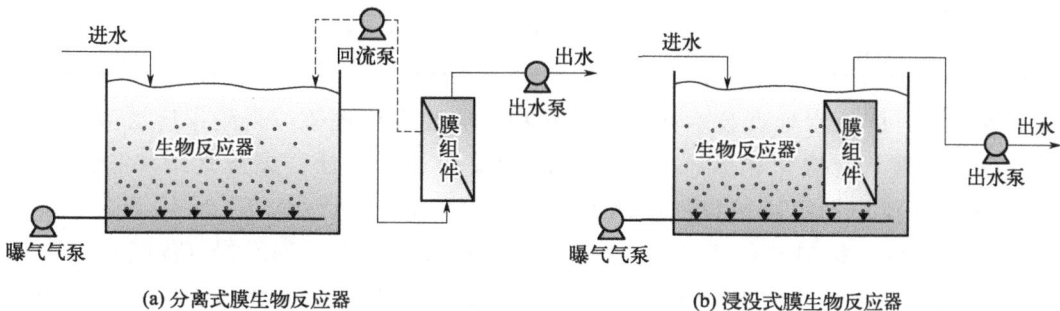

图 3-6　膜生物反应器的形式

式等膜生物反应器。

分离式膜生物反应器（side-stream membrane bioreactor）也称为旁流式 MBR，其特点是生物反应器和膜组件分开放置，在反应器内混合经输送泵进入膜组件，在压力作用下混合滤出液透过膜组件，浓缩液则通过回流泵返回反应器。Ymamoto 等在 20 世纪 80 年代，在膜分离技术的基础上开发了浸没式膜生物反应器，也称一体式膜生物反应器（submerged membrane bioreactor，SMBR），可取代混凝、沉淀、过滤、吸附、消毒等工艺，并能获得较好的出水水质，特点是将膜组件置于反应器内，在出水泵的抽吸作用（或重力作用）下滤出液透过膜组件。浸没式和分离式 MBR 由于膜组件放置位置的不同，因而在能耗、膜污染、清洗方式等诸多方面存在差异。由于需要进行浓缩液回流，因此维持分离式 MBR 较 SMBR 的运行需要更高的能耗。SMBR 膜组件可置于高浓度的泥水混合液中，所以较分离式 MBR 的膜污染发展更快。SMBR 一般在膜组件下方设置曝气管路，通过鼓气使气泡对膜纤维表面进行吹脱，并使膜纤维产生抖动，以达到对膜组件清洗的目的；而分离式 MBR 一般通过定期对膜组件进行水（气）的反向冲洗来实现。虽然分离式 MBR 运行需要较高的能耗，但由于其置于反应器之外，更适用于高温、高酸碱等恶劣的处理环境，同时具备较高的膜通量。通过以上分析可以看出，这两种类型的反应器根据各自的特点有相应的适用范围，并不能简单地评价孰优孰劣。从目前两种反应器的应用状况来看，SMBR 适用于处理市政污水以及流量较大的工业废水，而分离式 MBR 适于处理特种废水和高浓度废水。二者的运行参数比较见表 3-6。

表 3-6 分离式和一体式膜生物反应器运行参数的比较

运行参数	分离式膜生物反应器	一体式膜生物反应器
膜组件	Zenon's Perflow® Z-8	Zenon's ZeeWeed® ZW-500
膜组件形式	管式	中空纤维式
膜面积/m²	2	46
膜通量/[L/(m²·h)]	50～100	20～50
运行压力/kPa	400	20～50
错流速率/(m/s)	3～5	—
曝气量/(m³/h)	—	40
产水率/%	25～75	—
能耗/(kW·h/m³)	4～12	0.3～0.6

近年来，膜法水处理技术在市政污水和工业废水处理领域得到了广泛应用。在市政污水处理与资源化领域，膜生物反应器应用最为广泛。据统计，2023 年全球 MBR 膜生物反应器市场销售额达到了 35.26 亿美元，预计 2030 年将达到 53.07 亿美元。2021 年，我国已有超过 500 座大型 MBR 市政污水处理工程（仅统计处理规模 $>1\times10^4$ m³/d），总处理规模超 1600×10^4 m³/d。在工业废水处理与循环利用方面，膜法水处理技术在石油化工、煤化工、钢铁、生物医药、微电子等废水处理中

均有应用。MBR 在石油化工和综合产业园区废水处理中使用比例也较高。截至 2021 年，我国有 300 余座大型工业废水 MBR 处理工程（70% 左右的工程处理能力达 $1 \times 10^4 \sim 5 \times 10^4 \, \mathrm{m}^3/\mathrm{d}$）。为进一步实现污染物深度削减，MBR 可与高压膜技术联用。

　　MBR 作为生物反应器与膜过滤二者相结合的产物，兼具了二者的技术优势，因此，对于 MBR 的处理机理不但要从二者各自的特点来考虑，同时二者之间形成的相互促进效应也是非常重要的。首先，MBR 内的微生物混合液无疑是 MBR 对外来污染物去除的"主力军"，无论采用好氧还是厌氧的运行方式，外来污染物中的绝大部分均应在此环节去除；其次，膜过滤的引入在 MBR 处理中更多的是充当"深度精炼"的作用。其作用一方面是过滤少部分在生物处理段不能有效去除的污染物，另一方面则是凭借其良好的截留能力实现固液分离，使传统生物反应器内的 HRT 和 SRT 两指标分离，因此，微生物的浓度、负荷和其他连带因素也就变得人为可控了。与过滤小颗粒污染物相比，膜在 MBR 中的高效固液分离作用至关重要。因此，MBR 处理污染物质的机理应理解为"在膜有效固液分离条件下的高效生物降解过程"。

　　MBR 较 CAS（传统活性污泥法）在工艺上有其独到之处，特别是其高去除率、低污泥产率、占地面积小等特点，符合未来水处理高效、集中、模块化的设计理念，而能耗高、价格高的问题也会随着其膜材料价格的下降、系统的模块化和规范化以及技术应用规模的扩大而逐渐得到缓解，如表 3-7 和表 3-8 所示。

表 3-7　MBR 的工艺特点

优点	缺点
◆占地面积小 ◆可彻底去除出水中的固体物质 ◆对细菌有很高的去除率 ◆COD、固体和营养物质可以在一个单元内被去除 ◆高负荷率 ◆低/零污泥产率 ◆工艺启动快 ◆受污泥膨胀影响小 ◆模块化升级改造容易 ◆自动化程度高 ◆对某些重金属离子有较高的去除率	◆存在膜污染问题 ◆膜价格高 ◆能耗较高

表 3-8　MBR 与 CAS 处理实例水质参数的比较

水质参数	进水	CAS		MBR	
		出水	去除率/%	出水	去除率/%
COD/(mg/L)	520	75	85.6	15	97.1
TP/(mg/L)	15	7.9	47.3	2.25	85.0
PO_4^{3-}/(mg/L)	10.5	7.1	32.4	1.90	81.9
SS/(mg/L)	110	40	63.6	未检出	100
浊度/NTU	38	15	60.5	0.44	98.8

水质参数	进水	CAS		MBR	
		出水	去除率/%	出水	去除率/%
TKN/(mg/L)	48.3	30.2	37.5	3.4	93.0
NH_4^+-N/(mg/L)	35	20	42.9	1.9	94.6
NO_3^--N/(mg/L)	0.94	3.0	—	13.5	—

注：TKN 表示总凯氏氮；SS 表示悬浮物。

由表 3-8 可见，与 CAS 相比，MBR 对有机物的处理效率要高得多。在 CAS 中，由于受二沉池对污泥沉降特性的影响，当生物处理达到一定程度时，要继续提高系统的去除效果很困难，往往延长很长的 HRT 也只能少量提高总去除率。而在 MBR 中，可以用比 CAS 更短的 HRT 达到更好的处理效果，因此 MBR 在提高系统处理能力和提高出水水质方面具有明显优势。

3.8.1.2 厌氧膜生物反应器

除了广泛应用的好氧膜生物反应器外，厌氧膜生物反应器（anaerobic membrane bioreactor，AnMBR）也是膜生物反应器的重要组成部分。1881 年法国 Louis Mouras 发明了"自动净化器"用以处理污水污泥，从而开始了人类利用厌氧生物处理废水废物的历程。近三四十年是厌氧生物处理技术发展的高潮期。厌氧生物处理技术具有可将有机污染物转化为甲烷的优点，大部分研究表明厌氧生物处理的优点明显超过其不足之处。相对于好氧生物处理技术，厌氧生物处理技术工艺稳定，处理剩余污泥所需费用较小，设施所占空间较小，具有与生态和经济上的优点相关联的节能优势，运行简化，消除了尾气污染，并且没有好氧过程中表面活性物质的气泡问题，能够有效地处理好氧生物处理中的生物不可降解物质。此外，厌氧生物处理技术还可以降低氯化有机物毒性以及处理季节性废水等。

南非的 Membratek 公司在 20 世纪 80 年代研制了厌氧超滤消化系统（anaerobic digestion ultrafiltration，ADUF），用于处理高浓度工业污水，特别是食品和酿造业的污水。ADUF 工艺也可用来改造传统的厌氧废水处理工艺，ADUF 工艺主要包括厌氧反应器和外置式超滤单元，膜透过液为最后的出水。包含微生物的污泥经浓缩后被迅速循环回消化反应器，以减少污泥活性的损失和温度的降低，这样可以提高消化反应器中的混合液浓度，改善系统的处理性能。当平均进水 COD_{Cr} 浓度为 $15g/m^3$ 时，COD_{Cr} 的平均去除率可达 97%

相较于好氧处理，厌氧处理技术展现出显著的可持续性优势，其核心优势在于较低的能量消耗，这主要归因于厌氧过程可将污水中的能量转换为气态能量载体甲烷（CH_4），其被认为是可利用的清洁能源之一。该过程无须额外的曝气能量输入，可显著降低总体的运行成本。此外，厌氧过程中微生物生长速度相对较慢，使得整个处理过程中产生的污泥量大为减少，有效控制了能量的系统流失。特别是结合了膜技术的厌氧膜生物反应器，更是展现出了巨大的应用潜力。膜技术的加入有效地分离了 SRT 与 HRT 两指标，增加了反应器内活性微生物浓度，减少了污泥流失。

这不仅促进了厌氧生物处理技术在更广泛环境条件下的应用，也保证了更高的出水质量。虽然 AnMBR 技术在市场上的普及度可能不及其他颗粒污泥处理技术，如升流式厌氧污泥床（UASB）或内循环反应器，但其可通过膜组件实现固液分离，使得污水处理系统的 SRT 和 HRT 得以完全分离，膜组件的过滤功能使其实现了更为优质的出水效果。这种独有的竞争优势让 AnMBR 技术在水处理领域中脱颖而出。在稳定运行的 AnMBR 系统中，高浓度有机废水处理中可实现 80％ 以上的 BOD 去除率，以及 70％ 和 30％ 以上的硝酸盐和磷酸盐去除率。此外，与传统废水处理技术相比，采用 AnMBR 在占地面积、工艺形式上均有优势，具有能够持续地选择性分离和回收营养物质与资源的功能。

常规的厌氧生物工艺往往存在启动缓慢、微生物培养困难、水力停留时间长、出水水质受外界因素影响较大等缺点。而膜技术的组合与引入使 AnMBR 充分发挥了膜组件高效分离的特性，可有效解决由于厌氧生物反应器内微生物流失而影响启动时间、微生物富集以及出水水质较差等问题。厌氧生物反应器内产酸和产甲烷菌对环境条件要求苛刻，培养和富集困难，而将其与膜组件结合则可成倍提高反应器内的产酸、产甲烷菌浓度，提高系统的处理负荷和运行稳定性。

AnMBR 中采用膜系统应具有良好的水力状态，膜的耐久性、抗堵性较好，膜组件自身易于优化组合。系统设计和操作简单，基建费用低，便于管理和自动控制，升级改造潜力大。因此，AnMBR 可作为一种处理高浓度有机废水的行之有效的工艺，近年来已经逐步应用于城市污水和工业废水的处理中，已成为 MBR 领域中的一个新兴热点。AnMBR 技术在当前环境保护和资源再利用的大背景下，与低碳和资源化水处理的核心目标高度一致，具有广阔的应用前景。

近年来，污水处理技术中对能源及资源的回收需求越发强烈，促进了污水处理向综合资源回收模式的转变，"碳中和"逐渐成为未来污水处理的发展方向。与传统的好氧活性污泥工艺相比，厌氧生物处理污水过程具有较低的能量需求和污泥产量，污水中有机物能够以甲烷形式进行能源回收，有望实现工艺运行能耗的自给自足，因此厌氧膜生物反应器展现出了特殊的优势。已有小规模的 AnMBR 投入运行，并能够在市政污水处理的同时实现"能源中和"或"能源盈余"的研究。然而值得注意的是，AnMBR 在市政污水处理中的应用仍面临着一系列挑战，包括膜污染、温度和市政污水中硫酸盐的存在对于工艺稳定运行的影响。

不同构型 AnMBR 系统示意图如图 3-7 所示。

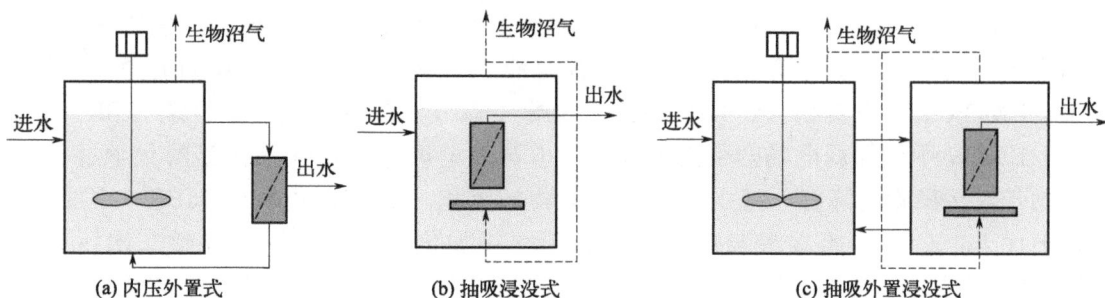

图 3-7　不同构型 AnMBR 系统示意图

得益于 AnMBR 技术的众多优势，其已在各个领域得到了广泛应用。特别是在处理高有机负荷和高悬浮物负荷的废水方面，如食品加工业（包括酸菜、谷物、棕榈油加工）、乳品加工业以及酿酒业等。AnMBR 系统表现出卓越的处理能力，不仅可以有效去除 COD，还能同时产生能源，为废水处理提供了附加的经济价值。目前，已有许多生产规模的 AnMBR 厂投入使用，专门处理各类工业废水。

主要的能源回收方式依旧为有机物转化为沼气再回收，能源回收效率和效果提升将是未来的发展方向，包括与一些新技术的联合应用、反应器改造升级、底物改性预处理以及运行条件优化等。结合膜技术组成的 AnMBR 技术利用膜强制固液分离和微生物富集，可有效增加厌氧消化负荷，提高厌氧消化效果，但由于消化底物污水污泥成分复杂，有机物质含量有差异，以及膜污染、甲烷溶解、能源投产平衡等的限制，AnMBR 的推广应用受到一定阻碍。同时溶解性甲烷的存在是能源回收效率低下的重要原因，甲烷回收率的提升也是进一步提升 AnMBR 能源回收潜力的关键。在当前低碳技术发展的背景下，AnMBR 作为一项低碳水处理与资源化技术，可显著促进污水处理和资源回收的效率，对推动可持续水资源管理和循环经济具有重要意义，与追求"双碳"目标紧密相连。尽管存在膜污染和运营管理等挑战，但新材料的研发、操作优化以及与其他技术（如膜蒸馏）的集成等科研进展，为该技术的未来发展和应用奠定了坚实的基础。

3.8.1.3 电化学耦合膜生物反应器

近年来，随着对 MBR 中膜污染认识的不断深入，电化学耦合膜生物反应器（EMBR）成为 MBR 污废水处理中一个新兴的研究方向。EMBR 是在传统 MBR 的基础上引入电场效应、电极反应，将微生物降解、膜孔筛分和电化学作用相结合，形成微生物降解污染物、利用膜组件实现高效固液分离、电场促进污染物的降解和提升膜过滤性能的多过程协同处理系统。根据电场强化机理的不同，一类 EMBR 是通过电氧化、电泳、原位清洁等作用有效减缓膜污染，提升微生物活性，强化污染物降解并提高出水水质；另一类 EMBR 则是通过低压电场的生物电化学系统（BES）利用电活性微生物来催化阳极（氧化）或阴极（还原）反应，可将化学能（以废水中有机底物的形式）转化为电能或其他能源。目前 EMBR 的工艺类型主要包括微生物燃料电池（MFC）耦合 MBR（MFC-MBR）和微生物电解池（MEC）耦合 MBR（MEC-MBR）。

EMBR 工艺适用于处理各类污废水，如市政污水、餐厨废水、焦化废水、农药废水、煤化工废水、苯酚废水、垃圾渗滤液、纺织废水等，且在相同的操作条件下，EMBR 去除有机物（COD）和营养物质（N、P）等的性能优于传统 MBR。

EMBR 中外加弱电场会引发电絮凝、电泳、电渗、电化学氧化等电化学过程，有助于对污染物的降解，减少膜表面污染物的沉积。EMBR 相较于 MBR，主要有以下优点：a. 电子直接参与电极反应，无须投加化学药剂，不易导致二次污染；b. 设备工艺简单、去除污染物能力较强，易于实现自动化；c. 可通过电极材料与界面优化，实现污染物的选择性去除或降解；d. 电极反应能生成强氧化性物质，深度降解多种污染物；e. 通过对重金属离子的还原、盐离子的跨膜传输等电极过程，可实现对水质的净化以及对资源和能源的回收。

EMBR 中电化学场减缓膜污染的作用机理包括以下几个方面，如图 3-8 所示。

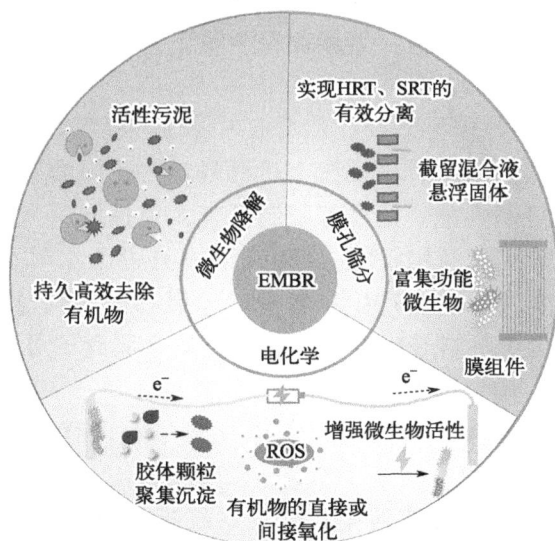

图 3-8　EMBR 去除污染物原理及特点
（ROS 为活性氧）

① 膜与污染物之间的静电排斥作用。适当的电压可以增强污染物与膜之间的静电排斥力，使污染物不易在膜表面沉积，形成滤饼层的速度减慢，从而减缓膜污染。

② 降低滤饼层的稳定性和致密性。在一定的外部电压影响下，膜组件周围和膜表面的 Zeta 电位的绝对值升高，污泥表面负电荷增多，污泥颗粒之间静电排斥力增大，污泥稳定性降低，难以形成致密的滤饼层。

③ 系统中污泥黏度降低，形成疏松多孔的滤饼层。随着外加电压的增大，污泥黏度降低，污泥颗粒之间的吸附和凝聚力减弱。

④ 生物系统中可对膜产生较强污染的 EPS（胞外聚合物）含量降低。EPS 和 SMP（溶解性微生物产物）是导致膜污染的主要物质，外加电压可以降低混合液中 EPS 的含量，尤其可使蛋白质与多糖的比值降低，增强污泥的亲水性。

⑤ 原位清洁。阴极表面会产生 H_2 和 H_2O_2，可以对膜进行原位清洁，减缓膜污染。

相比于传统的 MBR 工艺，EMBR 在 MBR 工艺中增加了电化学过程，会导致能耗的增加。为了进一步提升 EMBR 的运行效能，目前很多 EMBR 常常以 An-MBR 为基础演化而成，具有污泥产率低、可回收营养物质和生物能源的优势，通过对能源资源进行回收，降低污废水处理过程中的总运行费用。向 AnMBR 中施加弱电场，可以实现生物高效产氢，富集产甲烷菌群，提高甲烷产量和产率，弥补电化学过程所增加的部分能耗。例如，鸟粪石电化学沉淀回收废水中的磷，可实现能源资源的定向转化。

EMBR 在污废水处理方面虽然显现出显著优势，但同时也面临着以下几个方面的技术挑战。

① 电极的钝化。金属（Fe、Al 及其他金属）阳极在氧化的过程中会不断释放金属离子，在阳极表面形成氢氧化物，这些沉淀物与污染物的累积会阻碍阳极进一步产生金属离子并向溶液中扩散，絮凝剂释放量下降，导致阳极钝化，使导电性能变差，电能和运行成本增加。

② 导电性膜材料制备较为复杂。EMBR 中普遍采用的导电材料包括无机金属材料、有机聚合物和碳纳米材料，虽然上述材料均有较好的导电性，但其制备成本高、成膜过程复杂且可塑性差，这些都限制了其大规模应用。

③ 有毒副产物的产生。EMBR 在处理高浓度有毒废水时会产生具有生物毒性的副产物（如处理含氯废水时会产生三氯甲烷、氯乙酸等）。EMBR 中的电极材料（Fe、Al 及其他导电无机材料等）溶解释放的过量金属离子可能对微生物有毒，抑制微生物的生长。

总之，EMBR 结合了膜生物反应器与电化学过程的优点，将微生物降解、膜孔筛分与电化学场高效协同，实现了节能、高效运行。EMBR 在强化对污废水中常规污染物去除的同时可减缓膜污染，延长系统运行周期。EMBR 还可强化去除微污染物，有效缓解抗生素抗性基因增殖，高效去除病原微生物，高效回收生物能源资源。但 EMBR 的工程化应用仍面临着技术挑战，未来还需进一步优化反应器构型和改进膜及电极材料，开发能源资源回收型 AnEMBR 工艺，提高出水水质，做到定向回收污废水中的 C、N、P，以充分发挥 EMBR 的技术优势。

3.8.1.4　菌藻共生膜生物反应器

在污水处理过程中，菌藻共生系统相较于普通的活性污泥法，具有高氮磷去除率以及低能量消耗的优势，但由微藻细胞小而轻导致的微藻生物量流失所造成的二次污染是限制菌藻共生系统发展的主要原因。研究表明，利用膜技术能够有效地将微藻截留，可避免微藻生物量大量流失。因此针对将菌藻共生系统与膜生物反应器相耦合形成的菌藻 MBR 做出了大量研究。为实现更好的废水深度处理和资源高效回收利用，近年来越来越多的研究将生化处理与膜工艺相结合，菌藻共生膜生物反应器（microalgae-bacteria symbionts membrane bioreactor，MBS-MBR）就是这样的一种工艺。与传统的 MBR 处理工艺不同，MBS-MBR 是一种新型的废水处理技术，是利用藻类和细菌等好氧异养微生物相互合作，实现高效去除废水中的有机物和氮磷等污染物，同时通过光合作用和呼吸作用吸收和释放氧气，从而达到净化废水和增氧的目的。

菌藻共生与膜生物工艺相结合，解决了单一的 MBR 工艺对氮磷去除效果不理想的问题，实现了污染物的高效去除和资源化回收利用。研究结果表明，以菌藻体系联合膜工艺处理污水，化学需氧量（COD）、总氮（TN）、总磷（TP）去除率均有明显的提高。菌藻共生系统处理可在生化过程中实现有机物、氮、磷的高效去除，在污水处理中效率更高而且可以减少温室气体排放，实现生物质的同步产生，是一种可再生和可持续的技术。与传统的膜生物反应器相比，菌藻生物膜体系还可以有效减少曝气能耗，具有更低的能耗和更高的资源回收潜力。在菌藻共生膜生物体系中回收利用的生物质可以用作生产能源的原料，同时便于收获生物质，从而实现资源化利用，其工艺运行机理如图 3-9 所示。

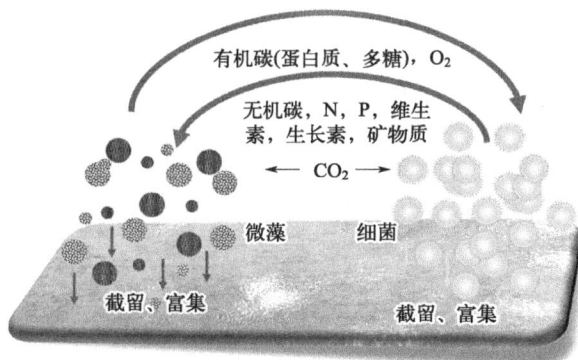

图 3-9　菌藻共生膜生物反应器机理示意图

　　虽然菌藻共生膜生物体系可以提高废水中氮磷的处理效率，实现高效的处理效果和对生物质的利用，但菌藻系统的耦合会使系统对污染物的降解方式及营养物质的转移过程发生改变。因此，膜污染仍然是菌藻 MBR 不可避免的一个问题，主要是因为膜污染会使膜的清洗频率增加，提高膜反应器的成本，成为限制菌藻共生膜生物反应器技术发展的重要因素。严重的膜污染更会导致膜孔堵塞、膜通量下降等不可逆的情况，不仅会缩短膜的使用寿命，还会降低膜对有机污染物的去除率。

3.8.2　膜生物反应器的控制及运行

　　MBR 中的运行参数大致可分为与生化单元有关的参数和与膜单元有关的参数两大类。

3.8.2.1　生化单元控制参数及指标

　　(1) 生化需氧量和化学需氧量

　　BOD 和 COD 是评价水处理工艺的重要指标，借助 MBR 中膜的优良过滤性能，可有效去除污泥混合液中颗粒物的 BOD 和 COD，因此 MBR 在出水 BOD 和 COD 的指标上比传统工艺更具优势，如处理普通市政污水时，出水 BOD 可达到 5mg/L 以下，COD 可达到 30mg/L 以下，能满足景观用水和生活杂用水的要求。

　　(2) 运行负荷

　　MBR 中的运行负荷包括：污泥负荷，即每千克污泥每天所脱除的 COD（或 BOD）的量 [kg COD/(kg MLSS·d)]；容积负荷，即每立方米反应池每天所去除的 COD（或 BOD）的量 [kg COD/(m³·d)]。好氧 MBR 用于城市污水的处理时，容积负荷一般为 1.2～3.2kg COD/(m³·d) 和 0.05～0.66kg BOD/(m³·d)，相应去除率为大于 90% 和大于 97%，当进料 COD 变化很大（如从 100mg/L 变到 250mg/L）时，只要 MBR 进入稳态运行，出水 COD 仍可小于 10mg/L，进水 COD 甚至不会影响到出水 COD。

好氧 MBR 处理工业废水时，其运行负荷要比城市废水高得多。最高负荷可达 10kg COD/(m^3·d)，相应去除率达到 90%～99.8%。工业废水本身负荷强度较高，如酿造废水 COD 可达 50000mg/L 以上，含油废水 COD 也高达 30000mg/L 左右。在采用 MBR 处理不同废水时，可根据水质的不同采用相应的运行负荷。

在城市污水处理中，根据不同的 MBR 工艺组合形式，HRT 可设定在 6～24h 之间，如此可以得到较高的去除率。在稳定运行的 MBR 中，较长的 HRT 对有机物脱除率影响不大。MBR 中的 SRT 较活性污泥工艺要高很多，理论上甚至可以做到不排泥。在实际工程中，MBR 定期排泥除可满足对磷等指标的去除需要外，还需要考虑适当的微生物活性。由于具有相当长的 SRT，MBR 中的污泥产率较低。

工业废水处理中的 HRT 通常要比城市废水高得多，通常需要几天，而非几小时。而 SRT 则与城市废水处理相近。例如含油废水的处理，HRT 通常在 1.87～3.74d，SRT 在 50～100d。在大多数情况下，COD 去除率大于 90%。

对污染物浓度很高的废水，应降低其初始负荷，以避免硝化物的抑制作用。在工业废水处理中，还有一个很重要的问题是一些特殊组分的去除，例如油脂的脱除，因为膜可截留大分子的油脂，使其在反应器中有较长的降解时间。

（3）污泥特性

MBR 中的污泥浓度往往采用混合液悬浮固体（MLSS）和挥发性悬浮固体（MLVSS）来表征。MLSS 是指曝气池中污水和活性污泥混合后的混合液悬浮固体的数量，也称混合液污泥浓度，是衡量曝气池中活性污泥数量多少的指标。MLVSS 是指混合液悬浮固体中有机物的量，由于其不包括污泥中的无机物部分，因此能够较为准确地代表活性污泥中微生物的量。SRT 是曝气池中工作着的污泥总量与每日排出的剩余污泥量的比值，运行稳定时，单位时间内（一般为每日）排出的剩余污泥量即为污泥新增量，SRT 体现的是新增污泥在反应器内的平均停留时间。由于 MBR 中使用了膜分离作为固液分离技术，因此可使其生物反应单元内维持比 CAS 高得多的污泥浓度。一般 CAS 中污泥浓度在 2～4g/L，而 MBR 中污泥浓度可达到 10g/L 以上。

借助膜的特殊性能，MBR 可以在高容积负荷、低污泥负荷下运行，于是污泥的产率低，有机物的去除率高，这正是 MBR 的特点。由于 MBR 中具有很高的污泥浓度，所以其运行 SRT 也较传统的工艺长，甚至在一些研究中实现了 MBR 剩余污泥的"近零排放"，SRT 达到了无穷大。

在一些研究和工程实践中，MBR 中的 MLSS 浓度可达 10～20g/L，MBR 与传统 CAS 相比，特点之一就是污泥产率低，微生物在低污泥负荷下运行时缺乏营养，内源呼吸作用突出，底物基本用于维持细胞的能量需求而不能用于微生物的合成。这种运行模式可以获得很高的去除率并能实现较低的污泥产率。

MBR 反应器的剩余污泥量可按下式计算：

$$\Delta X = YQL_r - K_d VX \tag{3-11}$$

式中，ΔX 为产生的剩余污泥量；Y 为氧化每千克 BOD 所产生的污泥量，可取 $0.4 \sim 0.8\text{kg}$；L_r 为去除的 BOD 浓度；K_d 为污泥自氧化速率，可取 $0.04 \sim 0.075\text{d}^{-1}$；$X$ 为反应器内混合液悬浮固体的平均浓度；Q 为反应器进水量；V 为反应器容积。若缺乏相关数据，MBR 的污泥产率可参照表 3-9。

表 3-9　各污水处理工艺的污泥产率

处理工艺	污泥产率 /(kg/kg BOD)	处理工艺	污泥产率 /(kg/kg BOD)
一体式 MBR	0～0.3	传统活性污泥法	0.6
好氧生物滤池(固定载体)	0.15～0.25	好氧生物滤池(粒状载体)	0.63～1.06
生物滴滤池	0.3～0.5		

MBR 中较高的污泥浓度也会对其产生负面影响。研究和实践表明，较高的污泥浓度会造成混合液黏度的增大，而间接地影响膜稳定运行，因此 MBR 的最佳污泥浓度设计应综合考虑处理负荷、污泥产率及膜污染等诸多因素。

MBR 与 CAS 相比，污泥去除有机污染物的比活性低，且不稳定，这是因为 MBR 中 SRT 较长和污泥负荷较低。但在 MBR 中，容积负荷高于 CAS，说明在 MBR 中，尽管污泥活性比例比 CAS 低，但处理潜力大，因为 MBR 中可以维持较高的生物浓度，并且生长缓慢的微生物比例也有所提高。

（4）水力停留时间

HRT 是曝气池中液体的总体积与每小时排出的液体总体积的比值，运行稳定时，排出液体体积即为进入曝气池的液体体积，因此 HRT 反映了污水进入生物池的平均停留时间。MBR 中的 HRT 可比 CAS 中更短。而对于污染物浓度较高或含有特殊难生物降解物质的废水，适当延长 HRT 不失为一种保证 MBR 稳定处理效果的方法。

尽管缩短 HRT 可以减小池容，降低基建投资费用，但有研究认为过短的 HRT 可能会加速膜污染。过短的 HRT 还可能会导致溶解性有机物的积累，其吸附在膜表面上会影响膜通量。在较短的 HRT 下，膜表面会迅速形成致密的泥饼层；在较长的 HRT 下，膜污染减轻，压力也没有升高。但 HRT 的延长会增加生物池的容积，增加基建投资费用。因此 HRT 的设计一方面应尽量发挥 MBR 高效处理能力的特点，另一方面还应考虑到膜污染的控制。

3.8.2.2　膜单元控制参数及指标

（1）曝气强度

曝气强度又称气水比。MBR 中曝气包括两方面作用：为生化反应提供足够的溶解氧，以保证各类有机污染物降解和硝化过程的正常进行；强化反应器内部的紊流状态，提高对膜表面污泥颗粒的剪切和吹脱作用，以控制膜污染和保持膜通量。因此可将 MBR 中的气量分为两部分：膜面吹扫曝气和生化曝气。

强化曝气手段是 MBR 中控制膜污染的重要手段，但会使 MBR 比 CAS 运行能耗成倍增加。MBR 中曝气系统的能耗可占总能耗的 $80\% \sim 90\%$，因此降低 MBR 运行能耗的根本手段是提高曝气系统的效率。

MBR 中生化曝气量的设计可参考传统活性污泥工艺曝气量的计算。生化过程的需氧量与 BOD 的去除量、系统内微生物衰减量及氨氮硝化量成正比，与硝酸盐反硝化量成反比，实际需氧量可按式(3-12)计算：

$$O = O_c S_t + 4.57 N_{ht} - 2.86 N_{ot} \tag{3-12}$$

式中，O 为实际需氧量，$kg\ O_2/d$；O_c 为去除含碳有机物单位耗氧量，$kg\ O_2/kg\ BOD$，包括 BOD 降解耗氧量和活性污泥衰减耗氧量；S_t 为 BOD 去除量，kg/d；N_{ht} 为硝化的氨氮量，kg/d；N_{ot} 为反硝化的硝酸盐量，kg/d，未设计厌氧段的 MBR 中可略去此项。

(2) 开停比

开停（抽停）比是指连续运行的 MBR 工艺中往往会采用间歇出水的方式，即以一定频率的出水/停机的方式进行操作，这种方式可一定程度上缓解连续抽吸压力条件下膜表面污染层的发展，有助于膜污染的控制。例如，常用的开停比可设为开 8min、停 2min，或开 13min、停 2min，无疑较高的开停比可获得更高的产水效率。

(3) 跨膜压力

跨膜压力是指压力驱动超、微滤过滤介质通过膜的推动力，是实现膜过滤传质的关键参数。MBR 的 TMP 可以由机械泵提供，也可以通过重力水头作用提供。对于采用泵来提供的 MBR 来说，一体式 MBR 的 TMP 一般是通过泵产生负压来实现的，而分离式的 MBR 一般是由泵产生正压来实现的。

如前所述，膜运行中的膜临界现象在 MBR 中也是存在的。例如，MBR 中的 TMP 往往存在临界值：当 TMP 压力低于临界值时，膜通量随压力的增加而增加；而高于此值时，膜通量随压力的增加变化不大，但会引起膜污染的加剧。临界 TMP 会随孔径的增加而减小。

(4) 反洗周期和反洗频率

MBR 运行中，反洗周期和反洗频率的设计是保障系统稳定运行的关键环节，根据运行工况和反洗方式的不同，反洗周期和反洗频率也有不同的设计。如常规水洗可每隔几分钟进行一次，或在一个运行周期内（指开停周期）进行一次，而强化的化学反洗可视运行压力的变化每天或每周进行一次。

3.8.2.3 MBR 中微生物的特性

在废水的生物处理过程中，微生物种群特征与运行工况的联系非常紧密。据统计，CAS 中的原生动物有纤毛虫、鞭毛虫、肉足虫等百余种，而 MBR 中微型动物的种类少，且优势微型动物一般仅有一种或少数几种。不同水质、负荷、运行工况均可导致 MBR 污泥混合液中优势微生物种群的转化。与 CAS 相比，MBR 中微生物的总数多，但异养微生物占总微生物的比例较低，这是由于在 MBR 中 SRT 较长，而污泥负荷相对较低，使死亡微生物大量积累，微生物的活性降低。

在污水生物处理的过程中，原生动物可维持微生物系统的稳定，同时捕食分散于水中的游离微生物，降低水的浊度，从而提高出水水质。在传统的活性污泥法中，微型动物是多样的，常包括多种原生动物和后生动物，有时还可以发现肉足类的动物。在 MBR 中，较长的污泥龄虽有利于高等微型动物的产生和存在，但实际上在 MBR 中微型动物的存在是很不稳定的，且相对数量较少。

MBR 中膜的截留作用有助于生长缓慢的硝化细菌得以生长并大量繁殖，使 MBR 具有很强的硝化作用。研究表明，MBR 中存在的硝化细菌主要是自养氨氧化细菌和异养硝化细菌，而不是在具有硝化活性的 CAS 中普遍存在的化能自养氨氧化细菌。

目前对 MBR 中微生物种群的研究包括以下几个方面：微生物性状对出水水质的影响；较高级别的微型动物能否在系统中形成种群优势，从而达到污泥减量化的目标；微生物种群变化与膜污染的内在联系；优势种群及群感效应对特定污染物去除的影响；基于微生物体系中信号分子分析的膜工艺调控等。

3.8.3　MBR 中的膜污染及膜清洗

MBR 中膜污染堵塞的主要原因可大体上归纳为膜表面的浓差极化、污染物在膜表面的吸附沉积和污染物在膜孔内的吸附沉积三个方面。影响膜污染堵塞的因素包括：膜本身的特性，如膜结构、膜的物理特性、膜-溶质-溶剂之间的相互作用；被处理的污水水质，如化学需氧量、氨氮、总磷、阴离子表面活性剂（LAS）、生化需氧量等；操作条件，如污泥浓度、溶解氧（DO）、膜面流速、混合液黏度、温度等；MBR 的特征尺寸，如高度、曝气系统布置等；其他因素，如溶质大小、细胞体之间的相互影响、膜本身对生物膜生长的影响、EPS 的组成等。以下就几个对膜污染具有重要影响的方面进行具体分析。

（1）微生物因素

MBR 中污泥质量浓度及微生物的性质对膜通量有显著影响。许多研究表明膜污染与 MLSS 呈线性增长的关系，而膜通量随膜污染的增加呈对数下降。也有一些研究显示，影响膜污染的因素有污泥特性、颗粒大小、表面电荷、所含微粒等。这些研究虽然在有关污泥及微生物的形状对膜污染造成的影响上所得的结论略有不同，但由于污泥混合液浓度实际上与污泥特性紧密相关，所以在研究上述因素对膜污染的贡献和影响时，应当从不同的层面来看，污泥混合液浓度是反映污泥及微生物特性的一个综合指数，而其他诸如污泥粒径、电性等则是与之处于不同层面的指标。随着 MBR 运行环境的变化，各指标对膜污染总体的贡献会发生变化。

以 EPS 和 SMP 为代表的微生物代谢产物对膜污染有重要影响。SMP 可分为两类，一类是与基质利用有关的产物（UAP），另一类是与微生物内源代谢有关的产物（BAP）。一般认为 BAP 的可生物降解性很差，降解速度慢，会长期滞留在膜生物反应器中。EPS、SMP 主要是微生物细胞分泌的黏性物质，成分复杂，包括多糖、蛋白质、脂类、核酸等高分子物质。一些学者认为 EPS 质量浓度与膜污染呈现线性关系，EPS 成分中的溶解性物质对膜污染的影响越来越引起人们的重视。分置式 MBR 中循环泵产生的剪切力对污泥絮体有较强的破坏作用，致使污泥絮体释放出大量的 SMP 等溶解性物质，从而增加了膜污染，形成了很大的膜过滤阻力。

（2）运行条件

在一体式 MBR 中，曝气可提供微生物所需的氧气并产生一定的错流速率，能够去除或减少膜面的污泥层。较高曝气量下产生的剪切力会加快污染物脱离膜运动的速度，但当曝气量增加到一定程度时，通量增加就会变得不明显，而且过高的曝气量会提供过量的溶解氧，也不利于反硝化作用。

HRT 和 SRT 都不是直接影响膜污染的因素，只是二者的变化会引起反应器内污泥特性的改变，从而对膜污染产生间接的影响。

通量是决定膜污染速率最重要的因素，由此可将膜生物反应器通量划分为三个水动力学操作区：超临界区、临界区和次临界区。在临界区以下，膜污染速度较为缓慢。随着曝气强度的增大，MBR 中气、水二相流的紊动性增大，进而使得临界通量也不断增大，这也是延长膜生物反应器稳定运行的有效方法。

（3）膜的结构和性质

膜的性质包括膜的材质、孔径大小、孔隙率、粗糙度、疏水性等，这些都会直接影响膜污染。膜孔径对膜污染的影响与进水的颗粒大小有关，目前大多数 MBR 工艺采用 $0.1 \sim 0.4 \mu m$ 孔径的微滤膜，完全截留以微生物絮体为主的活性污泥。

常采用的膜材料包括有机材料和无机材料两大类。相比有机膜材料，无机陶瓷膜具有很好的力学性能，寿命长，但由于其制造成本较高，工程中使用较多的是聚合物膜。膜材料的疏水性对膜污染有很重要的影响。有研究显示疏水性超滤膜表面更容易吸附溶解性物质，表现出更强的污染趋势，但这也与其所处的工艺环境紧密相关。对于疏水性膜，可以通过化学改性将其转变为亲水性膜，常用的化学改性方法有接枝、共聚、交联等。膜表面粗糙度也会影响对污染物的吸附和膜表面的水力学条件，因此粗糙度对膜通量的影响是两方面因素综合作用的结果。为了获得更好的膜污染控制效果，可以通过在膜表面形成动态膜来改变膜表面粗糙度。

（4）MBR 中的膜清洗

MBR 的化学清洗包括在线清洗（cleaning in line，CIL）和离线清洗（cleaning in place，CIP），也称原位清洗。CIL 指使清洗介质由膜内侧反向通过膜孔并渗透至原水侧，以达到杀灭膜内外表面的细菌并分解冲脱黏附在膜表面上有机物的目的，可分为水反洗和化学反洗。CIP 指将膜组件置于药剂池（反应池）内浸泡，以洗脱膜表面的污染物。从应用范围来说，CIL 由于操作较为简单，更多地作为膜组件定期进行维护性清洗。CIP 由于可达到比较好的通量恢复率，更多地在膜组件污染较为严重时进行，作为恢复性清洗。具体膜清洗方法如图 3-10 所示。

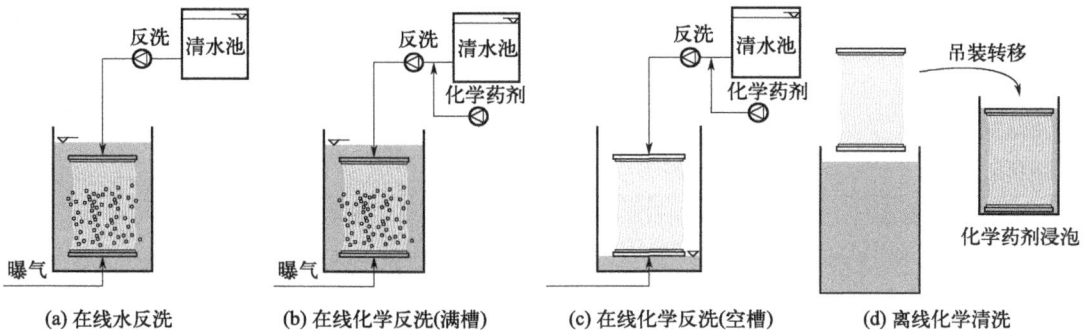

图 3-10　膜清洗方法操作示意图

　　膜清洗策略是指采用膜清洗时所进行的程序，包括膜清洗的药剂组合顺序、药剂浓度、清洗强度、水量和周期等相关内容。根据不同的运行工况、膜污染状态、膜材质等因素，应采取不同的膜清洗策略。目前提供商业化 MBR 技术的供应商根据其产品的特点，均有各自的膜清洗策略。

　　MBR 的化学清洗中，常用的药剂包括次氯酸钠、过氧化氢、氢氧化钠、硝酸、柠檬酸等，见表 3-10。作为 MBR 中的化学清洗药剂，需要考虑以下两个因素：微生物体系可耐受的药剂浓度和膜材料可承受的药剂浓度。耐受药剂浓度一般根据所选用的膜材料而确定，以 PVDF 膜材料为例，其耐药性能见表 3-11。微生物体系的耐药性较为复杂，与微生物浓度、环境条件等多个因素有关。

表 3-10　MBR 中常用的化学清洗药剂及作用对象

种类	主要功能	典型化合物	污染物类型
碱性物质	水解、增溶	氢氧化钠	自然有机物、多糖、蛋白质、微生物
氧化剂	氧化降解	次氯酸钠、过氧化氢、臭氧	腐殖质、蛋白质
杀菌剂	杀菌、消毒	过氧乙酸	微生物污染
酶	增溶	柠檬酸、硝酸	污垢、结垢
络(螯)合剂	络(螯)合、增溶	硝酸、EDTA	金属氧化物
表面活性剂	乳化、分散、调节表面性质	表面活性剂、洗涤剂	脂肪、油、蛋白质、微生物
抑制剂	降解高分子链、增溶	酶洗涤剂	蛋白质、EPS、微生物

表 3-11　PVDF 材料膜组件耐药性表 （25℃）

酸类		碱类		酒精类		有机溶液类		其他溶液	
醋酸 5%	◎	氢氧化钠 0.3%	◎	甲醇 100%	×	酯类	×	次氯酸钠 100mg/L	◎
醋酸 25%	○	氢氧化钠 0.5%	○	乙醇 20%	◎	酮类	×	过氧化氢溶液 100mg/L	◎
醋酸 30%	○	氢氧化钠 1.0%	△	乙醇 95%	×	煤油	×	海水	◎
醋酸 100%	×	氨水 2.5%	△	异丙醇 50%	△	汽油	×	纯净水	◎
硝酸 5%	◎					甘油 100%	○		
硝酸 20%	×								
磷酸 25%	◎								

续表

酸类	碱类	酒精类	有机溶液类	其他溶液
磷酸 80% △				
硫酸 5% ◎				
硫酸 30% ○				

注：◎表示可使用；○表示短时间可使用；△表示按条件可使用；×表示不可使用。

　　MBR 的膜清洗需要注意的主要问题包括：清洗过程对膜组件的损害，清洗剂对微生物系统的影响，清洗剂可能带来的水体二次污染。此外，应尽量考虑操作的便利性，从而可能实现更高程度的自动化和就地清洗。总体说来，膜清洗操作时要考虑以下四个方面：清洗剂的浓度，清洗温度，接触时间，膜的机械强度。清洗过程中酸、碱、游离氯、游离氧和有机溶剂都可能会破坏膜组件。特别是含氯的清洗溶液，虽然短时间清洗可以延长膜的使用寿命，但是由此引起的出水中有机氯化物含量升高的问题也不容忽视，由于氯化物危害环境、难以生物降解，所以清洗剂要尽量不含氯并尽可能维持低剂量清洗。大多数有效的化学清洗剂都对高分子分离膜有破坏作用，通常表现为膜的老化。老化的原因有可能是膜中亲水组分的析出、膜疏水性的增加，也可能是化学药剂改变了膜的分子结构，导致膜强度的降低、透水率下降甚至孔结构坍塌。

　　研究和实践表明，频繁进行化学清洗不但会对膜材料造成破坏，还可能会对活性污泥的性状产生一定程度的影响。例如有研究表明，对于 MBR 清洗中常常采用的次氯酸钠来说，当加入量不超过 15g/kg SS 时，污泥活性不会受到影响。加入量在 15g/kg SS 以上时，反应液的耗氧速度会随加入量的增加而增加，表明次氯酸钠可被活性污泥分解。总体说来，MBR 运行中应尽量避免化学清洗，一方面化学清洗会消耗化学药品，又对水造成二次污染，另一方面化学清洗还会缩短膜的寿命。但是从恢复膜通量来看，化学清洗还是必不可少的，因此应尽量控制化学清洗的频率。

3.8.4　MBR 工艺系统的组成

　　典型的 MBR 处理工艺包括物化过程、生化过程和膜过滤过程，具体说来，其由预处理系统、生化系统、鼓风曝气系统、膜过滤系统、控制系统、膜清洗系统和污泥处理系统组成，如图 3-11 所示。

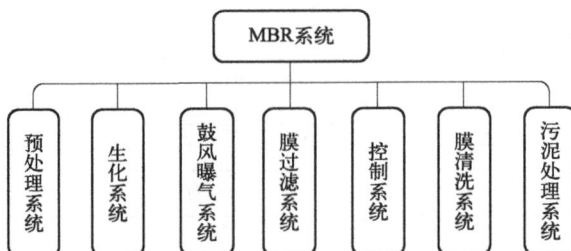

图 3-11　MBR 系统的组成

3.8.4.1　预处理系统

MBR 的预处理系统可根据需要处理污水水质的不同，进行针对性的处理。预处理的设计应围绕维持系统稳定高效的处理能力和有效保护膜组件两方面进行。适当地进行预处理不仅是为了保护膜组件的完整无损，而且是为了防止不对膜表面从微观性能上造成不可修复的污染和伤害，同时还可以控制生化段稳定的处理负荷，提高出水水质。常用的预处理包括格栅、隔油、气浮、絮凝沉降等工艺。

格栅在选用时建议栅距为 0.5～2mm，主要是为去除污水中的纤维、毛发及大颗粒的污染物。格栅最好配备自动除渣装置，以免进水水质较差时堵塞格栅。

隔油是为了去除原水中由动植物油或矿物油形成的浮油，若油质为乳化状态，则需作破乳处理。

气浮可去除密度较轻的油脂、碎屑、果皮肉等杂物。

絮凝沉降可去除小颗粒污染物，同时对重金属离子也有一定的去除效果。

预处理系统可视原水水质采用一种或多种处理单元。

3.8.4.2　生化系统

生化系统是 MBR 系统的核心，生化系统的设计思路与传统生化系统的设计思路大体相同。根据原水水质特点和出水水质要求，可选择全好氧和厌氧-好氧组合的工艺形式，也可采用其他生物处理工艺形式与膜相结合的方式。通常情况下，经预处理的原水首先进入厌氧区，在这里，原水与循环的混合液进行混合，然后流入好氧区。在好氧区，对污水进行曝气处理，空气由与分布器相连的风机供给。膜组件直接浸没在好氧区内，通过重力作用或离心泵使污水进入。混合液体与空气充分混合后，以错流方式连续通过膜组件，并不断冲刷着膜表面。污水在生物反应器的厌氧区和好氧区内经过生物处理，清洁的水透过膜组件，排放到消毒系统中，进行进一步处理。残余的固体、有机物颗粒、微生物、细菌和病毒则不能通过膜，被截留在液体混合物中，最终被活性污泥降解。经 MBR 处理的污水，排出水质可达到固体悬浮物含量低于 1mg/L，浊度低于 1NTU。MBR 中生化系统的设计相关参数可参考表 3-12～表 3-14。

表 3-12　膜生物反应器污水设计参数

项目	污泥负荷/[kg/(m³·d)]	MLSS/(g/L)	容积负荷/[kg/(m³·d)]	处理效率/%	适应污水性质
普通曝气池	0.2～0.4	1.5～2.5	0.4～0.9	90～95	城镇污水
膜反应器 1	0.1～0.2	1.0～4.0	0.2～0.5	90～95	杂排水
膜反应器 2	0.1～0.2	2.0～8.0	0.4～0.9	95～98	综合生活污水
膜反应器 3	0.2～0.5	4.0～18	0.5～2.0	98～99	高浓度有机废水

表 3-13　不同种类污水的基本参数

水质类型	HRT/h	气水比	MLSS/(g/m³)	污泥产量/(kg/kg BOD)
生活杂排水	>2	>15:1	>1000	<0.6

续表

水质类型	HRT/h	气水比	MLSS/(g/m³)	污泥产量/(kg/kg BOD)
生活污水	>4	>25∶1	>4000	<0.6
综合污水	>4	>25∶1	>4000	<0.6
医院污水	>2	>15∶1	>1000	<0.6

表 3-14　不同有机废水处理的基本参数

废水种类	处理量/(m³/d)	HRT/h	MLSS/(mg/L)	主要工艺	运转形式
啤酒厂	350	12	8000~10000	原水—反应器—出水	开 9min,停 3min
方便面加工厂	750	12	5000~8000	厌氧—反应器—出水	开 8min,停 2min
养猪场	60	480	8000~20000	曝气池—反应器—出水	开 8min,停 2min
豆食品厂	600	39	8000~12000	原水—反应器—出水	开 9min,停 3min

3.8.4.3　鼓风曝气系统

MBR 中常用的曝气系统包括微孔曝气系统和大孔曝气系统，二者作用不同。微孔曝气系统是为了满足生化反应所需要的曝气量，而大孔曝气系统是为了满足膜表面清洗所需的空气量。

大孔曝气系统包括曝气主管和曝气支管，曝气支管上设有向下的 $\phi 3\sim4\text{mm}$ 的曝气孔，气孔间距 20~60mm，曝气支管和膜组件平行安装。微孔曝气系统，可选择盘式、管式、膜片式等曝气器，应根据实际需要设置。

3.8.4.4　膜过滤系统

膜过滤系统包括膜组件、膜单元框架、产水泵等。

(1) 膜单元框架

在工程应用中，一般都通过数个膜组件组成膜单元来完成过滤。膜单元中通过膜单元框架来固定膜组件。膜单元框架包括用以支撑集成膜组件的单元框架、汇集膜组件出水的出水集合管、吹扫膜组件的曝气扩散管和输气管等。

(2) 产水泵

MBR 中通常采用自吸式和离心式水泵提供出水。水泵设计应考虑维修更换的需要，尽量分组设置。需要注意的是使用自吸式水泵时，由于水泵的设置场景不同，吸程增大，有时会得不到所需的产水量，因此在选择水泵时应根据其特性曲线和吸程留有富余量。另外，水泵的设置位置高程应尽量设计得比膜分离池更低，以防止虹吸现象的发生。产水泵的开启需根据液位传感器的检测信号自动控制运行，高液位启动，低液位停止。

3.8.4.5　控制系统

MBR 的控制系统包括：鼓风机的控制，产水泵的控制，原水提升的控制，反洗泵的控制，加药泵的控制，各管路流量和压力的控制，生化反应参数的控制，液位的控制，产水水质参数的监测。

MBR 系统可按照设定的工作周期进行工作，表 3-15 为某 MBR 系统工作模式的设定。

表 3-15　某 MBR 系统工作模式的设定

运行模式	工作周期/min	运行时间/min	曝气时间/min	有效工作时间/(min/d)
A	10	8	2	1152
B	10	9	1	1296
C	15	12	3	1152
D	20	13	3	1224

所有的膜单元是分组运行还是独立运行，需要根据膜单元数确定，原则上每一个独立的工作组应配备独立的产水泵和鼓风机，但出于工程造价考虑，很多情况下，工作组之间共用一套产水泵系统和鼓风机系统，在这种情况下，主管路和支管路之间的设置方式非常重要，应避免造成抽吸能力分布不均匀，影响通量。而且工作组内膜单元较多，泵停止工作时，易造成再启动工作困难，需要配备排气设备。

膜组件的原位清洗应选择在曝气时间内进行，系统的设计可采用分单元或分工作组清洗。

膜组件工作时的液位不得低于反应器的低液位（膜组件距液面上表面至少 500mm），低于该液位，膜组件应停止产水。

原位清洗应根据工程情况确定，一般为一周一次。外置式化学清洗需要根据运行情况确定。

为更好地监测系统的运行状态，TMP、产水浊度、温度、pH 值、液位、反洗水压力、流量均推荐在线监测。

3.8.4.6　膜清洗系统

膜清洗系统包括在线清洗系统和离线清洗系统。在线清洗系统包括反洗泵、加药泵、反洗管路等。离线清洗系统包括起吊设备、化学清洗池、加药泵、循环泵、进出水管和气管。

3.8.4.7　污泥处理系统

MBR 系统的污泥处理与传统活性污泥处理法相类似，包括浓缩池处理、消化池处理、脱水处理等。

3.8.5　MBR 的技术经济分析及工程运行

3.8.5.1　MBR 的技术经济分析

根据污水水量、水质及处理难易程度的不同，MBR 处理工业废水的一次性投资通常在 4000～10000 元/m³，应用于中水回用系统的 MBR 的一次性投资为 2500～

6000 元/m³，处理规模越大，单位处理污水量的一次性投资越低。

MBR 系统的投资主要包括系统的工程建设费用和运行费用两部分。具体如下：

工程建设费用＝基建费用（建筑工程费＋设备购置及安装费＋
不可预见工程费）＋膜的购置费用

运行费用＝设备折旧费用（一般以 10a 计）＋膜更换费用＋动力费用＋
其他费用（人员工资＋维修清洗费）

当 MBR 工艺应用于再生水处理工艺时，其基建投资与单位制水成本同传统的再生水处理工艺相当（表 3-16）。而 MBR 系统的出水水质要优于典型的再生水处理工艺，且该工艺具有占地面积小、维护管理方便、自动化程度高、剩余污泥量少等优点，因此 MBR 工艺用于中水回用时具有一定的综合优势。

表 3-16 不同工艺再生水处理成本比较

原水	处理工艺	回用途径	投资成本/(元/m³)	运行成本/(元/m³)
城市生活污水	MBR	较高水质回用途径	2000～6000	1.3～2.0
	BAF	居民区用水	1600～2000	1.0～1.5
生活污水（杂排水）	BAF	低水质回用途径（冷却、绿化及景观用水）	1000～2000	0.8～2.9
	生物接触氧化	生活环境杂用水	2000～3000	0.5～1.7
城市污水厂二级出水	CMF—消毒	生活用水；较高水质回用	800～1000	1.0～2.0
	混凝—沉淀—过滤—消毒	低水质回用途径（冷却、绿化及景观用水）	1000～2500	0.5～0.8

注：BAF 为曝气生物滤池。

3.8.5.2 MBR 的工程调试与维护运行

膜处理装置在正式运行前必须进行系统调试。调试可按下列步骤进行。

① 系统空车调试。先检查各种设备的安装是否符合设计要求，特别是膜池中的膜组件安装是否符合设计要求，以及曝气管是否在同一高程上，其误差不得超过设计规定值。然后按照设备说明书的规定，对各种设备进行空车调试，达到要求后方可转入下一步。

② 清水联动试车。试车前应检查反应器（池）水位高度是否满足要求，观察反应器系统自动控制和其他机械设备的运行状况。清水联动试车时水温应大于 4℃。

③ 启动设备。应在做好启动设备准备后进行，操作前应在开关处悬挂指示牌。操作人员启闭电器开关，应按电工操作规程执行。

④ 膜组件出水手动试运行。当反应池内水达到中水位时，手动开启出水泵并调节出水阀门，观察出水泵进口处压力和出水口流量的变化。调节出水量至膜片设计清水最大出水量。

⑤ 系统自动控制运行调试。当系统进入自动运行状态时，其自动完成进水、曝气、出水、消毒等程序，然后进行带负荷调试运行直至达到设计要求。

　　MBR 中生化系统的污泥培养和驯化的方法与活性污泥的培养和驯化的方法相似，可分为间歇式和连续式两阶段进行。

　　① 间歇培养。在反应器内接种一定量的活性污泥，开启鼓风机曝气，控制溶解氧在适当的范围内，随时监测溶解氧、pH 值、MLSS，并用显微镜观察生物相的变化，间歇培养数日。

　　② 连续培养。当反应池内有一定量的活性污泥时可连续培养，连续培养数日，当活性污泥达到一定浓度后可转入正常运行。

　　MBR 较传统活性污泥法自动化程度高，所需人工维护少，因此只需定期进行如下的管理：a. 各设备运行状况的检查；b. 真空负压的检查，确定膜两侧阻力有无上升，以监测膜污染的状况；c. 处理水的水量和水质（浊度、COD、BOD）的监测，在线监测浊度可及时发现有无膜破损现象的发生；d. 曝气的检查，曝气状态及供气量的确认，以及 MLSS 的简单测定，并定期进行排泥以防止 MBR 内污泥的老化。

课后要点

　　1. 超滤膜分离机理。

　　2. 膜孔径的泡点压力测试方法及原理。

　　3. 造成膜污染的原因及对策。

　　4. 常用膜清洗技术。

　　5. 超滤、微滤膜组件类型，不同膜组件的优缺点，膜组件设计需要考虑的因素。

　　6. 连续膜过滤的系统组成及工艺特点。

　　7. 浸没式连续膜过滤的系统组成及工艺特点。

　　8. 膜生物反应器分类、组成及特点。

　　9. 膜生物反应器分离原理。

　　10. 膜生物反应器的运行参数。

　　11. 影响膜生物反应器膜污染堵塞的因素及膜清洗技术。

　　12. 膜生物反应器的系统组成。

课后习题

　　1. 超滤膜的分离机理是什么？

　　2. 膜孔径测定方法有电镜直接测定法和泡点测定法，泡点测定法的原理是什么？

　　3. 造成膜系统污染的原因有哪些？

　　4. 超滤、微滤膜污染控制对策有哪些？举例说明。

　　5. 常用的膜清洗技术有哪些？

　　6. 膜组件的设计可以有多种形式，常用的形式有哪些？

7. CMF 系统的水处理特点是什么？

8. 超滤、微滤膜污染清洗方式有哪些？

9. 连续膜过滤工艺和浸没式连续膜过滤工艺各自的原理、工艺特点是什么？

10. 膜生物反应器分类、组成及特点分别是什么？

11. 影响膜生物反应器运行的因素有哪些？

12. 造成膜生物反应器中膜污染堵塞的原因有哪些？

13. 膜过滤系统的组成部分有哪些？

参考文献

[1] 任正艳. 浸没式连续膜过滤（CMF-S）系统的设计及其在汽车涂装前处理中的应用 [D]. 天津：天津工业大学，2010.

[2] 国家海洋局. 连续膜过滤水处理装置：HY/T 165—2013 [S]. 北京：中国标准出版社，2013：1-12.

[3] 2018 年污水处理行业研究报告 [EB/OL]. [2024-09-14]. https：//www. docin. com/p-2188909175. html.

[4] 浅析 5 种膜分离技术处理煤矿矿井污水 [EB/OL]. （2018-06-07）[2024-09-14]. https：//wenku. so. com/d/7cc4a60396c4a4c385f0657221a0fb30.

[5] 连续膜过滤系统的特点分析 [EB/OL]. （2017-05-31）[2024-09-14]. https：//huanbao. bjx. com. cn/news/20170531/828345. shtml.

[6] 连续膜过滤（CMF）水处理系统 [EB/OL]. （2023-05-08）[2024-09-14]. https：//wenku. so. com/d/d0d5fa130d60b3bf9edf165228526224.

[7] 陈德强，石凤林，周古双，等. 连续膜过滤技术在市政污水深度处理中的应用 [J]. 中国给水排水，2009，25（24）：64-68.

[8] 佚名. 天津膜天膜科技股份有限公司连续膜过滤（CMF）设备及应用 [J]. 流程工业，2012（18）：1.

[9] 温汉泉，潘元，俞汉青. 低碳水处理与资源化技术：厌氧膜生物反应器（AnMBR）的特性、应用与新技术简介 [J]. 能源环境保护，2024，38（1）：1-11.

[10] 史金卓，胡以松，肖文倩，等. 电化学-膜生物反应器强化污废水处理的研究进展 [J]. 工业水处理，2024，44（5）：32-41.

[11] ZHANG M, JI B, LIU Y. Microalgal-bacterial granular sludge process：A game changer of future municipal wastewater treatment [J]. Science of The Total Environment，2021，752：141957.

[12] CASAGLI F, BELINE F, FICARA E, et al. Optimizing resource recovery from wastewater with algae-bacteria membrane reactors [J]. Chemical Engineering Journal，2023，451（P2）：138488.

[13] SUN L, TIAN Y, ZHANG J, et al. Wastewater treatment and membrane fouling with algal-activated sludge culture in a novel membrane bioreactor：Influence of inoculation ratios [J]. Chemical Engineering Journal，2018，343：455-459.

[14] BILAD M R, VANDAMME D, FOUBERT I, et al. Harvesting microalgal biomass using submerged microfiltration membranes [J]. Bioresource Technology，2012，111：343-352.

[15] ZHANG J, XIAO K, LIU Z W, et al. Large-scale membrane bioreactors for industrial wastewater treatment in china：technical and economic features, driving forces, and perspectives [J]. Engineering，2020，7（6）：868-880.

[16] 鲁馨，张海丰，李剡. 膜生物反应器中 N-酰基高丝氨酸内脂分析技术研究进展 [J]. 化学通报，2017，80（03）：260-265.

[17] 张海丰，孙明媛，于海欢. AHL-QS 减缓膜生物反应器膜污染研究进展 [J]. 化工进展，2014，33（05）：1300-1305.

第**4**章 纳滤及反渗透膜分离技术

4.1 反渗透、纳滤技术简介

4.1.1 发展概况

1949 年，加州大学洛杉矶分校（UCLA）的哈斯勒（Gerald Hassler）等最早启动了膜脱盐研究。1956 年 8 月，哈斯勒在 UCLA 内部报告中首先创造了"reverse osmosis"一词。中空纤维反渗透膜组件具有很高的装填密度，因此受到工业界的关注。当前，在全球的大型反渗透市场中，东丽、陶氏、海德能、LG 化学 4 家供应商占有较大的比重。

二十世纪六七十年代是国外反渗透关键技术密集取得突破的时期，而我国当时研究基础较弱，同期反渗透技术的研究显著落后。但通过适时技术引进和自主研发，山东海洋学院化学系、国家海洋局一所、国家海洋局二所、中国科学院化学所、中国科学院青岛海洋所、中国科学院兰州冰川冻土沙漠研究所、北京环化所、天津合成材料研究所等单位陆续开始反渗透水处理技术的研发与应用尝试，也为反渗透技术的国产化积累了初步的技术和经验，并于 20 世纪 80 年代实现了初步的工业化。经"七五"攻关、"八五"攻关中试放大成功后，我国反渗透膜技术开始从实验室研究走向工业规模应用。1990 年，大亚湾核电站建设了国内第一套反渗透海水淡化装置，日产淡水 200 吨。1999 年，大连市建成第一套 1000t/d 的反渗透海水淡化装置。2005 年，青岛市建成第一套 10000t/d 的反渗透海水淡化装置。2009 年，天津建成第一套 100000t/d 的反渗透海水淡化装置。2000 年，我国第一家国产反渗透膜生产企业——汇通源泉环境科技有限公司，在南方汇通科技园区成立。

目前工业应用的反渗透膜可分为三类：高压海水脱盐反渗透膜、低压苦咸水脱盐反渗透膜及超低压反渗透（LPRO）膜。

　　纳滤（nanofiltration，NF）是 20 世纪 80 年代后期发展起来的一种新型膜分离技术，早期称为"低压反渗透"或"疏松反渗透"，是伴随着低压反渗透技术而诞生发展的一种新型膜技术。20 世纪 80 年代，Film Tec 公司研制了一系列薄层复合膜（NF-40、NF-50、NF-70），能截留尺寸约为 1nm 的分子，Film Tec 公司根据其分离孔径为纳米尺度而将其命名为"纳滤"，并推出商用纳滤膜组件。同一时期，欧美地区建设了大量市政纳滤水厂，其中最有影响力的为法国巴黎 Méry-sur-Oise 水厂，该水厂于 1999 年建成 $14 \times 10^4 \mathrm{m}^3/\mathrm{d}$ 的纳滤系统，是世界上第一个应用于地表水处理的大型纳滤系统。2000 年后，随着对纳滤技术的深入研究及新型膜材料的研发，纳滤膜的品种不断增加，性能不断提高，针对不同的应用领域相继开发了醋酸纤维纳滤膜、芳香聚酰胺复合纳滤膜等。

　　随着国内高质量发展的不断推进，公众对饮用水的水质需求日趋提高，部分经济发达地区陆续发布了更加严格的地方饮用水水质控制标准。近年来，纳滤技术成为国际上膜分离技术领域的研究热点，世界各国的企业界和科研机构对纳滤膜的开发十分重视。纳滤在国内市政给水领域的应用得到了迅速发展，太仓、张家港和嘉兴等地的市政给水纳滤项目的成功落地，开启了纳滤技术在国内市政给水领域大规模应用的一个新时代，标志着以纳滤为核心的组合工艺将逐步用于市政给水领域。

4.1.2　反渗透、纳滤基本原理

（1）反渗透基本原理

　　如图 4-1 所示，采用一张只透水、不透盐的半透膜将纯水和盐溶液隔开，假定膜两侧静压力相等，由于 $c_1 > c_2$，所以渗透压 $\pi_1 > \pi_2$，溶剂将从纯水侧透过膜到盐溶液侧，这就是以浓度差为推动力的渗透现象，如图 4-1(a) 所示；渗透的结果是使浓溶液液柱上升，直到溶液液柱上升到一定高度 h 并保持不变，两侧溶液的静压差相当于两个溶液之间的渗透压，系统达到动态平衡状态，溶剂不再流入溶液，这种对于溶剂而言的膜平衡称为渗透平衡，见图 4-1(b)，若左侧溶剂液面和右

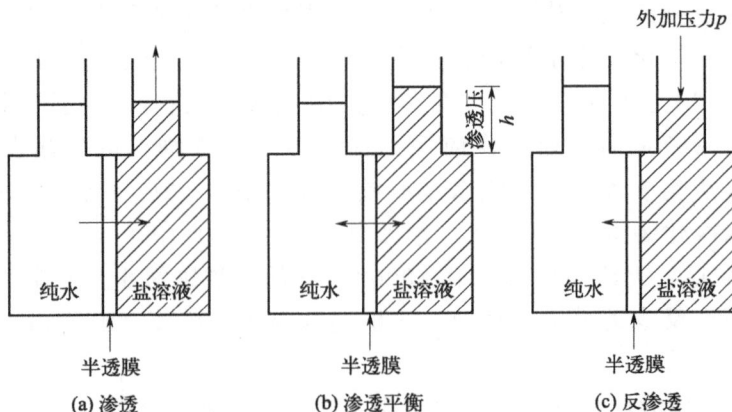

图 4-1　渗透与反渗透原理

侧同一水平的溶液截面上所受的压力分别为 p（一般为大气压）和 $p+\rho gh$（ρ 为溶液的密度，g 为重力加速度）时达渗透平衡，则两者之间压力的差值 ρgh 称为溶液的渗透压，但是如果没有半透膜，渗透压就无法表现；如图 4-1(c) 所示，若在右方加大压力，便可驱使一部分溶剂分子渗透至左方，即当膜两侧的静压差大于溶液的渗透压差时，溶剂将从溶质浓度高的溶液测，透过膜流向浓度低的一侧，这就是反渗透（reverse osmosis）现象。

反渗透是利用反渗透膜只能选择性地透过溶剂（通常是水）而截留离子物质的性质，以膜两侧静压差为推动力，克服溶剂的渗透压，使溶剂通过反渗透膜，从而实现对液体混合物进行分离的膜过程。它的操作压差一般为 $1.5\sim10.5$MPa，截留组分为 $1\sim10$Å（1Å$=10^{-10}$ m）的小分子溶质。除此之外，还可从液体混合物中去除其他全部的悬浮物、溶解物和胶体，例如从水溶液中将水分离出来，从而达到分离、纯化等目的。

（2）纳滤基本原理

虽然纳滤过程与反渗透过程非常相似，但由于纳滤膜与反渗透膜之间分离性能的差异而有所不同。纳滤膜具有两个显著的特征：其一是纳滤膜具有纳米级孔径，可通过尺寸筛分效应对分子量在 200 以上有机物进行截留；其二是膜表面多具有荷电结构，可通过道南（Donnan）效应（或静电排斥效应，指离子与膜表面所带电荷间的静电相互作用），对具有不同价态的离子实现选择性分离。

基于上述特征，纳滤膜通过尺寸筛分效应实现对中性物质的筛分，通过尺寸筛分和道南效应共同作用实现对带电物质的截留分离。如图 4-2 所示，在原料侧施加一定的压力，在膜上下游压力差的作用下，溶液中的分子量低于 200 的小分子物质、单价离子及水透过膜上的纳米孔流到膜的低压侧，形成透过液，而分子量大于 200 的有机物及多价离子被膜阻挡而留在膜的上游侧，从而实现分离。

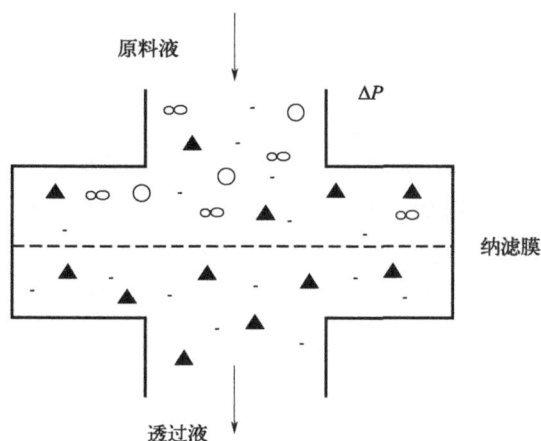

图 4-2　纳滤原理示意图

（○ 代表分子量在 200 以上的有机物；∞ 代表多价离子；▲ 代表单价离子；
· 代表水及分子量低于 200 的小分子物质；ΔP 为对原料液侧施加的压力）

4.1.3 反渗透过程的特点及应用

反渗透是一种高效节能的技术，它通过将进料中的水（溶剂）与离子（或小分子）分离，来达到纯化和浓缩的效果，能有效去除水中的无机离子及 0.1～2nm 的有机小分子物质。反渗透过程不涉及相变，因此通常不需要加热。其工艺简便，能耗较低，操作和控制也比较容易，同时具有广泛的应用范围。该技术由于渗透压的影响，其应用的浓度范围有所限制，另外对结垢、污染、pH 值和氧化剂的控制要求严格。

反渗透的主要应用领域有海水和苦咸水淡化，纯水和超纯水制备，饮用水净化，医药、化工和食品等工业料液处理和浓缩，污水处理以及分离提纯等。反渗透在海水淡化领域中的应用尤其重要，海水经过预处理之后，会被送入反渗透膜装置进行淡化处理。在这个过程中，海水会受到高压的作用，使水分子通过反渗透膜进入淡水一侧。这个过程可以去除海水中的盐分和其他溶解性物质，生产出高品质的淡水。

4.1.4 纳滤过程的特点及应用

与传统的反渗透、超滤分离过程相比，纳滤膜的孔径在纳米级，其中有些膜对不同价阴离子的 Donnan 电位有较大差别，其截留分子量在百量级，对不同价的阴离子有显著的截留差异，可让进料中部分或绝大部分的无机盐透过。

纳滤分离具有以下特点。其一，纳滤分离具有特殊的选择性，这与反渗透分离对几乎所有溶质都有较高的截留率和超滤分离仅对分子量大于 10000 的物质具有较高截留性能的情况不同。一般来说，纳滤膜对二价或多价离子盐（如 SO_4^{2-}、PO_4^{3-}、Mg^{2+}、Ca^{2+} 等）以及分子量在 200～1000 的小分子物质具有较强的截留能力，通常其截留率超过 90%。相比之下，对于以 NaCl 为代表的一价盐，纳滤膜的截留能力较低，一般截留率不超过 70%。其二，与反渗透技术相比，纳滤技术所需的操作压力较低，通常不超过 2.0MPa。在相同的操作压力下，纳滤技术的通量显著高于反渗透技术。

正因为纳滤技术具有上述特性，使得其在饮用水深度处理、地下水处理、苦咸水处理、工业废水处理、有机物脱盐净化、微污染水和特种污染水处理等环境水处理过程中发挥着重要作用，在水软化、有机小分子物质的分级、有机物的除盐净化等方面有独特的优点和明显的节能效果。除此之外，纳滤分离也可应用在食品的浓缩、药物的分离精制、石油的开采与提炼等领域，本书将在后续的章节对上述应用进行详细的介绍。

4.2 反渗透、纳滤膜及组件

目前，国际上通用的反渗透、纳滤膜材料主要有醋酸纤维素和芳香族聚酰胺两大类，另外在开发过程中也制备了一些用于提高膜性能或制备特种膜的材料，下面分别对不对称膜（表 4-1）和复合膜（表 4-2）的发展概况进行了简要说明。

表 4-1　不对称膜的发展概况

年份	膜材料	备注
1960	CA	Loeb 和 Sourirajan 研制出世界上第一张不对称 RO 膜
1963	CA	Manjikion 研制的改性膜
1968	CA-CTA	Salmnstall 研制的共混膜
1968	a-PA	美国 DuPont 公司开发的 RO 膜
1969	S-PPO	美国 General Electric 公司开发的废水处理膜
1970	B-9(a-PA)	美国 DuPont 公司推出的苦咸水脱盐中空纤维膜
1970	CTA	美国 Dow Chemical 公司研发的脱盐中空纤维膜
1971	PBI	美国 Celazole 公司开发的耐热膜
1972	S-PS	法国 Rhône-Poulenc Société Anonym 公司开发的耐热膜
1972	聚哌嗪酰胺	意大利 Credali 开发的耐氯膜
1973	B-10(a-PA)	美国 DuPont 公司推出的海水脱盐中空纤维膜

表 4-2　典型复合膜的发展概况

年份	膜材料	备注
1970	NS-100	聚乙烯亚胺与甲苯二异氰酸酯在 PS 支撑膜上形成的复合膜
1972	NS-200	糠醇在酸催化下，在 PS 支撑膜上就地聚合成膜
1975	PA-300	己二胺改性聚环氧氯丙烷与间苯二甲酰氯界面聚合成膜
1977	NS-300	哌嗪与均苯三甲酰氯界面聚合成膜
1980	FT-30	间苯二胺与均苯三甲酰氯界面聚合成膜
1980	PEC-1000	糠醇和三羟乙基异氰酸酯在酸催化下就地聚合成膜
1983	NTR-7200	PVA 和哌嗪与均苯三甲酰氯界面聚合成膜
	NRT-7400	S-PES 涂层的 NF 膜
	UTC-20	与 NS-300 类似
	UTC-70	均苯三胺与均苯三甲酰氯和对苯二甲酰氯界面聚合成膜
	UTC-80	均苯三胺与均苯三甲酰氯和对苯二甲酰氯界面聚合成膜
1985	NF-40	同 NS-300
	NF-70	同 FT-30,膜更疏松
1986	FT-30SW	同 FT-30,表层更加致密
1995	ESPA 等	同 FT-30,膜表层形态不同

4.2.1　反渗透与纳滤膜的结构与性能

不同的膜，由于所用的材料、制备工艺和后处理等方面的不同，在结构上各有差异。不同结构的膜，其性能也各异。广泛应用的反渗透膜和纳滤膜多为非对称膜和复合膜。

4.2.1.1　膜的结构

（1）非对称膜的结构

用扫描电镜观察膜的横断面，非对称膜具有不同层次的结构。反渗透膜和纳滤膜都由三个主要部分构成：致密的分离层、具有微细孔结构的过渡层以及多孔的支撑层。致密的分离层负责实际的分离过程，而支撑层则提供机械支持。非对称膜都是采用同一种材料一次成型的。

（2）复合膜的结构

纳滤复合膜由两部分组成：一是多孔且不具选择性的支撑层，二是复合在支撑膜表面并负责分离的超薄复合层。反渗透复合膜由致密的超薄复合层、多孔支撑层和增强织物组成。反渗透复合膜一般先制备多孔支撑层，再制备超薄复合层。其中，超薄复合层结构致密，具有选择性分离功能；多孔支撑层大多采用聚砜超滤膜，不具有选择性分离功能；增强支撑层通常使用聚酯类无纺布或涤纶布，这些材料不具备选择性分离功能。

4.2.1.2　膜的性能评价

（1）反渗透膜的性能评价

反渗透膜的基本性能，一般包括纯水渗透系数、脱盐率和抗压密性等，具体解释如下。

① 纯水渗透系数（L_p）。单位时间、单位面积和单位压力下纯水的渗透量。

② 溶质分离率（截留率）或脱盐率（R）。反渗透过程中，溶质的截留率和在此截留率下溶剂的透过量可以作为衡量膜的选择性和实用性的指标，通常测得的是表观截留率或脱盐率。

③ 膜的压密系数（m'）。操作压力与温度的变化促使膜材质发生物理变化并引起压密（实）作用，从而造成溶剂透过率的不断下降。

$$J_{wt} = J_{w1} t^{m'} \tag{4-1}$$

式中，J_{w1}、J_{wt} 分别为第 1 小时和第 t 小时后的溶剂（纯水）透过率；t 为操作时间。

m' 值一般采用专门装置用纯水进行测定，m' 值越小越好。对普通的反渗透膜而言，m' 值应以不大于 0.03 为宜。

（2）纳滤膜的分离性能评价

纳滤膜的分离性能主要有三个评价指标：溶液渗透通量、溶质截留率和截留分子量。

① 溶液渗透通量（J）。定义为单位时间内透过单位膜面积的溶液体积或质量。

② 溶质截留率（R）。纳滤膜对溶液中溶质分子的截留程度。

③ 截留分子量（MWCO）。使用分子量大小表示膜的截留性能，如膜对被截留物质的截留率大于 90% 时，就用被截留物质的分子量表示膜的截留性能，称为膜的截留分子量。通过截留分子量可评价纳滤膜对不同分子量溶质的截留程度以及

纳滤膜孔的大小。纳滤膜主要截留分子尺寸大于 1nm 的溶解组分，其截留分子量界限为 200～1000。如果知道某种纳滤膜的截留分子量，就可以判断该膜对不同分子量溶质的截留程度。对分子量大于截留分子量的溶质，可实现大于 90％的截留。此外，截留分子量越小说明纳滤膜的膜孔越小，膜越致密。

渗透通量表征膜的处理能力，截留率表征膜的选择性，同一种纳滤膜的渗透通量和截留率在不同条件下，渗透通量提高（降低），截留率下降（上升）。

尽管纳滤膜、低压高截留率反渗透膜和超低压反渗透膜的操作压力都很低，但对 NaCl 的截留率是不同的（表 4-3）。纳滤膜对 NaCl 的截留率一般小于 70％，但对二价离子特别是阴离子的截留率可达 90％以上；反渗透膜则对一、二价离子均可达到 95％以上的截留率。纳滤膜在一、二价离子截留率上的差别，主要是由于 Donnan 平衡，随着料液中二价离子浓度的增加，由于 Donnan 平衡，一价离子进入透过液侧，由于膜本体带有电荷，因此它在低压力下仍具有较高脱盐率。

表 4-3　纳滤和反渗透的截留特性比较　　　　　单位：％

溶质	RO	NF
单价离子(Na^+、K^+、Cl^-、NO_3^-)	>98	<50
二价离子(Ca^{2+}、Mg^{2+}、SO_4^{2-}、CO_3^{2-})	>99	>90
细菌、病毒	>99	>99
微溶物质(MWCO>100)	>90	>50
微溶物质(MWCO<100)	0～99	0～50

4.2.2　反渗透、纳滤非对称膜的制备

4.2.2.1　非对称膜制备方法

非溶剂致相分离法（NIPS 法，又称 L-S 相转化法），是发展时间最长、最为成熟的一种制膜方法。根据该方法操作方式的不同，又可以分为溶剂蒸发法、蒸气相沉淀法、浸没沉淀法等。其中浸没沉淀法是目前工业上最常用的制膜方法。如图 4-3 所示，浸没沉淀法涉及聚合物、溶剂、添加剂诸种组分，制膜过程中为了满足制膜的需要，通常要加入添加剂来调整制膜配方，同时改变制膜工艺条件，因此制膜过程中的影响因素和需要调控的参数较多。这赋予了浸没沉淀法更多的可调节性，能更好地调控膜的结构和性能。

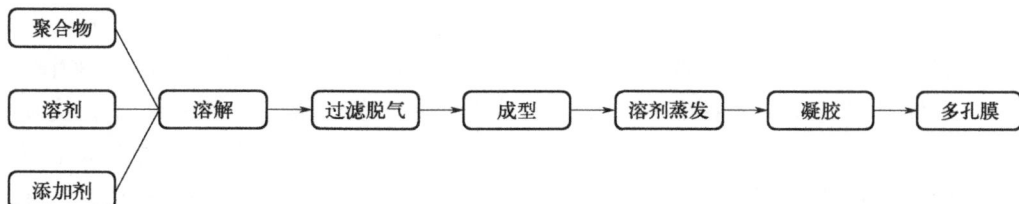

图 4-3　浸没沉淀法制膜工艺流程示意图

4.2.2.2　制备过程

非对称膜的制备过程主要包括四个步骤：第一步，首先配制含有聚合物-溶剂-添加剂的三组分制膜液；第二步，将制膜液展成薄液层，并让其中的溶剂蒸发一定时间；第三步，将挥发后的薄液层浸入非溶剂的凝固浴中，使之凝固成固体；第四步，将凝胶膜进行热处理或压力处理，改变膜的孔径。

（1）制膜液

膜是制膜液中聚合物脱溶剂后相转变的产物，所以制膜液是膜制备的基础。制膜液由聚合物、溶剂和添加剂组成。制膜液中膜材料的浓度一般在 10%～45%。制膜液的配制有两种不同的步骤：混合-溶解法和溶解-混合法。前者是先将溶剂和添加剂混合，之后将膜材料溶入其中；后者是先用溶剂溶解膜材料，之后再与添加剂混合。

（2）溶剂蒸发

刮好的制膜液薄液层在凝固之前，置于特定环境中使溶剂适当挥发，使薄液层表面的聚合物浓度提高，溶剂的浓度也相对降低，这样溶剂就会从下部向表层扩散，添加剂有可能向下扩散，从而降低液膜底层的聚合物浓度。影响溶剂挥发速度的因素有溶剂与添加剂的沸点、蒸发潜热、制膜液温度、环境温度、空气流动速度等。

（3）凝固过程

在凝固过程中，将液膜浸入凝固浴，从膜中漂洗出溶剂和添加剂，聚合物沉淀出来成为固态膜（初级凝固）。凝固过程对膜皮层的形成和膜的性能都十分重要。影响凝固过程的因素主要有凝固浴的组成和温度。

（4）热处理

将初级凝固后所形成的膜在一定温度的热介质（通常为水或水溶液）中加热一段时间，这个过程称为热处理，也称为第二级凝固过程。在热处理中，膜进一步收缩，膜孔径也相应减小。热处理需要考虑的因素主要有处理温度和时间。

4.2.3　反渗透、纳滤复合膜的制备

复合膜的制备分两步进行：先制备多孔支撑层，再制备超薄复合层。制备复合膜的方法有很多，如水面形成法、稀溶液浸涂法、界面聚合法、就地聚合法等，其中反渗透和纳滤膜的制备使用较多的是界面聚合法。

（1）涂覆

涂覆方式有喷涂、浸涂和旋转涂覆三种，其中最简单实用的为浸涂法，如图 4-4 所示。浸涂是指将多孔支撑膜的上表面与高分子稀溶液相接触，然后将多孔支撑基膜从溶液中取出后进行热处理并发生交联。Riley 等首先采用这种方法制备了以醋酸纤维素为支撑膜的三醋酸纤维素（CTA）反渗透复合膜。但是该法的不足在于涂覆层牢固性不佳，容易脱落。

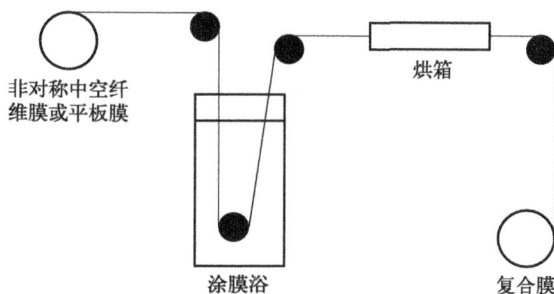

图 4-4 浸涂法示意图

（2）界面聚合

界面聚合是利用两种反应活性很高的单体，在两个不相容的溶剂界面处发生聚合反应。复合膜制备的一般方法就是将支撑体（通常为微孔基膜）浸入亲水单体的含水溶液中，然后再浸入某种疏水单体的有机溶液中进行液液界面缩聚反应，最后进行热处理在支撑膜表面形成致密的超薄层，如图 4-5 所示。1970 年 Cadotte 首次采用这种方法制备了 NS-100 反渗透复合膜，此外 PA-300、FR-30 等具有优良性能的一级海水淡化反渗透膜也均采用界面聚合法进行制备。

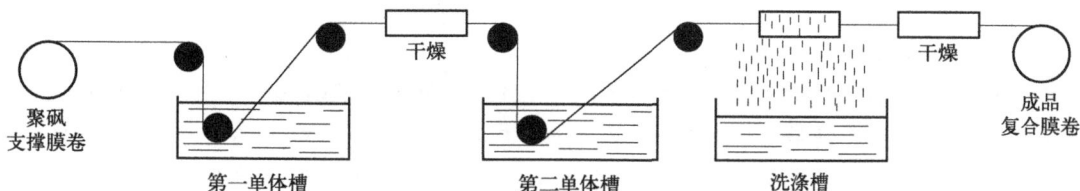

图 4-5 复合膜制备工艺示意图

4.2.4 反渗透、纳滤膜组件

将膜、固定膜的支撑材料、间隔物或管式外壳等组装成的一个单元称为膜组件。膜组件的结构及形式取决于膜的形状，工业上应用的膜组件主要有中空纤维式、管式、螺旋卷式、板框式四种形式。

4.2.4.1 膜组件的类型及特点

反渗透膜的化学性质和多孔结构决定了其对溶质的分离性能。反渗透膜主要通过脱盐率、透水率和膜的流量衰减系数来表明其使用性能。根据应用的要求，理想的反渗透膜应具有以下特性：高水通量；高脱盐率；耐氧化性好；抗生物侵蚀；抗污染；价格便宜；易成膜；强度高；耐化学性好；耐高温。

膜组件的选型与设计是反渗透工程设计的重要内容。反渗透的膜组件形式可以是螺旋卷式、中空纤维式、板框式和管式。

（1）螺旋卷式膜组件

螺旋卷式膜组件是目前应用最多的膜组件，其结构如图 4-6 所示。将反渗透平板膜按设计尺寸回转折叠，在两层膜的反面（无脱盐层面）夹入产水流道（特殊织造、处理的化纤布），在产水流道上涂环氧或聚氨酯黏合剂，与上下两层膜黏结形成口袋状，口袋的开口处朝向中心管，在膜的正面（有脱盐层面）加入盐水流道（塑料挤出网），即湍流促进器，将这些口袋和挤出网呈螺旋状卷绕在塑料（或不锈钢）多孔产水集中管上。卷制后在外面用增强玻璃纤维包裹，纤维上涂环氧树脂胶，形成耐压的玻璃钢外壳，固化后经切割、安装抗应力器、测试性能后，包装待用。

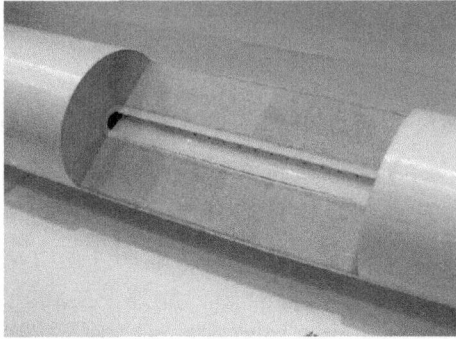

图 4-6　螺旋卷式膜组件

（2）中空纤维式膜组件

1965 年前后，陶氏化学（Dow Chemical）和杜邦（DuPont）公司均投入力量开发中空纤维反渗透膜，这与其较为雄厚的纺织业背景有关。1979 年，具有纺织背景的日本东洋纺（TOYOBO）公司也开始开发中空纤维反渗透膜组件。与此同时我国天津纺织工学院（现天津工业大学）和国家海洋局第二海洋研究所也进行了相关的研究。反渗透中空纤维丝内径为 $42\sim70\mu m$，外径为 $85\sim165\mu m$，最大外径可达 1mm 以上，外径与内径之比为 $2\sim4$。

中空纤维反渗透膜组件结构如图 4-7 所示，将中空纤维丝集中成束，再将纤维束做成 U 形回转，在平行于纤维束的中心部位有开孔中心管，纤维膜的开口端用环氧树脂离心浇铸密封，装入玻璃钢膜壳后就成了单元膜组件。

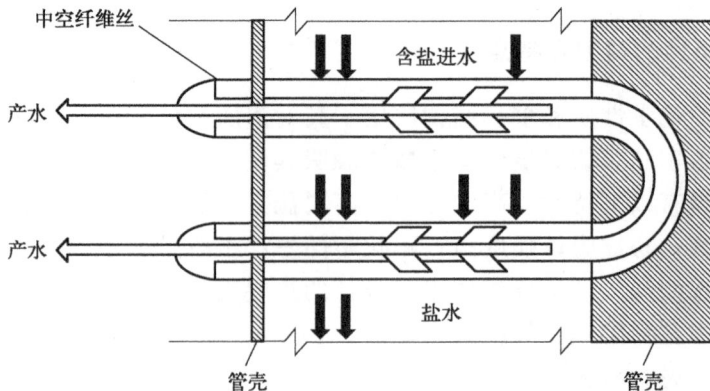

图 4-7　中空纤维反渗透膜组件结构

（3）板框式膜组件

板框式膜组件是最早使用的一种膜组件。如图 4-8 所示，其设计类似于常规的板框过滤装置，膜被放置在可垫有滤纸的多孔支撑板上，两块多孔支撑板叠压在一起形成的渗透物流道空间，组成一个膜单元，单元与单元之间可并联或串联连接。不同板框式设计的主要差别在于渗透物流道的结构上。这种板框式膜组件由于每两片膜之间的渗透物都是被单独引出的，所以可以通过关闭各个膜单元来消除操作中的故障。但是，由于膜组件中单元数目较多，内部压力损失也相对较高。

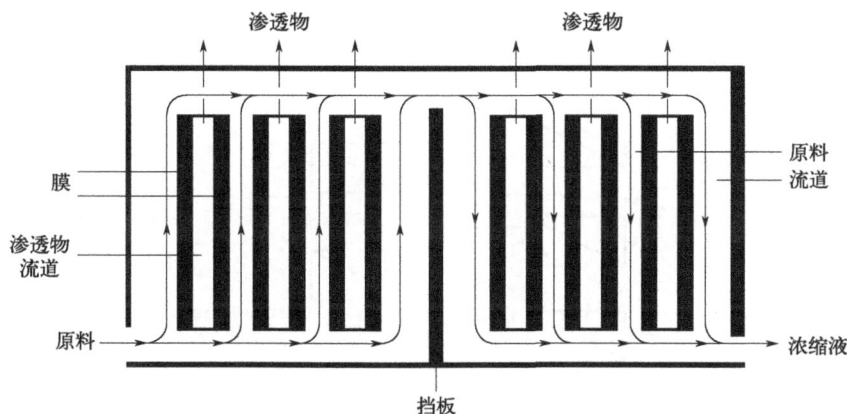

图 4-8　板框式膜组件结构

（4）管式膜组件

管式膜组件有外压式和内压式两种。如图 4-9 所示，对内压式膜组件，膜被直接浇铸在多孔的不锈钢管内或用玻璃纤维增强的塑料管内。加压的料液流从管内流过，透过膜的渗透溶液在管外侧被收集。对外压式膜组件，膜则被浇铸在多孔支撑管外侧面。加压的料液从管外侧流过，渗透溶液则由管外侧渗透通过膜进入多孔支撑管内。管式膜组件的优点是能有效控制浓差极化，流动状态好，可以大范围调节料液的流速，膜生成污垢后容易清洗，对料液预处理要求不高；缺点是投资和运行费用较高，装填密度较低。

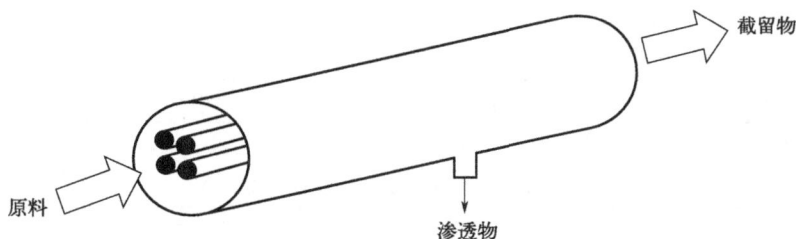

图 4-9　管式膜组件结构

4.2.4.2　膜组件操作的组合方式

为了抑制膜面浓差极化和结垢污染，应保证螺旋卷式膜组件内料液的流速高于一定值，同时还要使膜装置保持较高的回收率，常常采用多个膜元件（2～6个）串联起来，并放置在一个压力膜壳中。膜组件的排列方式有单段式、部分循环式及多段式（图4-10）。单段式适于对处理量较小且对回收率要求不高的场合，部分循环式适于处理量较小且对回收率有要求的场合，多段式的处理量较大并可达到较高的回收率。在实际操作中，螺旋卷式纳滤膜同反渗透膜一样，也是将2～6个膜元件串联在一个压力膜壳中使用。

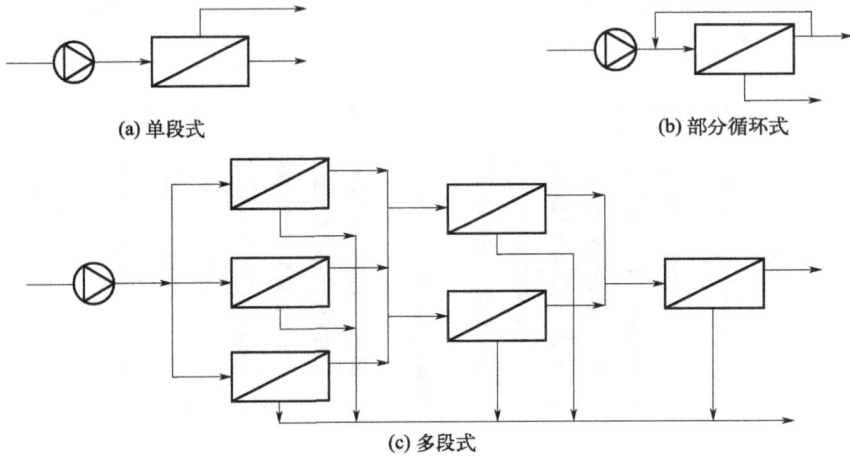

(a) 单段式   (b) 部分循环式

(c) 多段式

图 4-10   膜组件的排列方式

4.2.5   国内外主要反渗透与纳滤膜产品简介

国内外主要反渗透与纳滤膜产品简介如下。

① 国内部分反渗透膜产品如表 4-4 所示，国外部分反渗透膜产品如表 4-5 所示。

表 4-4   国内部分反渗透膜产品

单位	类型	膜材料	脱盐率/%
杭州水处理技术研究开发中心	卷式	APA、CTA	98～99.2
山东招金膜天股份有限公司	卷式	APA	＞99.2
湖南沁森高科新材料有限公司	卷式	APA	＞99.5
杭州天创环境科技股份有限公司	卷式	APA	99～99.5
北京碧水源膜科技有限公司	卷式	APA	＞98

注：APA为芳香聚酰胺；CTA为三醋酸纤维素。

表 4-5   国外部分反渗透膜产品

组件生产商	型号	膜材料	压力范围/MPa	产水量/(m³/d)	脱盐率/%	温度范围/℃	进水pH值
美国DuPont	B-10-6440T	APA	5.5～8.3	6.81	99.2	0～40	4～9
	B-10-6880T		5.5～8.3	53	99.35	0～40	4～9
	B-9-0410		2.4～2.8	5.3	94	0～40	4～11

续表

组件 生产商	型号	膜材料	压力范围 /MPa	产水量 /(m³/d)	脱盐率 /%	温度范围 /℃	进水 pH 值
日本东 洋纺	HR8335	CA	<6.0	12	99.4	15～150	3～8
	HA5110		<1.5	60	94	25～150	3～8

注：CA 为醋酸纤维素。

② 国内纳滤膜组件产品如表 4-6 所示，国外纳滤膜组件产品如表 4-7 所示。

表 4-6　国内纳滤膜组件产品

厂商	型号	最高进水 温度/℃	进水 pH 值范围	最高操作 压力/MPa	最高进 水流量 /(gal/d)	最大进料 浊度/NTU
中科瑞阳膜 技术(北京)有限公司	SS-NF1-8338-F	45	2～11	41	123840	
	SS-NF2-8040-F	45	2～11	41	115200	
	SS-NF3-8038-F	45	2～11	41	115200	
	SS-NF4-F	45	2～11	41	115200	2
	SS-NF5-3838-F	45	2～11	41	25920	1
	SS-NF6-2540-F	45	2～11	41	9648	1

注：1gal=3.785412dm³。

表 4-7　国外纳滤膜组件产品

组件生产商	型号	最高操作 压力/MPa	进水 pH 值 范围	最高进水 浊度/NTU	进水余氯 /10⁻⁶	最高进水流量 /(m³/h)	最高进水 温度/℃
美国海德能	ESNA1-K1	4.14	3.0～10.0	1.0	<0.1	17	45
美国通用	DK8040C30	4.14	2.0～11.0	1.0	<1000	25	50
日本电工	NTR-7450HG	4.9	2.0～11.0		<100	2.5	90

4.3　分离机理与性能评价

4.3.1　反渗透分离机理

4.3.1.1　溶解-扩散模型

Lonsdale 等提出了解释反渗透现象的溶解-扩散模型。如图 4-11 所示，将反渗透膜的活性表面皮层看作致密无孔的膜，并假设溶质和溶剂都能溶于均质的非多孔膜表面层内，各自在浓度或压力造成的化学势推动下扩散通过膜。溶解度的差异及溶质和溶剂在膜相中扩散性的差异影响着他们通过膜的能量大小。其具体过程分为：第一步，溶质和溶剂在膜的料液侧表面外吸附和溶解；第二步，溶质和溶剂之间没有相互作用，他们在各自化学位差的推动下以分子扩散的方式通过反渗透膜的活性层；第三步，溶质和溶剂在膜的透过液侧表面解吸。

在以上溶质和溶剂透过膜的过程中，一般假设第一步、第三步进行得很快，此时透过速率取决于第二步，即溶质和溶剂在化学位差的推动下以分子扩散方式通过膜的过程。由于膜的选择性，气体混合物或液体混合物得以分离。而物质的渗透能力不仅取决于扩散系数，还取决于其在膜中的溶解度。

溶剂和溶质在膜中的扩散服从 Fick 定律，这种模型认为溶剂和溶质都可能溶于膜表面，因此物质的渗透能力不仅取决于扩散系数，而且取决于其在膜中的溶解度，溶质的扩散系数比水分子的扩散系数要小得多，因而透过膜的水分子数量就比通过扩散而透过去的溶质数量更多。

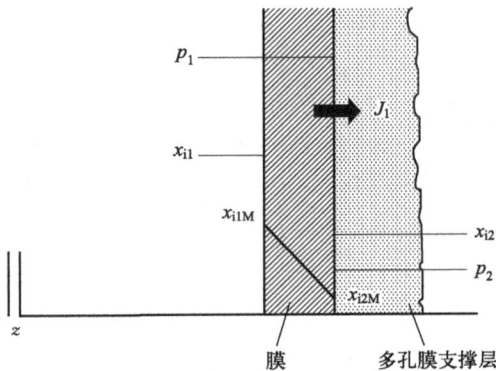

图 4-11　溶液扩散时膜内浓度和压力分布

图 4-11 中各符号的含义如下：

p_1 和 p_2 分别表示膜两侧的压力。p_1 通常是进料侧（高压侧）的压力，p_2 是渗透侧（低压侧）的压力。

x_{i1} 和 x_{i2} 分别表示膜两侧某种溶质（或组分）的浓度或摩尔分数。x_{i1} 是进料侧的浓度，x_{i2} 是渗透侧的浓度。

x_{i1M} 和 x_{i2M} 分别表示膜界面处的浓度或摩尔分数。x_{i1M} 是进料侧膜界面的浓度，x_{i2M} 是渗透侧膜界面的浓度。

z 表示膜内的位置坐标，通常用于描述溶质或溶剂在膜内的分布情况。

4.3.1.2　优先吸附-毛细孔流动模型

（1）溶液的表面吸附

当液体中溶有不同种类物质时，其表面张力将发生不同的变化。例如水中溶有醇、酸、醛等有机物质时，可使其表面张力减小，但溶有某些无机盐类时，反而会使其表面张力稍有增加，这是因为溶质的分散是不均匀的，即溶质在溶液表面层中的浓度和溶液内部浓度不同，这就是溶液的表面吸附现象。当水溶液与高分子多孔膜接触时，若膜的化学性质致使膜对溶质为负吸附，对水是优先的正吸附，则在膜与溶液界面上将形成一层被膜吸附的一定厚度的纯水层。它在外压作用下将通过膜表面的毛细孔，从而可获取纯水。吸附量的大小可用吉布斯吸附等温式表示：

$$\Gamma = -\frac{1}{RT}\left(\frac{\partial\delta}{\partial\ln\alpha}\right)_T = -\frac{\alpha}{RT}\left(\frac{\partial\delta}{\partial\alpha}\right)_T \tag{4-2}$$

式中，α 是溶液本体活度；δ 是溶液表面张力；Γ 为表面吸附量；R 为通用气体常数，$8.314J/(mol \cdot K)$；T 为绝对温度，K。

由此可见，加入溶质能使表面张力降低。若 $\frac{\partial\delta}{\partial\alpha} < 0$，则 $\Gamma > 0$，表面溶质浓度应较体相的大，为正吸附，这种物质称为表面活性物质；若 $\frac{\partial\delta}{\partial\alpha} > 0$，则 $\Gamma < 0$，表面溶质浓度较体相的小，为负吸附。由于推导吉布斯吸附等温式时并没有具体规定是何种界面，所以等温式具有广泛的适用性。

（2）优先吸附-毛细孔流动理论

吉布斯吸附等温式指出，表面张力可引起溶质在两相界面上的正或负吸附，形成一个较陡的浓度梯度，这实际上是由于溶液中某一成分优先吸附在界面上。这种优先吸附的状态与界面性质密切相关，也即与界面的物化作用力大小有关。对表面性质的这种理解致使发展工业反渗透分离想法的出现。

图 4-12 表示了脱盐的优先吸附-毛细孔流动机理。其中，溶质为氯化钠，溶剂是水，膜的表面是排斥盐而吸水的（斥盐吸水），盐是负吸附，水优先吸附在膜表面上。压力致使优先吸附的流体通过膜，就形成了脱盐过程。

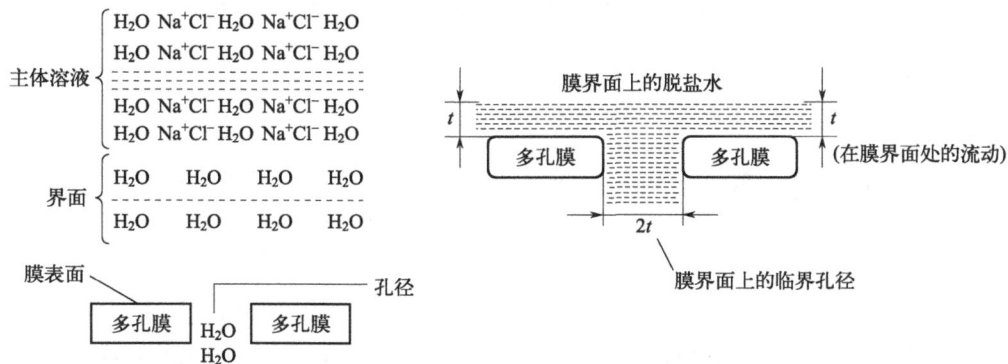

图 4-12　脱盐的优先吸附-毛细孔流动机理

4.3.1.3　形成氢键模型

在醋酸纤维素中，由于氢键和范德华力的作用，膜中存在晶相区域和非晶相区域两部分。大分子之间牢固结合并平行排列的为晶相区域，大分子之间完全无序的为非晶相区域，水和溶质不能进入晶相区域。在接近醋酸纤维素分子的地方，水与醋酸纤维素羰基上的氧原子会形成氢键并构成所谓的结合水。当醋酸纤维素吸附了第一层水分子后，会引起水分子熵值的极大下降，形成类似于冰的结构。在非晶相区域较大的孔空间里，结合水的占有率很低，在孔的中央存在普通结构的水，不能与醋酸纤维素膜形成氢键的离子或分子则进入结合水，并以有序扩散的方式迁移，通过不断地改变与醋酸纤维素形成氢键的位置来通过膜。

在压力作用下，溶液中的水分子和醋酸纤维素的活化点（羧基上的氧原子）形成氢键，而原来水分子形成的氢键被断开，水分子解离出来并随之转移到下一个活化点形成新的氢键，于是通过一连串的氢键形成与断开，水分子离开膜表面的致密活性层而进入膜的多孔层。由于多孔层含有大量的毛细管水，所以水分子能够通畅地流出膜外。

4.3.2 纳滤分离机理

4.3.2.1 细孔模型

细孔模型是在 Stokes-Maxwell 摩擦模型的基础上引入立体阻碍影响因素的模型。该模型假定多孔膜具有均一的细孔结构，细孔的半径为 r_p，膜的开孔率与膜厚度之比为 $A_k/\Delta x$，溶质为具有一定大小的刚性球体，且圆柱孔壁对穿过其圆柱体的溶质影响很小，膜孔半径可以通过 Stokes-Einstein 方程进行估算：

$$r_s = \frac{kT}{6\pi\mu D_s} \tag{4-3}$$

式中，r_s 为膜的细孔半径；k 为玻尔兹曼常数，1.38×10^{-23}J/K；T 为绝对温度，K；μ 为溶剂动态黏度，Pa·s；D_s 为粒子半径。

膜的反射系数和膜的溶质透过系数可以由方程式(4-4) 得到：

$$\begin{cases} \sigma = 1 - H_F S_F \\ P = H_D S_D D_s \left(\dfrac{A_k}{\Delta x}\right) \end{cases} \tag{4-4}$$

式中，S_D、S_F 分别是扩散、透过条件下溶质在膜细孔中的分配系数，可表示为溶质半径（r_p）与膜的细孔半径（r_s）之比的函数；σ 为反射系数；P 为溶质透过系数；H_D 为扩散阻碍因子；H_F 为透过阻碍因子。

如果知道膜的微孔结构和溶质大小，即可利用该模型计算出膜参数，从而得知膜的截留率与膜透过体积流速的关系。反之，如果已知溶质大小，并由其透过实验得到了膜的截留率与膜透过体积流速的关系从而求得膜参数，也可借助于细孔模型来确定膜的结构参数。在该模型忽略了孔壁效应，仅对空间位阻进行了校正，适用于电中性溶液。

4.3.2.2 溶解-扩散模型

与反渗透分离的溶解-扩散模型相同，参见 4.3.1.1。

4.3.2.3 Donnan 平衡模型

将荷电基团的膜置于盐溶液中时，溶液中的反离子在膜内的浓度高于其在主体溶液中的浓度，而同电荷离子在膜内的浓度低于其在主体溶液中的浓度。由此形成了 Donnan 位差，阻止了同电荷离子从主体溶液向膜内扩散。为了保持电中性，反离子同时也被膜截留。

模型主要依据荷电膜内离子的浓度与膜外溶液离子的浓度遵守 Donnan 平衡方程，如式（4-5）所示：

$$K = \left(\frac{c_i^m}{c_i^b} \right)^{1/z_i} \tag{4-5}$$

式中，c_i^m、c_i^b 分别为膜内外离子的浓度；z_i 为所带电荷数；K 为与溶液中离子无关的 Donnan 平衡常数，它可以从膜内的电中性方程 $K = \dfrac{c_i^m}{c_i^b} = K^{z_i}$ 得到。

可以看出，该模型是把截留率看作膜的电荷容量、进料液中溶质的浓度以及离子荷电数的函数来进行预测的，却没考虑扩散和对流的影响，而这些作用在真实荷电膜中的影响不容忽视。因此，该模型存在一定的局限性。

4.3.3　反渗透、纳滤性能评价与计算

4.3.3.1　水通量

水通量表示膜在给定工艺条件下，单位时间内单位膜面积上透过水的量，是膜透水速率的量度，是反渗透、纳滤膜的重要指标之一。其计算公式如式（4-6）所示：

$$J = \frac{V}{At} \tag{4-6}$$

式中，V 为透过水的体积，L；A 为反渗透膜的有效面积，m^2；t 为测试时间，h；J 为水通量，$L/(m^2 \cdot h)$。

膜的水通量与操作温度、压力，原水的离子种类、浓度以及膜的种类有关。

4.3.3.2　截留率

无论溶质是否荷电，反渗透、纳滤实验中溶质的截留率和在此截留率下溶剂的透过量均可以作为衡量膜选择性和实用性的指标。

反渗透、纳滤膜截留率 R 的定义如式（4-7）所示：

$$R = \frac{(c_f - c_p)}{c_f} \times 100\% \tag{4-7}$$

式中，c_f、c_p 分别代表原液浓度和透过液的浓度，mg/L。

4.3.3.3　反渗透脱盐率

脱盐率表示反渗透膜脱除盐的能力，是反渗透膜的另一个重要指标。

脱盐率 R 可用下式计算：

$$R = \left(1 - \frac{c_p}{c_f} \right) \times 100\% \tag{4-8}$$

式中，c_p 为膜透过侧（产水侧）水中的盐浓度，mg/L；c_f 为膜进水侧给水中

的盐浓度，mg/L。

$$c_f = (c_F + c_R)/2$$

式中，c_F 为进水浓度，mg/L；c_R 为排放水浓度，mg/L。

4.3.3.4　反渗透盐透过率

（1）盐透过率

$$S_p = \frac{c_p}{(c_F + c_R)/2} \times 100\% \tag{4-9}$$

式中，S_p 为盐透过率；c_F 为进水浓度，mg/L；c_R 为排放水浓度，mg/L；c_p 为产水浓度，mg/L。

（2）盐透过率的标准化

$$SP_s = \left(\frac{EPF_s}{EPF_a}\right) \times \left(\frac{STCF_s}{STCF_a}\right) \times \left(\frac{c_{fbs}}{c_{fba}}\right) \times \left(\frac{c_{fs}}{c_{fa}}\right) \times SP_a \tag{4-10}$$

式中，SP_s 为标准（参考）状态下标准化的盐透过率；SP_a 为实际操作状态下的盐透过率；EPF_s 为标准（参考）状态下单支膜组件的平均产水流量，m^3/h；EPF_a 为实际操作状态下单支膜组件的平均产水流量，m^3/h；$STCF_s$ 为标准（参考）状态下的盐传递温度校正系数；$STCF_a$ 为实际操作状态下的盐传递温度校正系数；c_{fbs} 为标准（参考）状态下进水和浓水的浓度差，mg/L（以 NaCl 计）；c_{fba} 为实际操作状态下进水和浓水的浓度差，mg/L（以 NaCl 计）；c_{fs} 为标准（参考）状态下进水的浓度，mg/L（以 NaCl 计）；c_{fa} 为实际操作状态下进水的浓度，mg/L（以 NaCl 计）。

（3）脱盐率与盐透过率的关系

$$R = 1 - S_p \tag{4-11}$$

式中，S_p 为盐透过率；R 为脱盐率。

4.3.3.5　反渗透盐透过量

反渗透盐透过量 F_S 可用下式计算：

$$F_S = Bc_a \tag{4-12}$$

式中，B 为膜常数，表示盐透过的系数，cm/s；c_a 为膜两侧溶液（给水和产水）的浓度差，g/cm^3。

4.3.3.6　反渗透回收率

反渗透回收率可用下式计算：

$$Y = \frac{Q_p}{Q_f} \times 100\% \tag{4-13}$$

式中，Y 为回收率；Q_p 为产水流量，m^3/h；Q_f 为进水流量，m^3/h。

4.3.3.7　反渗透能耗与费用

（1）能耗公式

$$能耗 = 0.0055 pQ \frac{1}{Y} \tag{4-14}$$

式中，p 为工作压力，取 0.01MPa；Q 为产水量，m^3/h；Y 为回收率。系统总电耗再增加 5%，即可视作佩带电机功率。

（2）单级、二级反渗透系统能耗费用

$$单级反渗透系统能耗费用 = 0.0191 p_r E_c \times F_{R_1}^{-1} p_e^{-1} (100 - E_R) \tag{4-15}$$

$$二级反渗透系统能耗费用 = 0.0191 p_r E_c \times 100 (F_{R_1} - F_{R_2})^{-1} p_e^{-1} (100 - E_R) \tag{4-16}$$

式中，p_r 为操作压力，psi；E_c 为电费，美元/$(\text{kW} \cdot \text{h})$；$F_{R_1}$ 为回收比；F_{R_2} 为二级回收比；P_e 为泵和马达的连接效率；E_R 为能量回收系统回收料液泵能量的百分数。

4.3.3.8　郎格利尔（Langelier）指数

（1）计算公式一

郎格利尔指数（LSI）计算公式如下：

$$LSI = pH_{ru} - pH_B \tag{4-17}$$

pH_B 可按下式计算：

$$pH_B = f_1(T) - f_2(Ca^{2+}) - f_3(A) + f_4(S) \tag{4-18}$$

式中，pH_{ru} 为运行温度下测得的 pH 值；pH_B 为水中 $CaCO_3$ 饱和时的 pH 值；$f_1(T)$ 为温度函数；$f_2(Ca^{2+})$ 为钙含量函数；$f_3(A)$ 为碱度函数；$f_4(S)$ 为含盐量函数。

（2）计算公式二

郎格利尔指数还可按式（4-19）计算：

$$LSI = pH_a - pH_s \tag{4-19}$$

pH_s 可按下式计算：

$$pH_s = 9.3 + A + B - (C + D) \tag{4-20}$$

式中，pH_a 为实测 pH 值；pH_s 为饱和 pH 值；A 为与水中总溶解固体有关的系数；B 为与水温有关的系数，$T(℃) = [T(℉) - 32] \times \dfrac{5}{9}$；$C$ 为与水中钙硬度有关的系数；D 为与水中全碱度有关的系数。

LSI 与结垢程度的关系见表 4-8。

表 4-8　LSI 与结垢程度的关系

LSI	结垢程度	LSI	结垢程度
3.0	非常严重	−0.2	无垢,垢有很轻微的溶解倾向
2.0	很严重	−0.5	无垢,垢稍有溶解倾向
1.0	严重	−1.0	无垢,垢有中等溶解倾向
0.5	中等	−2.0	无垢,垢有明显溶解倾向
0.2	稍许	−3.0	无垢,垢有非常明显的溶解倾向
0.0	稳定水		

4.4　反渗透、纳滤膜过程

4.4.1　反渗透、纳滤工艺过程设计

4.4.1.1　反渗透系统主要部件

（1）压力容器

压力容器（膜壳）用于容纳单个或多个膜元件，承受给水压力，保护膜元件。经过合理地进行排列组合，构成一个完整的脱盐体系。膜壳材质一般为增强玻璃钢，也有不锈钢。直径规格有 2in、4in、8in 等，长度按容纳元件数选择。

（2）高压泵

在反渗透系统中，高压泵起着十分重要的作用，它向膜组件提供平稳、不间断的流量和合适的压力以驱动反渗透膜脱盐。反渗透系统一般选用离心泵，离心泵工作原理是由电动机通过泵轴在泵体内高速旋转，由叶片带动的水受离心力作用而加压，优点是体积小、质量小、安装方便、结构简单、易于操作和维修、流量连续且均匀。反渗透系统采用的高压泵大多为多级离心泵，也有的采用高速离心泵。高速离心泵的特点是转速高、扬程大、体积小、维修方便，缺点是效率较低。对海水脱盐有时也选用柱塞泵，柱塞泵属于往复泵，缺点是体积较大、结构复杂、维修较难、振动大、安装要求高，优点是流量与扬程无关、效率高，最高可达 87%。

由于高压泵是反渗透系统的关键部件，因此在选型时应根据具体工程要求考虑以下几点：a. 合适的扬程和流量，尽量取性能曲线的最佳点；b. 泵的效率，其会直接影响产水成本；c. 泵的质量和使用寿命；d. 制造厂的质量保证期及其信誉；e. 泵的价格。

（3）反渗透支架

反渗透支架用于支撑膜组件压力容器，支撑装置内的高、低压管道及阀门和仪表等，一般一个支架支撑一套反渗透单元，对于小单元也有两套共用一个支架的。设计反渗透支架时主要考虑其实用性和牢固性，此外还要考虑是否便于运

输。材料的选择不仅要考虑强度，还要与所支撑的物体相协调，同时还应考虑到防腐问题。

（4）保安过滤器

保安过滤器也叫精密过滤器，一般置于多介质过滤器之后，是反渗透进水的最后一级过滤。要求进水浊度在 2NTU 以下，其出水浊度可达 0.1～0.3NTU。滤筒由不锈钢制成，小型滤筒也有用有机玻璃或工程塑料制成的，内置聚丙烯线绕式或喷熔式滤芯，可根据实际需求选取不同尺寸规格。在实际应用中，用于反渗透前置过滤时，可选用 $5\mu m$ 或 $10\mu m$ 滤芯。保安过滤器的设计原则是安装方便、开启灵活、配水均匀、密封性好、留有余量。

（5）自动控制与仪器仪表

为了保证反渗透工程的安全运行和产水质量，反渗透系统均具有较高的自动化程度和完备的监测仪表。自动控制主要是控制设备的启停、设备的再生和清洗、设备间的切换、加药系统的控制等。测量仪表主要包括：a. 流量表，测定进水和产水的流量；b. 压力表，测定保安过滤器进出口压力、反渗透组件进出口压力、产水压力、浓水压力；c. pH 计，测定反渗透进出水 pH 值；d. 电导（阻）率仪，测定反渗透进水、产水的电导率，有些场合还包括浓水电导率的测量；e. 另外，还有反渗透进水需要的温度计、SDI 仪、氯表等。控制仪表主要有：低压开关、高压开关、水位开关、高氧化还原电位（ORP）表等，还有数据记录、报警系统以及各种电器指示、控制按钮。

（6）辅助设备

反渗透系统的辅助设备主要是停机冲洗系统和化学清洗装置。高压操作的海水淡化或高盐度苦咸水淡化系统，为节约能耗，需配备能量回收系统。能量回收系统可通过回收反渗透中高压盐水的压力来降低系统能耗和节约成本。

4.4.1.2　工艺设计的基本内容及方法

（1）进水水质

水样是一定时间内所要分析水源的水质代表。对水质要有全面的把握，必须针对水源特点在不同时期收集水样，进行分析比较，了解其变化及变化原因。这对反渗透系统的有效设计（预处理、产水量、回收率、脱除性能、压力、流速等）、正当操作以及诊断系统存在的问题和准确评价系统性能等方面至关重要。

（2）采样要求

取样时要有代表性，要采集足够的量，选点要正确，容器要合适，水样的采集要严格按照《水和废水监测分析方法》中的要求进行详细的记录。

（3）水质分析内容

水源水量、水质调查的内容要求非常详细，包括 CO_2、pH 值、O_2、Cl、离子浓度、总硬度、总碱度、总溶解固体、细菌数等，常见参数的要求见图 4-13。

原水水样分析报告

样品名称：_____ 采样地点：_____ 采样时间：_____

原水分析单位：_____ 分析者：_____

水样概况：_____ 日期：_____

电导率：_____ pH值：_____ 水样温度：_____

组成分析(分析目标请标注单位，如mg/L，以$CaCO_3$计等)：

铵根离子(NH_4^+)：_____   二氧化碳(CO_2)：_____

钾离子(K^+)：_____   碳酸根(CO_3^{2-})：_____

钠离子(Na^+)：_____   碳酸氢根(HCO_3^-)：_____

镁离子(Mg^{2+})：_____   亚硝酸根(NO_2^-)：_____

钙离子(Ca^{2+})：_____   硝酸根(NO_3^-)：_____

钡离子(Ba^{2+})：_____   氯离子(Cl^-)：_____

锶离子(Sr^{2+})：_____   氟离子(F^-)：_____

亚铁离子(Fe^{2+})：_____   硫酸根(SO_4^{2-})：_____

总铁(Fe^{2+}、Fe^{3+})：_____   磷酸根(PO_4^{2-})：_____

锰离子(Mn^{2+})：_____   硫化氢(H_2S)：_____

镉离子(Cd^{2+})：_____   活性二氧化硅(SiO_2)：_____

锌离子(Zn^{2+})：_____   胶体二氧化硅(SiO_2)：_____

铝离子(Al^{3+})：_____   游离氯(Cl)：_____

其他离子(如硼离子)：_____

TDS/(mg/L)：_____   BOD/(mg/L)：_____

TOC/(mg/L)：_____   COD/(mg/L)：_____

总碱度/(mg/L)：_____   碳酸根碱度/(mg/L)：_____

总硬度/(mg/L)：_____

渗透压/(MPa)：_____

浊度/(NTU)：_____

污染指数(SDI_{15})：_____

细菌/(个/mL)：_____

备注(异味、颜色、生物活性等)：_____

注：当阴阳离子存在较大不平衡时，应重新分析测试；相差不大时，可添加氯离子进行人工平衡。

图4-13 原水水样分析报告

4.4.1.3 工艺设计中需要考虑的问题

反渗透系统的设计需要以原水水质为基础，全面的水质分析有利于更好地针对过滤水质提供最佳的设计方案。

反渗透进水必须经过完善的预处理。在设计时，一定要保证反渗透进水的SDI值始终在最佳范围内。如果水源情况有变动，应重新核算预处理系统的处理能力及在新水质情况下的反渗透进水水质，并决定是否保留原有系统和工艺。如果进水水质无法得到保证，就要加强原系统或者重新设计合适的预处理系统。

在进行反渗透系统设计时，应根据原水水质条件正确选择膜元件。并根据可靠的原水水质情况和计算机模拟计算结果，确定适宜的系统水回收率、操作压力、

pH 值范围。在选择排列方式时，要保证每个膜组件在运行时有足够的横向流速和足够的浓水流量，避免浓差极化现象的产生。同时对膜组件进水最大流量进行必要的限制，保护膜元件的正常使用。以下列出了具体需考虑的因素。

（1）产水水质和水量

根据用户的要求或者用户所处的行业，按照用户的需求或者相关行业的国家或行业标准确定反渗透或纳滤系统的产水水质和水量。这些要求决定了系统的规模和所用工艺过程的选择，如单位时间的产水量，膜组件种类、数量和排列方式，回收率以及具体的工艺流程等。

（2）膜和膜组件的选择

醋酸纤维素最早用于反渗透水处理工艺，具有价廉、耐游离氯、耐污染的特点，多用于饮用水净化和 SDI 值较高的地方。芳香族聚酰胺复合膜通量高、脱盐率高、操作压力低、易生物降解、操作 pH 值范围宽（2～11）、不易水解，其脱 SiO_2、NO_3^- 及有机物能力都较强，但不耐游离氯，易受到 Fe、Al 和阳离子絮凝剂的污染，污染速度较快。目前大规模应用的反渗透和纳滤膜材料的膜组件形式主要是螺旋卷式和中空纤维式。选用膜组件时应综合考虑组器的制备难易、流动状态、堆砌密度、清洗难易等，卷式元件应用得最普遍。据进水和产水水质，可初步选定膜元件，由产水量可初步确定膜元件的个数。

（3）回收率

回收率的确定影响到膜组件的选择和工艺的确定，可根据产水量和回收率确定膜元件的个数。一般海水淡化回收率在 30%～45%，纯水制备率在 70%～85%，而实际设计过程中应根据预处理、进水水质等条件确定。

（4）产水量的衰减

反渗透膜在使用过程中，随着使用时间的延长，产水量会发生衰减。这主要是由于膜长时间在高温下运行，在温度和压力的协同作用下，会出现膜的压密化现象，其结果是造成产水量下降或系统操作压力上升。压密化是膜性能的不可逆衰减，事实上，复合膜比醋酸纤维素膜更耐压密化。

膜污染也是造成膜产水量衰减的主要原因。通过下式可计算出反渗透和纳滤膜的产水量下降斜率：

$$m = \lg\left(\frac{Q_t}{Q_0}\right)/\lg t \tag{4-21}$$

式中，m 为产水量下降斜率；t 为运行时间；Q_0 和 Q_t 分别为运行初期和运行 t 小时后的产水量。

通常醋酸纤维素（CA）类膜的 m 在 $-0.05 \sim -0.03$，复合（TFC）膜的 m 在 $-0.02 \sim -0.01$。即 CA 类膜产水量年均下降 10% 左右，复合膜为 5% 左右。当然根据进料的不同也有一定的变化。

（5）产水量随温度的变化

反渗透和纳滤膜的产水量（Q）会随过滤介质的温度发生较大的变化。通常可根据下式进行计算：

$$Q = Q_0 \times 1.03^{T-25} \qquad (4\text{-}22)$$

式中，T 为温度，℃。

每 1℃ 变化可使产水量变化 3% 左右，也可用温度校正因子（TCF）表示。

$$TCF = \exp\left[K_t \times \left(\frac{1}{273+T} - \frac{1}{298} \right) \right] \qquad (4\text{-}23)$$

式中，K_t 为与膜材料有关的常数。

不同温度下膜材料校正因子如表 4-9 所示。

表 4-9   不同温度下膜材料校正因子

温度/℃	校正因子	
	CA 膜	TFC 膜
5	0.590	0.534
10	0.685	0.630
15	0.786	0.739
20	0.890	0.861
25	1.000	1.000
30	1.115	1.155
35	1.235	1.328
40	1.366	1.520

温度对膜的通量影响较大，因此，在设计的过程中要充分考虑全年水温的变化，同时采取必要的措施（进出水换热等）减小温度对系统产水效率的影响。

4.4.2   浓差极化对反渗透和纳滤过程的影响

4.4.2.1   浓差极化的概念

在反渗透过程中，由于膜的选择透过性，溶剂（通常为水）从高压侧透过膜，而溶质则被膜截留，其浓度在膜表面处升高；同时发生从膜表面向本体的回扩散，当这两种传质过程达到动态平衡时，膜表面处的浓度 c_1 高于主体溶液浓度 c_2，这种现象称为浓差极化。上述两种浓度的比率 c_2/c_1 称为浓差极化度。

根据薄膜理论模型描述浓差极化现象，如图 4-14 所示。

4.4.2.2   浓差极化计算

浓差极化度可根据膜/液相界面处的传质平衡方程求得。主要表达式有以下几个。

质量平衡的微分方程：

$$J_a = -D \frac{dc}{dx} + J_w c \qquad (4\text{-}24)$$

式中，J_a 为质量通量；c 为浓度。

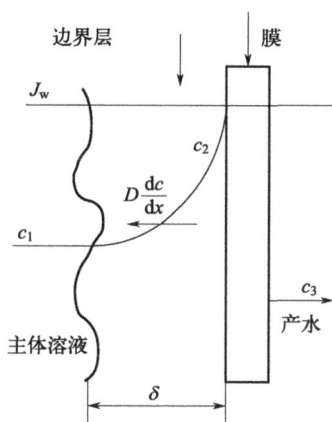

图 4-14　浓差极化理论模型

(J_w 为几乎不存在浓差极化时的水通量；δ 为边界层厚度；c_3 为透过液浓度，

$D\dfrac{\mathrm{d}c}{\mathrm{d}x}$ 为浓度梯度使溶质从边界层返回本体溶液的传质速率）

根据边界条件积分可得：

$$c_2 - c_3 = (c_1 - c_3)\exp\left(\frac{J_w}{k}\right) = (c_1 - c_3)\exp\left(\frac{J_w}{bU^a}\right) \tag{4-25}$$

$$\Pi_2 - \Pi_3 = (\Pi_1 - \Pi_3)\exp\left(\frac{J_w}{k}\right) = (\Pi_1 - \Pi_3)\exp\left(\frac{J_w}{bU^a}\right) \tag{4-26}$$

式中，U 为流速；k 为传质系数；b 为比例常数；a 为流速指数；Π_1、Π_2、Π_3 分别为膜表面处溶液、主体溶液、透过液的有效渗透压。

由以上推导的结果可知，当流速 $U \to \infty$ 时，几乎不存在浓差极化。此时膜高压侧的浓度几乎是均一的，即 $c' = c_2 = c_1$，或相应的渗透压 $\Pi' = \Pi_2 = \Pi_1$。而在通常的反渗透过程中，流速 U 不能太高，因为随着流速 U 的提高，流道的阻力升高，能耗增加。因此，通常取适当的流速来操作，于是存在一定的浓差极化，即 $c' = c_2 > c_1$，或 $\Pi' = \Pi_2 > \Pi_1$。

4.4.2.3　浓差极化下的传质方程

（1）水通量

$$J'_w = A \times [\Delta P - (\Pi_2 - \Pi_3)] = A \times \left| \Delta P - (\Pi_1 - \Pi_3)\exp\left(\frac{J_w}{bU^a}\right) \right| \tag{4-27}$$

式中，A 为膜面积；ΔP 为有效跨膜压差。

（2）脱盐率

$$r = \cfrac{A}{A + \cfrac{B}{\Delta P - (\Pi_2 - \Pi_3)}}$$

$$= \cfrac{A}{A + \cfrac{B}{\Delta P - (\varPi_1 - \varPi_3)\exp\left(\cfrac{J_w}{bU^a}\right)}}$$

$$= \frac{c_2 - c_3}{c_2} = 1 - \frac{c_3}{c_2} \tag{4-28}$$

$$r_{obs} = \cfrac{A}{A + \cfrac{B}{\Delta P - (\varPi_1 - \varPi_3)}} = \frac{c_1 - c_3}{c_1} = 1 - \frac{c_3}{c_1} \tag{4-29}$$

式中，r 为真实脱盐率；r_{obs} 为表观脱盐率；B 为膜的透盐系数。

（3）真实脱盐率与表观脱盐率的关系

由上述的浓差极化方程可以推出：

$$\lg\left(\frac{r - r_{obs}}{r_{obs}}\right) = \lg\left(\frac{1-r}{r}\right) + \frac{1}{2.303} \times \frac{J_w}{bU^a} \tag{4-30}$$

在半对数坐标纸上作 $\lg\dfrac{(1-r_{obs})}{r_{obs}} \sim \dfrac{J_w}{U^a}$ 图。在保持 J_w 不变的情况下，测定不同 U 时的 r_{obs}，计算不同 U 时的 $\lg\dfrac{(1-r_{obs})}{r_{obs}}$，并与相应的 $\dfrac{J_w}{U^a}$ 作图，其所得的图线为直线。

将直线外推，其与纵坐标的截距为 $\lg\left(\dfrac{1-r}{r}\right)$，从而可得真实的脱盐率 r；直线的斜率为 $\dfrac{1}{2.303b}$，其中流速指数 a 为 0.3（层流）或 0.8（湍流）。这样由直线的斜率可求出比例常数 b 及传质系数 k。

根据以上公式，可以求出反渗透工程上实际存在的浓差极化度：

$$\frac{c_2 - c_3}{c_1 - c_3} = \frac{\dfrac{1}{1-r} - 1}{\dfrac{1}{1-r_{obs}} - 1} = \frac{1 - r_{obs}}{r_{obs}} \times \frac{r}{1-r} \tag{4-31}$$

4.4.2.4 浓差极化对反渗透的影响及解决途径

（1）浓差极化对反渗透的影响

① 降低水通量。根据存在或几乎不存在浓差极化的情况下导出的水通量方程可知，由于浓差极化时的溶液渗透压降由原来的 $(\varPi_1 - \varPi_3)$ 变为了 $(\varPi_1 - \varPi_3)\exp\left(\dfrac{J_w}{bU^a}\right)$，而 $\exp\left(\dfrac{J_w}{bU^a}\right) > 1$，因而此时的水通量 $J'_w < J_w$。

② 降低脱盐率。比较上述相应情况下的脱盐率方程可知，同样因 $\exp\left(\dfrac{J_w}{bU^a}\right) > 1$，所以使脱盐率由 r 降为了 r_{obs}。

③ 导致膜上沉淀污染和增加流道阻力。由于膜表面浓度增加，使得水中的微溶盐（$CaCO_3$ 和 $CaSO_4$ 等）沉淀，增加膜的透水阻力和流道压力降，使膜的水通量和脱盐率进一步降低。浓差极化严重时，还会导致反渗透膜性能的急剧恶化。

（2）降低浓差极化的途径

反渗透过程中的浓差极化不能消除只能降低，其降低途径如下。

① 合理设计和精心制作反渗透基本单元——膜元（组）件，使流体分布均匀、促进湍流等。

② 适当控制操作流速，改善流动状态，使得膜-溶液相界面层的厚度减至适当程度，以降低浓差极化度。通常浓差极化度有一个合理的值，约为 1.2。

③ 适当提高温度，以降低流体黏度和提高溶质的扩散系数。

4.4.3　反渗透、纳滤的工艺操作方式

反渗透系统是由基本单元膜组件以一定配置方式组装而成的。装置的流程根据应用对象和规模大小，通常可采用连续式、部分循环式和循环式三种。

由反渗透的物料平衡和透（产）水、浓水的浓度与进水浓度的关系式，可导出各种流程的特征方程。

为了使反渗透装置达到给定的回收率，同时保持水在装置内的每个组件中处于大致相同的流动状态，必须将装置内的组件分为多段锥形排列，段内并联，段间串联。组件的排列方式有一级和多级（通常为二级），具体可分为一级一段、一级二段、一级多段和多级多段。

如图 4-15 所示，在膜分离工艺流程中常常会遇到"段"与"级"的概念。

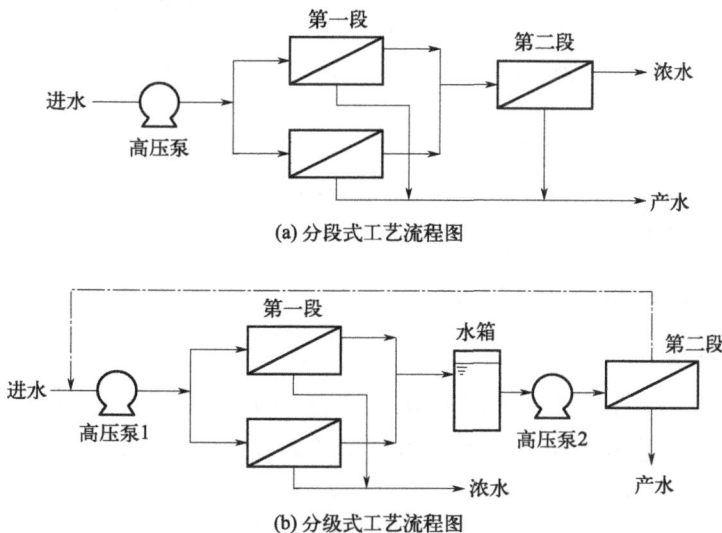

(a) 分段式工艺流程图

(b) 分级式工艺流程图

图 4-15　分段式与分级式工艺流程图

"段"指膜组件的浓缩液（浓水）流入下一组膜组件进行处理。流经 n 组膜组件，即称为 n 段。

"级"指膜组件的产水进入下一组膜组件处理，透过液（产水）经过 n 组膜组件处理，称为 n 级。

可以将"段"和"级"分别理解为对浓水分级和对产水分级。

在反渗透系统中，常用的形式包括以下几种：

① 一级一段连续式，经膜分离的产水和浓水连续引出系统。这种方式水的回收率较低，一般除用于海水淡化外，其他工业中很少采用。

② 一级一段循环式，为提高水的回收率，将部分浓水返回原水箱与原水混合后，再进入系统处理。这种方式适合对产水水质要求不高且对水的利用率有较高要求的场合。

③ 一级多段连续式，适合大规模工业应用。是把第一段的浓水作为第二段的进水，再把第二段的浓水作为下一段的进水，各段的产水连续引出系统。这种方式能得到很高的水回收率，浓水排放量少。为了保证各段组件的膜面流速基本相同，防止加大浓差极化，可将各段的组件数成比例减少，形成锥形排列，如图 4-16 所示。

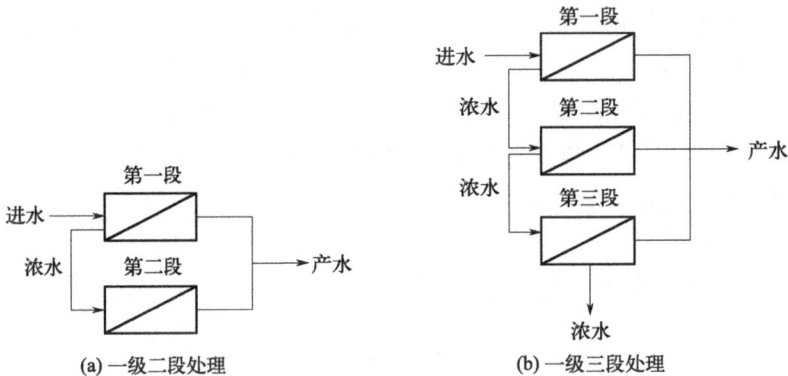

图 4-16　一级二段处理和一级三段处理

④ 一级多段循环式，能获得高浓度的浓缩液。将第二段的产水（渗透液）返回第一段进水，再进行处理。这样经过多段分离处理后，浓缩液的浓度得到提高，适用于以浓缩为目的的工程项目。

4.4.3.1　连续式-分段式（浓水分段）

（1）流程说明

将前一段的浓水作为下一段的进水，最后一段的浓水排放废弃，而各段产水汇集利用。这一流程适用于处理量大、回收率高的应用场合。通常用于苦咸水的淡化和低盐度水或自来水的净化，如图 4-17 所示。

图 4-17 中，Q 和 c 分别表示流量和浓度；下标 f、p 和 r 分别指进水、产水和浓水；下标 $1,2,\cdots,n$ 为段号。

（2）特征方程

① 装置及其各段的进水流量 Q_f、Q_{fi} 特征方程如下。

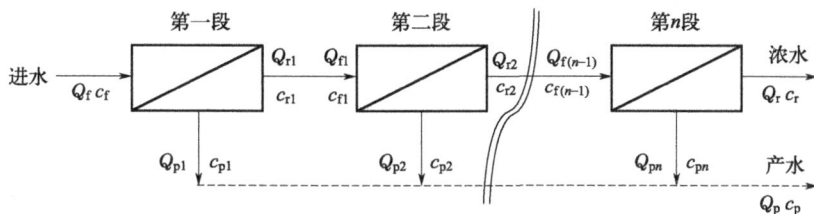

图 4-17 连续式-分段式流程图

通式：

$$Q_{fi} = Q_f \prod_{j=1}^{i-1} (1-R_j) = \frac{Q_p}{R} \prod_{j=1}^{i-1} (1-R_j) \tag{4-32}$$

设 $i = 1, 2, 3, \cdots, n$；$Q_f = Q_n$

通常采用两段式的流程，于是：

$$Q_{f1} = Q_f = \frac{Q_p}{R} \tag{4-33}$$

$$Q_{f2} = (1-R_1)Q_f = (1-R_1)\frac{Q_p}{R} \tag{4-34}$$

式中，R 和 R_i 分别为装置和第 i 段的回收率，$R = \dfrac{Q_p}{Q_f}$，$R_i = \dfrac{Q_{pi}}{Q_{fi}}$。

② 装置及其各段的浓水流量 Q_r、Q_{ri} 特征方程如下。

通式：

$$Q_{ri} = Q_r \prod_{j=1}^{i} (1-R_j) = \frac{Q_p}{R} \prod_{j=1}^{i} (1-R_j) \tag{4-35}$$

设 $i = 1, 2, 3, \cdots, n$；$Q_r = Q_n$

二段式：

$$Q_{r1} = \frac{Q_p}{R}(1-R_1) \tag{4-36}$$

$$Q_r = Q_{r2} = \frac{Q_p}{R}(1-R_1)(1-R_2) \tag{4-37}$$

③ 装置的回收率 R 与各段回收率 R_i、R_j 的关系如下。

通式：

$$R = \sum_{i=1}^{n} R_i \prod_{j=0}^{i-1} (1-R_j) \tag{4-38}$$

设 $i = 1, 2, 3, \cdots, n$；$j = 0, 1, 2, 3, \cdots, n-1$；$R_0 = 0$

二段式：

$$R = R_1 + (1-R_1)R_2 \tag{4-39}$$

④ 装置及其各段的产水浓度 c_p、c_{pj} 的特征方程如下。

c_p 通式：

$$c_p = \frac{\sum\limits_{i=1}^{n}\left[\prod\limits_{j=0}^{i-1}(1-R_j)\right] \times \left[1-(1-R_i)^{1-r_i}\right]\prod\limits_{j=0}^{i-1}(1-R_j)^{-r_j}}{\sum\limits_{i=1}^{n} R_i \prod\limits_{j=0}^{i-1}(1-R_j)} c_f \qquad (4-40)$$

设 $R_0=0$

式中，r_i、r_j 分别为 i 段和 j 段组件以进、出口积分平均进水浓度计的脱盐率。

c_p 二段式：

$$c_p = \frac{1-(1-R_1)^{1-r_1}+(1-R_1)^{1-r_1}\left[1-(1-R_2)^{1-r_2}\right]}{R_1+(1-R_1)R_2} c_f \qquad (4-41)$$

c_{pi} 通式：

$$c_{pi} = c_f \frac{1-(1-R_1)^{1-r_1}}{R_1} \prod\limits_{j=0}^{i-1}(1-R_j)^{-r_j} \qquad (4-42)$$

设 $R_0=0$

c_{pi} 二段式：

$$c_{p1} = c_f \frac{1-(1-R_1)^{1-r_1}}{R_1} \qquad (4-43)$$

$$c_{p2} = c_f(1-R_f)^{-r_1} \times \frac{1-(1-R_2)^{1-r_2}}{R_2} \qquad (4-44)$$

⑤ 装置及其各段的浓水浓度 c_r、c_{ri} 的特征方程如下。

通式：

$$c_{ri} = c_f \prod\limits_{i=1}^{n}(1-R_i)^{-r_i} \qquad (4-45)$$

设 $i=1,2,3,\cdots,n$；$R_0=0$

二段式：

$$c_{r1} = c_f(1-R_1)^{-r_1} \qquad (4-46)$$

$$c_r = c_{r2} = c_f(1-R_1)^{-r_1}(1-R_2)^{-r_2} \qquad (4-47)$$

4.4.3.2　连续式-分级式(产水分级)

(1) 流程说明

如图 4-18 所示，分级式流程通常为二级。主要是为了提高系统的回收率和产水水质，将浓度低于或等于装置进水的第二级浓水返回到第一级进口处，第一级产水作为第二级进水，第二级产水就是装置的产水，第一级浓水排放。

图 4-18 中，Q 和 c 分别表示流量和浓度；下标 f、p 和 r 分别指进水、产水和浓水；下标 1、2 分别指第一级和第二级。

该流程常用于下列情况：

① 原水含盐量特别高，一级反渗透难以得到稳定的产水水质。如特别高浓度的海水淡化等。

② 水源水质经常发生较大变化时（如沿海地区地下水不时受到海水倒灌的影

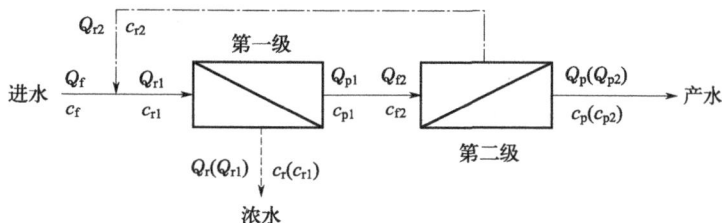

图 4-18 连续式-分级式流程图

响，含盐量波动较大），常规的一级分段式反渗透不适应这种情况，需要考虑临时变换为应急的二级反渗透的多功能流程。

③ 当一级反渗透达不到最终产水的水质指标（如电导率或电阻率）时，二级反渗透可以省略通常的离子交换而达到上述水质指标，且简化了水处理系统的流程和操作。如中高压锅炉的用水等。

（2）特征方程

① 装置的进水流量 Q_f 的特征方程如下。

$$Q_f = \frac{1-R_1(1-R_2)}{R_1 R_2} Q_p \tag{4-48}$$

② 装置（第一级）的浓水流量 $Q_r(Q_{r1})$ 的特征方程如下。

$$Q_r = Q_{r1} = (1-R_1)\frac{Q_p}{R_1 R_2} \tag{4-49}$$

③ 第二级浓（循环）水的流量 Q_{r2} 的特征方程如下。

$$Q_{r2} = \frac{1-R_2}{R_2} Q_p \tag{4-50}$$

④ 装置的回收率 R 与第一、二级的回收率 R_1、R_2 的关系如下。

$$R = \frac{Q_p}{Q_r} = \frac{R_1 R_2}{1-R_1(1-R_2)} \tag{4-51}$$

⑤ 装置的进水浓度 c_f 的特征方程如下。

$$c_f = \frac{1-\left[1-(1-R_1)^{1-r_1}\right](1-R_2)^{1-r_2}}{\left[1-(1-R_1)^{1-r_1}\right]\left[1-(1-R_2)^{1-r_2}\right]} \times \frac{R_1 R_2}{1-R_1(1-R_2)} c_p \tag{4-52}$$

式中，r_1 和 r_2 分别为以第一、二级组件的进、出口平均浓度计的第一级和第二级的脱盐率。

⑥ 第一级进水浓度 c_{f1} 的特征方程如下。

$$c_{f1} = \frac{R_1}{1-(1-R_1)^{1-r_1}} \times \frac{R_2}{1-(1-R_2)^{1-r_2}} c_p \tag{4-53}$$

⑦ 第一级产水浓度 c_{p1}（第二级进水浓度 c_{f2}）的特征方程如下。

$$c_{p1} = c_{f2} = \frac{R_2}{1-(1-R_2)^{1-r_2}} c_{p_2} = \frac{R_2}{1-(1-R_2)^{1-r_2}} c_p \tag{4-54}$$

式中，$c_{p2} = c_p$。

⑧ 装置（第一级）的浓水浓度 $c_r(c_{r1})$ 的特征方程如下。

$$c_{r1} = c_r = (1-R_1)^{-r_1} \times \frac{R_1}{1-(1-R_1)^{1-r_1}} \times \frac{R_2}{1-(1-R_2)^{1-r_2}} c_p \tag{4-55}$$

⑨ 第二级浓（循环）水的浓度 c_{r2} 的特征方程如下。

$$c_{r2} = (1-R_2)^{-r_2} \times \frac{R_2}{1-(1-R_2)^{1-r_2}} c_p \tag{4-56}$$

4.4.3.3 部分循环式-部分透过水循环

（1）流程说明

如图 4-19 所示，部分透过水循环至装置进口处与其原始的进水相混合作为装置的进水，浓水连续排放废弃，部分透过水作为产水收集。这一流程便于控制产水的水质和水量，适用于水源水质经常波动，在反渗透浓水中有可能出现微溶盐（如 $CaCO_3$ 和 $CaSO_4$ 等）沉淀和在无加温条件下要求连续额定产水量等小规模应用的情况。

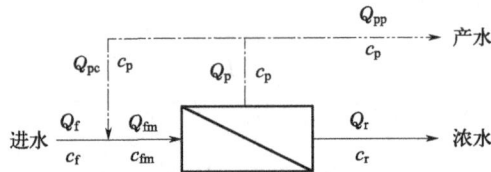

图 4-19　部分循环式-部分透过水循环流程图

图 4-19 中，Q 和 c 分别表示流量和浓度；下标 f、p 和 r 分别指进水、产水和浓水；下标 fm、pc 和 pp 分别指混合进水、循环透过水和循环产水。

（2）特征方程

① 装置的原（进）水流量 Q_f 的特征方程如下。

$$Q_f = \frac{1}{R(1+K_f)} Q_{fm} \tag{4-57}$$

式中，R 为以混合进水流量计算的回收率，$R = \dfrac{Q_p}{Q_{fm}}$；K_f 为透过水循环率，$K_f = \dfrac{Q_{pc}}{Q_f}$。

② 装置的混合进水流量 Q_{fm} 的特征方程如下。

$$Q_{fm} = \frac{1+K_f}{R(1+K_f)-K_f} Q_{pp} \tag{4-58}$$

③ 装置的循环透过水流量 Q_{pc} 的特征方程如下。

$$Q_{pc} = \frac{K_f}{R(1+K_f)-K_f} Q_{pp} \tag{4-59}$$

④ 装置的产水流量 Q_p 的特征方程如下。

$$Q_p = \frac{R(1+K_f)}{R(1+K_f)-K_f} Q_{pp} \tag{4-60}$$

⑤ 装置的浓水流量 Q_r 的特征方程如下。

$$Q_r = \frac{(1+K_f)(1-R)}{R(1+K_f)-K_f} Q_{pp} \tag{4-61}$$

⑥ 装置的回收率 R_f 的特征方程如下。

$$R_f = (1+K_f)R - K_f \tag{4-62}$$

式中，R_f 为以原（进）水流量计算的回收率，$R_f = \dfrac{Q_{pp}}{Q_f}$。

⑦ 装置的混合进水浓度 c_{fm} 的特征方程如下。

$$c_{fm} = c_f \frac{R}{R(1+K_f)-K_f[1-(1-R)^{1-r}]} \tag{4-63}$$

式中，r 为以组件进水平均浓度计的脱盐率。

⑧ 装置的产水浓度 c_p 的特征方程如下。

$$c_p = c_{fm} \frac{1-(1-R)^{1-r}}{R} = c_f \frac{1-(1-R)^{1-r}}{R(1+K_f)-K_f[1-(1-R)^{1-r}]} \tag{4-64}$$

⑨ 装置的浓水浓度 c_r 的特征方程如下。

$$c_r = c_{fm}(1-R)^{-r} = c_f \frac{R(1-R)^{-r}}{R(1+K_f)-K_f[1-(1-R)^{1-r}]} \tag{4-65}$$

4.4.3.4 部分循环式-部分浓缩液循环

（1）流程说明

如图 4-20 所示，在反渗透过程中，将连续加入的原料液与反渗透部分浓缩液相混合作为反渗透进料液，其余的浓缩液作为产品液连续收集，其透过液连续排放或重复利用。

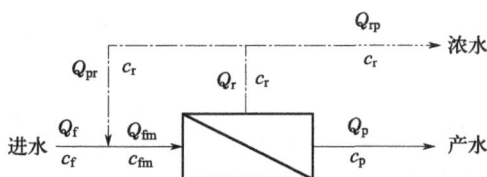

图 4-20 部分循环式-部分浓缩液循环流程图
$(Q_r = Q_{pr} + Q_{rp})$

下标 pr 表示浓缩循环液，这一流程适用于某些料液连续除溶剂（水）浓缩的应用场合，如废液的浓缩处理等。

（2）特征方程

① 装置的原料液流量 Q_f 的特征方程如下。

$$Q_f = \frac{1}{1-R(1+K_r)} Q_{rp} \tag{4-66}$$

式中，K_r 为浓缩液的循环率，$K_r = \dfrac{Q_m}{Q_f}$。

② 装置的混合进料液流量 Q_{fm} 的特征方程如下。

$$Q_{fm} = \frac{1 + K_r}{R(1 + K_r) - K_r} Q_{rp} \tag{4-67}$$

③ 装置的透过液流量 Q_p 的特征方程如下。

$$Q_p = \frac{R(1 + K_r)}{1 - R(1 + K_r)} Q_{rp} \tag{4-68}$$

④ 装置的浓缩循环液流量 Q_{pr} 的特征方程如下。

$$Q_{pr} = \frac{K_r}{1 - R(1 + K_r)} Q_{rp} \tag{4-69}$$

⑤ 装置的浓缩液流量 Q_r 的特征方程如下。

$$Q_r = \frac{(1 + K_r)(1 - R)}{1 - R(1 + K_r)} Q_{rp} \tag{4-70}$$

⑥ 装置的混合进料液浓度 c_{fm} 的特征方程如下。

$$c_{fm} = c_f \frac{1}{1 + K_r [1 - (1 - R)^{-r}]} \tag{4-71}$$

⑦ 装置的浓缩液浓度 c_r 的特征方程如下。

$$c_r = c_{fm}(1 - R)^{-r} = c_f \frac{(1 - R)^{-r}}{1 + K_r [1 - (1 - R)^{-r}]} \tag{4-72}$$

⑧ 装置的透过液浓度 c_p 的特征方程如下。

$$c_p = c_{fm} \frac{1 - (1 - R)^{-r}}{R} = c_f \frac{1 - (1 - R)^{1-r}}{R} \times \frac{1}{1 + K_r [1 - (1 - R)^{-r}]} \tag{4-73}$$

4.4.3.5　循环式-补加稀释剂的浓缩液循环

（1）流程说明

如图 4-21 所示，在运行过程中，连续向原料液中补加相当于透过液流量的稀释剂，浓缩液全部循环，透过液连续排放直至反渗透料液的浓度达到预定的值，而后作为成品收集，透过液排放或重复利用。这一流程用于溶液中物质的分离，可使产品有较高的收率和纯度。

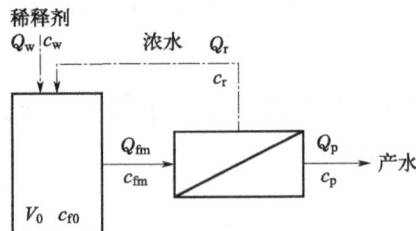

图 4-21　循环式-补加稀释剂的浓缩液循环流程图

V_0 和 c_{f0} 分别表示原料液的体积和浓度；Q_w、Q_{fm}、Q_p 和 Q_r 分别为稀释剂、进料液、透过液和浓缩液的流量；c_w、c_{fm}、c_p 和 c_r 分别为与上述料液相对应的浓度。

（2）特征方程

① 进料（成品）液与原料液的浓度比率 $\dfrac{c_{fm}}{c_{f0}}$ 的特征方程如下。

$$\frac{c_{fm}}{c_{f0}} = \exp\left\{\frac{1}{R}\left[(1-R)^{1-r}-1\right]S\right\} \tag{4-74}$$

式中，R 为装置的回收率，$R = \dfrac{Q_p}{Q_f}$；S 为处理单位体积原料液所需稀释剂的消

耗量，即稀释剂比耗，$S = \dfrac{Q_p t}{V_0} = \dfrac{Q_w t}{V_0}$，$t$ 为运行时间。

② 浓缩液的浓度 c_r 的特征方程如下。

$$c_r = (1-R)^{-r}c_{fm} = c_{f0}(1-R)^{-r}\exp\left\{\frac{1}{R}\left[(1-R)^{1-r}-1\right]S\right\} \tag{4-75}$$

③ 透过液的浓度 c_p 的特征方程如下。

$$c_p = \frac{1-(1-R)^{-r}}{R}\times c_{fm} = c_{f0}\times\frac{1-(1-R)^{-r}}{R}\exp\left\{\frac{1}{R}\left[(1-R)^{1-r}-1\right]S\right\} \tag{4-76}$$

④ 进料液的流量 Q_{fm} 的特征方程如下。

$$Q_{fm} = \frac{V_0}{f}\times\frac{1}{(1-R)^{1-r}-1}\ln\frac{c_{fm}}{c_{f0}} \tag{4-77}$$

式中，f 为修正系数。

⑤ 浓缩（循环）液的流量 Q_r 的特征方程如下。

$$Q_r = Q_{fm}(1-R) = \frac{V_0}{f}\times\frac{1-R}{(1-R)^{1-r}-1}\ln\frac{c_{fm}}{c_{f0}} \tag{4-78}$$

⑥ 稀释剂、透过液的流量 Q_w、Q_p 的特征方程如下。

$$Q_w = Q_p = Q_{fm}R = \frac{V_0}{f}\times\frac{R}{(1-R)^{1-r}-1}\ln\frac{c_{fm}}{c_{f0}} \tag{4-79}$$

4.4.3.6 循环式-浓缩液循环

（1）流程说明

该流程与"循环式-补加稀释剂的浓缩液循环"流程相同，所不同的是补加的不是稀释剂而是原料液，其流量和浓度分别为 Q_f 和 c_{f0}，操作过程也与上述流程相同。

这一流程可用于溶质的浓缩和分离。

（2）特征方程

① 进料（成品）液与原料液的浓度比率 $\dfrac{c_{fm}}{c_{f0}}$ 的计算过程如下。

根据不同运行时间下的反渗透的质量平衡，可得下列微分式：

$$V_0\mathrm{d}c_{fm} = (c_{f0}Q_f - c_pQ_p)\mathrm{d}t = Q_p(c_{f0}-c_p)\mathrm{d}t \quad (Q_f = Q_p) \tag{4-80}$$

反渗透的透过液、浓缩液的浓度与进料液浓度的关系为：

$$c_p = \frac{1-(1-R)^{1-r}}{R}\times c_{fm} \tag{4-81}$$

$$c_r = (1-R)^{1-r} c_{fm} \tag{4-82}$$

将式(4-76)代入式(4-75),经变换整理得:

$$\frac{d\left(c_{f0} - \dfrac{1-(1-R)^{1-r}}{R} \times c_{fm}\right)}{c_{f0} - \dfrac{1-(1-R)^{1-r}}{R} \times c_{fm}} = -\frac{1-(1-R)^{1-r}}{R} \times \frac{Q_p}{Q_0} dt \tag{4-83}$$

将积分边界条件代入式(4-83):

$$t=0 \text{ 时,} \quad c_{fm} = c_{f0}$$
$$t=t \text{ 时,} \quad c_{fm} = c_f$$

整理后得:

$$\frac{c_{fm}}{c_{f0}} = \frac{R}{1-(1-R)^{1-r}} \times \left[1 - \left(1 - \frac{1-(1-R)^{1-r}}{R}\right) \exp\left(-\frac{1-(1-R)^{1-r}}{R} \times \frac{Q_p}{V_0} t\right)\right] \tag{4-84}$$

② 浓缩液的浓度 c_r 的特征方程如下。

由式(4-82)和式(4-84)得:

$$c_r = (1-R)^{1-r} c_{fm} = c_{f0} (1-R)^{-r} \times \frac{R}{1-(1-R)^{1-r}} \times \tag{4-85}$$
$$\left[1 - \left(1 - \frac{1-(1-R)^{1-r}}{R}\right) \exp\left(-\frac{1-(1-R)^{1-r}}{R} \times \frac{Q_p}{V_0} t\right)\right]$$

③ 透过液的浓度 c_p 的特征方程如下。

由式(4-81)和(4-84)得:

$$c_p = \frac{1-(1-R)^{1-r}}{R} \times c_{fm}$$
$$= c_{f0} \times \left[1 - \left(1 - \frac{1-(1-R)^{1-r}}{R}\right) \exp\left(-\frac{1-(1-R)^{1-r}}{R} \times \frac{Q_p}{V_0} t\right)\right] \tag{4-86}$$

④ 原料液(透过液)的流量 $Q_f(Q_p)$ 的特征方程如下。

由式(4-84)得:

$$Q_f = Q_p = -\frac{R}{1-(1-R)^{1-r}} \times \frac{V_0}{t} \ln \frac{1 - \dfrac{1-(1-R)^{1-r}}{R} \times \dfrac{c_{fm}}{c_{f0}}}{1 - \dfrac{1-(1-R)^{1-r}}{R}} \tag{4-87}$$

⑤ 进料液流量 Q_{fm} 的特征方程如下。

$$Q_{fm} = \frac{Q_p}{R} = -\frac{1}{1-(1-R)^{1-r}} \times \frac{Q_0}{t} \ln \frac{1 - \dfrac{1-(1-R)^{1-r}}{R} \times \dfrac{c_{fm}}{c_{f0}}}{1 - \dfrac{1-(1-R)^{1-r}}{R}} \tag{4-88}$$

⑥ 浓缩液流量 Q_r 的特征方程如下。

$$Q_r = (1-R)Q_{fm} = -\frac{1-R}{1-(1-R)^{1-r}} \times \frac{V_0}{t} \ln \frac{1 - \dfrac{1-(1-R)^{1-r}}{R} \times \dfrac{c_{fm}}{c_{f0}}}{1 - \dfrac{1-(1-R)^{1-r}}{R}} \tag{4-89}$$

4.4.4　反渗透、纳滤预处理系统

4.4.4.1　预处理目的

反渗透膜分离过程是所有膜分离过程中对进水水质要求较高的分离过程，完善的预处理过程是保证反渗透长期顺利运行的关键。反渗透膜对于进水的 pH 值、温度、微量化学物质、悬浮物、胶体物、乳化油等有明确的要求，见表 4-10。

表 4-10　膜分离、离子交换装置允许的进水水质指标

序号	项目	电渗析	离子交换	卷式反渗透膜	
				CA 膜	芳香聚酰胺复合膜
1	浊度/NTU	1～3	逆流再生<2	<0.5	<0.3
2	色度/度	一般<2	顺流再生<5	清	清
3	SDI 值		Ⅰ1<5	3～5	<5
4	pH 值		1	4～7	2～11
5	水温/℃	5～40	<40	5～30	1～45
6	COD/(mg/L)	<3	<2～3	<1.5	<1.5
7	游离氯/(mg/L)	<0.1	宜<0.1	0.2～1.0	0
8	铁(总铁)/(mg/L)	<0.3	<0.3	<0.05	<0.05
9	锰/(mg/L)	<0.1	<0.5	<0.05	<0.05
10	铝/(mg/L)			检不出	检不出
11	洗涤剂、油分、H_2S			检不出	检不出
12	硫酸钙溶度积			浓水<1.9×10^{-4}	
13	沉淀(SiO_2、Ba 等)			浓水不发生沉淀	检不出
14	朗格利尔指数			浓水<0.5	浓水<0.5

注：在 SDI 测试中，Ⅰ1 是指在实验过程中，水通过 0.45μm 滤膜的时间（或流量）在第 1 分钟的测量值，它是 SDI 测试中的一个关键参数，用来衡量水中悬浮固体对膜的初步污染情况。

预处理的主要目的有：

① 去除超量的浊度、悬浮固体和胶体物质；

② 调节并控制进料液的电导率、总含盐量、pH 值和温度；

③ 抑制或控制化合物的形成，防止它们沉淀堵塞水的通道或在膜表面形成涂层；

④ 防止粒子物质和微生物对膜及膜组件的污染；

⑤ 去除乳化油和未乳化油以及类似的有机物质。

4.4.4.2　预处理方法

在对反渗透进水进行预处理时，主要考虑两个方面：一方面是防止悬浮物、胶体和微生物对膜和管道内部的污染与堵塞；另一方面是要防止难溶盐的沉淀结垢。这两方面的处理结果都能达到要求时，才能保证反渗透装置正常运转。

经常采用的反渗透预处理方法有如下几种。

① 采用絮凝、沉淀、过滤或生物处理法去除进水中的悬浮固体和胶体；

② 用氯、紫外线或臭氧杀菌，以防止微生物、藻类和细菌的侵蚀；

③ 加阻垢剂或酸，防止钙、镁离子沉淀结垢；

④ 按照所选用反渗透膜的种类，严格控制进水 pH 值和余氯含量，防止膜的水解和氧化；

⑤ 控制水温，保证膜处于良好的操作条件下。

表 4-11 汇集了膜分离过程中常见问题与预处理方法。

表 4-11　膜分离过程中常见问题与预处理方法

问题	预处理	预处理目的	提示	附加手段	目的
Ca/Mg 重碳酸盐垢	1. 碱交换软化； 2. 石灰软化； 3. 加酸	以 $NaHCO_3$ 置换 Ca/Mg 沉淀，使碳酸氢盐以易溶盐代替碳酸盐	会引起高 TDS 量，达 800mg/L；不适合小于 5000m³/d 的处理能力	阻垢剂或酸阻垢剂	延缓形成沉淀的趋势；阻止后续沉淀；可作为加酸失败后的替代方案
钙垢	1. 碱交换软化； 2. 加阻垢剂	以 $NaHCO_3$ 置换 Ca，阻止后续沉淀			
硅垢	1. 提高水温； 2. 石灰软化	提高溶解度；用 $CaCO_3$ 和 $Mg(OH)_2$ 带走硅石	加热费用较高，不适合小于 5000m³/d 的处理能力		
铁沉淀	1. 曝气氧化及过滤； 2. 除去氧化剂； 3. 加酸	形成 $Fe(OH)_3$ 沉淀，过滤除去后可保持铁为可溶的亚铁状态；保持铁在溶液中	存在其他氧化物，不适合间歇操作；pH 值接近 5	加酸	阻止进一步沉淀
胶体	1. 絮凝及过滤； 2. 碱交换软化	引导胶体形成大颗粒，增强絮凝效果	对高 TDS 水不适合		
细菌	杀菌（Cl_2）及过滤			1. 加还原剂； 2. 炭滤	去除余氯
硫化氢	1. 脱气和加氯； 2. 除去氧化剂	吹脱大部分 H_2S，残余的被氧化成硫酸盐保持在溶液中	硬水应在脱气前加酸，防止在填料上结垢，容易长菌；产水必须脱气，废水需单独处理	1. 加还原剂； 2. 炭滤	去除余氯
氯或其他氧化剂	1. 加还原剂 2. 炭滤	化学破坏氯；吸附氧化剂	若失败，损失巨大，需定期再生或更换，防止细菌滋生		

注：TDS 表示总溶解固体。

　　预处理方法中，应用最多的防止结垢的方法是在反渗透进水中加阻垢剂控制硫酸盐、碳酸盐等难溶盐沉积。阻垢剂的作用机理主要是利用其分子中的部分官能团，通过静电力吸附于致垢金属盐类正在形成的晶体（晶核）表面的活性点位上，抑制晶体生长，从而使形成的许多晶体保持在微晶状态，这等于增加了致垢金属盐类在水中的溶解度。

　　阻垢剂有如下几种。

　　① 磷酸盐类。如六偏磷酸钠、三聚磷酸盐、焦磷酸盐、羟基亚乙基二膦酸、二亚乙基三胺五亚甲基膦酸、氨基三亚甲基膦酸、乙二胺四亚甲基膦酸。

　　② 磺酸及其盐类。如聚苯乙烯磺酸盐、磺酸与丙烯酸的共聚物、聚丙烯酸-2-丙烯酰胺-2-甲基丙磺酸等。

　　③ 聚丙烯酰胺类。如水解聚丙烯酰胺、丙烯酸与丙烯酰胺共聚物的衍生物等。

　　④ 混合阻垢剂。如磷酸盐与聚羧酸盐的混合物、聚马来酸及其盐和铁分散剂的混合物等。

　　影响阻垢效果的因素有以下几点。

　　① 聚合电解质结构和官能团的影响。多种聚合物电解质官能团均能用于阻垢（图 4-22）。比较具有代表性的，含羧基的聚合物在一定 pH 值范围内能有效地阻止硫酸钙结垢，特别是当酸度较低时，羧基所带的负电荷更强，与金属阳离子的结合力更强，进而更容易与硫酸钙晶体表面的金属阳离子发生相互作用，减少结垢的产生。

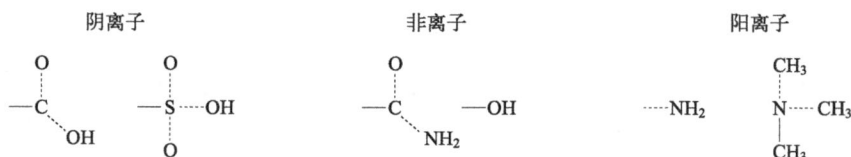

图 4-22　聚合物中对水处理有效的几种官能团

　　阳离子聚合电解质是最有效的硫酸钙阻垢剂，聚丙烯酰胺效果很弱，而阴离子聚合物在量少时没有效果。

　　② 聚合电解质分子量的影响。常用的聚合电解质阻垢剂的最佳分子量在 1000～3500。聚合物阻垢剂的效果随其分子量的降低而升高。这是因为聚合电解质的分子量会影响其在生长中晶体的吸附动力学。

　　③ pH 值的影响。含羧基的聚合物，在一定的 pH 值范围内，其阻垢效果随 pH 值的升高而增加。聚丙烯酸和聚马来酸在 pH=5 左右充分显示出了它们的效能；当 pH≥7 时，作为硫酸钙阻垢剂，聚马来酸的效果比聚丙烯酸更好。因为 pH 值的增加有利于羧酸基团的解离。低分子量（1000～4000）聚丙烯酸的阻垢效果在 pH=8 时明显降低，可能是由于在此 pH 值下，分子几乎完全被离子化了。

　　④ 阻垢剂浓度的影响。有机阻垢剂在高浓度时，可能会与水中的金属离子形成难以除去的沉淀，使用时应予以注意。

4.4.4.3　水中的杂质（离子、分子）对反渗透系统的影响

① 钠。钠为一价离子，与多数阴离子生成的盐为易溶盐，钠离子是容易通过反渗透膜的离子，它的浓度决定了反渗透系统的脱盐率。

② 锶。锶一般为二价离子，生成的硫酸盐溶解度小于 $1mg/L$，有锶存在就要考虑加阻垢剂。

③ 钡。钡为二价离子，会与硫酸根反应生成低溶解度的盐，同样在有钡存在时就要考虑加阻垢剂。

④ 铝。一般情况下铝盐沉淀物可用过滤法去除，在 pH 值波动的情况下，铝的氢氧化物可能会进入膜面，造成膜面污染。

⑤ 锰。地下水中锰含量较高，应采用曝气去除，或采用直接进系统的方法，避免与空气接触，保持锰的溶解状态。

⑥ 铁。地下水中铁含量可达 $10\sim20mg/L$，应在预处理时采用曝气去除，也可直接进系统，避免与空气接触，保持溶解状态。

⑦ 碳酸氢根。它是由溶解的 CO_2 与 OH^- 结合而成的。为防止部分碳酸氢根随浓水 pH 值变化而转变成碳酸根，可考虑加酸或阻垢剂。

⑧ 磷酸根。磷酸根能与钙生成低溶解度的盐，需要添加阻垢剂。

⑨ 二氧化硅。在反渗透操作条件下，二氧化硅的最大溶解浓度是 $150mg/L$，原水中二氧化硅的含量限制了反渗透系统的回收率，一般控制浓水中二氧化硅浓度为 $100mg/L$。

⑩ 总溶解固体。TDS 可以用来判断产水质量。

⑪ 硫酸根。硫酸根可与钙、锶、钡生成难溶盐。

⑫ 氯离子。Cl^- 是产水中存在的主要离子，对氯离子含量的要求直接影响到反渗透工艺的选择。

⑬ 氟离子。氟离子可与钙、镁、锶、钡生成不溶盐。

⑭ 硫化氢。它存在于部分地下水中，硫化氢形成的小颗粒会污染反渗透膜。

⑮ 游离氯。它可以控制细菌在醋酸纤维类膜面上的存在，但对聚酰胺膜会引起氧化反应。

⑯ 氧。水中有氧存在时，可以使水中的铁、锰、硫化氢形成沉淀。

⑰ 二氧化碳。它容易通过反渗透膜进入产水。

⑱ 总有机碳。TOC 是水中含碳有机物质的总量，反渗透进水要求 TOC 小于 $2mg/L$。

4.4.4.4　预处理后出澄清器、过滤器的水质指标

澄清器出水浊度小于 1FTU，最好小于 0.5FTU。

过滤器（一般为重力式或压力式过滤器）的出水浊度小于 0.5FTU，$COD_{Mn}<1.5mg/L$，$COD_{Fe}<0.05mg/L$。

这样，可保证经反渗透器前面的处理工艺（$5\mu m$ 保安过滤器）后，其出水污

染指数 SDI 对卷式醋酸纤维素复合膜小于 4，对中空纤维式芳香族聚酰胺膜小于 3。

若过滤后的水流经 5μm 保安过滤器后，其指标仍无法满足对 SDI 的要求，则应根据具体情况增设处理工艺。例如，在保安过滤器前增设滤料粒径比常规过滤粒径更小的过滤器；含铁量较高时，则可在预处理中加设除铁工艺。

总之，在预处理反渗透进料水时，需考虑两个方面：一方面是防止悬浮物、胶体和微生物对膜和管道内部的污染与堵塞；另一方面是要防止难溶盐的沉淀结垢。只有当这两个方面的处理结果都达到要求时，才能确保反渗透装置的正常运行。

高浓度废水由于出厂条件、前处理流程等不同，其组成成分复杂，存在各种钙、镁、钡、硅等难溶盐，这些难溶无机盐进入反渗透系统后被高倍浓缩，当其浓度超过该条件下的溶解度时，将会在膜表面产生结垢现象，而调节原水 pH 值能有效防止碳酸盐类无机盐的结垢，故在进入反渗透前需对原水进行 pH 值调节。

调节池出水泵入反渗透系统的原水罐，在原水罐中通过加酸调节 pH 值，原水罐的出水经原水泵加压后再进入石英砂过滤器（砂滤器），砂滤器数量可按具体处理规模确定，其过滤精度一般为 50μm。砂滤器进、出水端都有压力表，当压差超过 25bar 时须执行反洗程序。砂滤器反冲洗的频率取决于进水的悬浮物含量。砂滤出水后进入芯式过滤器，对于渗滤液处理系统，由于原水中钙、镁、钡等易结垢离子和硅酸盐含量高，经 DTRO（蝶管式反渗透）膜组件高倍浓缩后，这些盐容易在浓缩液侧呈现过饱和状态，所以根据实际水质情况，可在芯式过滤器前加入一定量的阻垢剂防止硅垢及硫酸盐结垢现象的发生，具体添加量由原水水质分析情况确定。芯式过滤器为膜组件提供最后一道保护屏障，其精度一般为 10μm。

表征水中胶体污染程度的参数有以下两个。

① 胶体浓度。污染指数 SDI 主要用于检测水中胶体和悬浮物等微粒的多少，它是表征系统进水水质的重要指标。通常可采用平均孔径为 0.45μm 的微孔膜在 0.2MPa 恒压过滤模式下进行测定。首先记录通水开始得到 500mL 水样所需时间 t_0(s)，其次在与上面相同的压力下，记录过滤 15min 后，再次得到 500mL 水样所需时间 t_{15}(s)，然后根据式(4-90)计算：

$$\text{SDI} = \left[1 - \left(\frac{t_0}{t_{15}}\right)\right] \times \frac{100}{15} \tag{4-90}$$

水中 SDI 值的大小大致可反映胶体污染程度。井水的 SDI<3，不会发生胶体污染；地表水的 SDI 在 10～175 之间，需预处理，即采用石英砂、活性炭或装有两种滤料的过滤器过滤，来降低胶体浓度，否则将有严重胶体污染。对 SDI>50 的水，需在澄清器中做混凝处理，然后再利用重力过滤器过滤；对 SDI<50 的水，可采用直流混凝过滤。SDI 值需定期测定。

② 胶体的稳定性。胶体是许多分子和离子的聚合物，胶团由胶核、吸附层和扩散层三部分组成。胶体的吸附层与溶液本体之间的电位差为 Zeta 电位，它是决定胶体稳定性的一个重要指标。Zeta 电位越大，胶体越稳定。Zeta 电位可大致反

映胶体在水中的稳定性，如果 Zeta 电位在 $-30 \sim -10\text{mV}$ 或更大，胶体污染的可能性将大大减小。

原料水中胶体物质的来源：胶体物质常出现在地表水和黏土层的井水中，包括水中的细菌、黏土、胶体和铁的腐蚀物等；澄清器中使用的铝盐、氧化铁、阳离子聚合电解质等化学药品，在澄清器和随后的过滤中没有被很好地去除；阳离子聚合电解质与带负电的阻垢剂产生的沉淀。总之，胶体物质的来源是前续工艺中料液中所具有的，并经前面工艺没能完全被除去而遗留下来的。

4.4.5 反渗透、纳滤膜污染及清洗

4.4.5.1 膜污染分析

反渗透膜的污染可分为两大类。一类是可逆膜污染：浓差极化，它可通过流体力学条件的优化及对回收率的控制来减轻和改善。另一类为不可逆膜污染（也即通常所说的膜污染）：由膜表面的电性及吸附而引起的污染和膜表面孔隙的机械堵塞而引起的污染，这一类污染目前尚未发现有效的改善措施，只能靠水质的预处理或抗污染膜的研制及使用加以延缓其污染速度。

膜污染与浓差极化虽然概念不同，但二者密切相关，常常同时发生，在许多场合，浓差极化是导致膜污染的根源。总体上说，减小浓差极化和膜污染可从如下三方面入手：a. 减小溶质或悬浮粒子在膜面上的浓度；b. 减小粒子与膜面间的作用力；c. 膜的清洗与再生。

在膜污染发生后，对于可能发生的膜污染情况进行分析，如表 4-12 所示。首先应认真研究所记录的、能反映设备运行状况的运行记录资料，确认原水水质情况，分析测定 SDI 值时残留在滤膜上的物质，分析反渗透保安过滤器滤芯上的截留物。检查进水管内和反渗透膜组件进水端的沉积物。根据分析结果，尽快采取措施进行处理，可以使膜的性能恢复到更接近原性能。

表 4-12　膜污染的分析方法

影响因素		膜运行记录	滤芯的酸、碱和蒸馏水萃取液分析	进水水质分析	膜元件					
					运行	膜面污染物分析				膜清洗试验
						表现	SEM	EDX	FTIR	
污染	无机污染	△	△	○				△	○	△	
	生物污染	△	△	○			△	○		○	△
	有机污染	△	△							○	○
膜退化		○			○					△	○

注：1. 仪器在膜厂家提供的标准条件下运行。

2. SEM 为扫描电镜；EDX 为能量色散 X 射线光谱仪；FTIR 为傅里叶变换红外光谱仪；其他分析方法有光学显微镜、X 射线荧光分析、原子吸收等。

3. 有机污染物需经过洗脱液（如己烷）洗脱。

4. 污染的膜在分析前应该原样保存，并保持润湿。

5. ○表示重要依据；△表示参考依据。

4.4.5.2　膜的清洗和消毒

（1）膜清洗方法

在膜污染发生后，应首先对可能的污染情况进行分析。步骤包括：仔细研究记录的设备运行状态资料，确定原水水质情况，分析在测定 SDI 值时残留在滤膜上的物质，并检查反渗透保安过滤器滤芯上的截留物；检查进水管内和反渗透膜组件进水端的沉积物；根据分析结果，尽快采取措施进行处理，以使膜的性能尽可能恢复到接近其原始状态。采用的方法分为物理方法和化学方法。

① 物理方法。最简单的方法是采用反渗透产水冲洗膜表面，也可以采用水和空气混合流体在低压下冲洗膜面 15min。这种处理方法简单，对于初期受有机物污染的膜清洗是有效的。在设计时要设计停机冲洗设施，利用反渗透产水或者反渗透进水对反渗透膜组件进行冲洗，既置换出高倍浓水，又可以将膜面一些沉积物冲走。

② 化学方法。每个膜厂家在其膜技术手册中，都会介绍他们允许使用的膜清洗剂配方。按照厂家提供的配方，首先了解化学试剂的性能和使用方法。反渗透系统包括清洗剂 A、清洗剂 B、阻垢剂和清洗缓冲罐。操作人员需要定期向储罐中添加清洗剂和阻垢剂，并设置清洗执行时间。系统在需要清洗时会自动进行冲洗。清洗剂选择时，必须考虑的是该试剂与所用反渗透膜的相容性，如膜的耐氧化性、适用 pH 值范围、允许使用的最高温度等，常用的清洗剂及其功能见表 4-13。

表 4-13　常用清洗剂及其功能

试剂	功能	试剂	功能
氧化剂，如 NaClO	消毒灭菌	螯合剂，如 EDTA 钠盐	使 Ca^{2+}、Mg^{2+}、Ba^{2+} 的硫酸盐溶解
酸，如 HCl、H_2SO_4、柠檬酸	分解 $CaCO_3$、金属氧化物	湿润剂/表面活性剂，如聚丙烯酸酯、烷基磺酸钠	使个别组分进入污染物
碱，如 NaOH、Na_2CO_3	使有机物皂化	酶制剂，如蛋白酶	破坏生物膜

（2）膜清洗过程

① 首先用反渗透产水冲洗反渗透膜组件和系统管道。

② 彻底清洗配药箱，在清洗过滤器中安装新滤芯。

③ 按照膜厂家推荐的配方，用反渗透产水配制清洗液，并且保证混合均匀。在清洗前应反复确认清洗液的 pH 值和温度是否适宜。

④ 用清洗泵按照不大于 9m³/（h·每支 8in 组件压力容器）、2.3m³/（h·每支 4in 组件压力容器）的清洗流量向反渗透组件中打入清洗液，压力小于 0.35MPa，并把刚开始循环回来的部分清洗液排掉，防止清洗液被稀释。

⑤ 在保证流量和压力稳定的情况下，将清洗液循环 45～60min，并注意保持清洗液温度稳定在室温至 40℃。对回流清洗液的浊度、颜色等直观情况进行观察，并随时检查回流清洗液 pH 值的变化情况。

⑥ 如果膜污染比较严重，可以在循环结束后停泵并关掉阀门，将膜元件浸泡在清洗液中，浸泡时间大致为1h或适当延长。为保证浸泡时的清洗液温度，也可采用反复进行循环与浸泡相结合的方式。一般说来清洗液的温度至少应保持在20～40℃，适宜的清洗液温度可增强清洗效果，温度过低的清洗液可能会在清洗过程中发生药品沉淀。当清洗液温度过低时，应将清洗液升高到较为合适的温度后再进行清洗。

⑦ 在清洗液浸泡结束之后，一般以推荐清洗流量再次循环清洗20～45min即可。然后用反渗透产水对反渗透膜组件进行冲洗，并将冲洗水排入下水道中。在确认冲洗干净后，即可重新运行反渗透设备。系统重新运行后15min内的产水应排放掉，并检测系统的各项指标，决定是否进行下一配方的清洗。在采用多种药品进行清洗时，为防止化学药品之间的化学反应，在每次进行清洗前，产水侧排出的水最好也应排净。

⑧ 对于多段排列的反渗透装置，应该分段进行清洗，可以防止第一段被洗去的污染物再进入下一段，造成二次污染。

在停止冲洗前，应按下述条件检验浓水：a. 浓水pH值与进水pH值相差1以内；b. 浓水电导率与进水电导率相差$100\mu S/cm$以内；c. 浓水无泡沫。

若以上三个条件均符合，则清洗完成，可以进行下一步清洗或运行。

性能稳定的反渗透膜可适应在较宽范围内清洗药品，现在对于不同药品对膜的性能有无影响并没有明显的界限，但有一点是肯定的，那就是频繁地进行化学清洗会缩短膜的寿命。

按照正常情况，碱性清洗剂可用于去除生物污染及有机物污染，而酸性清洗剂则用于去除铁铝氧化物等其他难溶性无机盐污染。

用户应尽可能使用在技术上比较先进的、专业公司提供的清洗药品。在不清楚所使用的药品对膜性能的影响，甚至还没有完全了解药品的清洗使用条件（温度及pH值）和有关清洗效果时，就盲目地、大规模地在系统中使用这种药剂是非常危险的。用户不仅要谨慎选择清洗药品，而且在清洗时还应严格遵守药品的使用说明和工艺条件，并要仔细监测清洗时清洗液的pH值和温度的变化。

4.5　反渗透、纳滤技术的应用

4.5.1　反渗透、纳滤技术的应用领域及应用情况简介

目前，反渗透技术已发展成为海水淡化、苦咸水淡化、纯水和超纯水制备及物料预浓缩的最经济的手段，在水处理、电子、化工、医药、食品、饮料、冶金和环保等领域有着广泛的应用。纳滤膜与反渗透膜几乎相同，只是其网络结构更疏松，这意味着对Na^+和Cl^-等单价离子的截留率很低，但对Ca^{2+}和CO_3^{2-}等二价离子的截留率仍很高。此外，其对除草剂、杀虫剂、农药等微污染物及染

料、糖等低分子量组分的截留率也很高，表明这两种膜的应用领域是不同的。当需要对浓度较高的 NaCl 进行高强度截留时，最好选择反渗透过程；当需要对低浓度、二价离子和分子量在 500 到几千的微溶物质进行截留时，最好选择纳滤过程。

4.5.2 反渗透、纳滤技术的工程应用实例

4.5.2.1 海水淡化

地球上水体总量约为 $13.6 \times 10^8 \mathrm{km}^3$，海水占 97.2%。在 2.8% 的淡水中，仅有 0.23% 是可以被人类生命活动所利用的。随着世界各国经济高速发展和人口的迅速增长，对淡水的需求也日益增加，而地球上的淡水资源有限，如何获取淡水已经成为全球性的问题。据统计，2024 年世界已有 100 多个国家缺水，其中严重缺水的已达 20 个，严重影响着人类生存和社会发展。面对海洋这个巨大资源，如何将海水变为能被人类所利用的淡水，成为亟须解决的一个问题。

海水淡化主要是去除海水中所含的无机盐，通过一系列的过程转变为低盐度的淡水，反渗透技术就是 20 世纪 50 年代为海水淡化提出的，20 世纪 60 年代取得突破性进展，20 世纪 70 年代进入海水淡化市场后，发展十分迅速。1990 年后，随着反渗透膜性能的提高、价格的下降、高压泵和能量回收效率的提高，反渗透海水淡化技术成为投资最少、成本最低的利用海水制备饮用水的方法。在 20 世纪 60 年代末，淡化水产量仅为 $8000 \mathrm{m}^3/\mathrm{d}$，到 1990 年达 $1.32 \times 10^7 \mathrm{m}^3/\mathrm{d}$，2006 年达到 $3.75 \times 10^7 \mathrm{m}^3/\mathrm{d}$ 以上，2010 年达到 $6.52 \times 10^7 \mathrm{m}^3/\mathrm{d}$ 以上，2015 年在 $8.65 \times 10^7 \mathrm{m}^3/\mathrm{d}$ 以上，其增长十分迅速。目前，世界上将近 80% 的海水淡化装置采用的是反渗透膜技术。

图 4-23 为日本 800t/d 淡水的中型海水反渗透装置的前处理和反渗透过程流程图。

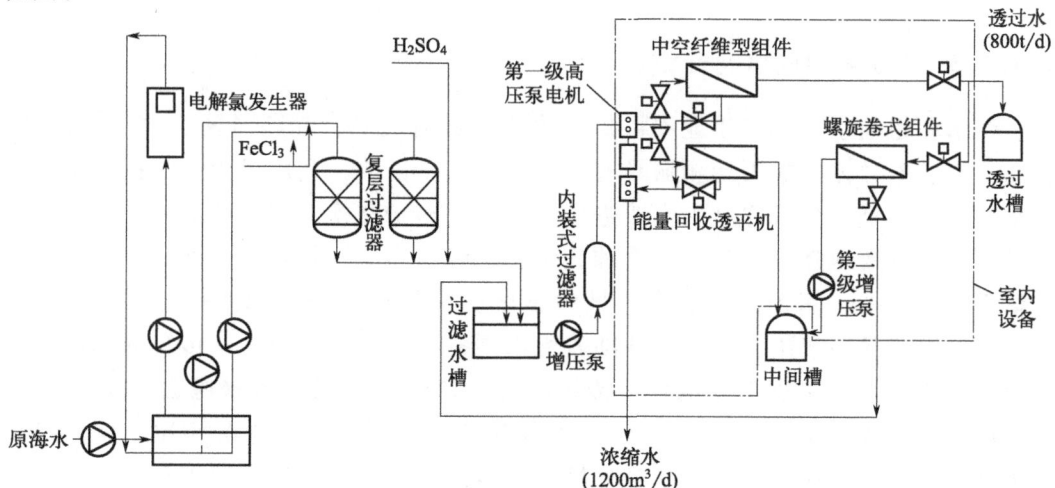

图 4-23 反渗透海水淡化工艺流程图

小型海水淡化装置多用于舰艇、海上钻井平台和岛屿饮用水的生产，其产水量在 $1\sim3m^3/d$。对岛屿、海上钻井平台和大型的舰艇来说，反渗透处理流程为：取水泵—多介质过滤器—保安过滤器—高压泵—淡化装置—产品水—浓水。

而对于小型船只，可不用笨重的双层滤器，以求轻便、紧凑。对岛屿和大型舰艇、海上钻井平台用的装置，应加强预处理。表 4-14 为几种小型海水淡化装置的主要参数。

表 4-14　几种小型海水淡化装置的主要参数

进水流量 /(m³/h)	设计产水量 /(m³/d)	操作压力 /MPa	回收率 /%	泵功率 /kW	脱盐率 /%	所用组件类型
0.2	0.6	5.6	10~20	0.75	99	SW-30
0.4	1.3	5.6	10~20	1.50	99	SW-30
0.6	2.0	5.6	10~20	1.50	99	SW-30

4.5.2.2　苦咸水淡化

反渗透最早的应用是苦咸水淡化。苦咸水含盐量一般比海水低得多，淡化成本也较低，通常的反渗透膜组件大多可直接用于苦咸水淡化，回收率在 75％左右。因此，苦咸水脱盐更具有实用价值，反渗透已成为苦咸水淡化最经济的方法，研究开发苦咸水淡化用膜和膜组件，特别是低压、高通量膜的开发，是研究反渗透淡化的方向之一。目前，苦咸水反渗透（BWRO）淡化是利用苦咸水生产淡化水中最具竞争力的方法，有关反渗透苦咸水淡化装置的设计优化已经相对成熟。随着新制膜材料的发展以及成本的降低，反渗透膜技术已经逐渐成为脱盐产业中的主导，配合特定的预处理工艺以及膜系统设计，被广泛应用于各种含盐水的淡化过程中。美国海德能公司在加利福尼亚州承建的 $15000m^3/d$ 苦咸水淡化工厂将高 NO_3^-（90mg/L）和高 SiO_2（40mg/L）含量的地下水经反渗透处理后用于市政用水。

4.5.2.3　纯水和超纯水制备

纯水和超纯水是现代工业不可缺少的基础材料之一，在科学研究试验、医药、石油化工、半导体、电力等领域具有广泛的应用。目前，利用反渗透膜技术生产超纯水的工艺已经十分成熟，大大改进了以往单一离子交换纯水系统的复杂工艺。反渗透膜能够有效地降低水的电导率和其中总溶解固体的含量，对大部分盐类成分的截留率超过 99％，并且水通量大。虽然也出现了膜污染问题，但是通过化学清洗的方法可以有效地解决。另外，伴随着纯水制备工艺的不断进步，传统的阴阳离子交换工艺逐渐被反渗透系统取代，传统的混合离子交换则逐渐被电去离子（EDI）装置取代，最终发展成了反渗透-电去离子脱盐系统。与传统方法相比，该系统具有生产连续、出水质量高、不污染环境、占地面积小、经济实用、无须专人值守等优点，被称为"绿色脱盐系统"。

实验室纯水和超纯水制备系统如下。

在实验室中，无论是化学分析还是仪器测试分析都需要用到纯水和超纯水，实验室用超纯水的水质规范见表 4-15。

表 4-15 CAP/NCCLS 纯水规范

项目名称	一级	二级	三级
pH 值范围(25℃)	—	—	5.0～8.0
电导率(25℃)/(μS/cm)	≤0.01	≤0.10	≤0.50
比电阻(25℃)/M$\Omega \cdot$ cm	≥10	≥1	≥0.2
可氧化物质(以 O 计)/(mg/L)	—	0.08	0.40
吸光度(254nm,1cm 光程)	≤0.001	≤0.01	—
蒸发残渣(105℃±2℃)/(mg/L)	—	≤1.0	≤2.0
可溶性硅(以 SiO$_2$ 计)/(mg/L)	≤0.01	≤0.02	—

注：CAP 为美国病理学家学会；NCCLS 为美国临床实验室标准化委员会。

一级水用于要求严格的分析实验，包括对颗粒有要求的实验，如高效液相色谱用水。一级水可用二级水经石英设备蒸馏或离子交换混合床处理后，再经 0.2μm 微孔滤膜过滤来制取。二级水用于无机痕量分析等实验，如原子吸收光谱用水。二级水可用多次蒸馏或离子交换等方法制得。三级水用于一般的化学分析实验。三级水可用蒸馏或离子交换的方法制得。

图 4-24 为以城市自来水为水源生产纯水的小型超纯水系统工艺流程图。该系统以自来水为水源，经颗粒活性炭、筒式三级预过滤后，进入反渗透膜组件。系统中每个过程都是滤芯式设计，一次性使用，无须再生，十分便利。

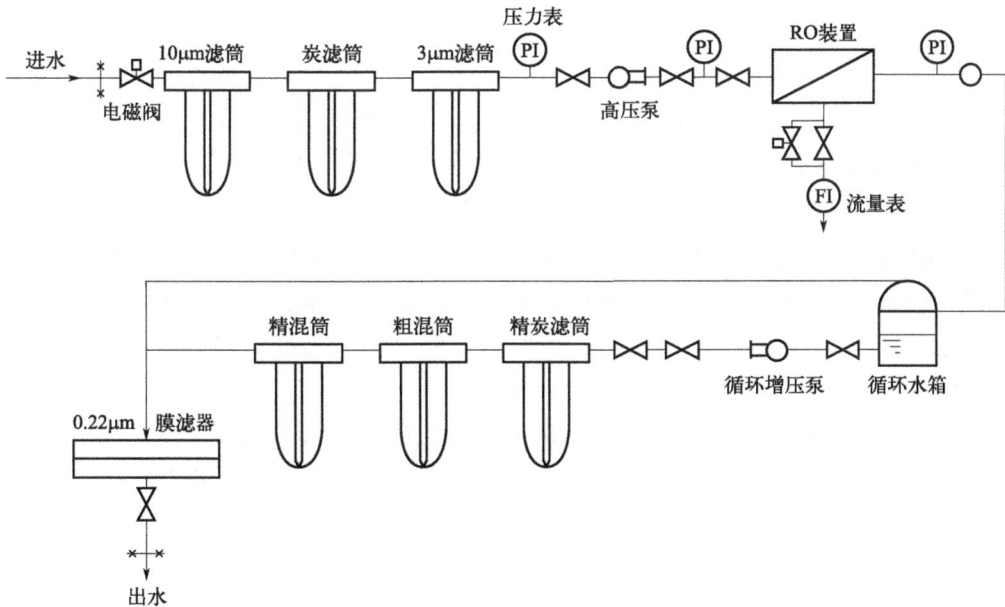

图 4-24 小型超纯水系统工艺流程图

4.5.2.4 反渗透脱水浓缩

反渗透脱水浓缩在甜菊苷提取工艺中的应用如下。

从甜菊叶中提取甜菊苷有很多方法。采用膜集成工艺净化、浓缩甜菊苷水溶液，其工艺流程如图 4-25 所示，浓缩结果见表 4-16。

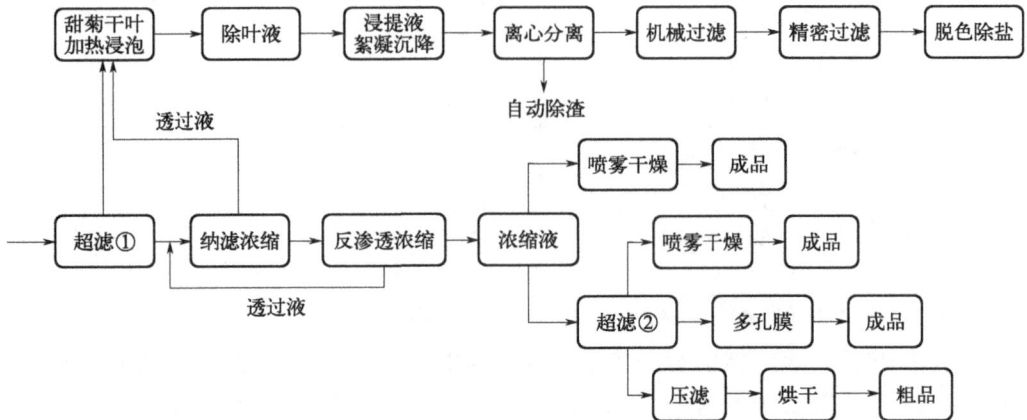

图 4-25　采用膜集成工艺净化、浓缩甜菊苷水溶液的工艺流程图

表 4-16　甜菊苷水溶液的两级浓缩结果

级别	第一级	第二级
操作压力/MPa	1.5,1.8,2.0	2.0,3.0,3.0 3.0,3.0,3.0
透水速度/[L/(m² · h)]	31.0,31.5,28.2	23.5,37.5,35.5 34.0,28.0,16.5
透过液(折光率)	0.0,0.0,0.0	0.0,0.0,0.2 0.5,1.0,1.5
透过液(味觉)	有草腥味,无甜味	由无甜味逐渐到微甜,再到甜

注：1. 进液温度为 18.5℃。

2. 浓缩液折光率为 13.5。

超滤①的作用是除去胶体和破碎树脂，进一步起脱色作用；超滤②的作用是除去浓缩液中少许残存胶体和管路系统内的杂质，该工序起进一步净化作用，冷冻干燥，产品消耗小，色度低，但能耗高。最后三种干燥工艺可根据能源和产品要求具体选定。

采用膜分离技术浓缩甜菊苷水溶液，在工艺流程中可以减少使用热蒸发设备，降低成本，提高了经济效益，并且浓缩时不需要加热，没有发生相变。

课后要点

1. 纳滤及反渗透基本原理。

2. 纳滤及反渗透过程特点。

3. 反渗透及纳滤膜的结构特征。

4. 反渗透及纳滤膜制备方法。

5. 反渗透及纳滤膜膜组件。

6. 反渗透、纳滤分离机理。

7. 浓差极化概念。

8. 浓差极化对反渗透和纳滤过程的影响。

9. 反渗透系统中常用的形式。

10. 反渗透的预处理及方法。

11. 水中杂质对反渗透的影响。

12. 反渗透及纳滤膜的污染及清洗方法。

课后习题

1. 纳滤及反渗透过程的特点是什么？

2. 反渗透及纳滤膜的结构特征有什么？

3. 反渗透及纳滤膜的制备方法有哪些？

4. 反渗透及纳滤膜的膜组件有哪些？

5. 反渗透、纳滤分离机理是什么？

6. 浓差极化的概念是什么？

7. 浓差极化对反渗透及纳滤过程的影响有哪些？

8. 反渗透系统中常用的形式有哪些？

9. 反渗透的预处理是什么？有哪些方法？

10. 反渗透受水中杂质的影响有哪些？

11. 反渗透及纳滤膜的膜污染有哪些？

12. 反渗透及纳滤膜的清洗方法有哪些？

13. 利用纳滤膜脱盐，在 20℃的操作温度下，原料中 KCl 的质量分数为 2%，压力为 3.2MPa，渗透侧 KCl 的质量分数为 0.05%，压力为 0.2MPa，利用 $\Pi = RT \sum c_i$ 计算渗透压，R 取 8.314J/(mol·K)，不考虑浓差极化。

14. 在 25℃的操作温度下，进料侧 NaCl 浓度为 0.422mol/L，压力为 3.2MPa，渗透侧 NaCl 浓度为 0.00721mol/L，压力为 0.2MPa，对水的渗透系数为 1.086×10^{-7} L/(cm²·s·MPa)，忽略阻力，利用 $N_v = K_w(\Delta P - \Delta \Pi)$ 求水通量。

15. 使用一张 100cm² 的反渗透膜处理溶质质量分数为 5% 的溶液，在此之前用纯水进行预压处理 30min，得到纯水 100mL，预压完成后，处理溶液渗透液含溶质为 140×10^{-6}。计算截留率和水通量。

16. 利用反渗透膜脱盐，操作温度为 25℃，已知进水 NaCl 浓度为 5000mg/L，出水浓度为 450mg/L，渗透侧的水中 NaCl 浓度为 300mg/L。假设膜两侧的传质阻力可忽略，计算出实际脱盐率。

17. 某反渗透膜脱盐，操作温度为 25℃，进水流量为 500L/h，水中盐溶液浓度为 $4kg/m^3$。出水流量为 460L/h，水中盐溶液浓度为 $0.3kg/m^3$。所采用的特定膜对盐的渗透系数为 $16 \times 10^{-6} cm/s$。假设膜两侧的传质阻力可忽略，试分别计算出该膜的透过盐量和回收率。

部分课后习题答案

13. 解：

$$原料盐浓度：\frac{2 \times 1000}{74.5 \times 98} = 0.274 mol/L$$

$$渗透侧盐浓度：\frac{0.05 \times 1000}{74.5 \times 99.95} = 0.00671 mol/L$$

$$\Delta P = 3.2 - 0.2 = 3MPa$$

$$\Pi_{原料侧} = \frac{8.314 \times 293 \times 2 \times 0.274}{1000} = 1.335 MPa$$

$$\Pi_{渗透侧} = \frac{8.314 \times 293 \times 2 \times 0.00671}{1000} = 0.0327 MPa$$

$$\Delta \Pi = 1.335 - 0.0327 = 1.3023 MPa$$

14. 解：

$$\Pi_{原料侧} = \frac{8.314 \times 298 \times 2 \times 0.422}{1000} = 2.0911 MPa$$

$$\Pi_{渗透侧} = \frac{8.314 \times 298 \times 2 \times 0.00721}{1000} = 0.0357 MPa$$

$$\Delta P = 3.2 - 0.2 = 3MPa$$

$$N_V = K_W(\Delta P - \Delta \Pi) = 1.086 \times 10^{-7} \times [3 - (2.0911 - 0.0357)]$$
$$= 1.0258 \times 10^{-7} L/(cm^2 \cdot s)$$

15. 解：

溶质的量很少，可以忽略溶质对溶液体积和总物质的量的影响。所以截留率：

$$R = \frac{c_f - c_p}{c_f} = \frac{0.05 - 0.00014}{0.05} = 0.997$$

水通量：

$$J = \frac{V}{At} = \frac{0.1}{0.01 \times 0.5} = 20 L/(m^2 \cdot h)$$

16. 解：

由题目中已知条件可得，膜的进水侧给水中的盐浓度：

$$c_f = \frac{c_F + c_R}{2} = \frac{5000 + 450}{2} = 2725\,\text{mg/L}$$

故实际脱盐率：

$$R = \left(1 - \frac{c_p}{c_f}\right) \times 100\% = \left(1 - \frac{300}{2725}\right) \times 100\% = 89\%$$

17. 解：

反渗透透过盐量：

$$F_S = Bc_a = 16 \times 10^{-6} \times \frac{4 - 0.3}{1000} = 6 \times 10^{-8}\,\text{g/(m}^2 \cdot \text{s)}$$

反渗透回收率：

$$Y = \frac{Q_p}{Q_f} \times 100\% = \frac{0.46}{0.5} \times 100\% = 92\%$$

参考文献

[1] 吴丽丽. 膜萃取处理高浓度苯胺废水 [D]. 大连：大连理工大学，2007.

[2] 段冬，张增荣，芮旻，等. 纳滤在国内市政给水领域大规模应用前景分析 [J]. 给水排水，2022，58（03）：1-5.

[3] 李艾铧，朱云杰，朱昊辰，等. 纳滤技术在饮用水处理中的应用 [J]. 净水技术，2019，38（06）：51-56.

[4] 张奇峰，李胜海，王屯钰，等. 反渗透和纳滤膜的研制与应用 [J]. 中国工程科学，2014，16（12）：17-23，34.

[5] 魏永，姚维昊，桂波，等. 超低压反渗透处理太湖水的中试分析 [J]. 给水排水，2018，54（12）：11-16.

[6] 龚毅忠，张健春. 反渗透除盐技术的应用及改进 [J]. 工业水处理，2002（07）：39-41.

[7] 董航，张林，陈欢林，等. 混合基质水处理膜：材料、制备与性能 [J]. 化学进展，2014，26（12）：2007-2018.

[8] 王玉红. 纳滤特性及其在海水软化中的应用研究 [D]. 青岛：中国海洋大学，2006.

[9] 吴家能. 旋转式能量回收装置在反渗透海水淡化系统中的应用研究 [D]. 天津：天津大学，2016.

[10] 许骏，王志，王纪孝，等. 反渗透膜技术研究和应用进展 [J]. 化学工业与工程，2010，27（04）：351-357.

[11] 张烽，徐平. 反渗透、纳滤膜及其在水处理中的应用 [J]. 膜科学与技术，2003（04）：241-245，254.

第5章 电渗析及电辅助膜分离技术

5.1 电渗析分离技术简介

5.1.1 电渗析基本原理及特点

5.1.1.1 电渗析基本原理

电渗析（electrodialysis）是 20 世纪 50 年代发展起来的膜分离技术。它以电位差为推动力，利用离子交换膜的选择透过性，从溶液中脱除或富集电解质。

电渗析是在外加直流电场的作用下，利用离子交换膜的选择透过性，使溶液中的电解质离子定向迁移，从溶液中部分分离出来。电渗析过程最基本的工作单元称为膜对，一个膜对构成一个淡化室和一个浓缩室，它由一张阳膜、一块淡水隔板、一张阴膜和一块浓水隔板组成。

电渗析的原理是利用电场的驱动力，通过离子交换膜去除水溶液中的离子组分。电渗析装置由一个由交替放置的阴离子和阳离子选择性膜组成的膜堆组成。膜之间由垫圈框架和垫片隔开，膜固定在含有产生电场的电极之间。为了传递电流和去除电极反应产生的气体，电极室选择电解质溶液。在膜层的隔室中，根据膜对离子的选择透过能力，离子被稀释或浓缩。相同的隔间是相连的，且通过一个分配和收集系统。因此，原水被分级为稀释液和盐水流。两条水流以相同的速度流过膜层，根据离子在膜之间的传递机制，这个横流速度是在一定范围内的。

电渗析器工作原理如图 5-1 所示。如果电渗析器内各系统进液都为 NaCl 溶液，在直流电场的作用下，带电的阳离子不断穿过阳膜向阴极移动，而阴离子则不断穿过阴膜向阳极迁移。由于离子交换膜对通过的离子具有选择性，因此阳离子不能通过阴膜向阴极室迁移，阴离子也不能通过阳膜向阳极室迁移。如此，淡化室内溶液

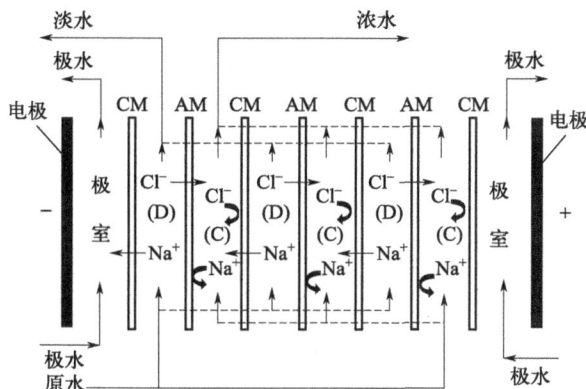

图 5-1 电渗析器工作原理示意图

(CM 为阳离子交换膜；AM 为阴离子交换膜；C 为淡化室；D 为浓缩室)

中离子的含量越来越少，最后可得到符合要求的淡水。而在相邻浓缩室中的 NaCl 浓度逐渐升高，得到浓缩盐水。由此可见，电渗析除盐应具备两个基本条件：a. 直流电场的作用；b. 具有选择透过性的离子交换膜。

因此，根据电渗析基本原理，电渗析主要有以下用途：a. 从电解质溶液中分离出部分离子，使电解质溶液的浓度降低，如海水、苦咸水淡化制取饮用水与工业用水，工业用初级纯水的制备等；b. 把溶液中部分电解质离子转移到另一溶液系统中去，并使其浓度增高，如海水浓缩制盐、化工产品的精制、工业残液中有用成分的回收等；c. 从有机溶液中去除电解质离子，目前主要用于食品和医药行业，如乳清脱盐、氨基酸精制。

5.1.1.2 电渗析技术的特点

电渗析技术主要有以下几种技术特点。

(1) 能量消耗少，经济效益显著

电渗析为无相变过程。从热力学分析可知，无相变过程所耗能量比相变过程低。在电渗析过程中，所耗电能主要用于迁移溶液中的电解质离子，因此耗电与溶液浓度成正比。在节能的前提下，电渗析对进水水质有一定的要求。国内应用最多的是用电渗析法代替离子交换法，或者将电渗析法作为离子交换法的前处理，用来制取锅炉用水。上述方法可比单一离子交换法的生产费用节约 $50\% \sim 90\%$，而且电渗析工程建设快、投资费用回收时间短、运行周期长、出水水质稳定，故经济效益明显。

(2) 装置设计与系统应用灵活，操作维修方便

从构型上看，电渗析器是紧固的片状构件，可以较容易地设计成不同尺寸的构件或叠加组装成不同级、段形式的电渗析器。因此，在单台电渗析器上也能便捷地进行产水量与脱盐率的调节。大型制水场地一般应用多台电渗析器，根据不同条件

和要求，可以灵活地采用多种不同形式的系统设计。电渗析器并联可以增加产水量，串联可以提高脱盐率，循环或部分循环的运行方式可以缩短工艺流程。因此电渗析工程适应性较强，即使原水浓度有一定程度的波动，仍能达到所要求的产水质量。在运行过程中，控制电压、电流、浓度、流量、压力和温度等几个重要的工艺参数，便可保证稳定运行。一个比较稳定的生产系统，通常采用恒流量、定电压的操作方式，允许其他工艺参数值有一定范围的波动，更容易实现装置的自动化操作。在运行过程中，结合仪表的参数指示和水质分析，可以准确判断故障发生的部位，并迅速更换损坏部件，使系统恢复正常运行。

（3）装置使用寿命长

电渗析器除紧固件用金属制作外，组件大多使用高分子材料制成。隔板一般用聚氯乙烯、聚乙烯、聚丙烯和橡胶制成，其他部件与输液系统也多用工程塑料制成，相关材料能够有效保证电渗析器具有良好的绝缘性和抗腐性。离子交换膜普遍具有良好的抗污染性能和机械强度，保用期为 3～5 年。电极是容易损坏的部件，采用良好的耐腐蚀材料可以使用 1～3 年，国产聚乙烯异相离子交换膜与二氧化钌电极，已有连用 4～5 年以上的实例。隔板可连用 15 年左右，且损坏多为机械原因。因此，电渗析装置为一次性投资设备，一般保持每年 5%～10% 的离子交换膜更换率便可维持正常生产。

（4）原水回收率高

苦咸水淡化制取饮用水，一般要求达到 65%～80% 的原水回收率，国外研究出了原水回收率达 90%～94% 的工艺。因此，在干旱缺水地区应用电渗析技术是可行的。海水与高硬度苦咸水淡化，原水回收率也可以达到 60% 以上。我国电渗析装置多用于低浓度的苦咸水淡化与自来水脱盐，不难做到较大幅度地提高原水回收率。提高原水回收率，可以节约水资源、减少动力能耗与预处理设施的投资。

5.1.2　电渗析的基本过程与伴随过程

电渗析的基本过程是指在直流电场的作用下，电解质溶液中的带电阳离子向阴极移动并在阴极-溶液界面发生还原反应，阴离子向阳极移动并在阳极-溶液界面发生氧化反应，这时发生的反离子（即迁移离子所带电荷与固定基所带电荷相反）迁移过程是电渗析的主要过程。电渗析的电极反应指原来的电解质分解为其他物质的电解过程，这是电渗析不可缺少的条件，即以此来引起离子透过膜的定向迁移。电渗析过程中除了阴、阳离子在直流电的作用下发生电迁移和电极反应外，还有许多其他过程伴随发生，图 5-2 简明地表示了电渗析过程。

（1）同名离子迁移

由于离子交换膜对离子的选择透过性不可能达到 100%，在电渗析过程中总会存在少量与离子交换膜的固定基团带相同电荷的离子穿过膜的现象，这种离子的迁移称为同名离子迁移。该现象与膜外溶液浓度有关，浓度越高，膜的选择透过性越

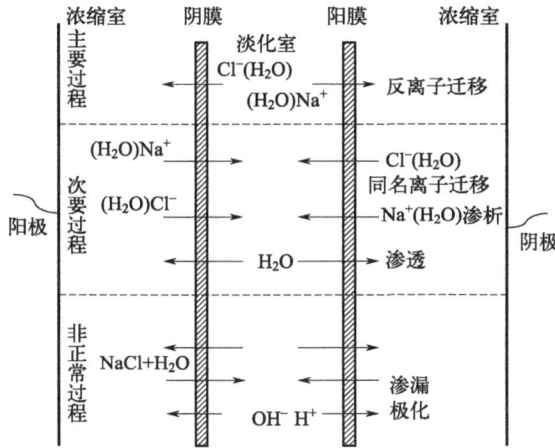

图 5-2　电渗析工作时的各种过程（以 NaCl 为例）

差，越容易发生同名离子的迁移。例如，浓缩室中的 Cl^- 穿过阳膜（或 Na^+ 穿过阴膜）进入淡化室就是同名离子的迁移过程。

（2）水的渗透

与电解质的浓差扩散一样，在电渗析过程中，淡化室的水浓度始终高于浓缩室，因此将产生淡化室中的水向浓缩室渗透的现象。但是这一过程会使淡水产量降低。

（3）压差渗漏

由于膜两侧淡化室和浓缩室的静压强不同而产生的机械渗漏称为压差渗漏。渗漏的方向总是由压力高的一侧流向压力低的一侧。

（4）极化

在电渗析过程中极化是一个非常重要的问题。极化是指在一定电压下，由于电流密度和液体流速不匹配，电解质离子未能及时补充到膜的表面，而使膜-液界面上的水解离为 H^+ 与 OH^- 的现象。H^+ 与 OH^- 会透过膜迁移，引起浓、淡水液流的中性紊乱，带来结垢或腐蚀等难以处理的问题。因此，电渗析装置不宜在极化状态下运行。

在电渗析过程中，反离子迁移是电渗析的主要决定过程，而其他过程也会影响电渗析的除盐或浓缩效率，增加能耗。因此，在生产中必须选择理想的离子交换膜和操作条件，必须强化主要过程，抑制次要过程，尽量避免非正常过程。

5.1.3　电渗析过程传质理论

5.1.3.1　电渗析过程能耗

电渗析脱盐过程是将苦咸水中的盐类与水部分分离的非自发过程，该过程需对体系做功才能进行。1966 年，Spiegler 从热力学角度出发得出了一个电渗析过程所需最低能量 E 的表达式：

$$E = 5.21 \times \Delta C \left(\frac{\ln\beta}{\beta - 1} - \frac{\ln\alpha}{\alpha - 1} \right) \tag{5-1}$$

式中，ΔC 为进水和淡水浓度差，$\Delta C = C_f - C_p$，mol/L，脚标 f、p 分别表示进水、淡水；$\beta = C_f / C_p$；E 的单位是 kW·h/1000UKgal，1UKgal=4.546L；α 为浓水浓度与淡水浓度之比。

电渗析过程的实际耗能，一部分为克服由膜隔开的浓、淡液之间形成的浓差电位；另一部分为离子透过膜和水溶液时出现的欧姆电阻。后者主要存在于淡水流中，主要集中在淡化室膜-液界面扩散层中。

脱盐需要的能量与通过膜堆的电流强度和两电极间的电压降成正比，实际电渗析过程中的过程能耗 E_{prac} 公式如下所示：

$$E_{prac} = NI^2Rt \tag{5-2}$$

式中，I 为通过膜堆的电流强度；R 为一个膜对的电阻；N 为膜对数；t 为时间。

脱盐所需的电流强度与溶液的离子强度成正比，表达式如下所示：

$$I = \frac{zFQ\Delta C}{\eta} \tag{5-3}$$

式中，Q 为进料液流量；η 为电流效率；F 为法拉第常数；z 为离子的电荷数。

将式(5-2) 和式(5-3) 合并，得出实际过程能耗表达式如下：

$$E_{prac} = \frac{NIRtzQ\Delta C}{\eta} \tag{5-4}$$

5.1.3.2　离子交换膜的选择透过性

膜对离子的选择透过性机理和离子在膜中的迁移过程可以从膜的孔隙作用、静电作用和定向扩散作用三方面来说明。

（1）孔隙作用

膜的孔隙结构是贯穿整个膜体内部的弯曲通道，这些孔隙可以作为被选择离子从膜一侧到另一侧的门户和通道。例如，磺酸型阳膜的孔隙结构如图 5-3 所示。孔隙作用的强弱主要取决于孔隙的大小和均一程度，只有当被膜选择的离子的水合半径小于孔隙半径时，才能发生透过现象。

（2）静电作用

膜体内分布着带电荷的固定离子交换基，使得膜内构成强烈的电场，即阳膜为负电场，阴膜为正电场。根据静电效应原理，膜与带电离子将发生静电作用：同电性相斥，异电性相吸。这导致阳膜只能选择性吸附阳离子，阴膜只能选择性吸附阴离子，它们都分别排斥与各自电场性质相同的同名离子。对于两性膜，因为它们同时存在正、负电场，所以对阴、阳离子选择透过能力取决于正、负电场之间强度的大小。

（3）扩散作用

离子交换膜的透过现象，可分为选择吸附、交换解吸、传递转移三个阶段，这是膜内离子行为的全过程。扩散作用（也称溶解扩散作用）指膜对溶解离子所具有的传递迁移能力。扩散作用依赖于膜内活性离子交换基和孔隙的存在，然而离子的定向迁移需要外加电场力的推动。孔穴会形成无数迂回曲折的通道，在通道口和内壁上分布有活性离子交换基，对进入膜相的溶解离子继续进行鉴别选择。这种"吸附—解吸—迁移"的方式，是膜对溶解离子定向扩散作用的全过程。

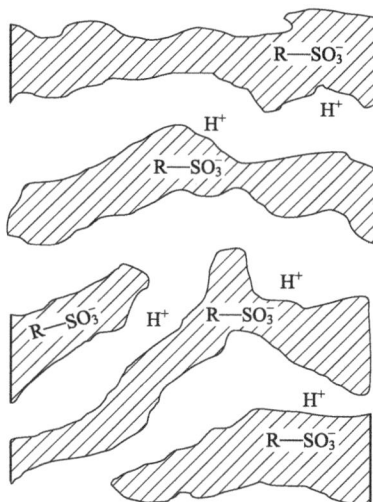

图 5-3　磺酸型阳膜的孔隙结构

5.1.3.3　Donnan 平衡理论

Donnan 平衡理论是研究膜-液体系达到平衡时，各种离子在膜内外浓度分配关系的理论，可用于解释膜的选择透过性机理。Donnan 平衡是指离子扩散迁移达到一个动态平衡的体系，即膜内外离子虽然继续不断地扩散，但它们各自的迁移速度相等，而且各种离子浓度保持不变。图 5-4 为将阳膜置于溶液中的情况，$\bar{C}_R$ 为膜相 R—SO$_3^-$ 的浓度。

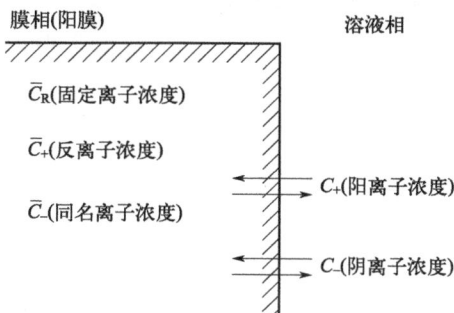

图 5-4　阳膜-溶液体系离子平衡

如果只考虑电解质，当离子交换膜与外液处于平衡时，膜相的化学位 $\bar{\mu}$ 与液相的化学位 μ 相等，同时假设膜-液体之间不存在温度差与压力差，并把液相、膜相中的活度 α、$\bar{\alpha}$ 看作相等，则：

$$\mu + RT\ln\alpha = \bar{\mu} + RT\ln\bar{\alpha} \tag{5-5}$$

式中，R 为气体常数，$R = 8.314\text{J}/(\text{mol} \cdot \text{K})$；$T$ 为绝对温度，K。

对于电解质，定义：

$$\alpha = (\alpha_+)^{v_+}(\alpha_-)^{v_-} \tag{5-6}$$

式中，v_+ 为 1mol 电解质完全解离的阳离子数；v_- 为 1mol 电解质完全解离的阴离子数。对于 I-I 价电解质而言，$v_+ = v_- = 1$。

则 Donnan 平衡表达式可写为：

$$(\alpha_+)^{v_+} (\alpha_-)^{v_-} = (\overline{\alpha}_+)^{v_+} (\overline{\alpha}_-)^{v_-} \tag{5-7}$$

则

$$C^2 = (C_+)(C_-) = (\overline{C}_+)(\overline{C}_-) \tag{5-8}$$

膜相对离子浓度高度满足电中性的要求，对阳膜：

$$\overline{C}_+ = \overline{C}_- + \overline{C}_R \tag{5-9}$$

由式(5-8)、式(5-9)，可得：

$$\overline{C}_+ = \left[\left(\frac{\overline{C}_R}{2} \right)^2 + C^2 \right]^{\frac{1}{2}} + \frac{\overline{C}_R}{2} \tag{5-10}$$

$$\overline{C}_- = \left[\left(\frac{\overline{C}_R}{2} \right)^2 + C^2 \right]^{\frac{1}{2}} - \frac{\overline{C}_R}{2} \tag{5-11}$$

由于离子交换膜的活性基团浓度可达 $3\sim5mol/L$，显然 $\overline{C}_+ > \overline{C}_-$，因此对阳膜来说，膜内可解离的阳离子浓度大于阴离子浓度。

可利用离子迁移数来解释膜的选择透过性。某种离子在膜中的迁移数是指该种离子透过膜的迁移电量与全部离子（反离子和同名离子）迁移总电量之比。假定膜内阴、阳离子的淌度相等时，迁移数可用该种离子浓度来表示，也可用它们所迁移的电量来表示。仍以上述体系为例，可以得出阳离子在阳膜中的迁移数 $\overline{t}_+$：

$$\overline{t}_+ = \overline{C}_+ / (\overline{C}_+ + \overline{C}_-) \tag{5-12}$$

阴离子在阳膜中的迁移数 $\overline{t}_-$ 为：

$$\overline{t}_- = \overline{C}_- / (\overline{C}_+ + \overline{C}_-) \tag{5-13}$$

两式相除，结合式(5-10)、式(5-11) 得：

$$\frac{\overline{t}_+}{\overline{t}_-} = \frac{\left[\left(\dfrac{\overline{C}_R}{2} \right)^2 + C^2 \right]^{\frac{1}{2}} + \dfrac{\overline{C}_R}{2}}{\left[\left(\dfrac{\overline{C}_R}{2} \right)^2 + C^2 \right]^{\frac{1}{2}} - \dfrac{\overline{C}_R}{2}} \tag{5-14}$$

从上式可以得出，$\overline{t}_+ > \overline{t}_-$，那么对于阳膜来说，阳离子在膜内的迁移数大于阴离子在膜内的迁移数。

从以上推导可以得出：a. 离子交换膜的固定活性基团浓度越高或者膜外的溶液浓度越低，则膜对离子的选择透过性能越强；b. 由于 Donnan 平衡，总有会同名离子扩散到膜相中，离子交换膜对离子的选择透过性不可能达到100%；c. 电渗析脱盐或浓缩过程得以实现，实质上是借助于电解质离子在膜相与溶液相中迁移数的差异。

5.1.3.4　电渗析过程中的基本传质方程

电渗析过程中的传质用 Nernst-Planck 离子渗透流率方程表示，传质过程包括对流传质、扩散传质和电迁移传质。

（1）对流传质

对流传质包括自然对流传质（由温度差、浓度差和重力场作用引起）和强制对流传质（由机械搅拌引起）。如果只考虑强制对流传质，离子 i 在 x 方向，即垂直于膜面方向上的对流传质速率可表示为：

$$J_{i(c)} = C_i v_x \tag{5-15}$$

式中，$J_{i(c)}$ 为离子 i 在 x 方向上的对流传质速率，$mol/(cm^2 \cdot s)$；C_i 为溶液中离子 i 的浓度，mol/cm^3；v_x 为流体在 x 方向上的平均流速，cm/s。

（2）扩散传质

当溶液中某一组分存在着浓度梯度时，必然存在着化学位梯度。在该化学位梯度的作用下，离子 i 在 x 方向上的扩散速率为：

$$J_{i(d)} = -C_i U_i \frac{d\mu_i}{dx} \tag{5-16}$$

式中，$J_{i(d)}$ 为离子 i 在 x 方向上的扩散传质速率，$mol/(cm^2 \cdot s)$；U_i 为溶液中离子 i 的淌度，$(mol \cdot cm^2)/(J \cdot s)$；$\frac{d\mu_i}{dx}$ 为离子 i 在 x 方向上的化学位梯度，$J/(mol \cdot cm)$。

对于实际溶液，离子的化学位可以表示为：

$$\mu_i = \mu_i^0 + RT \ln \alpha_i = \mu_i^0 + RT(\ln C_i' + \ln f_i) \tag{5-17}$$

式中，μ_i 为离子 i 的化学位，J/mol；μ_i^0 为离子 i 的标准化学位，J/mol；R 为气体常数，$R = 8.314 J/(mol \cdot K)$；$T$ 为溶液的绝对温度，K；α_i 为溶液中离子 i 的活度；C_i' 为离子 i 的物质的量浓度，mol/L；f_i 为离子 i 的活度系数。

将式（5-17）微分：

$$\frac{d\mu_i}{dx} = RT \frac{d\ln\alpha_i}{dx} = RT\left(\frac{d\ln C_i'}{dx} + \frac{d\ln f_i}{dx}\right) = \frac{RT}{C_i}\left(\frac{dC_i}{dx} + C_i \frac{d\ln f_i}{dx}\right) \tag{5-18}$$

扩散淌度和扩散系数关系的 Nernst-Einstein 方程表示为：

$$U_i = \frac{D_i}{RT} \tag{5-19}$$

式中，D_i 为离子 i 的扩散系数，cm^2/s。

将式（5-18）、式（5-19）代入式（5-16），可得：

$$J_{i(d)} = -D_i\left(\frac{dC_i}{dx} + C_i \frac{d\ln f_i}{dx}\right) \tag{5-20}$$

显然，若是理想溶液，则 $f_i = 1$，扩散传质速率式（5-20）就变成 Fick 第一定律的形式，即：

$$J_{i(d)} = -D_i \frac{dC_i}{dx} \tag{5-21}$$

（3）电迁移传质

当存在电位梯度时，离子在电场力的作用下发生迁移，由于阴、阳离子带相反符号的电荷，其运动方向相反。因此，阳离子和阴离子在 x 的方向上的迁移速率

J_+ 和 J_- 分别为：

$$J_+ = -C_+ U'_+ \frac{\mathrm{d}\varphi}{\mathrm{d}x} \tag{5-22}$$

$$J_- = -C_- U'_- \frac{\mathrm{d}\varphi}{\mathrm{d}x} \tag{5-23}$$

式中，C_+ 和 C_- 为阳离子和阴离子的浓度，mol/cm^3；U'_+ 和 U'_- 为阳离子和阴离子的淌度，$cm^2/(V \cdot s)$；φ 为电位，V。

理想溶液淌度和扩散系数的关系可以用 Nernst-Einstein 方程表示为：

$$U'_+ = \frac{D_+ F}{RT} z_+ \tag{5-24}$$

$$U'_- = \frac{D_- F}{RT} z_- \tag{5-25}$$

式中，D_+ 和 D_- 为阳离子和阴离子的扩散系数，cm^2/s；z_+ 和 z_- 为阳离子和阴离子的价数；F 为法拉第常数。

将式(5-24)、式(5-25) 分别代入式(5-22)、式(5-23) 可得：

$$J_+ = -C_+ \frac{D_+ F}{RT} z_+ \frac{\mathrm{d}\varphi}{\mathrm{d}x} \tag{5-26}$$

$$J_- = -C_- \frac{D_- F}{RT} z_- \frac{\mathrm{d}\varphi}{\mathrm{d}x} \tag{5-27}$$

若以 z_i 表示阴、阳离子的代数价，则以上两式变为：

$$J_{i(e)} = -z_i C_i \frac{D_i F}{RT} \times \frac{\mathrm{d}\varphi}{\mathrm{d}x} \tag{5-28}$$

式中，$J_{i(e)}$ 为阳离子或阴离子在 x 方向上的迁移速率；其余下标为 i 的符号同理。

（4）Nernst-Planck 离子渗透流率方程

在考虑化学位梯度、电位梯度和流体对流的情况下，离子 i 在 x 方向上的传质速率为：

$$J_i = J_{i(c)} + J_{i(d)} + J_{i(e)} = C_i v_x - D_i \left(\frac{\mathrm{d}C_i}{\mathrm{d}x} + z_i C_i \frac{F}{RT} \times \frac{\mathrm{d}\varphi}{\mathrm{d}x} + C_i \frac{\mathrm{d}\ln f_i}{\mathrm{d}x} \right) \tag{5-29}$$

若考虑离子在三维空间的传递，则其通式为：

$$J_i = J_x + J_y + J_z = C_i v_m - D_i (\nabla C_i + z_i C_i \frac{F}{RT} \nabla \varphi + C_i \nabla \ln f_i) \tag{5-30}$$

式中，∇ 为梯度符号；v_m 为流体重心的速度，cm/s。

电渗析过程中一般不发生化学反应。在稳态下：

$$\Delta J_i = 0 \tag{5-31}$$

另外，在离子交换膜中，各种离子满足电中性条件，即：

$$\sum z_i c_i + \overline{\omega} c = 0 \tag{5-32}$$

式中，z_i 为离子 i 的代数价；c_i 为离子 i 在膜内的浓度，mol/cm^3；c 为膜中固定活性基团的浓度，mol/cm^3；$\overline{\omega}$ 为膜中固定活性基团的电荷数。

5.1.4 电渗析过程中的极化现象

5.1.4.1 极化现象的产生及特点

电渗析过程中，由于离子交换膜内反离子的迁移数大于溶液中的迁移数，从而造成淡水隔室中在膜与溶液界面处的离子供不应求，膜面处溶液中的含盐量低于主体溶液中的含盐量，形成了浓度差，因此在浓差力的推动下盐分进行扩散迁移，力图补充界面处离子的不足。但是当电流继续增加到某一数值时，扩散迁移的量达到最大值，界面处的盐浓度趋于零，形成了离子耗尽层，达到了"极限状态"。这时的电流称为极限电流，相应的电流密度称为极限电流密度 i_{lim}。若想进一步增加电流密度（即 $i > i_{lim}$），则需增加界面层的电压降，以加大离子电迁移的速度。当电压达到某一电位临界值时，发生了水分子的解离反应，产生大量的 H^+ 和 OH^-，这些 H^+ 和 OH^- 的迁移形成了超过极限的那部分电流，这就是离子交换膜的极化现象。

电渗析过程中的极化现象会造成电流效率下降、电耗增加、易生成 $CaCO_3$ 等沉淀堵塞水通道，导致水流阻力增加，使膜交换容量和选择透过性下降，同时还会改变膜的物理结构，缩短膜使用寿命，严重时还会影响电渗析器的使用寿命。

5.1.4.2 极限电流的公式推导及影响因素

以 Ⅰ-Ⅰ 价电解质为例进行推导，如图 5-5 所示，浓度 $C_+ = C_- = C$。

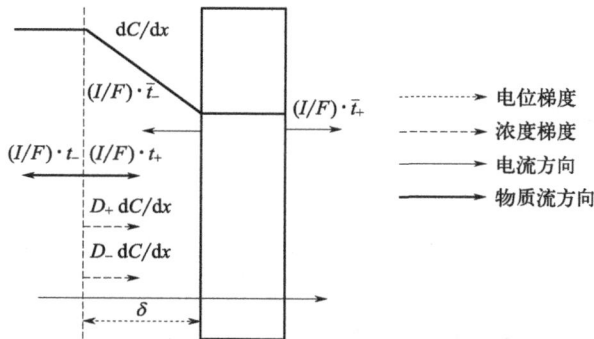

图 5-5 电流和离子在界面层的迁移

（δ 为界面层厚度；I 为电流；$\bar{t}_-$ 和 t_- 分别为阴离子在阳膜和主体溶液中的迁移数；$\bar{t}_+$ 和 t_+ 分别为阳离子在阳膜和主体溶液中的迁移数）

在溶液的界面层中阳离子移向膜面，其通量 J_{s+} 为：

$$\vec{J}_{s+} = D_+ \left(\frac{dC}{dx} + \frac{FC}{RT} \times \frac{\varphi}{dx} \right) \tag{5-33}$$

式中，箭头表示迁移方向，下同。

对于阴离子，电场力使其迁移方向与因浓度差造成的物质流移动方向相反，故：

$$\vec{J}_{s-} = D_- \left(\frac{\mathrm{d}C}{\mathrm{d}x} - \frac{FC}{RT} \times \frac{\varphi}{\mathrm{d}x} \right) \qquad (5\text{-}34)$$

对膜来说，阳离子在膜内向右迁移，平衡时：

$$\vec{J}_{m+} = \vec{J}_{s+} \qquad (5\text{-}35)$$

式中，J_m 为沿电流方向上离子在膜相中的通量。

阴离子在膜内向左迁移，表示为：

$$-\overleftarrow{J}_{m-} = -\vec{J}_{s-} \qquad (5\text{-}36)$$

在膜内：

$$\frac{\vec{J}_{m+}}{-\overleftarrow{J}_{m-}} = \frac{\bar{t}_+}{\bar{t}_-} \qquad (5\text{-}37)$$

所以：

$$\frac{\vec{J}_{s+}}{-\vec{J}_{s-}} = \frac{\bar{t}_+}{\bar{t}_-} \qquad (5\text{-}38)$$

将上式带入式(5-33) 和式(5-34)，可得：

$$\vec{J}_{s+} \left(1 - \frac{D_+ \bar{t}_-}{D_- \bar{t}_+} \right) = 2D_+ \frac{\mathrm{d}C}{\mathrm{d}x} \qquad (5\text{-}39)$$

$\dfrac{D_+}{D_-} = \dfrac{\bar{t}_-}{\bar{t}_+}$，因为溶液中离子的扩散系数与迁移数成正比，故：

$$\vec{J}_{s+} = \vec{J}_{m+} = \frac{2D_+}{1 - \dfrac{t_+ \bar{t}_-}{t_- \bar{t}_+}} \times \frac{\mathrm{d}C}{\mathrm{d}x} \qquad (5\text{-}40)$$

又可化为：

$$\vec{J}_{m+} = \frac{2D_+ t_- \bar{t}_+}{t_- \bar{t}_+ - t_+ \bar{t}_-} \times \frac{\mathrm{d}C}{\mathrm{d}x} = \frac{2D_+ t_- \bar{t}_+}{(1 - t_+)\bar{t}_+ - t_+(1 - \bar{t}_+)} \times \frac{\mathrm{d}C}{\mathrm{d}x} = \frac{2D_+ t_- \bar{t}_+}{\bar{t}_+ - t_+} \times \frac{\mathrm{d}C}{\mathrm{d}x} \qquad (5\text{-}41)$$

同理可导出：

$$\overleftarrow{J}_{m-} = \frac{2D_- t_+ \bar{t}_-}{\bar{t}_- - t_-} \times \frac{\mathrm{d}C}{\mathrm{d}x} \qquad (5\text{-}42)$$

对于溶液中Ⅰ-Ⅰ价电解质的扩散系数：

$$D_\pm = \frac{2D_+ D_-}{D_+ + D_-} \qquad (5\text{-}43)$$

因为：

$$\frac{D_-}{D_+ D_-} = \frac{1}{\dfrac{D_+}{D_-} + 1} = \frac{1}{\dfrac{t_+}{t_-} + 1} = \frac{t_-}{t_+ + t_-} = t_- \qquad (5\text{-}44)$$

所以：

$$D_\pm = 2D_+ t_- \qquad (5\text{-}45)$$

同理：

$$D_{\pm} = 2D_{-}t_{+} \tag{5-46}$$

将式(5-45)代入式(5-41)得：

$$\vec{J}_{m+} = \frac{D_{\pm}\bar{t}_{+}}{(\bar{t}_{+} - t_{+})} \times \frac{dC}{dx} \tag{5-47}$$

将式(5-46)代入式(5-42)得：

$$\overleftarrow{J}_{m-} = \frac{D_{\pm}\bar{t}_{-}}{\bar{t}_{-} - t_{-}} \times \frac{dC}{dx} \tag{5-48}$$

因为：

$$I = F(\vec{J}_{m+} + \vec{J}_{m-}) \tag{5-49}$$

所以：

$$I = \frac{FD_{\pm}\bar{t}_{+}}{\bar{t}_{+} - t_{+}} \times \frac{dC}{dx} + \frac{-FD_{\pm}\bar{t}_{-}}{\bar{t}_{-} - t_{-}} \times \frac{dC}{dx} = \frac{FD_{\pm}\bar{t}_{+}}{\bar{t}_{+} - t_{+}} \times \frac{dC}{dx} + \frac{-FD_{\pm}\bar{t}_{-}}{(1-\bar{t}_{+}) - (1-t_{+})} \times \frac{dC}{dx}$$

$$= \frac{FD_{\pm}(\bar{t}_{+} + \bar{t}_{-})}{(\bar{t}_{+} - t_{+})} \times \frac{dC}{dx} = \frac{FD_{\pm}}{(\bar{t}_{+} - t_{+})} \times \frac{dC}{dx} \tag{5-50}$$

从而导出阳膜的极限电流密度：

$$i_{lim} = \frac{FD_{\pm}}{(\bar{t}_{+} - t_{+})} \times \frac{C_0}{\delta} \tag{5-51}$$

极限电流密度公式中的扩散系数应该是电解质的扩散系数 $D_{\pm}$，而不是单个离子的扩散系数 D_{+}、D_{-}，不同的 D 计算结果不一致，尤其是对非 Ⅰ-Ⅰ 价电解质。

同理可导出阴膜的极限电流密度公式：

$$i_{lim} = \frac{FD_{\pm}}{(\bar{t}_{-} - t_{-})} \times \frac{C_0}{\delta} \tag{5-52}$$

电解质的扩散系数可用下式计算：

$$D_{\pm} = \frac{(z_{+} + |z_{-}|)D_{+}D_{-}}{z_{+}D_{+} + |z_{-}|D_{-}} \tag{5-53}$$

式中，z 为离子的价数。

极化电流主要受温度和溶液体系的影响。大量研究结果表明，在电渗析系统固定的情况下，水温和极限电流密度按线性关系处理可以满足工艺设计的要求。极限电流与溶液体系之间的关系较为复杂，可查阅相关文献。

5.1.4.3　极化现象的解释

极化过程包括欧姆极化、浓差极化和活化极化，具体如下。

(1) 欧姆极化

由于界面层中导电离子的贫乏，通电时界面层中溶液的欧姆电阻大大增加，这个过程称为欧姆极化。极化发生在界面层中，而界面层中的溶液是不均匀的，呈一定梯度，如图 5-6 所示。

假定浓度梯度呈直线关系，c 是溶液浓度，X 是距离，Λ 是溶液的当量电阻，则溶液的电阻率 $\rho = \dfrac{dX}{c\Lambda}$，则界面层的电压降是 $i\displaystyle\int_{0}^{1}\dfrac{dX}{c\Lambda}$，当 $X = \delta$（界面层厚度）

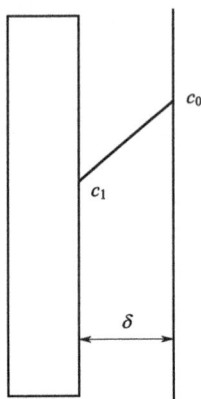

图 5-6 界面浓度变化

(c_0 为界面层靠近溶液本体的初始浓度；
c_1 为界面层靠近膜表面一侧的浓度)

时，积分后得 $iR = i\delta \dfrac{\ln \dfrac{c_0}{\Lambda_0}}{c_0\Lambda_0 - c_1\Lambda_1}$，当量电阻都相同，即 $\Lambda_1 = \Lambda_0 = \Lambda$。

界面层内电阻：$R = \delta \dfrac{\ln \dfrac{c_0\Lambda_0}{c_1\Lambda_1}}{c_0\Lambda_0 - c_1\Lambda_1}$。

当膜表面的电解质浓度趋近于 0 时，即膜表面的离子贫乏达到耗尽量时，$R = \delta \dfrac{\ln \dfrac{c_0}{0}}{c_0\Lambda_0}$，即达到极限电流，这时界面层的电阻将趋于极大。

(2) 浓差极化

由于界面离子的浓度与溶液本体浓度不一致，这时界面层内外存在一个浓差，会形成一个电位，此电位可抵消一部分外加的电压，这个过程称为浓差极化。

对于阳膜：

$$i = \frac{FD_\pm}{(\bar{t}_+ - t_+)} \times \frac{\mathrm{d}c}{\mathrm{d}x} = \frac{FD_\pm (c_0 - c_1)}{(\bar{t}_+ - t_+)\delta} \tag{5-54}$$

处于极限电流时：

$$i_{\lim} = \frac{FD_\pm}{(\bar{t}_+ - t_+)} \times \frac{c_0}{\delta} \tag{5-55}$$

两式相比得到：

$$i = i_{\lim}\left(1 - \frac{c_1}{c_0}\right) \tag{5-56}$$

从扩散电位方程可得，界面层 δ 存在一个扩散电位 E：

$$E = (t_- - t_+)\frac{RT}{zF}\ln\frac{c_0}{c_1} \tag{5-57}$$

则当 $c_1 \to 0$ 时，$E \to +\infty$，界面层中靠近膜表面的离子贫乏时，浓差电位也趋于极大。将式(5-56) 代入式(5-57) 得：

$$\frac{i}{i_{\lim}} = 1 - \exp\left[\frac{-zEF}{(t_- - t_+)RT}\right] = 1 - \exp\left[\frac{zEF}{(2t_+ - 1)RT}\right] \tag{5-58}$$

$2t_+$ 一般小于 1，此曲线的形状如图 5-7 所示。

实际上单独界面的电位并不能测得，用两只电极（A、B）即可测得膜两边的电位，如图 5-8 所示。

这时 A 和 B 之间的电位 E_{AB} 为：

$$E_{AB} = \frac{RT}{zF}(t_- - t_+)\ln\frac{c_0}{c_1} + \frac{RT}{zF}(\bar{t}_- - \bar{t}_+)\ln\frac{c_1}{c_2} + \frac{RT}{zF}(t_- - t_+)\ln\frac{c_2}{c_3} \tag{5-59}$$

式(5-59) 右边第二项是膜电位，利用 $t_- + t_+ = 1$、$\bar{t}_- + \bar{t}_+ = 1$ 的关系，和 $c_1 =$

$c_0 - \Delta c$、$c_2 = c_3 + \Delta c$ 的关系，可以得出：

$$E_{AB} = \frac{RT}{zF} 2(\bar{t}_+ - t_+) \ln \frac{c_3 + \Delta c}{c_0 - \Delta c} + \frac{RT}{zF}(2t_+ - 1) \ln \frac{c_3}{c_0} \tag{5-60}$$

当 $(c_0 - \Delta c) \to 0$ 时，$E_{AB} \to \infty$。

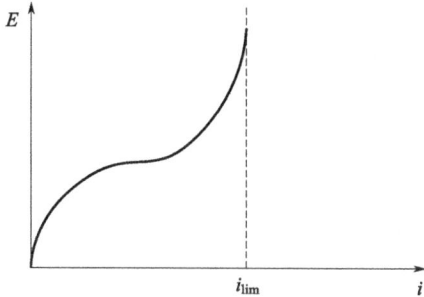

图 5-7　理论浓度差电位与电流密度的关系

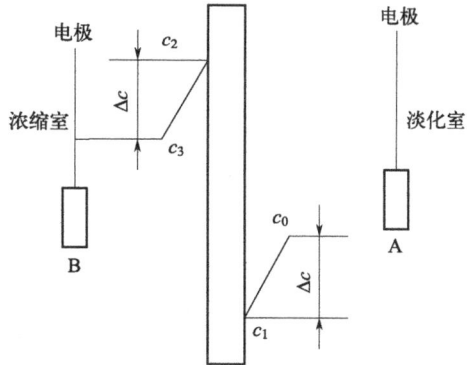

图 5-8　膜两边的浓度

（3）活化极化

膜表面离子贫乏后，水分子会与膜的固定荷电基团发生反应，进行水的解离，以补充离子在膜内的电迁移。为了加速水的解离需补充额外的能量，以降低反应的活化能，以增加电位的方式补充额外的能量，称为活化极化。当阴膜界面阴离子贫乏时，膜界面上带正电荷的固定基团与水分子发生可逆反应：

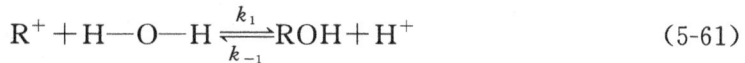

$$R^+ + H{-}O{-}H \underset{k_{-1}}{\overset{k_1}{\rightleftharpoons}} ROH + H^+ \tag{5-61}$$

式中，k_1 和 k_{-1} 分别为正向和逆向反应的反应速率常数。

R^+ 与水分子中的 OH^- 结合，OH^- 在膜内发生迁移形成电流，并在溶液中留下 H^+，即发生水的解离。正向反应的反应速率：

$$\vec{J} = \vec{I}/F = k_1 c_R + c_w \tag{5-62}$$

式中，c_w 为水的浓度，mol/L；c_R 为带正电荷的固定基团的浓度，mol/L。

逆向反应的反应速率为：

$$\overleftarrow{J} = \overleftarrow{I}/F = k_{-1} c_{ROH} c_{H^+} \tag{5-63}$$

达到平衡时，正向反应速率等于逆向反应速率。因此要增加额外电位使反应速率常数由 k_1 变成 k_1'，加速水的解离。

当增加电位后，活化能由 W 降为 W'，可得 k_1 和 k_1' 公式如下：

$$k_1 = A \exp\left(-\frac{W}{RT}\right) \tag{5-64}$$

$$k_1' = A \exp\left(-\frac{W'}{RT}\right) \tag{5-65}$$

式中，A 为常数；W 为活化能。

图 5-9 是活化极化能位垒图，OA 为增加电位 η 后的活化能 W'，FG 为反应的

活化能 W，DE 为增加电位的能量。R^- 与水分子中的 H^+ 结合，同时在溶液中留下 OH^-，由于阳膜与阴膜的固定荷电基团与水反应的活化能不一样，所以阳膜与阴膜的反应速率常数不一样，因此阳膜与阴膜的水解离程度也不一样，从而导致水解离的电位阈值不同。

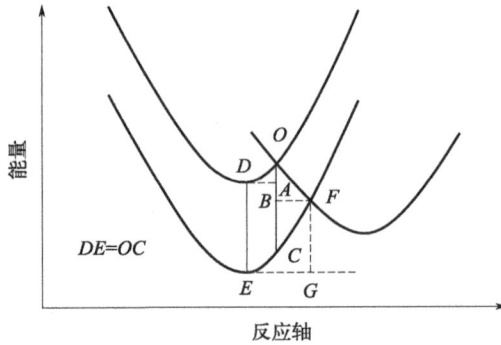

图 5-9　活化极化能位垒图

5.1.5　双极膜电渗析

5.1.5.1　双极膜基本原理

双极膜由阳离子交换膜、阴离子交换膜和中间过渡层三层组成。中间过渡层可为磺化聚醚酮、过渡金属和重金属化合物以及叔胺类化合物等，具有水解离催化作用。图 5-10 是双极膜（bipolar membrane，BPM）的结构与功能示意图。

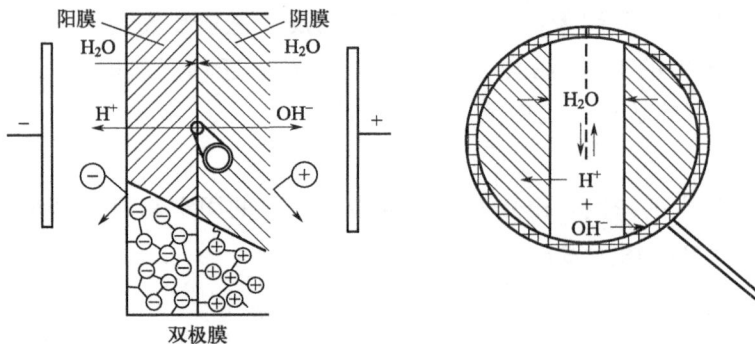

图 5-10　双极膜的结构与功能

当向双极膜两端施加反向电压时，带电离子会从两种离子交换层的过渡区向主体溶液迁移，水分子快速解离生成 H^+ 和 OH^-，并迁移到主体溶液中，消耗的水分子通过扩散作用由膜外溶液向中间界面层补充。理论认为需要 0.83V 的电压作用于双极膜两侧才能使水解离成 H^+ 和 OH^-，但是由于膜电阻以及界面层电阻的存在，实际所需的电位比理论值要高。只有当双极膜水解离电压低于水在电极上电解的电压，以及双极膜的成本低于一对电解电极时，这样的其才有实际应用价值，并要求膜的寿命最好在 1 年以上。目前，双极膜水解离技术适用和正在开发的应用如表 5-1 所示。

表 5-1 双极膜水解离技术的应用

应用领域	具体应用场景	技术方法/工艺类型	主要产物或化学品
HF/混合酸回收	不锈钢酸洗液回收；从铝电解槽体系中回收 HF/NaOH；氢氟硅酸转化为 HF 和 SiO_2；化工过程中氟排放的控制	有机酸生产或回收	乙酸、甲酸、柠檬酸和氨基酸
		离子交换树脂再生	
		氯碱工业中卤水酸化	
回收硫酸	电池用酸回收；废硫酸钠转化；人造丝制造中硫酸钠的转化	钾和钠无机过程	KCl 转化；溶解采矿中的天然碱，并生产 NaOH；从天然盐水和固体泡碱中生产 NaOH
纸浆	纸浆漂白工序中 NaOH 循环回用		
废弃脱硫	氨法脱硫工艺；碱性脱硫废液的回收	钛铁矿（FeO、TiO_2）的精炼并生产副产品 KOH	生产人工金红石；通过氯化物制备 TiO_2 颜料
化工过程			

双极膜电渗析目前的重点应用领域是从盐溶液（MX）中制备相应的酸（HX）和碱（MOH）。料液进入三室电渗析膜堆，在直流电场的作用下，盐的阴离子（X^-）通过阴离子交换膜进入酸室，并与双极膜解离的氢离子结合生成酸（HX）；而盐的阳离子（M^+）通过阳离子交换膜进入碱室，与双极膜解离的氢氧根离子结合形成碱（MOH）。与普通电渗析相比，双极膜电渗析有更多的组合方式，并可根据不同的对象进行选择。利用双极膜生成酸或碱的原理，可使电渗析具有很多的应用，如有机酸的生产、酸性气体的脱除、食品和化工中的清洁生产和分离等。

双极膜水解离方法生产酸碱有以下显著的优点：a. 它不会把能量消耗在不需要的副反应上，能耗低；b. 过程无氧化和还原反应；c. 无副反应产物（如 O_2、H_2）生成；d. 仅需一对电极，节约投资；e. 不需要在每组隔室中均置放一对电极，装置体积小。

5.1.5.2 双极膜技术特点

双极膜有以下技术特点：

① 双极膜水解离器一般由 $100 \sim 200$ 个膜组件组成，通常采用钛镀铂、钛镀钌或镍作为阳极，不锈钢作为阴极，考虑到膜材料成本，膜上一般不开进、出水孔。隔室放置网格，改善水流状态，防止极化。常用流速为 $5 \sim 10 cm/s$，操作电流密度多在 $150 \sim 250 mA/cm^2$，操作温度约为 $50 ℃$。

② 为控制膜污染，进料液中 Ca^{2+}、Mg^{2+}、Fe^{2+} 等离子含量要求低于 $1 mg/L$，高分子物质尽量去除。

③ 产品浓度越高，能耗越大。生产的强酸为 $1 \sim 2 mol/L$，弱酸为 $3 \sim 6 mol/L$，NaOH、KOH、Na_2CO_3 等为 $3 \sim 6 mol/L$。

④ 如过程产生 SO_2、NH_3 等气体，可利用连续加热或真空抽提去除，以提高过程效率。

⑤ 采用稳态连续操作可提高产品浓度，但电流效率低、能耗大。若要求的产品不是较高浓度的酸碱，则可在较低平均浓度下循环操作，从而降低投资与能耗。

5.1.6 反向电渗析

5.1.6.1 反向电渗析的基本原理及结构组成

反向电渗析（reverse electrodialysis，RED）是一种具有工业化前景的盐差能转化技术。RED 技术在不同浓度的盐溶液之间放置离子选择性透过膜，利用不同离子间的浓度差，使之在离子交换膜之间定向迁移，从而将化学势能直接转换为电能。RED 适用于江河入海口处的低盐度差发电，具有能量密度高、膜污染小、投资成本低等优势。

RED 装置的基本工作原理如图 5-11 所示。RED 膜堆主要由封端阳极、交替排列的阴离子交换膜和阳离子交换膜、封端阴极堆叠而成，阴、阳离子交换膜由隔网间隔，并形成独立的浓溶液室（HC）和淡溶液室（LC）。当两端阳极和阴极连接负载，并组成一个完整的回路时，在浓度差的推动下，浓溶液室中的阴、阳离子（以 Na^+、Cl^- 为例）分别透过阴、阳离子交换膜，并迁移至淡溶液室，从而形成定向离子迁移的内电流，再通过阴、阳极的电化学反应，将离子导体转化为电子导体，即可将离子迁移的内电流转化为电子迁移的外电路电流，对负载供电。

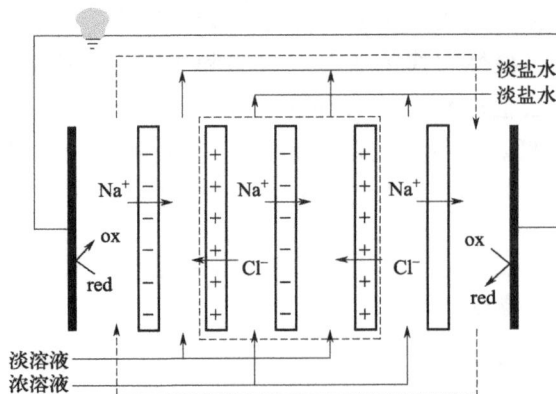

图 5-11 RED 装置基本工作原理
（ox 表示氧化，red 表示还原）

RED 过程对盐差能进行回收利用时，输出功率 W 是其最主要的参数，其计算方程式可由 Kirchhoff 定律得到：

$$W = I^2 R_{load} = \frac{U^2}{(R_{stack} + R_{load})^2} R_{load} \tag{5-66}$$

式中，R_{load} 和 R_{stack} 分别为外部电阻和膜堆电阻；U 为势能差。

由上式得出 RED 的输出功率主要取决于势能差 U，以及由欧姆电阻和非欧姆电阻组成的膜堆电阻这两个方面，主要表现为：势能差越大，膜堆电阻越小，导致 RED 可输出功率越大。

5.1.6.2 反向电渗析的影响因素

反向电渗析中对输出功率影响较大的因素包括离子交换膜、溶液条件、隔网结构以及电极系统等。

（1）离子交换膜

利用盐差能发电的 RED 技术是一项基于荷电离子通过离子交换膜扩散的能量转换过程，离子交换膜是 RED 过程的核心要素之一，其物理化学性能决定着 RED 的性能。离子交换膜的膜电阻和选择透过性是决定 RED 性能的两个主要因素，降低膜电阻、提高选择透过性，有利于提高 RED 过程的输出功率密度。

在离子交换膜制备过程中，各种性能因素会相互影响，获得同时具有低电阻且高选择性的离子交换膜是非常困难的。例如，降低膜电阻的主要手段一般是增加离子交换容量、降低膜厚度，而离子交换容量增大则会导致膜的溶胀性增加，膜的渗透选择性降低。因此，根据 RED 过程要求，研制 RED 用离子交换膜是十分有必要的。

（2）溶液条件

RED 的能量来源是盐水和淡水或者两种不同盐浓度溶液之间的化学电位差，因此，膜两侧的浓、淡室盐溶液是 RED 系统中对输出功率有着重要影响的工艺条件之一，其中包括溶液中盐类型、浓度、进料流速等。

在针对 RED 的研究中，大多采用与实际海水或者河水相类似的氯化钠溶液，除此之外，还有一些研究人员采用热敏性盐水溶液作为原料液。由于单价离子产生的跨膜电位差比高价离子的更大，所以浓溶液室的一价离子会替换淡溶液室的多价离子，即多价离子从淡溶液室传输到浓溶液室。因此，为了防止或降低多价离子的影响，RED 过程可选择更为有利的单价选择性离子交换膜。考虑到 RED 运行过程中，天然水体中带有的有机物和胶体等带电大分子物质会吸附在离子交换膜上，造成膜堆电阻增加，选择性降低，应选择较薄的隔网。

浓、淡室溶液浓度差是决定膜堆能量密度的一个重要因素，当淡溶液侧盐浓度维持恒定时，增大浓溶液侧盐浓度可以增大 RED 的能量密度，而淡溶液侧盐浓度过低会增大膜堆电阻，从而抑制盐差能输出，因此 RED 过程需要控制浓、淡室溶液的浓度及二者的浓度比，提高能量输出效率。

扩散边界层电阻是非欧姆电阻的主要组成，进料流速大会降低扩散边界层阻力。同时，进料流速会影响淡室溶液电阻：流速慢，停留时间长，由浓室传递到淡室的离子累积浓度增加，淡室电导率增加，电阻降低。并且泵的能量消耗也是 RED 操作成本的重要组成部分，同时，同大多数膜过程一样，RED 过程也存在浓差极化现象。而溶液浓度、流速以及下文将要阐述的隔网均会对浓差极化造成影响，从而影响膜堆理论电势差并由此改变输出功率。

（3）隔网结构

隔网也是 RED 膜堆的重要组成，对其性能有一定的影响。一方面，隔网的材料类型会影响 RED 膜堆内电阻，并干扰离子在膜相中的迁移；另一方面，隔网的几何构造，如厚度、开孔率、流道结构会影响溶液在膜堆内部流动的水动力学参数，例如离子膜厚度会直接影响 RED 膜堆中溶液隔室的欧姆电阻。隔网变薄可降低膜堆电阻，而隔网开孔率，即所谓的阴影效应，会影响料液和离子交换膜之间的接触，从而影响离子的迁移。因此，必须选择厚度小、开放面积大的隔网。

（4）电极系统

电极系统是 RED 技术的制约因素之一，因为 RED 过程必须经过阴、阳极的电极-溶液界面上的氧化还原反应，才可将电荷载体从离子迁移转变为电流输出，实现化学势能直接向电能的能量转变。这里所说的电极系统包括电解液和电极两部分，电解液既参与内部离子的电荷传输，同时也在电极材料与溶液界面接触层处发生氧化还原反应，研究发现 RED 电极系统过程速率主要由电解液传质速率控制，而不是由电极材料的属性控制。

5.2　面向电渗析过程的离子交换膜

5.2.1　离子交换膜的基本概念及组成

离子交换膜是一种含有活性离子交换基团且具有选择性的高分子片状薄膜，离子交换膜的微观结构与离子交换树脂基本相同。

膜主体的固定部分由高分子材料组成，其上连有活性离子交换基团（离子交换膜的工作基团）。当膜浸入水中时，活性基团中的可交换离子（阳离子或阴离子）及反离子游离于膜溶胀后形成的空隙中，而在膜基侧上留下固定基团，可以吸附溶液中的阳离子和阴离子，这些离子都是可以移动的。

离子交换膜中的主体组分主要是树脂相，根据制膜过程的需要，可加入黏合剂、增柔剂、着色剂、防老剂、抗氧化剂、脱膜剂等。其中，典型的黏合剂是具有热塑性的高分子聚合物，通常是线性的聚烯烃及其衍生物，如高压聚乙烯、聚丙烯等，也可用可溶于溶剂的聚合物，如聚氯乙烯、聚乙烯醇等，黏合剂的主要作用是使离子交换树脂或交换剂均匀地分散在其中，便于加工成型。常用的增柔剂是天然橡胶和合成橡胶，其作用是增加膜的柔韧性以便于加工成型。在制膜过程中，也会加入少量润滑剂，如硬脂酸钙，能同时起到稳定剂和脱膜剂的作用。抗氧化剂是为了防止黏合剂或增柔剂在混炼时被氧化破坏。添加引发剂的作用是使制膜过程中某些化学反应更容易进行，常用的引发剂是过氧化苯甲酰。仅以交换树脂为主体组分通常不能制成实用化的膜，实用的离子交换膜有一定的强度和尺寸稳定性的要求，这需要有一定的增强材料。增强材料可以是一种网材，如无机材料可以是玻璃纤维布，有机材料可以是涤纶、尼龙、氯纶、丙纶、维纶等网布材料。增强材料也可以是一种衬底材料，如用聚烯烃及其衍生物的薄膜材料通过溶胀形成一定孔隙率，把以交换树脂为主的主体组分引入薄膜材料的孔隙中，使薄膜与主体组分成为一体。

5.2.2 离子交换膜的分类

5.2.2.1 按膜体宏观结构分类

（1）非均相（异相）离子交换膜

通常是指由离子交换树脂的细粉末和起黏合作用的高分子材料，经加工制成的离子交换膜。作为黏合剂的高分子材料本身可以带有离子交换基团，也可以不带。由于离子交换树脂分散在黏合剂中，因而在膜结构上是不连续的，故称为非均相膜或异相膜。因为黏合剂有将活性基团包住的倾向，所以膜的电阻较大，选择透过性也较差。异相膜的优点是制造工艺成熟、价格低，能满足水处理除盐的要求，目前仍被大量使用。但是异相膜中的颗粒状树脂与黏合剂仅是机械地结合，使用过程中树脂易脱落。

（2）均相离子交换膜

通常是指由具有离子交换基团的高分子材料直接制成的连续膜，或是在高分子膜基上直接接上活性基团而制成。这类膜中，离子交换基团与成膜的高分子材料发生化学结合，其组成完全均一，故称为均相膜。例如苯乙烯型聚乙烯膜、P-102（聚苯醚均相阳膜）、F-101（聚偏氟乙烯均相阳膜）等都属于均相膜。均相离子交换膜具有优良的电化学性质和物理性质，其缺点是制作复杂、价格较高。

（3）半均相离子交换膜

通常是指成膜的高分子材料与离子交换基团组合得十分均匀，但它们之间并没有形成化学结合，它的外观、结构和性能都介于异相膜和均相膜之间，所以称为半均相膜。例如，将离子交换树脂和成膜的高分子材料溶解在同一种溶剂中，然后经过流延法制成的离子交换膜就属于这一类。此类膜的离子交换树脂非常分散地均匀分布在黏合剂中，形成互相缠绕的结构，不易脱落。

均相离子交换膜与异相离子交换膜性能对比如表 5-2 所示。

表 5-2 均相膜与异相膜的性能比较

性能	均相膜	异相膜
各部分性质	各部分性质均匀	各部分性质不同
孔隙率	孔隙率小	孔隙率大（易渗漏）
厚度	厚度小	厚度大
膜电阻	膜电阻小	膜电阻大
耐温性	耐温性好（可达 50～60℃）	耐温性差（40℃以下）
机械强度	机械强度低（已得到改善）	机械强度高
制作难易程度	制作较复杂	制作简单
制作成本	制作成本低	制作成本高

5.2.2.2　按膜的功能分类

按离子交换膜的选择性区分，一种是带负电荷的团体，如—SO_3^-、—COO^-和—PO_3^{2-}，由于其膜体中含有带负电的酸性活性基团，所以能选择透过阳离子，不能透过阴离子，因此这种离子交换聚合物将阴离子排除在基质之外，为阳离子交换膜，如图 5-12 所示。另一种是带有带正电荷的基团，如—NH_3^+、—NRH_2^+ 和—NR_3^+，它能选择透过阴离子，不能透过阳离子，为阴离子交换膜，如图 5-13 所示。

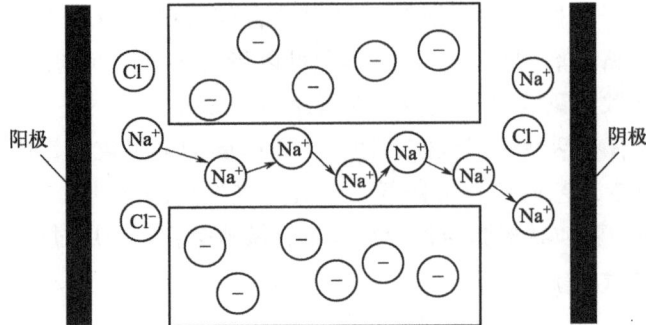

图 5-12　均相阳离子交换膜

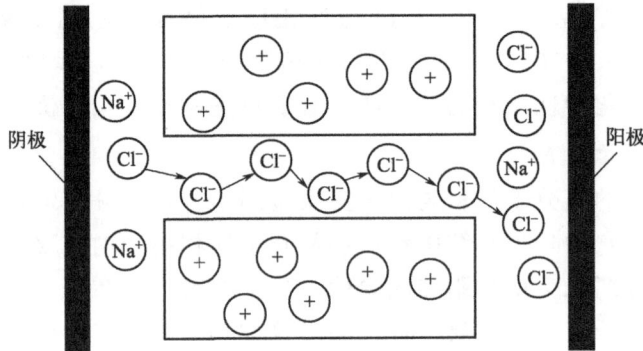

图 5-13　均相阴离子交换膜

近年来，为了适应各种特殊需要，发展了许多特殊离子交换膜，如阴、阳离子活性基团在一张膜内均匀分布的两性离子交换膜（两性膜）；带正电荷的膜与带负电荷的膜贴在一起的复合离子交换膜（双极膜）；部分正电荷与部分负电荷并列存在于膜厚度方向上的镶嵌离子交换膜；在阳膜或阴膜表面上再涂上一层阳离子或阴离子交换膜的表面涂层膜；作为电解槽隔膜的多孔膜；螯合离子交换膜；抗氧化膜；抗污染膜；由各种含氟材料制备的具有耐无机强酸腐蚀、耐氧化、耐高温、机械强度高等特点的离子交换膜。

5.2.2.3　按材料性质分类

（1）有机离子交换膜

有机离子交换膜指以有机高聚物为基体，如以苯乙烯-二乙烯苯、聚乙烯、聚氯乙烯等为骨架材料制成的带有离子交换基团的膜材料。聚丙烯、聚砜、聚醚以及含氟高聚物离子交换膜等均属此类。使用最多的是磺酸型阳离子交换膜和季铵型阴离子交换膜。

（2）无机离子交换膜

无机离子交换膜指以无机离子交换体为主的膜。与有机离子交换膜相比，无机离子交换膜具有耐高温、抗氧化、抗放射线、抗化学腐蚀以及抗有机污染等优异性能，可用作燃料电池隔膜。目前在工业应用中主要使用有机离子交换膜，而无机离子交换膜由于其膜片强度及电化学性能较差、易水解、成膜比较困难等原因，仅有试验性样品。

5.2.3 离子交换膜的制备

5.2.3.1 异相膜的制备

黏合剂的性能不同，制膜方法也不同，主要有以下几种：a. 将粉状离子交换树脂和黏合剂及其他辅料混合后，通过延压和模压方式成膜；b. 将离子交换树脂粉分散在作为黏合剂的聚合物溶液中，浇铸成膜后，蒸去溶剂；c. 将离子交换树脂粉分散在仅部分聚合的成膜聚合物中，浇铸成膜，完成聚合过程。

以制备一种聚乙烯离子交换膜为例，异相膜中阳膜和阴膜的配方如表 5-3 所示，可以根据适用对象的要求添加抗氧化剂等成分。

表 5-3 异相膜配方

原料名称	阳膜配料/%	阴膜配料/%
聚乙烯	21.0	23.0
阳离子交换树脂粉	73.7	0.0
阴离子交换树脂粉	0.0	70.0
聚异丁烯	4.2	5.8
硬脂酸钙	1.1	1.2
酞菁蓝	0.0	0.1

在制膜时，首先按配方要求称料，将聚乙烯放入双辊混炼机中，在 110～120℃下混炼，一旦塑化完全，即加入聚异丁烯进行机械接枝。混合均匀后加入硬脂酸钙，最后加入树脂粉，反复混炼均匀、接枝，可在延压机上拉成所需厚度的膜片。最后将两张尼龙网布分别覆盖在膜片的上下，送入热压机中，于 10.0～15.0MPa 压力下热压约 45min，即制成实用的膜。异相膜制备工艺流程和成膜条件如图 5-14 所示。

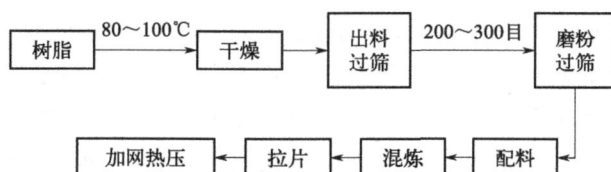

图 5-14 异相膜制备工艺流程及成膜条件

5.2.3.2　半均相膜的制备

半均相膜的制备流程为：首先用黏合剂吸浸单体进行聚合，然后导入活性交换基团制成含黏合剂的热塑性离子交换树脂，制膜方法与上述异相膜相同。在半均相膜制备过程中，离子交换树脂均匀分散在黏合剂中，形成互相缠绕的结构，不易脱落；另外，可以省去磨粉工序，简化制膜工艺，而且可避免粉尘对环境的污染和树脂的损失。图 5-15 显示了制备聚氯乙烯半均相膜的工艺流程示意图。

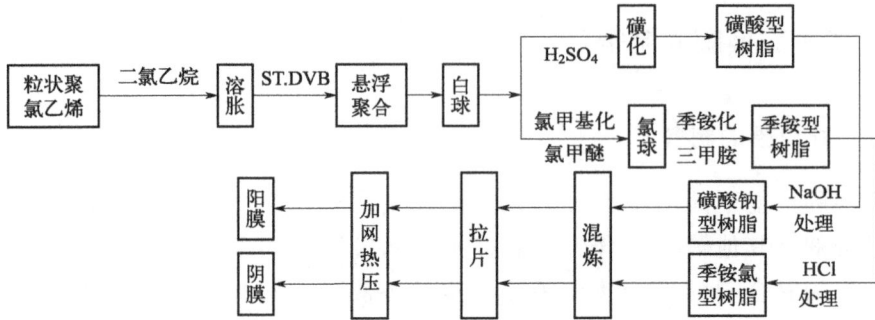

图 5-15　制备聚氯乙烯半均相膜工艺流程示意图

（ST. DVB 表示苯乙烯-二乙烯苯）

5.2.3.3　均相膜的制备

均相离子交换膜实际上是直接将离子交换树脂薄膜化得来的，也就是离子交换树脂的合成与成膜工艺的结合。均相膜的制造大致有四个过程：a. 膜材料的合成反应过程；b. 成膜过程；c. 引入可反应基团；d. 与反应基团反应形成荷电基团。这四个过程不分先后，也可以几个过程组合在一起。在制膜过程中可以让溶剂挥发成膜，也可以进行单体聚合。

均相离子交换膜的制备方法有以下四种。

（1）单体聚合或缩聚

此过程至少有一种单体必须含有一种自身为或能成为阳离子或阴离子的基团。例如，苯酚用浓硫酸在 80℃下处理 3h 生成棕色的苯酚磺酸，再将它与 38% 的甲醛溶液在 −5℃下先在水中反应 30min，再在 80℃下反应 24h，然后浇铸成膜，在室温下冷却成型，膜中过量单体在水中淋洗除去，或将苯乙烯与二乙烯苯聚合后磺化或铵化。

（2）制成基膜后引入阴离子或阳离子基团

对于含有反应基团的高聚物可先将其制成基膜后，再经活化反应引入离子交换基团，制成离子交换膜。如含有多羟基的纤维素、聚乙烯醇基膜，都能进行酰化和酯化反应，使离子基团直接导入膜内。这类高聚物材料较多，如聚苯乙烯、聚氯乙烯、氯化聚醚、聚乙烯亚胺等都可以先制成聚合物薄膜，再导入离子交换基团而成为离子交换膜。如氯磺化聚乙烯膜碱化制备阳膜，铵化和甲基化制备阴膜。

（3）高分子链中引入阴离子或阳离子基团

此过程一般是直接把含有交换基团的高分子溶液通过一步法直接制备得到离子交换膜。例如，聚砜或聚醚砜经磺化后制成磺化聚砜或磺化聚醚砜，再将磺化聚醚砜溶于二甲基甲酰胺中，涂在网布上，等溶剂挥发后即制成阳膜。

（4）在惰性高分子衬底基膜上制备均相膜

以惰性高分子膜为基体，基膜可以是聚偏氟乙烯、聚氯乙烯、聚乙烯等线性高聚物，经有机溶剂溶胀后，吸入带功能基团的单体。聚合后，聚合物与膜基材料的分子链间互相形成缠绕结构，因其交换基团分布得比较均匀，故这类膜也称均相膜，如高压聚乙烯薄膜，溶胀后浸吸苯乙烯和二乙烯苯等单体，用过氧化苯乙酰作引发剂聚合，聚合物与膜基形成一体，经磺化反应过程可制成阳膜，经氯甲基化和铵化可制得阴膜。

5.2.3.4　特种膜的制备

最早研究和生产的离子交换膜被用于电渗析及电化学工艺中，以后将不断研制出具有新功能的膜，并作新的应用，同时对用于电渗析的膜也不断改进。

（1）螯合膜

通常是指具有一个以上功能基团的膜。例如羧酸基、磷酸基和磺酸基等，它们对金属离子都有很强的亲和力。如磺酸-羧酸、磺酸-磷酸、膦酸-羧酸等多功能基团膜都属于螯合膜，其常常对特定离子具有选择透过或吸附的能力。

除此之外，还有对 Cu^{2+}、Hg^{2+} 及 Cd^{2+} 有选择性的螯合膜，它是以聚丙烯-聚苯乙烯（2∶1）双轴拉伸的微孔膜（厚度为 $25\mu m$）为基材，对基膜氯甲基化、铵化及氯醋酸处理制成的。在含有 Cu^{2+}、Hg^{2+} 及 Cd^{2+} 的 $0.1mol/L$ 溶液中，1h 内的螯合容量分别为 $30mg/g$、$92mg/g$ 及 $54mg/g$（以干膜计）。若改用聚乙烯-聚苯乙烯微孔膜为基材，可得到相似的结果。还有对铁、铀、钛等螯合的整合膜，它是采用乙烯膦酸二异丁酯与丙烯酸单体和氰脲三丙烯酯 2.4%（交联剂）聚合而成的薄膜。

（2）抗污染膜

抗污染膜所用的凝胶型树脂孔径小，易被污染物堵塞，因此一般制成大孔径的膜。制备方法有以下两种。

① 不良溶剂加入法：在制备均相膜时，在单体中加入不良溶剂（如辛酸或异丁醇）。所谓不良溶剂是指仅能与单体混合但不能溶胀已成型的高聚物，即当膜成型时，不良溶剂便从膜中析出，从而起到致孔作用，即形成具有抗污作用的大孔阴膜。

② 表面改性法：一般有机胶体常带正电荷，故可在阴膜表面层导入稀疏的带负电的磺酸基团，使之具有排斥外界负电荷污染物的能力，其关键是控制膜的磺化条件。

（3）抗极化膜

在海（咸）水淡化过程中，经常出现沉淀结垢现象。其原因常常与极化、有机物污染有关，因而提出了制备抗极化膜和抗污染膜的要求。抗极化膜是一种能够预防或缓解极化的膜。极化和污染的本质虽然不同，但常常互为因果，伴随而生。抗极化膜的制备方法主要有流延法、模压法以及浸胶法。

流延法是指利用线型高聚物电解质和补强用的高分子，共同溶于有机溶剂中制成膜液，在玻璃板上流延，待溶液蒸干后，再进行辐照交联。除此之外，也可用粉末状阳离子交换树脂和阴离子交换树脂，先混合均匀，再放入模具中，经过热压后成型。模压法指将交换树脂混合均匀后铺在模具中，在一定温度和压力下热压成膜，然后浸入 NaCl 溶液中活化。浸胶法指利用能溶在三氯乙烷中的氯磺化聚乙烯作为黏合剂，与阳离子交换树脂粉末混合均匀，配成浸胶液，再用网布浸胶成型。然后利用膜中的—SO_2Cl 功能基团进行磺化反应，即制得两性膜。

（4）扩散渗析膜

它的优点是利用浓差为推动力，不需要消耗电能。这种膜的孔径比电渗析膜的孔径大一些。如使用带正电荷固定基团的膜，溶液中的 SO_4^{2-}、Cl^- 等会因浓度差从浓室通过膜向淡室扩散，为维持电中性要求，需有一定量的阳离子也迁移过来使溶液电荷保持平衡，H^+ 的迁移速度比金属离子快 7～8 倍，再加上金属离子常是正二价或正三价，膜内正电荷基团对高价离子的排斥作用比一价离子强，故 H^+ 优先通过膜，达到金属离子与 H^+ 分离的目的。扩散渗析膜常用于钢铁工业中酸洗废酸的处理和湿法冶金中有机萃取过程废酸的回收等。图 5-16 为扩散渗析膜构造示意图。

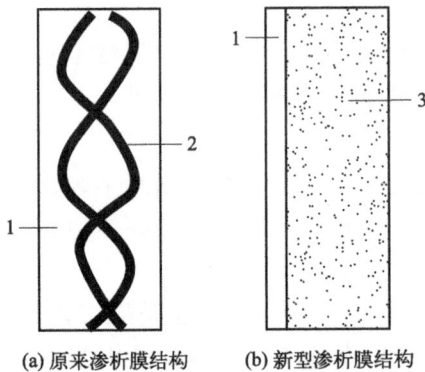

图 5-16　扩散渗析膜的构造
1—离子交换层；2—支撑层；3—多孔支撑层

5.2.4　离子交换膜的表征

5.2.4.1　实用离子交换膜的要求

离子交换膜是电渗析器的主要组成部分，其性能取决于膜性能的优劣。因此实用的离子交换膜应具有如下基本要求：a. 较高的选择透过性，电渗析用离子交换膜迁移数一般要求高于 0.9；b. 膜导电性好，电阻低；c. 具有较高的交换容量；d. 具有稳定的尺寸，并且膜外观完好无损、厚度均匀、平整光滑；e. 有足够的机械强度并且有一定的柔软性和弹性；f. 具有良好的化学稳定性；g. 具有较小的电解质扩散量和水渗透量以及水的电渗透量；h. 制作方便，工艺简单，成本价格低。

5.2.4.2　离子交换膜的主要表征指标

（1）交换容量

交换容量是离子交换膜的关键参数，指每克干膜所含活性基团的毫克当量数，其单位为 meq/g。一般交换容量高的膜，选择透过性好，导电能力也强，但是由于活性基团一般具有亲水性，因此当活性基团含量高时，膜内水分和溶胀度也会随之增大，从而影响膜的强度。有时也会因膜体结构过于疏松，而使膜的选择性下降，一般膜的交换容量在 $2\sim3$meq/g 之间。

（2）含水量

含水量是指膜内与活性基团结合的内在水，以每克干膜所含水的质量分数表示。膜的含水量与其交换容量和交联度有关，交换容量提高，含水量增加。交联度大的膜由于结构紧密，含水量会相应降低。提高膜内含水量，可使膜的导电能力增强，但由于膜的溶胀，会使膜的选择透过性下降。一般膜的含水量在 $20\%\sim40\%$。

（3）膜电阻

膜电阻直接影响电渗析器工作时所需要的电压和电能消耗，膜电阻越小，电能消耗越小。实际应用中，膜电阻常用面电阻（单位膜面积的电阻）表示，其单位为 $\Omega \cdot cm^2$，也常用电阻率（$\Omega \cdot cm$）或电导率（$\Omega^{-1} \cdot cm^{-1}$）来表示。对膜电阻的要求因用途而异。通常规定以 25℃、0.1mol/L KCl 溶液或 0.1mol/L NaCl 溶液中测定的膜电阻作为比较标准。

（4）选择透过性

反离子迁移数和膜透过度可用来表示膜对离子选择透过性的好坏。膜内离子迁移数即某一种离子在膜内的迁移量与全部离子在膜内迁移量的比值，或者也可用离子迁移所携带电量之比来表示。某种离子在膜中的迁移数 $\bar{t}_g$ 可由膜电位计算：

$$\bar{t}_g = \frac{E_m + E_m^0}{2E_m^0} \tag{5-67}$$

式中，E_m^0 为在一定条件下（25℃，膜两侧溶液分别为 0.1mol/L、0.2mol/L KCl）理想膜的膜电位，可以由能斯特公式计算；E_m 为在以上条件下的实测膜电位。

膜的选择透过度 P 为反离子在膜内迁移数实际增值与理想增值之比：

$$P = \frac{\bar{t}_g - t_g}{\bar{t}_g^0 - t_g} = \frac{\bar{t}_g - t_g}{1 - t_g} \tag{5-68}$$

式中，$\bar{t}_g$ 为反离子在膜中的迁移数；t_g 为反离子在溶液中的迁移数；$\bar{t}_g^0$ 为反离子在理想膜中的迁移数，即 100%。

（5）机械强度

膜机械强度指标为爆破强度和抗拉强度。爆破强度是指膜受到垂直方向的压力时，所能承受的最高压力，以单位面积上所受压力表示（kg/cm^2）。抗拉强度是指膜受到平行方向的拉力时，所能承受的最高拉力，以单位面积上所受的拉力表示（kg/cm^2）。膜的机械强度主要取决于膜的化学结构、增强材料等。增加膜的交联度可提高其机械强度，而提高交换容量和含水量会使强度下降，一般实用膜的爆破强度大于 $3kg/cm^2$。

5.3 电渗析器的基本结构及设计

5.3.1 电渗析器的基本结构

电渗析器的基本结构主要包括膜堆、极区及夹紧装置。在电渗析器中"膜对"是最小的电渗析工作单元,它由阴膜、淡水隔板、阳膜和浓水隔板组成。由若干个膜对组成的总体称为"膜堆"。置于电渗析器夹紧装置内侧的电极称为"端电极"。在电渗析器膜堆内,前后两极共同的电极称为"共电极"。电渗析器的基本结构及组装形式如图 5-17 所示。

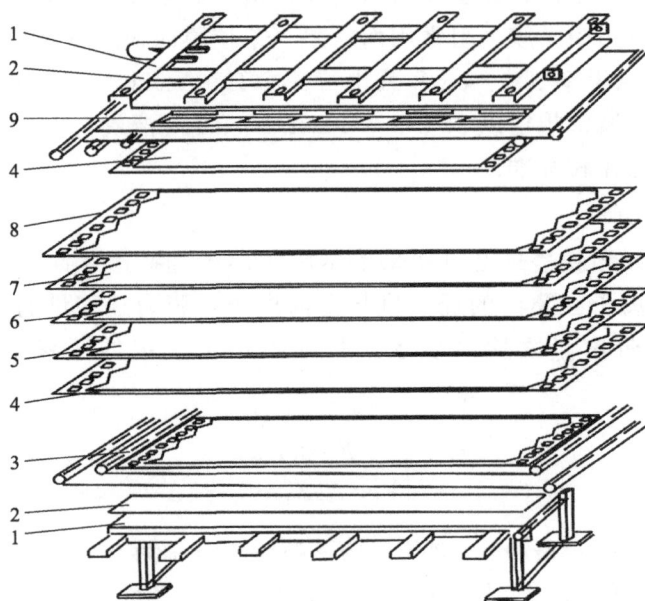

图 5-17   电渗析器基本结构及组装形式

1—夹紧板;2—绝缘橡皮板;3—电极(甲);4—加网橡皮圈;5—阳离子交换膜;

6—浓(淡)水隔板;7—阴离子交换膜;8—淡(浓)水隔板;9—电极(乙)

电渗析器的组装方式有串联、并联及串-并联相结合的几种形式。常用"级"和"段"来表示。"级"是指电极对的数目,"段"是按照水流方向,水流通过一个膜堆后,改变方向进入后一个膜堆,即增加一段。电渗析器的组装方式有一级一段、一级多段、多级多段等。一级一段电渗析器即一台电渗析器仅含一段膜堆,由于只有一对端电极,所以通过每个膜对的电流强度相等。水流平行地向同一方向通过各膜堆,实际上这样的膜堆是以并联的形式组成一段。这种电渗析器的产水量大,整台电渗析器脱盐率就是 1 张隔板流程长度的脱盐率,多用于大、中型制水场地。国内一级一段电渗析器一般含有 200～360 个膜对。一级多段电渗析器通常含有 2～3 段,使用一对电极,膜堆中通过每个膜对的电流强度相等。

5.3.2　隔板与电极

5.3.2.1　隔室水力学特性

隔室的水力学特性取决于隔室的网格（湍流促进器）形式及应用流速。采用不同网格的水力学试验表明，隔室的液流流动具有围绕浸没物体或通过填充塔流动的特点，而不像液流通过长管那样，在 Re 为 2000 时发生由滞流到湍流过渡的流动变化。实际上，在电渗析隔室中，一般 Re 在 $10\sim40$ 之间便逐渐偏离了滞流状态。

隔室网格的水力学特性可用填充塔式模型来描述，包括滞流和湍流两部分。

对于滞流部分，隔室的比压降可用类似于在半径为 R 的圆管中流动的表达式。如果隔板网的水力学半径为 R_n，可得计算公式如下：

$$\frac{h_L}{\langle L \rangle}=\frac{16v}{R_n^2}\times\frac{\langle V \rangle}{2g} \tag{5-69}$$

式中，h_L 为沿程水力学压降；$\langle L \rangle$ 为隔室中的实际流程长度；v 为运动黏度；g 为重力加速度；$R_n=\varepsilon/A$，ε 为摩擦系数，A 为润湿表面积；$\langle V \rangle$ 为隔室中的实际流速。

对于湍流部分，可用闭合流道流动的修正式表示：

$$\frac{h_L}{\langle L \rangle}=\lambda_0\frac{1}{4R_n}\times\frac{\langle V \rangle^2}{2g} \tag{5-70}$$

对于隔室中的高度湍流，摩擦系数只是相对黏度的函数，将上两式相加可得：

$$\frac{h_L}{\langle L \rangle}=\frac{v^2}{2g(2R_n)^3}\left[16\left(\frac{\langle V \rangle 2R_n}{v}\right)+\frac{\lambda_0}{2}\times\left(\frac{\langle V \rangle 2R_n^2}{v}\right)^2\right] \tag{5-71}$$

其中：

$$\langle V \rangle=\frac{V}{\varepsilon\cos\theta},\langle L \rangle=\frac{V}{\cos\theta}$$

两式结合可得：

$$\frac{h_L}{L}=\frac{v^2}{2g\left(\frac{2\varepsilon}{A}\right)^3\cos\theta}\left[16\left(\frac{2V}{Av\cos\theta}+\frac{\lambda_0}{2}\times\frac{2V}{Av\cos\theta}\right)^2\right] \tag{5-72}$$

式（5-72）为隔网水力学性能的关联式，可用于电渗析器隔室的压降计算。

5.3.2.2　电极反应

电渗析电极分阳极和阴极两种。阳极和阴极分别与直流电源的正极和负极相连接，形成直流电场。通电过程中，在阳极表面发生氧化反应，在阴极表面发生还原反应，以完成由外电路的电子导电转变为膜堆内部的离子导电过程。

（1）阳极反应

在稀释的酸性氯化物溶液中，以不溶性电极作为阳极，$E^{\ominus}$ 为标准电极电位。其主要电极反应如下：

$$2Cl^- - 2e^- \longrightarrow Cl_2 \uparrow \qquad E^\ominus = 1.385V \qquad (5-73)$$

$$H_2O - 2e^- \longrightarrow \frac{1}{2}O_2 \uparrow + 2H^+ \qquad E^\ominus = 1.23V \qquad (5-74)$$

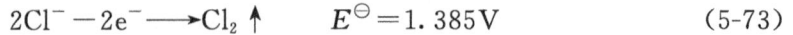

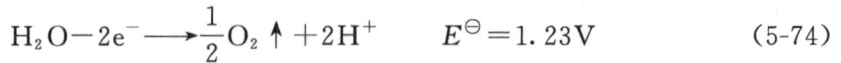

在电解氯化物溶液时，阳极的主要反应产物为氯气和氧气。释出的氯气和氧气的相对数量很难预测。从热力学的观点看，氧气首先释出，但实际上是氯气首先从电极释出。因为电极反应主要受动力学控制，所以不能仅考虑电极电位。一般来讲，电极的电流密度越低，Cl^-的浓度越高，其释氯电流效率就越高，而释氧的电流效率就越低。相反，电流密度越高，Cl^-的浓度越低，其释氯的电流效率就越低，释氧的电流效率就越高。

（2）阴极反应

不论是哪种电解质溶液，在阴极上的反应均主要为释氢。

在碱性溶液中：

$$2H_2O + 2e^- \longrightarrow H_2 \uparrow + 2OH^- \qquad E^\ominus = -0.828V \qquad (5-75)$$

在酸性溶液中：

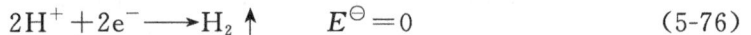

$$2H^+ + 2e^- \longrightarrow H_2 \uparrow \qquad E^\ominus = 0 \qquad (5-76)$$

如果电解质溶液中含有重金属离子，则阴极上就会有重金属的沉积，例如以下反应式：

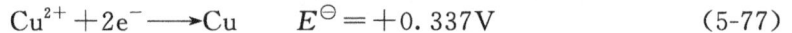

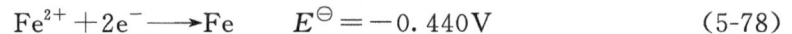

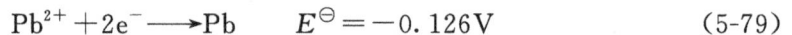

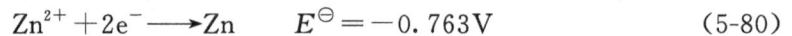

$$Cu^{2+} + 2e^- \longrightarrow Cu \qquad E^\ominus = +0.337V \qquad (5-77)$$

$$Fe^{2+} + 2e^- \longrightarrow Fe \qquad E^\ominus = -0.440V \qquad (5-78)$$

$$Pb^{2+} + 2e^- \longrightarrow Pb \qquad E^\ominus = -0.126V \qquad (5-79)$$

$$Zn^{2+} + 2e^- \longrightarrow Zn \qquad E^\ominus = -0.763V \qquad (5-80)$$

阴极反应会使电极液 pH 值上升。如果阴极附近溶液中聚集的 OH^- 和迁移到阴极附近的 Ca^{2+}、Mg^{2+} 的浓度大于溶度积，便会产生 $Ca(OH)_2$ 和 $Mg(OH)_2$ 沉淀。如果电极液含有 HCO_3^- 和 SO_4^{2-}，也可能会产生 $CaCO_3$ 和 $CaSO_4$ 等沉淀，这些沉积物覆盖在阴极上会填塞电极水通道，严重时还会因局部电阻过大而影响膜堆，造成运行障碍。通常采用电极水酸化、电极室酸洗与在运行中定期调换电极极性的方法来解决。

5.3.2.3 电极材料

电极材料应既有良好的导电性能和电化学稳定性，又有一定的机械强度。目前国内主要应用二氧化钌、石墨和不锈钢作电极材料，过去也用铅板电极。国外主要应用钛镀铂电极、石墨电极和不锈钢电极，但是钛镀铂电极较二氧化钌电极价格昂贵。

（1）二氧化钌电极

二氧化钌电极也称钛涂钌电极，是我国使用最多的电渗析电极。钛虽然是一种耐腐蚀性能很好的金属，但它不能直接作为阳极使用。因为钛作为阳极材料时，由于氧化反应，会在其表面会形成一层高电阻氧化膜，致使电流很小，电位很高。为了使钛能作阳极使用，在 20 世纪 60 年代发明了在钛基体上涂一层所谓陶瓷-电催化-半导体涂层（ceramic electrocatalyst semiconductor coating，CESC），这种电极耐腐蚀并且性能稳定。

CESC 是以二氧化钛为主的。二氧化钛是陶瓷的主要原料，涂层经高温烘焙后，可以像陶瓷一样牢固地黏附在钛基体上。但二氧化钛的导电性能特别差，所以涂层中需要有二氧化钌和二氧化铱，由同晶型的二氧化钌和二氧化钛生成扭变的 N 型混合晶体，其中存在一些氧原子的缺位，因此具有金属导电的性质，可以将阳极表面的电子导入金属钛上。二氧化钌为释氯催化剂，它对氯气的释出具有催化活性，因此它对氯的过电位较低。但是二氧化钌在氧气释出时会导致活性层钝化，以致电极电位上升，甚至电极不导电。因此，为了延长电极的使用寿命，涂层中又增加了二氧化铱的成分。实践证明，在二氧化钌电极涂层中加铱，电极的使用寿命比不加铱的电极提高了十几倍。有研究指出铱对于氧的形成和还原反应表现出可逆性，并且铱上的释氧速度很快。从电渗析的电极反应可知，阳极反应除释氯外，还要释出大量氧气。所以电极涂层中加进铱的成分，可大大提高电极的使用寿命。

电渗析用二氧化钌电极不同于氯碱工业用二氧化钌阳极。电渗析在工艺上采用调换电极极性的操作方式，所以电极既用作阳极又用作阴极，要求其既要耐氧化又要耐还原。在涂料配方中，氯碱工业用阳极不含铱，而且钛的含量也较低。

（2）石墨电极

它具有耐腐蚀、释氯过电位低、价格便宜等优点，是电极中的常用材料。为了延长石墨电极的使用寿命，必须在使用前进行浸渍处理。石墨是由晶粒组成的，其晶粒越小，结构就越紧密，耐腐蚀性能也就越好；相反，晶粒越大，结构就越疏松，耐腐蚀性能也就越差。一般选择晶粒小、密度为 $1.8g/cm^3$ 的致密石墨作为电极材料，加工成 $10\sim20mm$ 的板状电极。通常处理方法是将其放在高温的沥青、石蜡、环氧树脂、酚醛树脂或呋喃树脂等中浸渍，为了增加浸渍深度，最好是在真空条件下进行，浸渍深度一般在 $1\sim2cm$。

曾用下列方法浸渍石墨，得到了较好的效果：先将加工好的石墨板分层置于 200℃的烘箱中，保持 $3\sim4h$，除去石墨中的水分，然后放在 $200\sim220$℃的石蜡槽中，浸渍 $2\sim3h$，待石蜡槽温度降至 $70\sim80$℃时，将石蜡板取出冷却即制成。据称，通过这样处理的石墨电极，在淡化苦咸水条件下，可使用 2 年以上。

（3）不锈钢电极

一般说来，不锈钢只能作为阴极材料，不能作为阳极材料。因为电渗析所处理的水质中含有的 Cl^- 会导致不锈钢阳极溶解，生成铁、铬、镍等离子。但是在不同浓度的碳酸氢盐或者硝酸盐溶液中，不锈钢不仅可以作为阴极材料，还可以作为阳极材料使用。这种情况下，不锈钢溶解量极少，甚至不溶解。这是由于 HCO_3^-、SO_4^{2-} 等离子对不锈钢的氧化表面膜具有保护作用。

在电渗析装置中，如果选择上述几种电解质溶液作为电极水循环使用，不锈钢就可以作为阳极，实现调换电极极性运行。从电极反应可知，用上述几种电解质溶液作为电极水时，电解质（即上述各种盐）不会被消耗，电极反应只消耗水。其主要的电极反应有如下几个。

阳极：
$$H_2O \longrightarrow 2H^+ + \frac{1}{2}O_2\uparrow + 2e^- \tag{5-81}$$

阴极：
$$2H_2O \longrightarrow H_2\uparrow + 2OH^- - 2e^- \tag{5-82}$$

或
$$2H^+ \longrightarrow H_2\uparrow - 2e^- \tag{5-83}$$

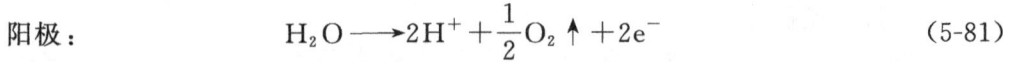

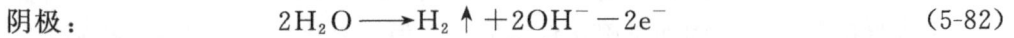

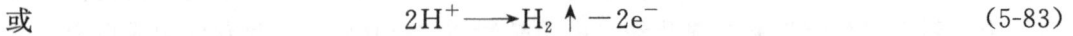

如果溶液中氯离子含量较低，并存在适量的硝酸盐、碳酸氢盐或硫酸盐等，此时不锈钢也可以作为阴、阳极在电渗析装置中调换电极极性应用，因为 HCO_3^-、SO_4^{2-} 等一些离子对不锈钢表面氧化物的形成有促进作用，并且对不锈钢有缓蚀作用。这些离子的存在，有效阻止了氯离子对不锈钢表面氧化物膜的破坏。但是单独的 HCO_3^- 或者 SO_4^{2-} 并不能对不锈钢起到缓蚀作用，而这两种离子的混合溶液，在氯离子浓度较低的情况下，对不锈钢具有较好的缓蚀作用。

（4）电极的选择

掌握不同电极材料的电化学性能，对不同水质的处理具有非常重要的意义。不同电极材料的适用水质如表 5-4 所示。

表 5-4　不同电极材料的适用水质

电极材料	二氧化钌	石墨	不锈钢	铅
有害离子		SO_4^{2-}、NO_3^- 引起氧化损耗	Cl^- 有穿孔腐蚀作用	Cl^-、NO_3^-
有益离子	Cl^- 高有利	Cl^- 越高损耗越少	NO_3^-、HCO_3^-	SO_4^{2-} 越高越好
适用水质	限制较少	广泛	Cl^- 浓度<100mg/L 的 SO_4^{2-} 和 HCO_3^- 水型	少 Cl^- 的 SO_4^{2-} 水型
公害	无	无	无	Pb^{2+}

5.3.3　基本计算公式

（1）流速和流量

电渗析工艺参数常与一个淡水隔室的流量或淡水隔室的线流速相关联。

一个淡水隔室的流量为：
$$F_d = 10^{-3}tWv \tag{5-84}$$

若一段膜堆由 N 种膜组装而成，则膜堆总量流量为：
$$Q = 3.6NF_d \tag{5-85}$$

利用已知的电渗析器的组装形式与产水量，可以用下式分段计算出淡水隔室的水流速度：
$$v = \frac{10^6 Q}{3600 NtW} = \frac{278Q}{NtW} \tag{5-86}$$

式（5-84）～式（5-86）中，t 为淡水隔板厚度，cm；W 为淡水隔板宽度，cm；v 为淡水流速，cm/s；F_d 为一个淡水隔室的流量，L/s；Q 为一段膜堆的流量，m^3/h；N 为一段膜堆的组装膜对数。

（2）脱盐率

系统脱盐率 ε 要以单台或单级的脱盐率为基础进行计算。公式如下：

$$\varepsilon = \frac{C_{di} - C_{do}}{C_{di}} \times 100\% \tag{5-87}$$

式中，C_{di}、C_{do} 分别为淡水系统进、出电渗析器的浓度，mol/L；ε 为脱盐率。

（3）电流效率

电流通过膜堆产生的盐分实际迁移物质的量与通过膜堆的电化学计算物质的量之比，可由膜堆的实测数据来计算。根据法拉第定律，电流效率的一般表达式为：

$$\eta = \frac{Q(C_{di} - C_{do})F}{IN} \tag{5-88}$$

式中，η 为电流效率；Q 为淡水流量，L/s；C_{di}、C_{do} 为淡水系统进、出电渗析器的浓度，mol/L；I 为电流强度，A；N 为组装膜对数；F 为法拉第常数，C/mol。在我国工程实例中，F 一般取 26.8C/mol，此时淡水流量 Q 的单位为 m^3/h。

其中，电流效率不直接取决于膜堆电阻和电压降，其主要影响因素有：a. 膜的选择透过性；b. 因浓度差引起的电解质透过膜的扩散，这与膜本身的性能和流程设计所取浓、淡水浓度比有关；c. 因浓度差引起水透过膜的渗透和电渗失水；d. 极化状态下引起的 H^+ 和 OH^- 迁移；e. 电流通过布水槽的内漏和通过膜缘的外漏以及液流通过布水槽的内漏或膜堆漏水。

（4）迁移量

这里指单位时间内膜堆的迁移量，具体公式如下：

$$\Delta m = Q(C_{di} - C_{do}) = Q\Delta C = \frac{\eta IN}{F} \tag{5-89}$$

式中，Δm 为膜堆的迁移率，mol/s；ΔC 为电渗析进、出口浓度差，mol/L。

（5）功率

这里指膜堆所需要的功率，即膜堆电阻 R_s 与操作电流 I 的平方的乘积，具体表达式如下：

$$N_s = I^2 R_s = R_s \left(\frac{Q\Delta CF}{N\eta} \right)^2 \tag{5-90}$$

式中，N_s 为膜堆需要的功率，W；R_s 为膜堆电阻，Ω。

影响 R_s 的因素有阴、阳离子交换膜的电阻，渗析液、浓缩液电阻，扩散层的欧姆电阻。除膜电阻由膜的物化性能决定以外，其他影响因素都为液流浓度或速度的函数，计算相当复杂，一般由实测值确定。

（6）能耗

这里指迁移单位物质的量盐的能耗 E，单位为 J/mol，具体表达式为：

$$E = \frac{N_s}{Q\Delta C} = \frac{IR_s F}{N\eta} \tag{5-91}$$

从式(5-90)、式(5-91) 看出，迁移单位物质的量盐的能耗与电流的一次方成正比，而功率消耗则与电流的平方成正比。

5.3.4 极限电流密度计算

5.3.4.1 Wilson 经验式

1960 年 Wilson 根据在一定的流速和浓度范围内，且温度变化不大的情况下的实验数据，提出了如下的极限电流密度（$i_{\lim}$）经验式：

$$i_{\lim} = kvC^m \tag{5-92}$$

1963 年 Wilson 提出修正式，表达式为：

$$i_{\lim} = kv^{0.5}C^m \tag{5-93}$$

我国电渗析研究者从已知的进水浓度与所要求的产水量便可以直接算出极限电流强度 $I_{\lim}$，经验式写成：

$$I_{\lim} = kC_{di}^m v^n \tag{5-94}$$

水温对极限电流也有明显的影响。在我国用于水处理的电渗析器采用异相膜的情况下，电渗析极限电流温度校正经验式为：

$$f = 0.987^{T_0 - T} \tag{5-95}$$

将式(5-93)、式(5-94)、式(5-95)三式相并，结合水型系数，可以得出极限电流的经验式，该式可以把电渗析器用 NaCl 水型所做的极限电流经验式，推广到该电渗析器用于各种水型和所允许的使用水温下进行的极限电流的计算，误差一般在 5%以内。具体表达式如下：

$$I_{\lim} = kC^m v^n f\Phi \tag{5-96}$$

式(5-92)~式(5-96)中，m 为浓度指数，一般在 0.95~1.00；n 为流速指数，一般在 0.5~0.8；f 为极限电流温度校正系数；T_0 为测定极限电流时的水温，℃，采用本节的经验式或数据时取 25℃；T 为设计运行的水温，℃；k 为水力学常数；v 为淡水流速，cm/s；Φ 为水型系数。

常温下的极限电流水型系数如表 5-5 所示。

表 5-5 常温下的极限电流水型系数

水型	NaCl	Ⅰ-Ⅰ价型	Ⅱ-Ⅱ价型	不均齐价型	碳酸氢盐型
水型系数 Φ	1.00	0.95	0.66	0.70	0.59

5.3.4.2 Mason-Kirkham 经验式

1959 年 Mason 和 Kirkham 推导出了极化参数关联式，这一关联式适用于各种浓度的天然水脱盐，包括海水淡化。

若设沿膜堆隔室流水道任一点上浓、淡水平均物质的量浓度为 C_a，其表达式为：

$$C_a^{-1} = \frac{1}{2}(C_b^{-1} + C_d^{-1}) \tag{5-97}$$

式中，C_b 为浓水层浓度，mol/L；C_d 为淡水层浓度，mol/L。

膜电阻 R_P 由交流电测定，表达式为：

$$R_P = \frac{K_1}{C_a} + K_2 - K_3 C_a \tag{5-98}$$

式中，C_a 单位是 mol/L；R_P 单位是 Ω/对膜；K_1、K_2、K_3 均为常数，稀溶液中 K_3 可以忽略不计。

极化参数是极限电流密度对淡水室电解质浓度的比率，其表达式为：

$$(i/C_d)_{lim} = a F_a{}^m \tag{5-99}$$

极化参数的关联式为：

$$\frac{\eta A_p (i/C_d)_0}{F_d} = \frac{1000 \left[\dfrac{K_1}{2C_{di}} \ln \dfrac{1+g\varepsilon}{1-\varepsilon} + K_2\varepsilon - \dfrac{2K_3 C_{di}}{1+g}\left(\varepsilon + \dfrac{(g-1)}{2}\varepsilon - \dfrac{g\varepsilon^3}{3}\right) \right]}{(1-\varepsilon)\left[\dfrac{K_1(1+g)}{2C_{di}(1-\varepsilon)(1+g\varepsilon)} + K_2 - 2K_3 C_{di}\dfrac{(1-\varepsilon)(1+g\varepsilon)}{(1+g)} \right]} \tag{5-100}$$

式中，i 为极限电流密度，mA/cm^2；C_d 为淡水层浓度，mol/L；F_a 为淡水层流量，$L/(层·s)$；a 为方程式系数；m 为流量指数；η 为电流效率；A 为每对膜的有效面积，cm^2；$(i/C_d)_0$ 为极化参数在出口处的值；F_d 为法拉第常数；C_{di} 为淡水进口浓度，mol/L；g 为淡水进口浓度与浓水进口浓度之比，$g = C_{di}/C_{bi}$；ε 为脱盐率。

若每一段的脱盐率为 ε_0，则每对膜需要的外加电压 V_P 为：

$$V_P = (i/C_a)_0 R_{m0} C_{di}(1-\varepsilon_0) \times 10^{-3} \tag{5-101}$$

电渗析直流电功率 P 为：

$$P/N = F Q_d (i/C_d)_0 C_{di}^2 \varepsilon_0 (1-\varepsilon_0) R_{m0} \times 10^{-6}/\eta \tag{5-102}$$

式中，Q_d 为单位时间内处理的液体量。

则生产每立方米淡水需要消耗的电量 W 为：

$$W = 0.231 F (i/C_d)_0 C_{di}^2 \varepsilon_0 (1-\varepsilon_0) R_{m0} \times 10^{-6}/\eta \tag{5-103}$$

式(5-101)~式(5-103)中，R_{m0} 为出口处每对膜的电阻，Ω；V_P 的单位为 V；N 为膜对数；电功率 P 的单位为 $kW·h$/对膜；耗电量 W 的单位为 $kW·h/m^3$。

5.3.4.3　V-A 曲线法测定极限电流

我国推荐采用 V-A 曲线法测定电渗析器的极限电流。为了排除膜堆因配水不均而产生局部极化，一般建议将电渗析器组装成一级一段膜堆，含 100 个膜对。采用实际应用的一级一段膜堆进行测试也是可行的。多级多段组装的电渗析器，用整台测试难以获得准确的数据，必须分级进行试验。为排除电极电压波动的影响，试验前要在膜堆与电极之间插入厚度为 0.2mm 的铜片，使铜片与离子交换膜接触的有效面积不小于 $0.5cm^2$，以利于导电。这样所测取的电压为膜堆中所有膜对的总电压降。若使用新的离子交换膜，注意其充分转型是很重要的。经过漫泡的离子交换膜，还需在试验水质下通水，通电 2~4h，每对膜施加电压在 0.5V 以下，并每小时倒换电极极性一次。测试时，还需重新配制所要求的原水。

将被测溶液泵入电渗析器，在溶液浓度和温度恒定，流量稳定，且淡水、浓水和电极水进口压力平衡的情况下，可通电并记录数据。使用无级可调整流器，初始电压选在每对膜 0.1～0.2V，以后每次升高的电压控制在 0.1V 左右。两次调压的时间间隔应为淡水流在隔室停留时间的 3 倍，其间应准确、快速地记录施加电压、相应的电流强度和流量以及压力等数据。在适当的电压区间内，采集水样进行分析，至每对膜电压降为 2V 时停止通电。

如图 5-18 所示，利用所记录的电压（E）、电流（I）数据，在算术坐标上作 V-A 曲线，将图中各点连接成曲线，作曲线的切线 AP 和 DP 交于 P 点，由 P 点作平行于 x 轴和 y 轴的直线交曲线于 B、C 两点，C 点即为标准极化点，与 C 点对应的电流强度即为极限电流。图 5-18 中，曲线 AD 段为极化过渡区。在 A 点已开始极化，所以在海水淡化或高硬度水脱

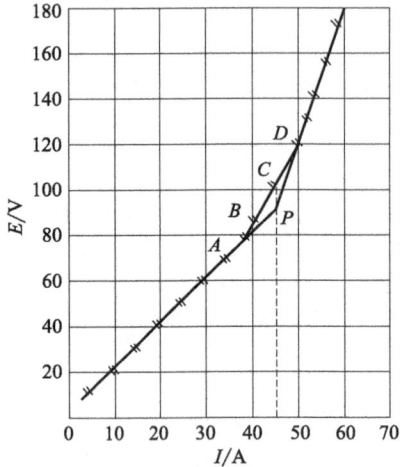

图 5-18　V-A 曲线图

盐范围中，也有的把 B 点或 A 点选作极化点。有时做出的 V-A 曲线没有明显的 AD 段极化过渡区，这时可直接取两直线的交点为极化点。

5.3.5　预处理系统

5.3.5.1　电渗析进水水质指标

为防止膜堆污染与堵塞，保证电渗析系统安全稳定运行，我国提出了如下电渗析器进水水质指标。

① 水温：5～40℃。

② 耗氧量：<3mg/L（$KMnO_4$ 法）。

③ 游离氯：<0.2mg/L。

④ 铁：<0.3mg/L。

⑤ 锰：<0.1mg/L。

⑥ 浊度：<3mg/L[1.5～2.0mm 隔板 ED（电渗析）]；<0.3mg/L（0.5～0.9mm 隔板 ED）。

⑦ 污染指数：SDI<3（ED）；SDI<7（ED）。

国内近些年来才提出将 SDI 作为电渗析器的进水指标，它表征水中胶体物和悬浮物含量的多少。与浊度相比，SDI 从不同的角度来表示水质，其要比浊度准确、可靠得多。SDI 是测定在标准压力和标准时间间隔内，一定体积水样通过一特定微孔膜滤器的阻塞率。微孔滤膜的孔径为 0.45μm，凡大于 0.45μm 的胶体、细菌与其他微粒皆截留在膜面上，所示数据重现性好，并具有可靠的可比性。SDI 的测定可使用污染指数测定仪，承压罐内采用孔径 0.45μm、直径 47mm 的微孔滤膜。

在测试系统中通入氮气，保持在恒压 0.21MPa 下过滤原水，记录初始滤出 500mL 水样所需时间 t_0，保持继续滤水，待 10min（含 t_0）以后，再记录滤出 500mL 水样的时间 t_{10}，具体表达式如下：

$$SDI = \left(1 - \frac{t_0}{t_{10}}\right) \times \frac{100}{10} \tag{5-104}$$

5.3.5.2　预处理系统

预处理方式的选择应考虑以下几个方面：

（1）原水来源

地下水处理一般可用砂滤器过滤。地表水的处理比较复杂，一般应采用加氯、凝聚、澄清、过滤流程。对于采用 0.5～0.9mm 隔板的电渗析器，宜在砂滤器后再设细砂过滤器。澄清器的出口水游离氯应为 0.1～0.5mg/L。地表水和地下水经预处理后，当采用 0.5～0.9mm 隔板电渗析器时，在进入电渗析器以前应通过 10～20μm 的精密过滤器。

（2）隔板厚度

对于薄隔板（厚度在 0.75mm 以下），对原水预处理要求较高。

（3）离子交换膜的种类

主要指膜的耐污染性能与抗氯、抗氧化腐蚀的性能。

（4）隔室流速与运行方式

较高的流速有利于冲出部分悬浮物与沉积物，频繁调换电极的操作方式可减轻膜面污染与沉积物的附着。

（5）特殊用水要求

主要指在预处理部分除去某种特指成分。

5.4　电渗析的应用

5.4.1　电渗析在给水处理中的应用

5.4.1.1　苦咸水脱盐

苦咸水脱盐是电渗析最重要的应用领域，将苦咸水脱盐至饮用水被认为是最经济的技术方案，以工程投资和过程能耗总计制水成本来看，可与反渗透技术竞争，并将在今后相当长的一段时期内，在苦咸水脱盐领域发挥显著的作用。利比亚班加西市 19200m³/d 电渗析脱盐流程为：井水→弱羧酸阳离子交换→电渗析→后处理→生活用水。

鉴于原水中暂时硬度和 SO_4^{2-} 含量较高，为了提高原水回收率，又不使浓水室中产生沉淀结垢，可在原水进入电渗析器前，采用弱羧酸阳离子树脂预软化，其有以下优点。

① 羧酸树脂与阳离子的交换顺序是 $Ca^{2+}>Fe^{2+}>Mg^{2+}>Na^+$，交换过程主要除去 Ca^{2+} 和少量的 Mg^{2+}，并除去 HCO_3^- 碱度，使 HCO_3^- 转化为可溶性 CO_2，如下式所示：

$$2RH+Ca^{2+}+2HCO_3^- \Longrightarrow R_2Ca+2H_2O+2CO_2 \tag{5-105}$$

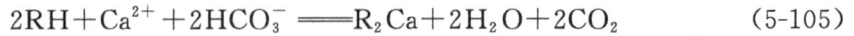

这样原水中总离子含量就会减少，减少的量相当于原水中碱度的量。又因为树脂主要除去 Ca^{2+}，这样就减少了形成 $CaSO_4$ 沉淀的条件，可将浓水浓度提高到较高的程度。

② HCO_3^- 比 Na^+、Cl^- 迁移性能要差，预先除去迁移性能较差的离子，可允许电渗析使用较高的操作电流密度，获得较高的脱盐率。

③ 弱羧酸树脂再生容易，稍有过量的酸存在就可以有效地再生，再生费用较低。

5.4.1.2 海水淡化

海水淡化曾是电渗析的重要应用领域，但随着反渗透海水淡化技术的发展兴起，尤其是带有能量回收装置的反渗透海水淡化技术的应用，使得电渗析在海水淡化中所占的份额逐渐降低。图 5-19 所示为日本某全自动循环脱盐电渗析海水淡化站的工艺流程。

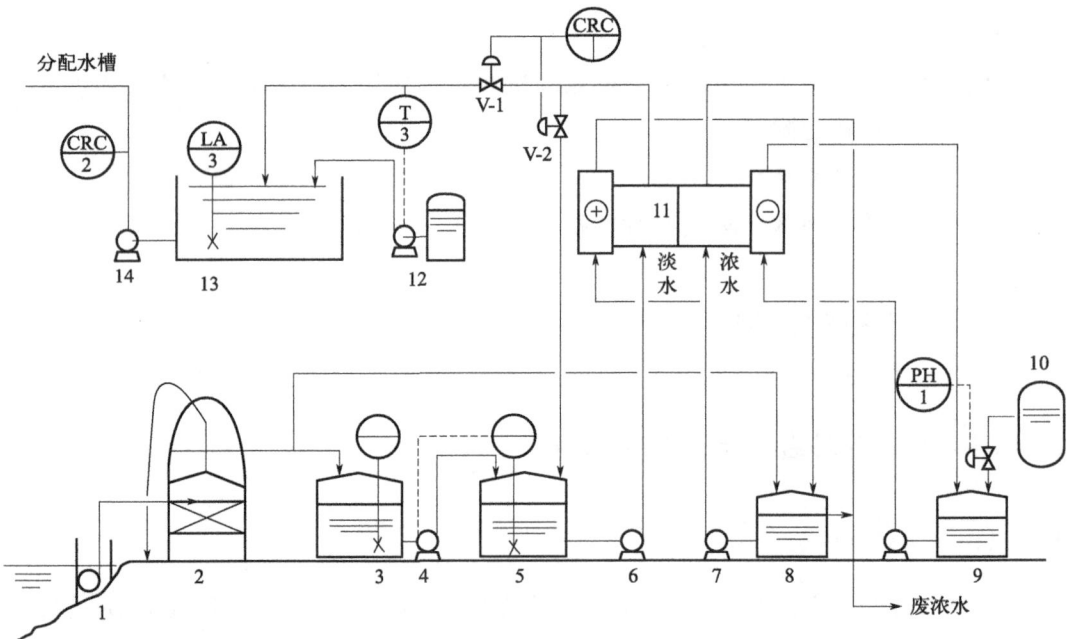

图 5-19　日本某全自动循环脱盐电渗析海水淡化站工艺流程

1—原水泵；2—过滤器；3—原水槽；4—提升泵；5—淡水槽；6—淡水泵；7—浓水泵；8—浓水槽；
9—阴极水槽；10—酸槽；11—电渗析器；12—消毒系统；13—产品水槽；14—供水槽
（CRC 表示循环水控制；LA 表示液位分析仪；T 表示监测温度；V 表示阀门；PH 表示在线 pH 计）

5.4.1.3　纯水制备

为满足锅炉用水以及医药、电子等行业用水的需要，可将几种脱盐和净化工艺加以组合，电渗析-离子交换组合是国内外制备不同等级纯水常用的工艺流程。在此流程中电渗析起前级脱盐的作用，离子交换则起保证水质的作用。该工艺与单纯的离子交换树脂相比，可减少再生的次数，同时还对原水浓度的波动适应性较强，但需注意的是电渗析不能除去非电解质杂质。同时与单一离子交换脱盐相比，再生离子交换树脂的酸、碱用量可节约 50%～90%，且制水流程灵活，对原水浓度波动适应性强，出水水质稳定，既保证了生产，又减轻了工人的劳动强度，获得了明显的社会和经济效益。

根据原水组分以及出水水质要求，用于制备初级纯水的典型流程有：

① 原水→预处理→电渗析→软化（或脱碱）→中、低压锅炉给水；

② 原水→预处理→电渗析→混合床→纯水（中、低压锅炉给水）；

③ 原水→预处理→电渗析→阳离子交换→脱气→阴离子交换→混合床→纯水（中、高压锅炉给水）。

用于制备高纯水的典型流程有：

① 原水→预处理→电渗析→阳离子交换→脱气→阴离子交换→杀菌→超滤→混合床→微滤→纯水（电子工业用水）；

② 原水→预处理→电渗析→蒸馏→微滤→医用纯水（注射用水）。

1987 年美国 Millipore 公司推出电去离子技术，即填充混合离子交换树脂电渗析技术（electrodeionization，EDI），也就是将离子交换技术和电渗析技术有机结合。在电渗析器的除盐室中填充阴、阳离子交换树脂，保证水处理系统长期运行的稳定性，离子交换树脂无须周期性再生，产水可以达到高纯水级。填充阴、阳离子树脂到电渗析器的淡水室，在运行时杂质离子由树脂珠粒暂时吸附，并很快地穿过树脂和离子交换膜。随着淡水室的水纯度变得很高后，就有了过量电流，它使电极附近的水解离为 H^+ 和 OH^-，并且迁移通过树脂珠粒，将树脂交换位上仍然保持的痕量杂质离子予以置换。其作用是对树脂进行连续再生，结果是可连续制出纯水，出水电阻率可达 $16M\Omega \cdot cm$。浓水循环，定期定量排放，由进水补充，纯水排放。

图 5-20 是一个简单的 EDI 装置图，中间淡水室装有混合阴、阳离子交换树脂，两边是浓水室。

其作用原理主要有三个过程：

① 渗析过程。在直流电场作用下，水中离子通过离子交换膜进行选择性迁移，从而达到去除离子的作用。

② 离子交换过程。利用混合离子交换树脂对水中剩余离子进行交换，去除水中的离子。

③ 电化学再生过程。利用电渗析的极化过程中水解离产生的 H^+ 和 OH^- 及树脂本身的水解作用，对失效树脂进行电化学再生。

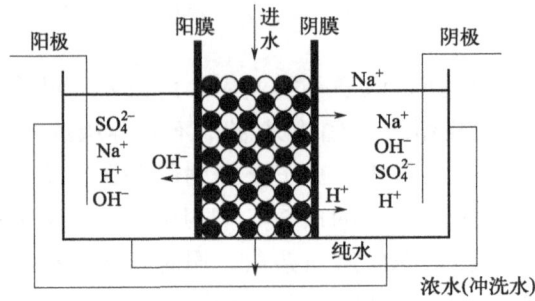

图 5-20　EDI 装置图

EDI 所使用的离子交换树脂的再生无须另加酸碱，运行和再生可以同时进行，不需要备用设备，产水量和水质都可得到提高。EDI 装置是一个连续净水过程，省去了停机再生环节，因此其产品水质稳定。而混床离子交换设备的制水过程是间断式的，再生之初其产品水质较高，而随着失效终点的接近，其出水水质慢慢变差。EDI 与普通的电渗析相比，提高了极限电流密度和电流效率，使除盐的深度大大提高，所以 EDI 的出水水质纯度很高，因此要优于混床出水。电阻率一般为 $15M\Omega \cdot cm$，最高可达 $18M\Omega \cdot cm$。

5.4.2　电渗析在废水中的应用

5.4.2.1　CuCl₂ 废水处理

印刷电路板生产工艺中，要用刻蚀液刻蚀铜箔，大量的被刻蚀下来的铜离子被水冲走，形成 CuCl₂ 浓度为 1000~3000mg/L 的废水。采用沉淀-过滤-电渗析-离子交换联合工艺处理，工艺流程图见图 5-21。

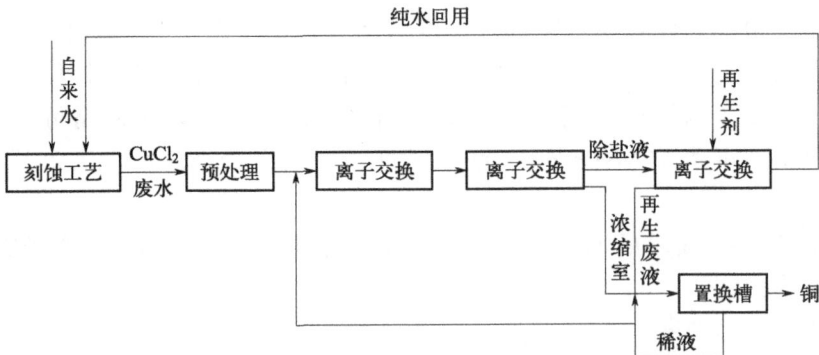

图 5-21　沉淀-过滤-电渗析-离子交换联合工艺流程图

在工艺技术上要注意防止氢氧化物在膜面上的沉积，防止金属铜在阴极上沉积析出，避免阳极产生氯气。为此该装置采取了如下措施：a. 严格进行原水处理，除去油污和机械杂质；b. 选用还原性电解质电极液，调整 pH 值；c. 选用合理的操作参数，并定期调换电极极性。

5.4.2.2　赤泥碱性废液处理

氧化铝生产过程中产生的工业废渣赤泥是一种严重的碱性污染源，表现为赤泥堆积、碱化周围与地下土壤及水源。赤泥固相中含有 2.5%～3.0% 的结合碱（以 Na_2O 计），以活性 CaO 法脱碱，兼有将固相中的碱以 NaOH 形式转移到液相以及除去大部分在电渗析过程中可沉淀离子的作用。所开发的电渗析处理赤泥废碱液系统，旨在进行废渣、废液综合治理，最终实现氧化铝生产零排放工程。活性 CaO 赤泥脱碱与预处理流程见图 5-22。

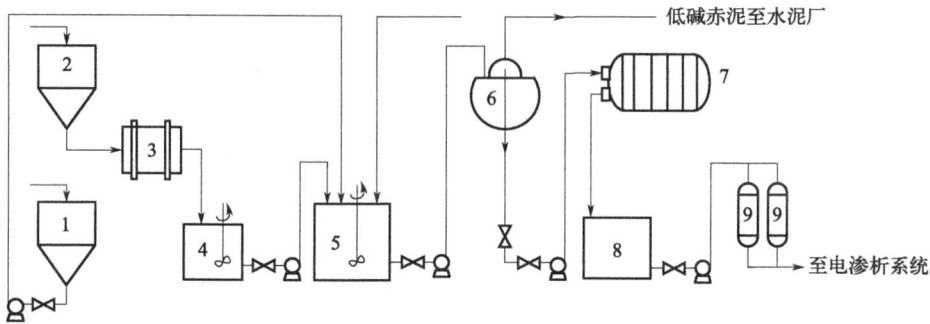

图 5-22　活性 CaO 赤泥脱碱与预处理流程
1—赤泥沉降槽；2—石灰投料仓；3—化灰机；4—石灰乳槽；5—反应槽；
6—真空过滤机；7—压滤机；8—碱液槽；9—精密过滤器

5.4.2.3　组合流程回收酸和金属

图 5-23 显示的是用扩散渗析（DD）和电渗析（ED）回收酸和金属的物料平衡。扩散渗析可以回收 85% 的游离酸，通过扩散渗析的溶液，再用电渗析进一步脱盐。回收酸的电渗析采用特种离子交换膜。酸性离子交换膜（ACM）对回收酸具有较高的电流效率；选择性阳离子交换膜（CMS）对单价阳离子具有选择性，而排斥铝离子透过。

5.4.3　电渗析在化工生产中的应用

5.4.3.1　氯碱电解工业中的应用

在氯碱电解工业中，以全氟阳离子交换膜隔开电解槽中的阳极和阴极，电解食盐水溶液生产氯气和烧碱。这一方法与传统的隔膜法和水银法相比，具有能耗低、碱的纯度高、操作运行方便、不产生汞害等许多优点。

氯碱电解工艺流程简图如图 5-24 所示。从离子膜电解槽流出来的淡盐水，经过脱氯塔脱去氯气，从亚硫酸钠槽 2 加入适量的亚硫酸钠，使淡盐水中的氯脱除干净，进入饱和器，制成饱和食盐水溶液。向此溶液中加入烧碱、纯碱等化学品，在反应器中进行反应，进入沉降器，使盐水中的杂质得以沉降。从盐水槽出来的澄清

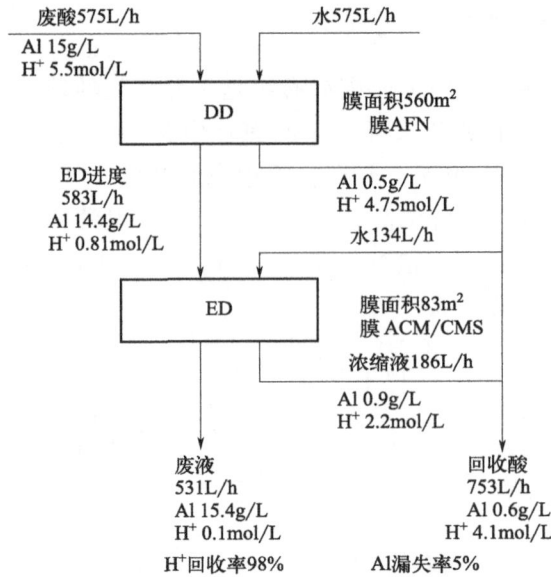

图 5-23 扩散渗析和电渗析回收酸和金属的物料平衡

（AFN 表示阴离子交换膜）

盐水中仍含有一些悬浮物，经过盐水过滤器 1，使悬浮物降到 $1mg/L$ 以下。此盐水通过螯合树脂塔，进入阳极液循环槽，进入电解槽的阳极室中。向电解槽阴极室里加入纯水，控制纯水加入量以调节制得烧碱的浓度。烧碱经气液分离器及循环槽后，可以引出直接作为商品出售，也可进入浓缩装置，进一步浓缩后再作为商品出售。电解槽产生的氯气送到氯气总管，氢气送入氢气总管。淡盐水含氯化钠 $200g/L$ 左右，送到脱氯塔，脱除的废氯再送处理塔进行处理。

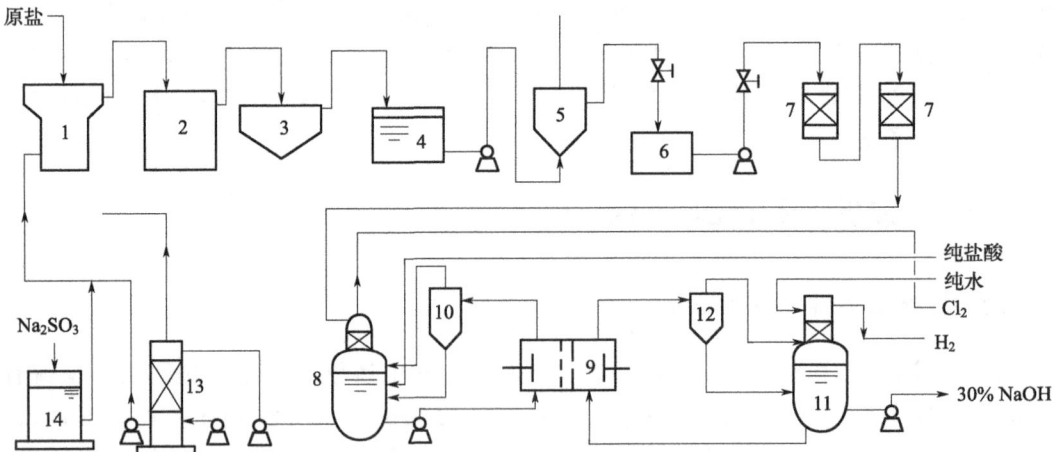

图 5-24 氯碱电解工艺流程示意图

1—饱和器；2—反应器；3—沉降器；4—亚硫酸钠槽 1；5—盐水过滤器 1；

6—盐水过滤器 2；7—螯合树脂塔；8—阳极液循环槽；9—电解槽；10—浓缩装置；

11—循环槽；12—气液分离器；13—脱氯塔；14—亚硫酸钠槽 2

膜是电解槽的核心部分。膜的一侧是高温、高浓度的酸性盐水和氯气，另一侧是高浓度的氢氧化钠，所以对膜的性能要求比较苛刻：a. 应具有良好的化学稳定性，C—F 键结合的全氟聚合物通常可满足这一要求；b. 要能够在 $80\sim100℃$ 下保持稳定；c. 要有一定的机械强度，机械强度与四氟乙烯含量、交换容量有关；d. 有较高的离子选择透过性和电流效率。从其性能看，仅用磺酸基 $R—SO_3^-$ 构成的膜，或仅用羧酸基 $R—COO^-$ 构成的膜都有某一方面的缺点。目前，在工业上多用阳极侧有 $R—SO_3^-$、阴极侧有 $R—COO^-$ 的复合膜。$R—COO^-$ 层的存在可提高电流效率，$R—SO_3^-$ 层的存在可提高电流密度、降低槽电压。

电解槽按供电方式可分为单极电解槽和复极电解槽。在单极电解槽中，各单元电解槽之间采用并联电路，即各单元电解的电压相等，槽的总电流为各单元槽电压之和。复极电解槽采用串联电路，各单元电解的电流相等，槽的总电压为各个单元槽电压之和。电解槽按极间距可分为常极距电解槽、小极距电解槽、零极距电解槽和膜-电极一体化（SPE）电解槽。表 5-6 列出了典型电解槽的结构特性。

表 5-6　几种典型电解槽的结构特性

项目	日本旭化成公司	日本旭硝子公司	日本德山曹达公司	美国 Eltech 公司
电解槽型	ASAHI	AZEC	TSE-DN-270	MGC-6
单元槽数/台	96	76	90	32
有效面积 /(m²/单元槽)	2.7	0.2	2.7	1.5
槽框材质	钛、不锈钢、碳钢		钛、镍、钢	金属
垫片材质	氯丁胶/乙丙胶	三元乙丙胶	合成橡胶	
垫片寿命/a	2		2	
槽框寿命/a	10	>2	5	10
设计槽电流/kA	10.8	50	10.1	28
设计槽电压/V	3.54	3.11	3.11	3.3
极间距/mm	2～3	无	无	无
电流密度/(kA/m²)	4.0	3.29	3.77	3.11
电解槽尺寸/mm	2400×1200	260×1000	2400×1200	1960×1140

5.4.3.2　有机盐制取有机酸

双极膜水解离技术可应用于精细有机化工中，以分离回收各种有机酸、氨基酸、蛋白质等具有高附加值的产品，其总工艺流程如图 5-25 所示。此法具有巨大的经济效益。

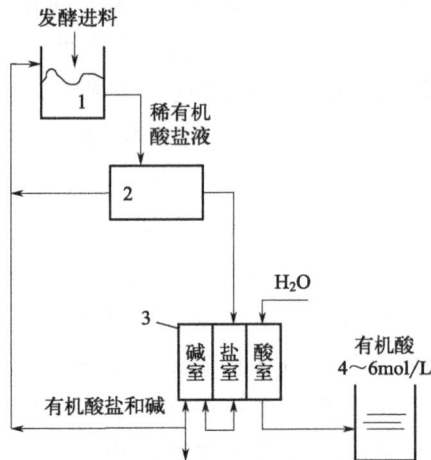

图 5-25　有机盐制取有机酸工艺流程

1—原料溶液；2—双极膜水解离单元；3—产物回收单元

课后要点

1. 电渗析的工作原理。
2. 电渗析过程的基本传质方程。
3. 典型的离子交换膜材料。
4. 离子交换膜的制作方法。
5. 电渗析过程的极化现象。
6. 膜性能评价方法。
7. 电渗析和离子交换膜典型的工业实用案例。

课后习题

1. 电渗析的基本原理是什么？
2. 离子交换膜的种类包括哪些？
3. 离子交换膜的主要表征指标有哪些？
4. 常见的电渗析过程有哪几种？
5. 反向电渗析的影响因素有什么？
6. 典型的电极材料有哪些？
7. 简述电渗析技术的特点。
8. 简述双极膜电渗析的技术特点。
9. 简述离子交换膜的极化现象。
10. 简述离子交换膜组成。
11. 简述离子交换膜的应用。

12. 某乳清溶液含 1% NaCl，处理量为 20m³，利用电渗析脱除 90% 的含盐量。电渗析器有效膜面积为 400mm×900mm，共 100 个腔室。若操作电流为 100A，电流效率取 0.9，求所需脱盐时间。

13. 某工厂每天需处理 30m³ 的氨基酸溶液，其中含盐量为 1%，拟采用 60 室的电渗析装置，在等电点下脱盐，若操作电流为 100A，电流效率 90%，试问需经多长时间可将含盐量降低至 0.1%。

14. 电渗析生产淡水，若将含盐量为 3.8mmol/L 的原水处理成淡水，产水量为 6m³/h，要求经电渗析处理后淡水含盐量为 0.85mmol/L。试确定电渗析器组装方式，求出隔板平面尺寸、流程长度、膜对数、工作电压、操作电流及耗电量。

15. 某电渗析淡化器的并联膜对数为 82，在流量为 5t/h，原水浓度为 3.42meq/L 的条件下运行，操作电流为 6.3A，制得的淡水浓度为 0.18meq/L，试计算其电流效率。

部分课后习题答案

12. 解：

已知 NaCl 浓度为 1%，将其转化为物质的量浓度：$c_1 = 170.9 \text{mol/m}^3$

考虑到溶液较稀，所以将其密度近似等于水的密度 1000kg/m^3。

利用公式 $\eta = q_v(c_1 - c_2)F/nI$ 进行计算：

$$q_v = \frac{\eta n I}{(c_1 - c_2)F} = \frac{0.9 \times 100 \times 100}{0.9 \times 170.9 \times 96500} = 6.06 \times 10^{-4} \text{m}^3/\text{s}$$

则所需脱盐时间 $t = 20/(6.06 \times 10^{-4} \times 3600) = 9.2\text{h}$。

13. 解：

已知氨基酸中的含盐量为 1%，将其转化为物质的量浓度：$c_1 = 170.9 \text{mol/m}^3$

由于溶液较稀，因此其密度可以近似为水的密度，即 1000kg/m^3。

利用公式 $\eta = q_v(c_1 - c_2)F/nI$ 进行计算：

$$q_v = \frac{\eta n I}{(c_1 - c_2)F} = \frac{0.9 \times 60 \times 100}{(1 - 0.1\%/1\%) \times 170.9 \times 96500} = 3.64 \times 10^{-4} \text{m}^3/\text{s}$$

则所需脱盐时间 $t = 30/(3.64 \times 10^{-4} \times 3600) = 22.9\text{h}$。

14. 解：

① 计算总流程长度。假设在临界电流密度状态下运行，且临界电流密度相同。根据电渗析的基本原理，可求得总流程长度。若采用聚乙烯异相膜，隔板厚度 d 为 2mm，粘普通鱼鳞网，$K = 0.04$，电流效率取 0.8，取 $n = 1$，则可得：

$$L = \frac{2.3 F V^{(n-1)} d}{K \eta} \lg \frac{C_{\text{di}}}{C_{\text{do}}} = \frac{2.3 \times 96.5 \times 0.2}{0.04 \times 0.8} \lg \frac{3.8}{0.85} = 902\text{cm}$$

② 组装方式选择。由于淡水产量较大，而所需流程长度较短，则可选用全部并联组装方式。

③ 膜对数计算，水在隔板流水道中的流速取 $V=9\mathrm{cm/s}$，流水道宽度 $B=6.1\mathrm{cm}$，即得：

$$N_\mathrm{D}=\frac{278Q}{BdV}=\frac{278\times6}{6.1\times0.2\times9}=152 \text{ 对}$$

④ 计算隔板尺寸、隔板或膜的有效面积时，利用系数 α 按 0.6 计算，隔板或膜面积 A 为：

$$A=\frac{BL}{\alpha}=\frac{6.1\times902}{0.6}=9170\mathrm{cm}^2$$

采用 $800\mathrm{mm}\times1600\mathrm{mm}$ 的隔板，其面积为 $12800\mathrm{cm}^2$，有效面积为 $12800\times0.6=7680\mathrm{cm}^2$。

⑤ 计算极限电流密度，按下式计算：

$$i_\mathrm{lim}=KC_\mathrm{m}V^n$$

式中，C_m 为淡室中水的对数平均浓度，即：

$$C_\mathrm{m}=\frac{C_\mathrm{di}-C_\mathrm{do}}{\ln\dfrac{C_\mathrm{di}}{C_\mathrm{do}}}=\frac{3.8-0.85}{\ln\dfrac{3.8}{0.85}}=1.97\mathrm{mmol/L}$$

将 $V=9\mathrm{cm/s}$，$n=1$，$K=0.04$ 代入极限电流密度公式得：

$$i_\mathrm{lim}=0.04\times1.97\times9\approx0.7\mathrm{mA/cm}^2$$

⑥ 确定工作电压。由于膜对数较多，考虑组装方式选择二级一段，中间设共电极，每膜对电压取 3.5V，假设每膜对的脱盐量约为 0.04mmol/L，则膜堆电压：

$$U_\mathrm{s}=NU_\mathrm{P}=\frac{C_\mathrm{di}-C_\mathrm{do}}{\text{单个膜对的脱盐量}}\times U_\mathrm{P}=73\times3.5=255.5\mathrm{V}$$

极化电压 U_e 的通常经验值为 15V，则工作电压为：

$$U=U_\mathrm{s}+U_\mathrm{e}=255.5+15=270.5\mathrm{V}$$

⑦ 计算操作电流。操作电流为：

$$I_\mathrm{D}=2Ai_\mathrm{lim}\times10^{-3}=2\times7680\times10^{-3}\times0.6=9.2\mathrm{A}$$

⑧ 计算耗电量。电渗析器耗电量可利用下式计算：

$$W_\mathrm{i}=\frac{UI}{Qm}\times10^{-3}$$

式中，m 为整流器效率，在 $0.95\sim0.98$ 范围内，取 0.97，则：

$$W_\mathrm{i}=\frac{UI}{Qm}\times10^{-3}=\frac{270.5\times9.2}{6\times0.97}\times10^{-3}=0.43\mathrm{kW\cdot h/m}^3$$

15. 解

由下式得：

$$\eta=\frac{Q(C_\mathrm{di}-C_\mathrm{do})F}{IN}=\frac{26.8\times5\times(3.42-0.18)}{6.3\times82}\times100\%=84\%$$

参考文献

［1］陈霞，蒋晨啸，汪耀明，等．反向电渗析在新能源及环境保护应用中的研究进展［J］．化工学报，2018，69（01）：188-202.

［2］孙文文，唐元晖，张春晖，等．双极膜电渗析技术的研究进展［J］．工业水处理，2021，41（05）：36-41.

［3］STRATHMANN H. Ion-Exchange membrane separation processes［J］. Membrane Science and Technology，2004，9：287-330.

［4］王湛，王志，高学理，等．膜分离技术基础．［M］. 3 版．北京：化学工业出版社，2019.

［5］邓麦村，金万勤．膜技术手册［M］. 2 版．北京：化学工业出版社，2020.

［6］Mulder M. 膜技术基本原理［M］. 2 版．李琳，译．北京：清华大学出版社，1999.

［7］杨座国．膜科学技术过程与原理［M］．上海：华东理工大学出版社，2009.

［8］范瑾初，金兆丰．水质工程［M］．北京：中国建筑工业出版社，2009.

第**6**章 其他新型膜处理技术在膜法水处理中的应用

6.1 膜蒸馏

6.1.1 膜蒸馏概述

膜蒸馏（membrane distillation，MD）是近些年发展起来的一种以疏水微孔膜两侧蒸汽压力差为驱动力，膜技术与蒸发过程相结合的膜分离过程。分离过程中，膜的一侧与热的待处理溶液直接接触（称为高温侧），另一侧直接或间接地与冷的水溶液接触（称为低温侧）。高温侧溶液中易挥发的组分在膜面处汽化，通过膜进入低温侧并被冷凝成液相，其他组分则被疏水膜阻挡在高温侧，从而达到混合物分离或提纯的目的。

6.1.2 膜蒸馏原理

膜蒸馏过程本质就是传热和传质过程，并且传热和传质是同时发生的。传热过程主要包括以下四个步骤：a. 热量由进料液主体通过进料液侧边界传递到进料液侧膜表面；b. 进料液侧膜表面热量通过膜主体和膜孔传递到膜渗透侧表面；c. 水分子在跨膜传质时，以汽化潜热的形式将热量传递到渗透侧；d. 热量穿过渗透侧边界传递到渗透液主体。传质过程则可分为三个阶段：a. 进料液组分被蒸发吸附至膜表面；b. 由于浓度梯度差，水蒸气扩散透过膜；c. 水蒸气在渗透侧冷凝成液体。

膜蒸馏过程必须具备以下特征以区别于其他膜过程：

① 所用的膜为微孔膜；

② 膜不能被所处理的液体润湿（疏水膜）；

③ 在膜孔内没有毛细管冷凝现象发生；

④ 只有蒸汽能通过膜孔传质；

⑤ 所用膜不能改变所处理液体中所有组分的气液平衡；

⑥ 膜至少有一面与所处理的液体接触；

⑦ 对于任何组分，该膜过程的推动力是该组分在气相中的分压差。

6.1.3　膜蒸馏过程

根据膜下游侧冷凝方式的不同，MD 可分为四种形式：直接接触膜蒸馏（direct contact membrane distillation，DCMD）、气隙膜蒸馏（air gap membrane distillation，AGMD）、吹扫气膜蒸馏（sweeping gas membrane distillation，SGMD）和真空膜蒸馏（vacuum membrane distillation，VMD）（又名减压膜蒸馏）。每种类型的蒸馏优缺点及适用情况如表 6-1 所示。

表 6-1　MD 各种形式的优缺点及适用情况

形式	示意图	优点	缺点	应用
直接接触膜蒸馏（DCMD）	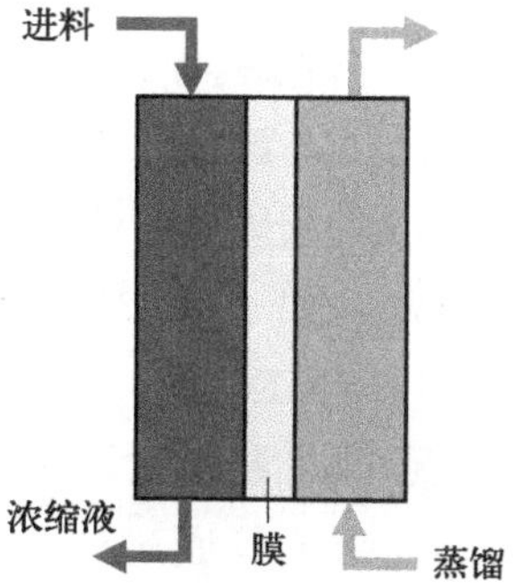	构型简单，通量稳定	热量损失大，受膜厚影响大	养殖废水、蒸氨废水等。多用于小试研究
气隙膜蒸馏（AGMD）	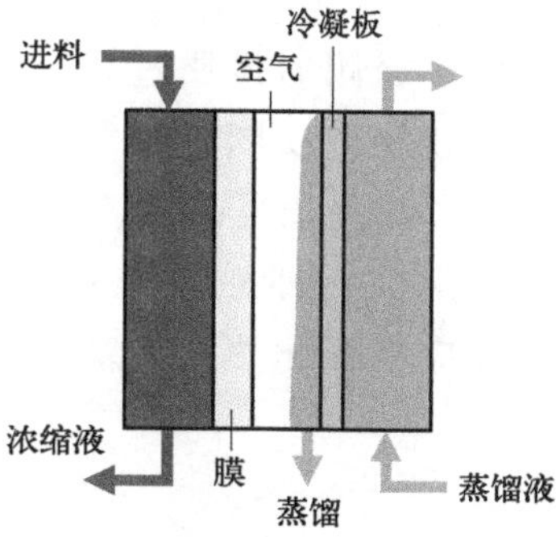	热损耗少，膜污染小且通量最高	传质阻力大，膜组件复杂，产水率低	高盐石化废水等
真空膜蒸馏（VMD）	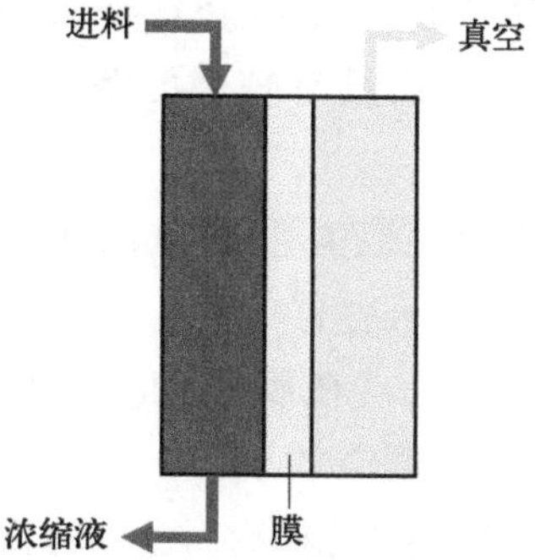	温差极化弱，无膜润湿现象，通量较高	热回收困难，需额外的真空泵和冷凝器，成本高	尿液、养殖废水等。实现了小型商业化应用

续表

形式	示意图	优点	缺点	应用
吹扫气膜蒸馏（SGMD）	进料 浓缩液　膜　吹扫气	传质系数高，温差极化弱	通量低，需提供冷凝气体	垃圾渗滤液等。已应用于中试和示范工程

在 DCMD 装置中，热溶液（进料）与热膜侧面直接接触。因此，蒸发发生在进料膜表面。蒸汽通过膜的压差移动到渗透侧，并在膜组件内冷凝。在 AGMD 装置中，进料溶液仅与膜表面的热侧直接接触。在膜和冷凝表面之间引入停滞空气。蒸汽穿过气隙，在膜元件内的冷表面上冷凝。在 VMD 装置中，泵用于在渗透膜侧产生真空。冷凝发生在膜组件外部。在 SGMD 装置中，惰性气体用于扫去渗透膜侧的蒸汽，使其在膜组件外部冷凝。有一个气体屏障，如 AGMD，以减少热损失，但这不是静止的，因此提高了传质系数。AGMD 和 SGMD 可以结合在一个被称为恒温扫气膜蒸馏（TSGMD）的过程中。在这种情况下，惰性气体可通过膜和冷凝表面之间的间隙。一部分蒸汽在冷凝表面上冷凝，其余蒸汽通过外部冷凝器在膜室外部冷凝。

目前有关膜蒸馏过程形式的研究主要集中在渗透侧的传质过程，即上述四种形式的渗透侧冷凝方法。然而，膜蒸馏过程中传热和传质同时进行，反应速度主要取决于较慢的传热过程。基于这一理论，有学者提出了鼓泡膜蒸馏（bubble membrane distillation，BMD）等新型膜蒸馏过程形式，即在现有过程的基础上，通过向热流体中鼓入空气气泡，由气液两相流效应来强化热流体流动，提高传热效率。

（1）与常规蒸馏相比膜蒸馏的优点

① 在膜蒸馏过程中，蒸发区和冷凝区十分靠近，实际上只有膜的厚度，但蒸馏液却不会被料液污染，所以膜蒸馏与常规蒸馏相比具有较高的蒸馏效率，并且蒸馏液更为纯净。

② 在膜蒸馏过程中，由于液体直接与膜接触，最大限度地消除了不可冷凝气体的干扰，无须复杂的蒸馏设备，如真空系统、耐压容器等。

③ 蒸馏过程的效率与料液的蒸发面积直接相关，在膜蒸馏过程中很容易在有限的空间中增加膜面积即增加蒸发面积，从而提高蒸馏效率。

④ 在该过程中无须把溶液加热到沸点，只要膜两侧维持适当的温差，该过程就可以进行，可利用太阳能、地热、温泉、工厂的余热和温热的工业废水等廉价

能源。

（2）与其他膜过程相比膜蒸馏的优点

① 膜蒸馏过程是在常压下进行的，设备简单、操作方便，在技术力量较薄弱的地区也有实现的可能性。

② 在非挥发性溶质水溶液的膜蒸馏过程中，因为只有水蒸气能透过膜孔，所以蒸馏液十分纯净，有望成为大规模、低成本制备超纯水的有效手段。

③ 该过程可以处理极高浓度的水溶液，如果溶质是容易结晶的物质，则可以把溶液浓缩到过饱和状态而出现膜蒸馏结晶现象，这是目前唯一能从溶液中直接分离出结晶产物的膜过程。

④ 膜蒸馏组件很容易设计成潜热回收形式，并具有以高效的小型组件构成大规模生产体系的灵活性。

（3）膜蒸馏的弱点

① 膜蒸馏是一个涉及相变的膜过程，汽化潜热降低了热能的利用率，所以在组件的设计上必须考虑到潜热的回收，以尽可能减少热能的损耗。与其他膜过程相比，膜蒸馏在有廉价热能的情况下才更有实用意义。

② 膜蒸馏与制备纯水的其他膜过程相比通量较小，所以目前尚未实现大规模工业生产中的应用，如何提高膜蒸馏的通量也就成为了一个重要的研究方向。

③ 膜蒸馏采用疏水微孔膜，与亲水膜相比，在膜材料和制备工艺的选择方面局限性较大。

6.1.4　膜蒸馏技术的应用

6.1.4.1　膜蒸馏技术在海水淡化中的应用

膜蒸馏工艺拥有很高的盐分截留率，在膜不被润湿的情况下，盐分截留率能达到 90％以上。此外，该工艺也是为数不多的能从海水浓缩液中提纯出易结晶物质的海水淡化方法，对海洋资源的利用具有重大意义。1996 年 Lawson 等在 DCMD 实验中，实现了膜蒸馏通量超过同期反渗透的渗透通量，膜蒸馏工艺在海水淡化领域的发展前景也因此被世人所认可。近年来的实验数据表明，VMD 用于海水脱盐也具有较好的发展前途。

于德贤等将聚偏氟乙烯中空纤维微孔膜组装成外径为 100mm、长度为 500mm 的单元膜组件，用于 VMD 海水淡化实验，当海水温度为 55℃时，经一次膜蒸馏获得的淡化水含盐量均低于自来水的含盐量，脱盐率达 99.7％以上，膜通量达 5kg/(m² · h) 以上。颜学升等使用膜内径 0.5mm、壁厚 0.25mm、有效面积 0.8m²、平均孔径 0.18μm、孔隙率 86％的 PVDF 中空纤维疏水膜组件，在 VMD 过程中处理不同浓度的 NaCl 溶液。实验结果表示，系统在料液温度为 88℃、料液流速为 240cm/min、真空度为 0.081MPa、料液浓度为 5％时，蒸馏膜通量最大，为 14.1kg/(m² · h)，截留率为 99.8％，产水的电导率保持在 12μS/cm。该实验证明，VMD 过程可以有效去除盐水中的盐分，在海水淡化领域拥有很大潜力。

在 VMD 过程中，膜厚度、孔隙率、孔径等参数同样会影响膜蒸馏过程的产水量和产水水质。武春瑞等通过 VMD 脱盐实验，着重研究了高孔隙率 PVDF 中空纤维膜的内径和壁厚、组件长度、装填纤维数目等结构参数对 VMD 性能的影响。结果表明，PVDF 中空纤维膜内径对 VMD 产水通量影响较小，而膜壁厚度增加会使通量明显降低。当采用内径 1.0mm、壁厚 0.1mm 的膜制成的长度为 21cm，装填纤维 50 根的膜组件进行实验时，组件产水通量达到 21.8kg/(m²·h)，产水电导率保持在 4μS/cm 以内，脱盐率保持在 99.99%。

研究证明，膜蒸馏工艺截留效果好，能满足海水淡化要求。而高能耗却是限制膜蒸馏技术工业化应用的关键所在，在大规模的海水淡化处理中，膜蒸馏与反渗透等膜分离技术相比，并不占优势。然而，相比于传统电能驱动的海水淡化技术，膜蒸馏技术可以与低品位热能，如太阳能、地热能、工业余热等相结合，从而降低处理成本。

Huang 等以太阳能为驱动力，设计了一种采用三层疏水性膜和两层太阳能膜蒸馏结构的光能膜蒸馏工艺。该工艺采用由静电纺丝和喷涂法制备的聚二甲基硅氧烷/碳纳米管/聚偏氟乙烯（PDMS/CNT/PVDF）复合膜，该膜可以有效地吸收和转换光能，实现对冷凝热的有效回收。在 1m² 的太阳光照面积下，该工艺的最大生产率为 1.43kg/(m²·h)，盐分去除率为 99.9%。

膜蒸馏设备简单，占地面积小，设计出地区型或家用型的海水淡化设备也是研究的新思路。Ma 等结合 VMD 系统与太阳能光伏动力系统，研发了一项小型集成式脱盐设备。其中的热泵热回收单元能回收蒸发潜热和冷凝蒸汽，无须额外冷却系统，有效面积为 0.18m² 的微型组件，能日产淡水 3.7L。李萌设计出一种基于膜蒸馏技术的海上救援便携式海水淡化装置，该装置利用太阳能蓄电池供能，通过 DC-MD 系统，在有效光照条件下，产水量可达 3L/d，能满足一人一天的需水量，且装置体积小，便于携带，具有很强的实用性。

6.1.4.2　膜蒸馏技术在苦咸水淡化中的应用

通常把水中总溶解固体（TDS）在 1000～10000mg/L 的天然水称为苦咸水，此种水无法直接饮用，成为了地区经济发展的最大制约因素之一。例如，我国西北地区广袤无垠，但单位面积水资源总量仅为全国平均值的 1/5，且大部分为地下中高盐度苦咸水。MD 作为苦咸水脱盐技术之一，因其高效、节能、工艺简单等特点，在世界水资源可持续发展战略中起着越来越重要的作用。

张建芳等以 NaCl 水溶液为实验体系，使用聚丙烯中空纤维膜研究 VMD 过程中的影响因素。结果表明：随着真空度、料液流量及温度的提高，膜的渗透通量有增加的趋势，当 NaCl 质量浓度在 10g/L 以上时，膜的渗透通量有下降趋势；但馏出液的电导率不受各因素变化影响，通常在 4μS/cm 左右；膜的截留率达到 99% 以上。涂正环等对 NaCl 水溶液的研究也有相似的实验结果。

李玲等以新疆罗布泊地下苦咸水为研究体系，考察了 VMD 淡化高浓度盐溶液过程中温度、浓度、真空度对膜通量的影响。结果表明：膜的渗透通量与温度的倒数呈指数关系，高真空度下的膜通量与膜两侧水蒸气分压平方根的差呈直线关系；当盐浓度达到一定量时，浓度的增大对膜通量的影响较小。实验发现，将 VMD 应用于新疆罗布泊地区地下苦咸水的淡化处理效果明显，且馏出液水质稳定，馏出液电导率均小于 $10\mu S/cm$，实验为解决罗布泊地区淡水缺乏问题提供了具有参考价值的方法。

MD 脱盐的产水质量是其他膜过程不能比拟的，Karakulski 等将不同的膜过程进行了对比：超滤（UF）能脱除悬浮物和胶体；纳滤（NF）可完全除掉水中的有机碳，硬度可降低 $60\%\sim87\%$；RO 可将 TDS 截留 99.7%；MD 的产水水质最好，产水的电导率可达 $0.8\mu S/cm$，TDS 质量分数可达 6.0×10^{-7}。由于渗透压对 MD 影响较小，采用 RO 与 MD 集成膜过程脱盐也是合理可行的。在苦咸水脱盐过程中，杨兰等发现，苦咸水中的硫酸钙、碳酸钙和氢氧化镁易在膜表面沉积结垢，使膜通量下降，破坏膜的疏水性，造成膜污染，而通过对苦咸水进行预处理可有效防止膜污染的产生。

采用 MD 技术制备淡水首先应考虑能源问题，可以在系统设计上考虑热能的回收或考虑利用廉价能源加以解决，利用太阳能和地热资源是 MD 脱盐的重要研究方向。

6.1.4.3　膜蒸馏技术在工业废水处理中的应用

（1）高浓度有机废水的处理

高浓度有机废水指 COD 浓度高于 $2000mg/L$ 的废水，包括印染废水、焦化废水、垃圾渗滤液等工业废水，其成分复杂，有机物含量高，含盐量高，很难降解，是废水处理领域的一大难题。这类废水多具有毒性和污染性，使用传统的生物降解法费时费力，且处理效率不高。膜蒸馏工艺对废水中的有机物截留率高，且工艺简单，安全性高，适用于高浓度有机废水的处理。下面将分别对基于 PVDF 膜蒸馏工艺处理印染废水和焦化废水的应用研究进行概述及分析。

① 印染废水的处理　印染废水具有水量大、COD 浓度高、pH 值浮动大、含有大量印染剂及难降解印染助剂等特征，同时废水中污染物在生物降解作用下会产生苯胺类等有毒致癌物。通过膜蒸馏工艺处理印染废水具有以下两个优点：a. 纺织工业排出废水温度通常高于 $80℃$，膜蒸馏可有效利用这部分热量，不需额外加热；b. 染料可从废水中回收，节约纺织工业的材料成本。

娄蒙蒙在通过 DCMD 过程处理印染废水的实验中，研究了在不同温度、浓度、流速下的 PVDF 膜蒸馏工艺处理染料中间体废水的效果。在热侧温度 $50℃$、进料流速 $0.34L/min$、冷侧温度 $20℃$、出料流速 $0.25L/min$ 条件下，对 $40mg/L$ 浓度的实验室染料废水蒸馏 48h。实验结果表明，PVDF 膜对不同沸点的特征物截留率差异巨大，对氨基苯磺酸和 3,4-二羟基苯甲酸的截留率较高，截留率都在 95% 以上，对染料中间体如苯酚和苯胺的截留率低。此外，该研究还对浙江海宁某纺织厂染缸废水进行了实验处理，处理过程中发现渗透液电导率上升并出现色度，膜润湿现象严重。

苏华通过 VMD 过程采用自制改良 PVDF 纳米纤维膜处理远纺织染（苏州）有限公司印染废水。在真空度 0.02MPa、进水循环流量为 450mL/min、热侧进水温度为 80℃的条件下，有机物的平均截留率在 97% 以上。实验中，废液浓度不断浓缩，但馏出水电导率变化不大，说明 VMD 较 DCMD 能有效减轻印染废水处理中的膜润湿问题。然而由于印染废水中存在大量的脂类、油类和大分子有机物，在膜蒸馏时，这些物质会吸附在膜表面或进入膜孔，造成了严重的膜污染问题。随着实验的进行，膜通量持续下降，运行 35h 时，膜通量几乎为零。

为解决膜污染问题，王婷等先使用铁碳法对印染废水进行预处理，接着通过 VMD 过程分别对预处理后的印染废水与原废水进行处理。实验显示，预处理后的印染废水馏出液较原废水，COD 浓度和色度都大幅下降，从而有效改善了膜污染问题。

② 焦化废水的处理　焦化废水成分复杂，含有酚类、多环芳烃类、杂环类等多种有机物以及高浓度的无机盐，其具有生物毒性大、出水色度高、刺激性气味大等特点，如何对其进行妥善处理始终是焦化废水处理领域的难点。PVDF 膜处理焦化废水时，焦化废水中的疏水有机物（如吡啶）和能与钙离子发生静电作用的腐殖酸等物质吸附在膜表面，膜表面产生大量沉积物，致使膜孔堵塞，从而导致膜通量急剧下降。为解决这一问题，李建国等采用纳米 SiO_2 粒子协同全氟硅烷（17-FAS）改性后的 PVDF 平板膜进行膜蒸馏来深度处理焦化废水。结果表明，改性后的 PVDF 复合膜与水和乙二醇的接触角分别为 154.8° 和 137.0°，改性后的复合膜接触角增大，污染物不易在膜表面堆积。出水中总有机碳的质量浓度也从未改性前的 (10.0 ± 1.3)mg/L 降低至 (2.0 ± 0.3)mg/L，色度、浊度、NH_4^+ 含量、UV_{254}（有机物在 254nm 波长紫外光下的吸光度）等各指标均优于原膜处理的出水水质。

此外，在实际应用中，还可利用工业产生的余热向膜蒸馏过程提供传质动力，从而实现低耗能、高效能的生产目标，进而为焦炭行业的可持续发展提供保障。

（2）高氨氮废水的处理

氨氮含量大于 500mg/L 的水被称为高氨氮废水，水中氨氮含量过高会造成严重的水体富营养化，同时氨氮废水经过一段时间的生物作用后会产生致癌物亚硝胺，威胁人体健康。如使用传统生物方法处理此类废水，需额外添加大量碳源，增加了处理成本。因此，如何高效、低成本处理高氨氮废水，也是当前水处理领域的难点。近年来 MD 技术逐渐应用于高氨氮废水的处理与回用，并取得显著进展。

畜禽养殖废水中含有大量有机物和营养物质，特别是经厌氧消化处理后，氨氮含量显著增加。MD 因产水水质好、通量稳定，在畜禽养殖废水处理中得以应用，如表 6-2 所示。

表 6-2 MD 技术在畜禽养殖废水处理中的应用

工艺	运行条件	进水水质	处理效果	膜清洗/膜污染
DCMD	PTFE 膜,接触角 112°,厚 30μm,入口压力(LEP)180kPa,膜面积 185cm^2	COD(1240 ± 360)mg/L;TDS(3008 ± 172)mg/L;NH_4^+-N(512 ± 70)mg/L;VFA(512±112)mg/L	通量 9.22L/(m^2 · h);氨和 COD 截留率＞90%;清洁后通量恢复 96%	主要为有机污染,8h 后碱洗,通量可恢复至 96%
	PVDF 膜,孔径 0.45μm,接触角 132°;流速 0.1L/s;温度(50±1)℃	COD(631.50±4.77)mg/L;TN(377.00 ± 2.83)mg/L;NH_4^+-N(209.32±10.9)mg/L;PO_4^{3-}(47.84±0.40)mg/L	氨、COD、TP 的截留率＞99%	膜污染主要是由于钙、镁和硅的沉积,加酸可有效减缓结垢
	PVDF 膜,孔径 0.22μm	COD(1611.6±115.5)mg/L;NH_4^+-N(731.2±66)mg/L;TP(31 ± 3.3)mg/L;PO_4^{3-}(12.5±1.5)mg/L	通量 38.8L/(m^2 · h);NH_4^+-N、COD、TP 截留率分别为 90%、99.9%、99.4%	因 $CaCO_3$ 在膜表面沉积,72h 后通量骤降为 5L/(m^2 · h)
VMD	PTFE 膜,孔径 0.23μm	NH_4^+-N 0.29~1.21mol/L	进料浓度为 0.65mol/L 时,氨去除率最佳;提高 pH 值可提高脱氨效率	

注:PTFE 为聚四氟乙烯;VFA 为挥发性脂肪酸。

Jacob 等利用 DCMD 处理经厌氧消化的养殖废水(NH_4^+-N 为 512mg/L),COD 和 NH_4^+-N 的截留率高于 90%,通量为 9.22L/(m^2 · h),运行 8h 后碱洗可恢复 96%的初始通量。此外,Kim 等用 DCMD 处理养殖废水,前 90min 无膜污染发生,通量高达 38.8L/(m^2 · h),72h 后随着膜污染层的形成,通量显著下降,但 NH_4^+-N、COD、TP 截留率仍分别可达 90%、99.9%、99.4%。因此,MD 可有效处理畜禽养殖废水。

尿液是另一种典型的高氨氮废水。尿液中氮的存在形态及浓度会随储存时间发生变化:新鲜尿液中的氮主要以尿素形式存在,随着尿素的水解,NH_4^+-N 逐渐升高并成为主导形态,其质量浓度为 254~7100mg/L。MD 在尿液回收方面具有显著优势。Tun 等采用 DCMD 处理储存尿液,发现酸化可提高产水水质,实现水的高效回用。随着人类太空探测活动的发展,面向空间站应用的尿液处理与回用技术成为研究重点。Zhao 等采用 VMD 处理尿液,水回收率可达 31.9%~48.6%,NH_4^+-N 截留率为 40.6%~75.1%。将 FO(正渗透)与 MD 联合可进一步优化产水水质,尤其是在空间环境用于源分离尿液处理方面,FO-MD 是饮用水生产和浓缩肥料的有效解决方案,从尿液中回收水或养分具有良好的应用前景。实验室规模的 FO-MD 混合系统示意图见图 6-1。

垃圾渗滤液、蒸氨废水及污泥浓缩液也是常见的高氨氮废水(NH_4^+-N 在 400~60000mg/L),成分复杂、处理难度大,具有显著的环境风险。丁闩保采用 SGMD 处理垃圾渗滤液,实现了盐类与 NH_4^+-N 的高效截留,去除率分别为 99%

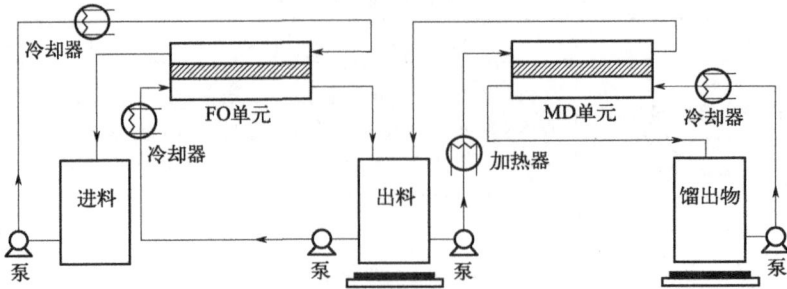

图 6-1 实验室规模的 FO-MD 混合系统示意图

与 97%，符合废水排放标准要求。宋明杰采用中空纤维 VMD 处理蒸氨废水，NH_4^+-N 截留率为 88.3%；VMD 运行过程中通量缓慢下降并受温度影响较大，温度为 60℃时，第 10 天膜污染严重，通量由 3.7L/($m^2 \cdot h$) 降至 3.19L/($m^2 \cdot h$)；温度为 65℃时，第 7 天膜污染严重，通量由 6.83L/($m^2 \cdot h$) 降至 5.12L/($m^2 \cdot h$)，但产水水质未随膜污染的加重而劣化。随着水质要求的提高，耦合技术逐渐应用于水处理中。Xie 等将 FO 和 MD 技术联用处理污泥浓缩液，同时实现 N、P 的回收和水的有效回用。MD 可高效去除废水中污染物并实现冷却水的循环使用，为高氨氮废水处理提供了一种有效的解决途径。

综上，作为一种有效的处理工艺，MD 已在不同行业的高氨氮废水中得到广泛研究并取得一定进展。MD 用于高氨氮废水处理时主要有 2 种思路（图 6-2）：一是加酸预处理，使溶液中的氨以 NH_4^+ 形式存在，实现高品质产水与水回用；二是通过调节 pH 值使 NH_4^+-N 以气态 NH_3 的形式穿过膜孔，实现氮的回收。随着排放要求的进一步提升，MD 在高氨氮废水处理领域将具有光明的应用前景。

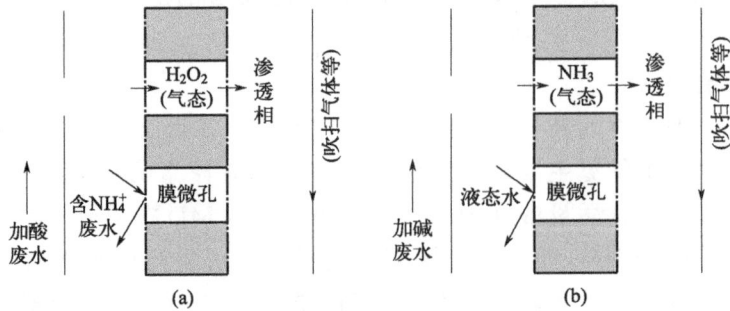

图 6-2 MD 处理高氨氮废水工艺

（3）含油高盐废水的处理

含油高盐废水通常是石油开采运输和工业加工中产生的废水，含盐量高，尤其是用于清洗油渣的洗涤液废水，其含盐量超过 10000mg/L。此外，这类废水还含有大量的乳化油，它在水中体积较小且性质稳定，用传统的物理化学方法难以将其去除。膜蒸馏有很好的选择透过性，在含油高盐废水的处理中应用前景十分广阔，但膜蒸馏用膜的强疏水性会使得截留物质吸附在膜表层产生污染，导致膜通量和截留率的下降。因此，含油高盐废水的处理中使用的膜多为亲水改性膜。

Yuliwati 等将 1.95％ 的 TiO_2 纳米颗粒、0.98％ 的 $LiCl \cdot H_2O$ 结晶、19％ 的 PVDF 材料和 78.07％ 的 DMAC（二甲基乙酰胺）混合后制成纺丝液，再用相转化法制得 $PVDF/TiO_2/LiCl$ 复合膜后用于处理含油废水。结果表明，改性后的 PVDF 膜的亲水性显著提高，抗污染性增强，处理混合液悬浮固体浓度（MLSS）为 3000mg/L 的炼油厂废水时，油分截留率高达 98.8％。

闫凯波等自制了聚偏氟乙烯接枝聚甲基丙烯酸甲酯（PVDF-g-PMMA）亲水性油水分离膜，通过 PMMA 分子链上的亲水酯基使复合膜的水接触角由 89.5° 下降至接近 55.9°，提高了膜的亲水性，有效增加了膜通量。此类改性膜的孔隙度和平均孔径分别为 71.6％ 和 78.9nm，而未改性 PVDF 膜的孔隙度和平均孔径则分别为 58.2％ 和 42.5nm，改性后的孔隙度和平均孔径都显著增大。

Li 等在碱性条件下降解氧化没食子酸（GAL）并与 PVDF 共混，制得 PVDF-g-PGAL 复合膜，经过 $NaHSO_3$ 溶液处理后，孔径在 130.2～263.3nm 之间，滤油率达到 97.39％。而且，复合膜对大肠杆菌和金黄色葡萄球菌等拥有很好的抗菌性，有效解决了由菌落造成的膜孔堵塞问题，在复杂含油废水介质的处理中，应用前景十分可观。

Zhang 等将正渗透技术（forward osmosis，FO）和膜蒸馏工艺耦合，使用 PVDF 中空纤维膜，组建混合式 FO-MD 系统，对实验室配置的模拟含油废水溶液进行处理。经过 15h 的连续分离试验，其膜通量稳定在 18.5kg/（$m^2 \cdot h$），除盐率高于 99.9％，FO-MD 系统在运行过程中对油分的截留率几乎达到 100％，对水的回收率可达 90％ 以上。此外，该系统还可以有效回收废水中的有机物（如乙酸等），具有一定的经济效益。

6.1.4.4　膜蒸馏技术在反渗透浓水处理中的应用

膜蒸馏可以处理浓度极高的水溶液，且当溶质较易结晶时，膜蒸馏技术可直接从溶液中分离出结晶产物，这是其他膜分离技术难以做到的。

王军等采用疏水膜蒸馏（MD）浓缩技术处理低压反渗透（RO）系统的浓水，系统地研究了 MD 技术用于 RO 浓水回用处理时的运行参数，以及 RO 浓水的 pH 值与 MD 浓缩倍数对膜通量和产水水质的影响。同时采用 Visual MNTEQ ver2.51 软件系统地分析了膜蒸馏浓缩过程中，碳酸钙、硫酸钙、氢氧化镁等难溶盐的溶解度及其饱和指数与 RO 浓水 pH 值、温度及浓缩倍数的关系，确定了 MD 稳定运行的控制参数。最后，进行了连续 180h 的 MD 试验。结果表明：采用 MD 技术处理 RO 浓水，进而形成 RO-MD 集成系统，不仅具有技术可行性和可操作性，而且可大幅度提高系统的产水率，实现 RO 系统的"近零排放"。

膜蒸馏可对海水进行深度浓缩，王奔采用离子交换法选择性除钙后的海水，用多效膜蒸馏过程进行深度浓缩，可将海水含盐量从 34g/L 浓缩至 250g/L 以上，并且在该过程中，最大膜通量和造水比分别能达到 6.07L/（$m^2 \cdot h$）和 13.2，高浓缩倍数时，馏出液产品的电导率比一般自来水的电导率要小，说明离子交换法与多效膜蒸馏过程相结合用于海水深度浓缩是可行的。

唐娜等采用 PVDF 中空纤维膜及 PTFE 微孔平板膜组件对反渗透海水淡化浓盐水进行了真空膜蒸馏过程研究。结果表明,温度对海水淡化浓盐水膜蒸馏过程的膜通量影响较大。在真空侧压力为 2kPa,浓盐水流量为 24L/h,进料侧浓盐水温度为 346.35K 时,PVDF 中空纤维膜组件的膜蒸馏通量为 13.26kg/(m² · h);而在真空侧压力为 2kPa,浓盐水流量为 120L/h,进料侧浓盐水温度为 340.15K 时,PTFE 平板膜组件的膜蒸馏通量为 24.8kg/(m² · h)。

陈利等分别采用聚乙烯、聚丙烯微孔膜对反渗透海水淡化浓盐水进行真空膜蒸馏的研究。考察了膜下游真空度,浓盐水温度、浓度、流速对膜通量及截留率的影响。结果表明,真空度增大,膜通量和截留率呈增长趋势。料液温度升高,膜通量增加,截留率呈减小趋势。料液流速增加会使膜通量增加,截留率呈减小趋势,但影响相对不大。随着料液浓度的增加,膜通量下降,截留率基本保持不变。最大截留率可达 99.99%,表明利用真空膜蒸馏技术可有效实现反渗透海水淡化浓盐水的浓缩。

刘东等采用自制的高通量 PVDF 中空纤维疏水微孔膜,通过 VMD 过程对石化企业废水处理的 RO 浓水进行处理。浓水中微溶盐的沉积是造成 VMD 过程通量降低的主要原因,对其进行适当处理以去除微溶盐,有利于过程中通量的保持。在真空度 0.095MPa,原水温度 70℃,流速 0.66m/s 的条件下,经过除硬预处理的 RO 浓水的 VMD 过程通量可达 25.83kg/(m² · h),浓缩至 20 倍时,通量保持在 10kg/(m² · h),产水电导率保持在 4μS/cm 以下,脱盐率达 99.99%,产水 COD 稳定于 35～45mg/L。

采用膜蒸馏法浓缩处理反渗透浓水,在未经预处理、酸化预处理和阻垢预处理的三种反渗透浓水的 MD 试验中,产水电导率保持稳定,对盐分的截留率＞99%。在 MD 浓缩未经预处理的 RO 浓水过程中,溶液中有 $CaCO_3$ 沉积,堵塞膜孔后造成膜通量的下降。酸化预处理后,水样在 MD 浓缩过程中,通量衰减在一定程度上得到了减缓,但是随着浓缩过程的进行,$CaSO_4$、硅等仍然会在膜表面沉积,造成产水通量下降。阻垢预处理可以预防难溶盐在膜表面的沉积,减缓膜污染和膜通量的衰减。在浓缩倍数为 3 倍的条件下,经过 112h 的运行后,产水电导率稳定在 5μS/cm 以下,产水通量下降缓慢。

工业产生的浓盐水现在已经成为制约各企业"近零排放"的主要因素,国际上处理工业浓盐水的技术工艺主要采用了热法蒸馏与膜法。经过许多专家学者的研究,凭借其高通量、低能耗的优势,膜蒸馏过程中的真空膜蒸馏技术有望成为低污染、低能耗的浓盐水处理技术。

在科技日新月异的今天,MD 技术拥有其独到的优势和广阔的发展前景,主要包括以下几个方面:

① MD 操作过程的条件十分温和(常压、数十摄氏度),使用自然能源或废热,如太阳能、地热能、工业余热能等结合,便可以实现操作,在全球能源危机日益严重的今天具有极强的竞争力。

② 能量回收是 MD 装置中非常重要的一个环节。热回收率的提高与 MD 推动力的降低这一矛盾的解决是该技术实现大规模工业化的关键步骤之一。

③ 膜的价格是 MD 过程运行成本的重要影响因素之一。据估计，膜的价格至少要再降低一个数量级，方能使 MD 过程的运行成本具有明显的竞争力。

④ MD 过程可与其他膜过程，如膜生物反应器、正渗透、反渗透等技术，进行耦合，扩大膜蒸馏技术的适用范围，是今后膜技术应用的一个重要方向。

⑤ 为了实现 MD 的实际应用，大型膜组件结构的设计和制备以及工艺流程和操作条件的优化都可成为十分重要的研究课题。

MD 在当今有机污染物的处理方面发挥着重要作用，可以预见，MD 技术在废水处理中的潜力巨大。近年来 MD 应用研究更为普遍、深入，很多研究工作已经达到示范性生产的规模，相信 MD 距离工业化应用的时间不会太遥远。

6.2　膜生物膜反应器

膜生物膜反应器（MBfR）是一种基于中空纤维膜供应气体的新型污水处理技术。这些中空纤维膜可以直接将气体以无泡曝气的形式输送到生长在膜外表面的生物膜上。目前主要有两种形式：一种是以氧基质膜生物膜反应器为代表的好氧 MBfR，其通过向中空纤维膜中通入 O_2，实现 O_2 的无泡曝气过程；另一种是以氢基质膜生物膜反应器（H_2-MBfR）和甲烷基质膜生物膜反应器（CH_4-MBfR）为代表的厌氧 MBfR，它们分别是向中空纤维膜内通入 H_2 或 CH_4，对不同的污染有不同的去除效果。影响 MBfR 运行性能的主要因素有温度、进水 pH 值、水力停留时间（HRT）等，还有选用的生物膜材料及厚度、电子供体等。

6.2.1　膜曝气生物膜反应器

6.2.1.1　膜曝气生物膜反应器概述

膜曝气生物膜反应器（membrane-aerated biofilm reactor，MABR）是膜生物膜反应器的一种新形式，将曝气膜用于污水处理反应器中，微生物以曝气膜为载体在曝气膜外侧生长，曝气设备将空气（氧气）或其他气体通过曝气膜输送给生物膜，污染物在生物膜另外一侧进行传质，这样气体和污染物就会从生物膜两侧进入生物膜，称为异向传质，见图 6-3(a)。这一点与传统的生物膜不同，传统的生物膜反应器内氧气和污染物是从相同的方向向生物膜内传递的，称为同向传质，见图 6-3(b)。因而，MABR 反应器内的生物膜具有独特的生物膜分层结构，不同区域的微生物可以去除不同的污染物，使污水得以净化。

6.2.1.2　膜曝气生物膜反应器原理

MABR 是将生物膜与曝气膜材料进行结合的一种新型污水处理技术，其核心

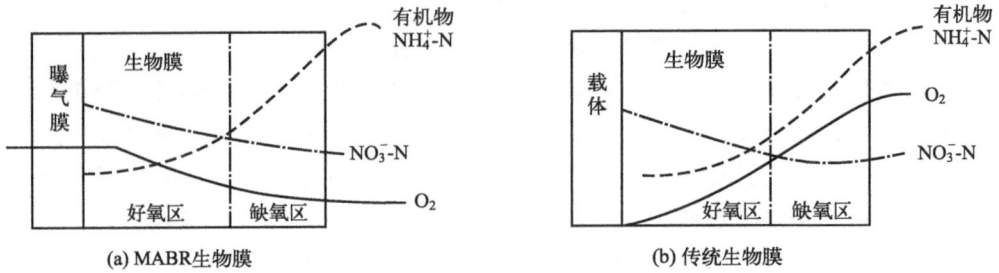

图 6-3 MABR 生物膜和传统生物膜的传质对比

是膜组件和生物膜。生物膜附着生长在膜材料的外侧，氧气从膜内侧向膜外侧传递，为生物膜供氧，氧气压力保持在低于膜组件的泡点压力，因此也称为无泡曝气。膜组件内的氧气在压差的驱动下不断进入生物膜，同时生物膜与水中的污染物充分接触，污染物在浓度差和生物膜的吸收下进入生物膜内部。由于氧气和污染物进入生物膜的方向完全相反，因此氧气和污染物在生物膜内部的浓度完全相反，由于氧气和污染物浓度的不同，因此在生物膜内部出现了不同的分层结构。在生物膜和曝气膜载体接触的区域，氧气浓度最高，属于好氧区，NH_4^+-N 等小分子污染物和一部分有机碳进入这个区域，有利于氨氮的氧化和硝化细菌的生长。生物膜和污水的接触区域属于缺氧区，这一区域污染物浓度最高而氧气浓度最低，有利于反硝化菌的生长和有机碳的去除。而在这两层的中间属于兼氧区，有机碳的浓度和氧气浓度较高，有利于有机碳的去除，因此，好氧硝化和厌氧反硝化在一个反应器里面进行，称为同步硝化反硝化。

MABR 有以下三大特点：无泡曝气、异向传质和生物膜结构。一般的生物膜反应系统，氧气和营养物质从膜的同一侧进入，属于同向传质。而 MABR 的传质特性是氧气和污染物分别从生物膜的两侧进入，属于异向传质。同时曝气膜可以作为微生物生长的载体，由于生物膜中存在较明显的溶解氧和底物浓度梯度，所以有助于形成生物膜分层结构的相对好氧区和缺氧区，硝化菌等好氧菌可以在生物膜溶解氧浓度较高的区域进行硝化过程，反硝化菌在溶解氧浓度较低的区域发生反硝化作用，从而使得 MABR 能够实现同步硝化反硝化（simultaneous nitrification and denitrification，SND）。

(1) 无泡曝气

与传统的生物曝气方式相比，氧气以分子形式进入生物膜中被利用，氧传质的效率要远远高于传统的微孔曝气或者表面曝气系统，这样既能满足微生物对氧的需求，同时又大大降低了能耗。在供氧过程中，无泡曝气可使生物膜不会受到如机械曝气产生的气泡摩擦，也不会因曝气膜表层的剪切力而脱落。传质过程由气相不经过液相主体直接到固相，传质阻力要小于常规机械曝气法。曝气过程中不产生气泡，避免了污水中易挥发物质随气泡上浮进入大气而对环境造成二次污染。曝气过程中，气液分离、溶液混合，与供氧过程互不干扰，可独立设计，能采取的反应器形式更灵活。

（2）异向传质

在浓度差的作用下，膜内的氧气从生物膜内部向其表层扩散，氧浓度梯度由内到外逐渐递减，而污染物接触生物膜表面，由外到内逐渐递减。二者扩散方向相反，即生物膜表层污染物浓度最高，而氧浓度最低，生物膜内层污染物浓度最低，但是氧浓度最高。

（3）生物膜结构

正是由于无泡曝气中氧与污染物的异向传质，微生物在生物膜内根据氧的选择性会形成一个好氧层，有利于硝化细菌的生长和增殖。在适当的曝气压力下，生物膜外层可形成缺氧层，并且外层碳源浓度较高，有利于反硝化菌的富集。当生物膜在一定的厚度范围内生长时，稳定成熟的生物膜能保持层间一定的平衡关系，即每层都能培养出适合自身特点的独特微生物种群。

6.2.1.3　膜曝气生物膜反应器工艺过程

MABR 系统主要由反应器壳体、无泡曝气生物膜组件、曝气系统和循环系统四部分组成，其中膜组件是反应器的关键（图 6-4）。在 MABR 系统中，膜组件既可以作为微生物附着和生长的载体，又可以通过膜腔为附着的微生物以无泡曝气的形式供氧。膜腔内的氧气在膜壁两侧压差的驱动下透过膜壁扩散进入生物膜，与此同时，水体中的污染物与生物膜充分接触，通过浓度差驱动、吸附等作用从生物膜表面逐渐扩散进入生物膜内部。氧气和污染物的反向传递促使生物膜中的微生物出现独特的分层结构，进而在生物膜上出现不同的功能区。当污水流过生物膜时，污染物被处于生物膜不同功能区上的微生物有效去除。其污染物去除的主要影响因素包括溶解氧浓度、生物膜结构、污染物扩散传质等。因此，在实际运行过程中，必须严格控制曝气压力、生物膜厚度以及液相流速，使其保持良好的群落结构和传质效率，提高污染物的去除效率。

图 6-4 中序号 2 是备选设备，可以选择空气净化装置或压力表等。在 MABR 中，气体依次通过空气压缩机（产气装置）、气体流量计（显示气体流量）和压力表（显示膜腔内压力变化以防出现膜堵塞等情况）进入中空纤维膜，再透过中空纤维膜逐步扩散至液相中，剩余气体可选择循环利用或直接排出。

（1）供气方式

MABR 根据供气方式可分为闭端式（或死端式）MABR 和贯通式 MABR。如图 6-4 所示，闭端式 MABR 中反应器一端密封，空气压缩机将气体不断送入中空纤维膜中，在压力和自由扩散的作用下，气体全部进入生物膜，氧气传质效率理论上可达 100％。但 Cote 在实际操作中发现水蒸气、氮气、二氧化碳等会通过膜孔扩散进入中空纤维膜内腔使氧传质速率下降，故实验室大多在膜组件末端安装截流阀，并定期排出多余气体。贯通式 MABR 中气体由一端通入膜内腔，从反应器的另一端排出，这种供气方式可以带走膜腔中存在的水蒸气和其他杂质气体，增强传质效果。

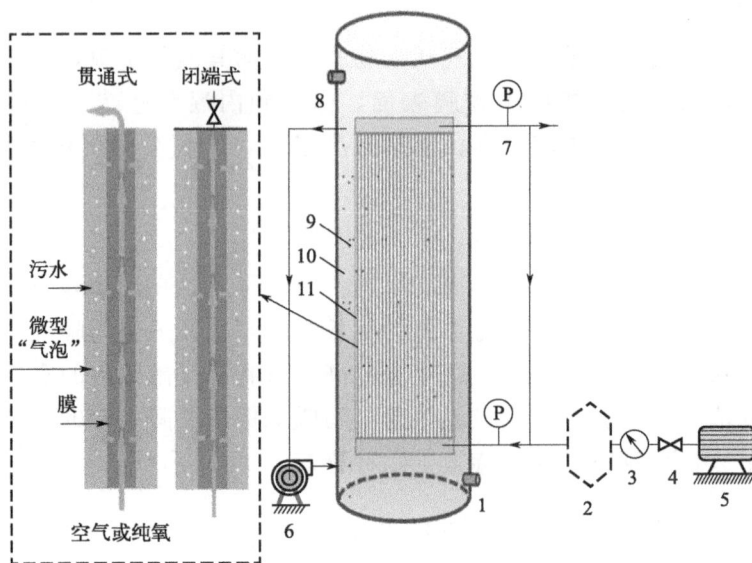

图 6-4　MABR 膜组件示意图（左）和工艺流程（右）

1—进水口；2—备选设备；3—气体流量计；4—调节阀；5—空气压缩机；
6—泵；7—压力表；8—出水口；9—微型"气泡"；10—污水；11—膜

（2）流通方式

根据液相是否循环，可将 MABR 分为循环式 MABR 和流通式 MABR。循环式 MABR 如图 6-4 所示，液相在泵的作用下在反应器中循环流动，可以起到搅拌的效果，是目前大部分实验采用的液相流通方式。流通式 MABR 中液相从一端进入反应器中，从另一端排出，这种方式会使液相与生物膜接触时间缩短、接触不充分，部分液体甚至会因无法接触生物膜而导致出水水质不佳。

根据液相与气体的相对流通方式可分为平流式和错流式。平流式指水流方向和中空纤维膜中气流方向是平行的，这种方式会使液相持续冲击生物膜，导致挂膜阶段耗时较长。错流式指水流方向与气流方向呈一定的夹角，错流式相较于平流式可以选择较高的液相流速而不用担心生物膜脱落。

（3）MABR 生物膜

传统载体的生物膜氧气和底物同向传质，因此在生物膜和污水的界面处氧气浓度、底物浓度和电子供体含量均最高，异养菌活性最高，而好氧硝化菌则会进入生物膜的内侧，但因内侧氧气浓度逐渐降低，导致硝化菌活性不高。这也导致在污水处理过程中，传统生物膜的氨氮氧化能力并不强。曝气膜由于氧气和底物异向传质，生物膜内侧氧气浓度最高，生物膜外侧底物浓度最高，氧气及底物浓度在生物膜内出现明显的分层，因此生物膜从内到外依次是好氧区、兼氧区、厌氧区。在生物膜内侧好氧区，氧气浓度最高，底物浓度低，硝化菌活性最高；在生物膜外侧，厌氧反硝化菌活性最高；在生物膜中间层，溶解氧浓度和底物浓度相对较低，适合兼性菌的生长。MABR 生物膜特殊的分层结构，可以保证硝化和反硝化反应在同一个反应器里面进行，实现同步硝化和反硝化，并为短程硝化反硝化提供物质基础。

6.2.1.4　膜曝气生物膜反应器的应用

MABR 技术以无泡曝气、氧气和污染物异向传质为特点，污水处理性能高，运行成本低。该技术最早应用于含有易挥发性有机物的工业废水处理中，以防止有毒有害气体的逸出。近些年来在消除河道黑臭水体及污水厂的提标改造项目中均有应用。

(1) 河道黑臭水体修复

河道黑臭水体的形成原因复杂，但最重要的一点就是缺氧。传统的供氧方式会产生较大的气泡，氧气的利用效率仅有 20% 左右，能量损耗大，而 MABR 技术中，氧气以分子形式扩散到水相中，氧气传递效率理论上可达 100%，可以大大节约曝气能耗。Li 等采用一体化两级连续流 MABR 装置，开展了河道黑臭水体治理研究，在最佳工况条件下（温度 19℃，pH 值 8.0，回流比 200%，HRT 为 15h）连续运行 40d，结果表明化学需氧量（COD_{Cr}）、氨氮（NH_4^+-N）去除率分别可以达到 87%、95% 以上，出水 TN 约为 1.8mg/L，表明在 MABR 系统内同时实现了硝化与反硝化过程。杨玥等将 MABR 技术与微生物菌剂联用，用于小型河道黑臭水体治理工程中，连续运行 60d，河道黑臭水体的氧化还原电位（ORP）、溶解氧（DO）及透明度分别上升了 57%、308%、157%，COD_{Cr} 和 NH_4^+-N 分别降低了 71.4% 和 65.0%，河道水体黑臭现象基本消除，但在降雨径流冲击下河道水质有所反复，7d 后可恢复正常，与传统供氧方式相比，可以节约 50% 以上的曝气能耗。李浩等利用设计的水草式 MABR 系统对天津某景观河道进行水体修复，通过连续 5 个月的运行与监测，结果表明，该系统不但有效提高了河道水体的自净能力，而且使水体 TP、COD、NH_4^+-N 等指标达到Ⅲ类或Ⅳ类标准，TN 达到Ⅴ类标准。李保安等利用 MABR 技术处理受污染的河道水体，结果表明，MABR 技术可以对河道内水体污染物进行充分降解，有效提高了河道的水质。

以上研究成果表明，MABR 技术已经成功用于河道受污染水体的修复中，并在未来我国河道黑臭水体的推广中具有一定的推广价值。

(2) 生活污水处理

近些年来，随着生活污水排放标准的不断提高，传统污水处理工艺面临着提标改造，MABR 技术因其独特的优点在市政污水处理中得到了广泛的研究。孙治治等建立了 A²/O 耦合 MABR 系统的中试系统，当进水 COD_{Cr}、NH_4^+-N、TN 分别为 (220±86.0)mg/L、(30.3±8.3)mg/L、(44.9±12.6)mg/L 时，经过该系统的处理，出水 COD_{Cr}、NH_4^+-N、TN 分别可以达到 (22.4±7.4)mg/L、(0.3±0.1)mg/L、(13.2±1.4)mg/L，满足市政出水一级 A 排放标准，运行过程中不需要额外添加碳源，运行成本低于传统污水厂系统。微生物测试结果表明系统内含有丰富的硝化和反硝化菌。魏爱书等将 MABR 技术用于 CAST（循环式活性污泥法）污水处理工艺改造中，改造后出水 COD_{Cr}、NH_4^+-N、TN、TP 可分别达到 35mg/L、37mg/L、11mg/L、0.9mg/L，平均去除率分别为 90%、92%、83%、88%，满足市政出水一级 A 排放标准，并在一定程度上降低了运行能耗。该技术用于 CAST 工艺中，改造工期短，后期运行成本也较低，但是系统抗冲击能力较差。陈文华等将 MABR 技术用于农村污水处理，系统地研究了 COD_{Cr}、NH_4^+-N、TN 等的变化规律，出水水质可稳定达到一级 A 排放标准，系统具有较高的抗氨氮冲击能力，抗 COD_{Cr} 冲击性能较好，MABR 技术的同步硝化反硝化过程减少了处理中碱度的消耗，提高了污水处理效率。Semmens 等分别利用 MABR 和 CAS（convention alactivated sludge，常规活性污泥）处理市政污水，在相同的条件下 MABR 工艺可以节约 75% 的能耗。通过以上研究，可以看出 MABR 技术在市政污水提标改造和农村分散式污水处理中有很大优势，不但可以耦合其他污水处理工艺使其达标排放，而且在节省能耗和提高处理效率方面也有较大潜力。

（3）**工业废水处理**

随着我国工业现代化进程的不断加快，工业废水的排放量逐渐提高，其成分复杂，处理难度增加，因此众多研究者将 MABR 技术用于工业废水的处理中。Chavan 等采用 MABR 技术处理含苯酚、水杨酸钠的模拟工业废水，探究了在不同工况条件下该技术对苯酚及水杨酸钠的去除情况，结果表明，在 pH 值接近中性、水温为 30℃ 的条件下，工艺对苯酚及水杨酸钠的去除率接近 100%。Wei 等采用 MABR 技术对含有高 NH_4^+-N、COD_{Cr} 的制药废水进行处理，耦合水解酸化与活性炭吸附等工艺，结果表明，该耦合系统出水中的 NH_4^+-N 和 COD_{Cr} 的去除率分别可达 98% 和 90% 以上，且浊度、色度均显著降低。Lai 等采用 MABR 技术处理含有高季铵类化合物的污水，发现其处理效果显著，并对生物膜中 ARGs（抗性基因）进行定量分析，发现生物膜中的抗性基因在处理过程中起主要作用。Lan 等采用多级 MABR 处理单元处理煤化工反渗透浓缩液，测试表明，COD_{Cr} 和 NH_4^+-N 的去除率分别可以达到 81% 和 92%，并且在反应器内发现了同步硝化反硝化现象。胡亮等采用 MABR 技术与絮凝联合工艺对合成橡胶废水进行处理，该系统可以对废水中的色度、COD_{Cr} 和 NH_4^+-N 进行有效去除。

6.2.2 氢基质膜生物膜反应器

6.2.2.1 氢基质膜生物膜反应器概述

由于氧化性污染物的问题日益严重，传统处理工艺也有诸多的弊端，因此 Rittmann 教授将微生物利用 H_2 作为电子供体还原氧化态污染物的工艺应用到 MABR 中，从而研制出了新型的氢基质膜生物膜反应器（H_2-MBfR）。H_2-MBfR 以 H_2 为电子供体，将氧化性污染物还原为低毒或无毒的低价态产物，广泛应用于硝酸盐、亚硝酸盐、高氯酸盐、氯酸盐、铬酸盐、硫酸盐等氧化态污染物的研究中。在以 H_2 作为电子供体去除硝酸盐的 H_2-MBfR 中，微生物群落以氢自养反硝化菌为主,其对 pH 值比较敏感,过高或过低的 pH 值都会抑制其反硝化能力,并且需要严格的厌氧环境。

6.2.2.2 氢基质膜生物膜反应器原理

H_2-MBfR 的工作原理如图 6-5 所示,将生物膜技术与中空纤维膜曝气扩散相结合,自养还原菌等微生物附着生长在中空纤维膜表面,控制 H_2 的压力并通入中空纤维膜内部,利用膜内外形成的浓度差为传质动力,以无泡曝气的方式传递到生物膜内部,微生物以 H_2 作为电子供体,以生物膜外部流动着的氧化性污染物作为电子受体,并通过自身的新陈代谢活动将各种污染物降解成无毒或者低毒的物质,从而达到很好的水处理效果。

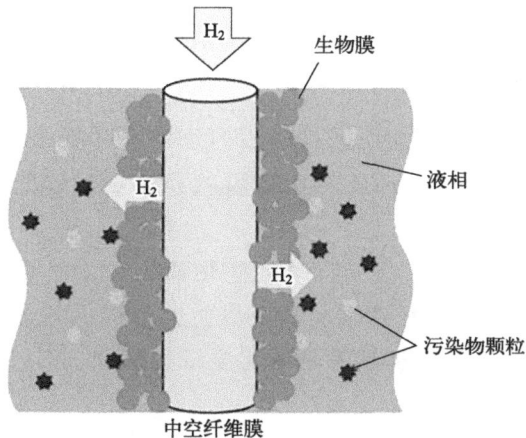

图 6-5 H_2-MBfR 的工作原理示意图

由于独特的气体传递方式所形成的反扩散生物层,降低了液体扩散层对气体传递的阻力损失。H_2 的无泡曝气方式与传统的有泡曝气方式相比,因为增加了气体与生物膜的接触面积,所以大大提高了 H_2 的利用效率,并且防止了 H_2 的逸出并降低了爆炸的风险,大幅度降低了运行成本。

6.2.2.3 氢基质膜生物膜反应器的影响因素

H_2-MBfR 作为新兴的水处理技术也存在着诸多问题以及影响工业化应用的因素,总体来说,影响 H_2-MBfR 的主要因素可归为膜材料、生物膜、操作条件。

(1) 膜材料

① 性能。膜的性能主要包括气体传质效率、膜通量、生物亲和性、机械强度、化学稳定性、抗污染性。由于 H_2-MBfR 中的 H_2 可通过中空纤维膜进行无泡曝气,并且微生物也需要附着生长在膜表面上,因此气体传质效率和生物亲和性会直接影响处理效率,机械强度、化学稳定性和抗污染性则会影响膜组件的使用寿命和运行维护成本。

② 成本。在整个 H_2-MBfR 中,膜组件作为 H_2-MBfR 的主体,所需的费用比

较高。价格低廉的膜性能相对较差，如果对普通膜进行一系列的改性和修饰，虽然性能有所提升，但成本相对较高，不适合大规模应用。可以从膜组件的结构类型、放置方式、装填密度等方面进行优化，从而提高使用效率，延长使用寿命，降低运行成本。

（2）生物膜

① 生长环境。由于影响氢自养还原菌生物活性的因素较多，因此在处理实际废水中的应用范围较小。比如，若最适 pH 值在 7 左右，过碱、过酸都会抑制微生物的生长速度和反应活性；污染物负荷过高，不仅会抑制还原作用，还可能会对微生物产生毒害作用；由于处理的废水成分复杂，需要 H_2-MBfR 中培养出多功能的菌种，因此如何调控好驯化时间和富集过程来快速实现一致的微生物群落，也是促进微生物作用的关键因素。

② 生物膜厚度的控制。在传统生物膜法中，通量随着生物膜厚度的增加而增加，直到生物膜衰减和剥离平衡为止。但是在 H_2-MBfR 中，通量先增加到某一点，然后通量随着生物膜厚度的增加而减少，因为生物膜两侧的底物浓度受到限制，使得生物活性降低。因此，H_2-MBfR 对生物膜的积累更加敏感，需要准确合理地控制好生物膜厚度。

③ 微生物残体和分泌物。由于脱落的生物膜、微生物的衰亡残体和胞外分泌物的增加，水溶液中的 TOC 升高以及细菌滋生；形成的过量生物膜或无法接触到废水的死角膜，必须经常进行机械清除或化学试剂清除。

（3）操作条件

① 充分搅拌。由于实验室阶段的 H_2-MBfR 体积较小，多采用磁力搅拌器对废水进行混合搅拌，但工业应用上的反应器体积较大，不适合使用磁力搅拌器，需要设计出其他的搅拌装置来提高反应效率，或者通过曝气装置进行搅拌，但要控制适当的气泡大小和曝气强度，防止生物膜脱落。

② 控制 pH 值。如果 H_2-MBfR 中的 pH 值偏高，则会引起硬度离子沉淀并附着在生物膜表面上，从而降低生物活性和反应速率。因此需要实时监控溶液 pH 值和投加 pH 值缓冲液来控制反应器的 pH 值。

③ 废水预处理。由于不同的氧化性污染物之间存在着竞争关系，H_2-MBfR 处理成分复杂的废水时，其他污染物浓度过高可能会抑制目标污染物的还原作用，所以需要对废水进行预处理以降低其他污染物浓度，从而使 H_2-MBfR 达到最佳的处理效率。

6.2.2.4　氢基质膜生物膜反应器的应用

已有大量的实验研究结果证明，H_2-MBfR 对于各种氧化性污染物的去除均具有良好的效果：可以将无机阴离子和重金属离子还原成无毒、低毒或者易于沉淀去除的物质，也可以将结构复杂的有机化合物转化成低毒性的中间产物，甚至可以降解成无毒的无机化合物，从而减轻环境污染。

（1）无机阴离子

① 硝酸盐和亚硝酸盐。水中的硝酸盐（NO_3^-）主要来源于农业化肥的使用、化粪池和污水的泄漏以及天然沉积物的侵蚀。NO_3^- 在 H_2-MBfR 中先转化成 NO_2^-，再部分转化成 NO 和 N_2O，最后还原成 N_2，很多研究都表明 NO_3^- 在 H_2-MBfR 中还原效果好。Zhang 等研究 NO_3^--N 进水浓度分别为 5mg/L、10mg/L、50mg/L时，H_2-MBfR 的降解效果，结果表明进水为 10mg N/L 时脱氮效率最高，为 1.50g N/(m^2·d)，三种浓度下的总氮去除效率都超过 90%，出水 NO_2^- 浓度都低于饮用水标准。Terada 等发现 H_2-MBfR 在运行 10d 后脱氮效率为 4.35g N/(m^2·d)，运行 70d 后脱氮效率高达 99%，去除通量为 6.58g N/(m^2·d)，与其他文献相比，其反应器启动时间缩短，脱氮效率显著提高，可能是因为接种了驯化后的污泥，同时膜丝表面的纤维渣提高了微生物的附着能力。夏四清等利用 H_2-MBfR 去除地下水中硝酸盐，当硝酸盐浓度较低时，随其浓度的升高降解速率增大，当 NO_3^--N<100mg/L 时，反应 24h 后对总氮的去除率>95%，当 NO_3^--N>120mg/L 时，氢自养反硝化细菌受到抑制，反硝化效率降低。

② 高氯酸根。ClO_4^- 在 H_2-MBfR 中经过一系列的还原作用，最终被转化成 Cl^- 和 O_2。Ontiveros-Valencia 等研究了两段式 H_2-MBfR 处理含高氯酸盐的地下水以及硫酸盐与高氯酸盐的相互作用，实验结果显示，当进水硫酸盐浓度和高氯酸盐浓度分别为 60mg/L 和 4mg/L 时，检测到出水中高氯酸盐浓度低于检出下限（4μg/L），通过减弱硫酸盐还原过程，便可提高高氯酸盐的去除率。由于多种污染物之间存在着竞争关系，因此不同污染物利用 H_2 的优先级大不相同。Zhao 等研究硝酸盐和高氯酸盐在 H_2-MBfR 中的相互作用，当水溶液中硝酸盐浓度很低甚至不含硝酸盐时，高氯酸盐的还原率几乎达到了 100%，当硝酸盐浓度逐渐提高，高氯酸盐的还原率则随之下降，但 O_2 的还原率始终保持在 100%。

③ 溴酸根。BrO_3^- 在 H_2-MBfR 中通过反硝化作用先被还原成 BrO_2^-，最后被还原成 Br^-。目前有关 H_2-MBfR 去除溴酸盐的研究报告很少，但有些研究发现了一些可以还原溴酸盐的菌群。Assuncao 等在硫酸盐还原菌富集菌团中发现了一种高度耐溴酸盐的细菌群落，并且具有去除溴酸盐的能力。实验结果显示，当溴酸盐浓度为 40μmol/L，硫酸盐浓度为 10mmol/L 时，该细菌群落可以去除 96% 的溴酸盐和 99% 的硫酸盐。

（2）重金属离子

随着工业化快速发展，衍生出的水体重金属污染越来越严重，如重铬酸盐、硒酸盐、砷酸盐等。重金属一般具有剧毒性，严重危害着人们的健康。传统的处理工艺一般是通过物理和化学方法处理，但是会产生大量的沉淀污泥，容易导致二次污染。生物还原法是一种有效、节能、绿色的处理方法。

夏四清等和 Chung 等利用 H_2-MBfR 对水中的 Cr(Ⅵ) 进行去除研究时发现，Cr(Ⅵ) 加入进水中后，其作为电子受体立即被氢自养微生物还原为低毒性的 Cr(Ⅲ)，并形成 $Cr(OH)_3$ 沉淀被过滤而去除。王晨辉等在 H_2-MBfR 生物处理模拟含 Se(Ⅵ) 废水的实验中得出: 在 NO_3^--N 浓度约为 10mg/L, SO_4^{2-} 浓度约为 25mg/L 的水质条件下, 反应器设置 H_2 分压为 0.04MPa, 进水 Se(Ⅵ) 在 0.25~2mg/L 的范围内时, 总 Se 的去除率可达到 80% 以上。通过提高氢分压和降低进水 Se(Ⅵ) 浓度, 可以提高 Se(Ⅵ) 的还原速率及其去除率。Chung 等探究 SeO_4^{2-} 在 H_2-MBfR 中的生物还原作用, 反应器 HRT 为 24min, 1mg/L 的 Se(Ⅵ) 进入 H_2-MBfR 后, 即刻被还原成 Se(Ⅵ), 13d 后还原成 Se (0); 当 H_2 供应不足、进水中不含 NO_3^- 时, Se(Ⅵ) 的还原率最高, 可达 96%, NO_3^- 浓度越高, Se(Ⅵ) 还原率越低。Chung 等通过 H_2-MBfR 处理砷酸盐 [As(Ⅴ)] 地下水时得出, H_2-MBfR 中硝酸盐还原菌能够利用氢气作为电子供体, 将 As(Ⅴ) 还原为 As(Ⅲ), As(Ⅲ) 与硫化物可形成沉淀; 当硫酸盐对 As(Ⅴ) 还原不产生竞争时, As(Ⅴ) 还原率可达 68%, 11% 的 As(Ⅲ) 会与硫化物形成沉淀而去除。

(3) 有机化合物

① 氯代烷烃烯烃。工业废水中的氯代烷烃烯烃已经严重污染到饮用水和地下水, 并且多种氯化溶剂已被证实和怀疑为致癌物或诱变剂, 常见的氯化溶剂包括三氯乙烯 (trichloroethylene, TCE)、四氯乙烯 (perchloroethylene, PCE)、三氯甲烷 (chloroform, CF)、三氯乙烷 (trichloroethane, TCA) 等。Karatas 等研究了 H_2-MBfR 将饮用水中的 PCE 还原为无毒的乙烯 (ethylene, ETH), 并分析了微生物群落结构, 实验结果表明, 当进水 PCE 浓度为 1210.5μg/L, HRT 为 10h, H_2 压力为 8psi 时, 在连续运行 140d 后, 95% 的 PCE 脱氯为 ETH。

Chung 等利用 H_2-MBfR 对 TCE 进行生物还原, 实验结果表明, 当进水 TCE 浓度为 7.6μmol/L, H_2 压力为 0.17atm 时, 连续稳定运行 120d 后, 溶液中的 TCE 达到最低浓度 (0.6μmol/L), 相当于 92% 的 TCE 去除率。

② 氯代芳香烃。氯硝基苯 (CNB) 是合成染料、药物、农药、树脂和防腐剂的重要原料, 主要包括邻氯硝基苯 (o-CNB)、间氯硝基苯 (m-CNB) 和对氯硝基苯 (p-CNB) 三种, 其中 p-CNB 的毒性最大, 能引起人类和哺乳动物的高铁血红蛋白症, 并具有致癌作用。p-CNB 在好氧条件下苯环裂解较为困难, 而在厌氧条件下则可相对容易地被微生物还原为无毒或低毒产物。李海翔等在 H_2-MBfR 中, 利用 H_2 作为电子供体, 有效降解浓度为 2000μg/L 的 p-CNB, 稳定阶段去除率可达 96.9%。

氯苯酚是工业中生产增塑剂、杀虫剂、除草剂和杀菌剂的重要原料, 需要将它们从废水和天然水中去除。Long 等研究了 H_2-MBfR 对含有硫酸盐和硝酸盐的五氯苯酚 (PCP) 废水进行完全脱氯和矿化, 研究结果显示, 当进水硝酸盐浓度为 20mg/L, 硫酸盐浓度为 10mg/L, PCP 浓度为 10mg/L 时, 连续稳定运行后, 硫酸盐得到还原, 硝酸盐和 PCP 的去除率均达到 100%, 最初的 PCP 被还原脱氯为苯酚 (phenol), 然后通过 *Xanthobacter* 菌株单加氧法好氧活化, *Azospira* 和 *Thauera* 菌株羧化厌氧活化, 最终完全矿化成 CO_2。Xia 等系统研究了 2-氯苯酚 (2-chlorophenol, 2-CP) 负荷、H_2 压力、硝酸盐负荷和硫酸盐负荷对 H_2-MBfR 去除 2-CP 的影响, 实验结果表明, 当 HRT 为 4.67h 时, H_2-MBfR 稳定运行 60d

后，出水中 2-CP 的去除率为 97％，并且发现提高 H_2 压力或减小反硝化和硫酸盐还原对 H_2 的竞争，可以提高 H_2-MBfR 对 2-CP 的去除效率。

6.2.3　甲烷基质膜生物膜反应器

6.2.3.1　甲烷基质膜生物膜反应器概述

在以 CH_4 为电子供体去除硝酸盐的甲烷基质膜生物膜反应器（CH_4-MBfR）中，微生物群落以好氧甲烷氧化菌或厌氧甲烷氧化菌为主，好氧甲烷氧化菌能够在温度为 0～70℃和 pH 值为 1.5～12 的环境中生存，并且能够优先利用环境中的氧，为反硝化厌氧甲烷氧化（DAMO）菌创造厌氧环境，使得 MBfR 对环境变化有更强的适应能力。在 CH_4-MBfR 中，微生物能够利用 CH_4 作为电子供体和碳源。微生物利用 CH_4 的过程可以在好氧条件下进行（好氧甲烷氧化），也可以在厌氧条件下进行（厌氧甲烷氧化），对不同氧化条件下的微生物群落进行分析才能反映其利用 CH_4 的途径。目前多数 CH_4-MBfR 是在微氧或者厌氧条件下进行的。

基于 CH_4 的中空纤维膜生物膜反应器能有效去除无机氧化底物，如硝酸盐、铬酸盐和高氯酸盐。VFA 通常会积累，这可以进一步增强对氧化底物的还原。

6.2.3.2　甲烷基质膜生物膜反应器的应用

Cai 等研究了用 CH_4-MBfR 去除硝酸盐，硝酸盐的去除效率高达（684±10）mg N/(L•d)。通过荧光原位杂交技术（FISH）发现，在还原去除硝酸盐的过程中，生物膜中的微生物群落由 DAMO 古菌（50％）、DAMO 菌（20％）和厌氧氨氧化菌（20％）共同控制，其他微生物只占一小部分。DAMO 微生物具有很强的硝酸盐去除能力，高负荷的硝酸盐还可能会促进 DAMO 古菌的生长。

Long 等研究了连续搅拌甲烷（CH_4）-氧气（O_2）基膜生物膜反应器（MBfR）去除硝酸盐（NO_3^-）污染饮用水中的铬（Cr）。在 CH_4/O_2-MBfR 反硝化条件下，Cr(Ⅵ) 在初始浓度为 100μg/L 时迅速还原为 Cr(Ⅲ)，去除率为 89％，水力停留时间为 48h。微生物群落分析表明，Comamonadaceae、Cytophagaceae、Hyphomicrobiaceae 和 Alcaligenaceae 是有效的反硝化菌，Methylophilaceae 和 Methylococcaceae 是功能性甲烷营养细菌，Comamonadaceae 是反应器中的一种 Cr(Ⅵ) 还原剂。由于反硝化过程中会产生碱性物质，Cr(Ⅵ) 被还原为 Cr(Ⅲ)，并以 $Cr(OH)_3$ 沉淀的形式吸附在生物膜上。当 CH_4 压力从 0.02MPa 增加到 0.03MPa 时，Cr(Ⅵ) 的还原量增加了 40.3％，NO_3^- 的还原量增加了 30.2％。虽然出水 Cr(Ⅵ) 浓度随进水负荷的增加而增加，但当进水负荷为 5.76mg/d 时，Cr(Ⅵ) 去除率最高，达到 99.8％。与 H_2-MBfR 不同，CH_4/O_2-MBfR 可以在不进行沉淀等后处理的情况下，从水中去除 Cr。

6.3　正向渗透

6.3.1　正向渗透概述

正向渗透（FO）作为一项新兴技术，在供水和能源生产方面，甚至在诸如食品加工、受控药物释放和医疗产品浓缩等方面都具有很好的前景。

正向渗透是一种渗透驱动的膜过程，在该过程中水分子在渗透压梯度作用下，从进料液（低渗透压侧）透过半透膜进入汲取液（高渗透压侧）。由于所需的液压非常低，正向渗透具有许多潜在的优点，例如：能量输入少，膜表面污染趋势较低，污染物容易去除和水回收率高。但正向渗透在浓差极化、膜污染、反向溶质扩散、膜生长和吸收溶质设计等领域都面临着严峻的挑战。

6.3.2　正向渗透的原理

在盐水侧施加一定的水力压力 Δp，当 $\Delta p > \Delta\Pi$ 时，纯水就在水力压力推动下透过膜，从盐水侧扩散到淡水侧，此过程称为反渗透（RO），如图 6-6(c) 所示。

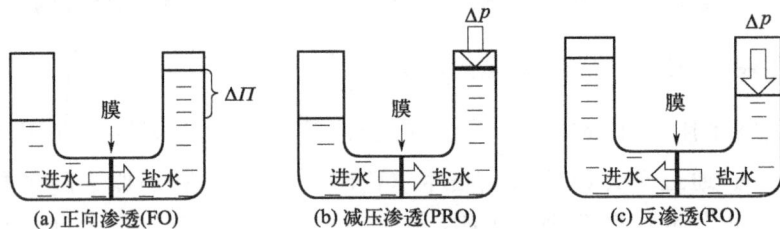

图 6-6　各种渗透的工作原理

当 $\Delta p < \Delta\Pi$ 时，纯水仍然在渗透压的推动下透过膜，从淡水侧扩散到盐水侧，此过程称为减压渗透（PRO），如图 6-6(b) 所示。

正向渗透技术的特点是其驱动力为渗透压差（$\Delta\Pi$）本身，分离无须外加压力就可自发进行。

① 在正向渗透过程中，水自发扩散传递过膜，能耗与传统分离技术相比非常低。而传统的反渗透过程，需要克服正向渗透这一水的自然特性，需要提供外部压力，从而消耗了大量能量。

② 正向渗透过程中没有外加压力，而且由于膜材料具有亲水性，膜污染低；可应用于传统反渗透技术无法应用的分离过程，如染色废水、垃圾渗滤液的深度处理以及膜生物膜反应器中。由于膜污染的趋势降低，可减少膜清洗的频率及化学清洗剂的使用，从而降低环境污染。

③ 与反渗透相比，正向渗透过程回收率高，无浓盐水排放，环境友好。就海水淡化而言，通过选择合适的汲取液，其水回收率可达 75%，而反渗透水回收率

在 35%～50%。

④ PRO 过程可以将渗透压转化为能源。

⑤ 此外，正向渗透适用于广泛的应用环境，如可应用于航天、污水处理、液体食品的浓缩和药物释放等方面。

6.3.3　正向渗透的过程

6.3.3.1　正向渗透的水通量

水通量是评估正向渗透性能的关键因素，在理想渗透过程中（不包括浓差极化、反向盐通量和膜总阻力），正向渗透的水通量计算如式(6-1) 所示。

$$J_w = K(\Delta p - \Delta \Pi) \tag{6-1}$$

式中，J_w 为水通量，$L/(m^2 \cdot h)$；K 为膜的水渗透常数，$L/(m^2 \cdot h \cdot bar)$；$\Delta \Pi$ 是膜两侧的水渗透压差，bar；Δp 为施加的压力，bar。

然而实际正向渗透过程中，膜的选择、渗透压、浓差极化、反向盐通量等都是制约其渗透过程不可忽略的因素。在实际工程中，常以式(6-2) 作为水通量的直观计算公式。

$$J_w = \frac{\Delta m}{\rho A \Delta t} \tag{6-2}$$

式中，J_w 为水通量，$L/(m^2 \cdot h)$；Δm 为原料液在特定运行时间段内质量的减少量，kg；Δt 为运行时间，h；A 为单位有效膜面积，m^2；ρ 为原料液浓度密度，g/cm^3。

（1）渗透压对正向渗透性能的影响

在正向渗透过程中，渗透压越大，正向渗透发生过程的驱动力越大，渗透通量就越大。通常以电解质溶液作为渗透过程的驱动体系，不同浓度和溶质的电解质溶液产生的渗透压也不同。以不同浓度的 $NaCl$、$MgCl_2$、$MgSO_4$、Na_2SO_4 溶液作为驱动溶液为例，Na_2SO_4、$MgCl_2$ 水溶液产生的渗透压大于 $MgSO_4$、$NaCl$ 水溶液产生的渗透压。由范特霍夫公式 [式(6-3)]可知，渗透压与水溶液浓度成正比，高浓度溶液的渗透压高，驱动力大。另外，相同物质的量浓度的 $MgCl_2$、Na_2SO_4 水溶液中，由于其解离的离子浓度高，产生的渗透压大于相同物质的量浓度的 $MgSO_4$、$NaCl$ 水溶液。

$$\Pi = iCRT \tag{6-3}$$

式中，Π 为渗透压，kPa；i 为范特霍夫因子，即强电解质的一个分子在溶液中能产生的质点数，一般 i 为自然数，例如 $NaCl$ 的 i 为 2，Na_2SO_4 的 i 为 3，弱电解质因为电离产生的离子浓度与弱电解质本身的浓度相比可忽略不计，因此弱电解质的 i 通常设为 1；C 为溶质的物质的量浓度，mol/L；R 为气体常数，数值为 $8.314(kPa \cdot L)/(mol \cdot K)$；$T$ 为热力学温度，K。

（2）汲取液对正向渗透性能的影响

理想的汲取液不仅能够提高正向渗透过程的效率，还可以节省汲取液溶质的分离再生成本。理想的汲取液除无毒和成本低廉外，还需满足以下要求：

① 高渗透压。

② 反向盐通量小。原料液和汲取液较大的浓度差会引起反向渗透，高的反向盐通量直接会造成膜两侧有效渗透压降低。

③ 易分离再生。汲取液的分离再生通常是耗能过程，简单的分离方法会极大地减少能耗和整个操作过程的成本。

④ 摩尔质量小和黏度低。汲取液溶质的扩散系数小会加剧浓差极化，扩散系数与溶质的摩尔质量及汲取液的黏度成反比，摩尔质量越大，黏度越高，溶质的扩散系数越小。

正向渗透汲取液种类、理化性质和水通量归纳见表 6-3。汲取液的主要成分是一些易得且能够获得理想水通量的挥发性物质、营养物质、无机和有机化合物。随着技术的发展，汲取液研究方向逐渐向易分离再生的合成功能材料发展。最初研究以挥发性物质作为汲取液，具有易分离再生、减少能耗的优点，但存在气体残留，影响产品水质量；营养物质汲取液稀释后可不考虑再生问题；无机化合物虽能够产生较高的渗透压，但其再生需依赖 RO，导致能耗较高；有机大分子化合物汲取液在正向渗透过程中反向渗透量较小，有利于正向渗透的进行。

表 6-3　正向渗透汲取液种类、理化性质和水通量

汲取液	浓度/ (mol/L)	渗透压/ (10^5 Pa)	摩尔质量/ (g/mol)	原料液	水通量/ (L/m² · h)	评价模式
NaCl	0.60	28	58.8		9.6	CTA 平板膜，FO
MgCl$_2$	0.36	28	95		8.4	CTA 平板膜，FO
KCl	2	89.3	74.6		22.6	CTA 平板膜，FO
蔗糖	1	26.7	342.3	去离子水	12.9	CTA 中空纤维膜，FO
1,2,3-三甲基咪唑碘化物	1	50	238		13.0	CTA 平板膜，PRO
甲酸钠	0.68	28	68		9.4	CTA 平板膜，FO
PEG-(COOH)$_2$-NPs 250	0.065	73	无		13.0	CTA 平板膜，PRO
PAA-Na 1200	0.72mg/L	44	1200Da （分子量）		22.0	CA 中空纤维膜，PRO

注：PAA 表示苯乙酸。

(3) 浓差极化对正向渗透性能的影响

理论上，正向渗透可以采用具有非常高的渗透压的汲取液而实现比反渗透更大的水通量，然而研究发现实际通量远远小于预期值。这是由于 FO 过程特有的浓差极化现象造成的（图 6-7）。正向渗透过程中，浓差极化现象分为内浓差极化和外浓差极化。

图 6-7 中，C 表示溶质浓度，$\Delta\Pi_{eff}$ 表示有效驱动力，$C_{F,b}$ 表示进料液浓度；$C_{F,m}$ 表示浓差极化层浓度，$C_{D,b}$ 表示汲取液浓度，$C_{D,m}$ 表示稀释极化层浓度，$C_{F,i}$

表示浓缩性内极化层浓度，$C_{D,i}$ 表示稀释性内极化层浓度。

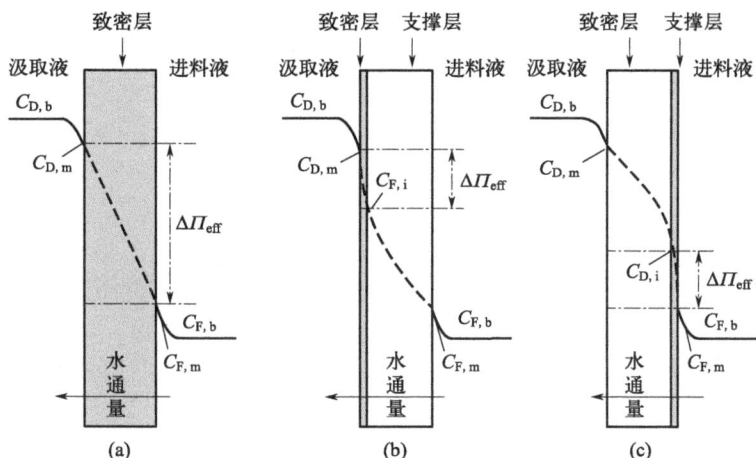

图 6-7　正向渗透过程中不同膜方向的浓差极化示意图

（a）对称致密膜，发生外浓差极化；（b）非对称膜，多孔支撑层对进料侧，支撑层侧发生
浓缩性内浓差极化，致密层侧发生稀释性外浓差极化；（c）非对称膜，多孔支撑层对驱动侧，
支撑层侧发生稀释性内浓差极化，致密层侧发生浓缩性外浓差极化

① 外浓差极化（external concentration polarization，ECP）。正向渗透中，外浓差极化发生在膜致密层（又称活性层）的外侧，如果膜是对称性膜 [图 6-7（a）]，当进料液流过膜的皮层时，溶质在分离层上聚集（$C_{F,m} > C_{F,b}$），这称为浓缩性的外浓差极化，该极化现象提高了进料侧膜表面的溶液渗透压（$\Pi_{F,m} > \Pi_{F,b}$），从而降低了有效驱动力 $\Delta\Pi_{eff}$。同时，与膜面接触的汲取液被渗透过来的水不断稀释，降低了膜面处的汲取液浓度（$C_{D,m} < C_{D,b}$）和渗透压（$\Pi_{D,m} < \Pi_{D,b}$），这称为稀释性的外浓差极化。浓缩性的外浓差极化和稀释性的外浓差极化现象都会降低主体溶液渗透压差，造成过程效率的降低。一般来说，外浓差极化可以通过增加膜表面流速形成湍流，减少边界层厚度来减轻外浓差极化的负面作用，也可通过降低水通量的方法来降低膜表面溶质的浓度变化以减少外浓差极化现象。

② 内浓差极化（internal concentration polarization，ICP）。内浓差极化发生在复合型或者非对称型正向渗透膜材料中。该类膜材料由一层薄致密皮层与多孔支撑层构成 [图 6-7（b）和（c）]。内浓差极化又可分为浓缩性的内浓差极化和稀释性的内浓差极化。在 FO 过程中，不同的膜方向上可能会发生两种现象。如果膜材料的致密层面向汲取液 [图 6-7（b）]，当水和溶质在多孔层中扩散时，沿着致密皮层的内表面就会生成一层极化层（$C_{F,i} > C_{F,m}$，$\Pi_{F,i} > \Pi_{F,m}$），称为浓缩性的内浓差极化。如果膜材料的致密层面向进料液 [图 6-7（c）]，当水渗透过致密皮层时，就会稀释多孔支撑层中的汲取液（$C_{D,i} < C_{D,m}$，$\Pi_{D,i} < \Pi_{D,m}$），这称为稀释性的内浓差极化。因为内浓差极化发生在多孔层内，因此改善外部水力学状态对内浓差极化影响甚微。但升高温度有助于促进溶液中物质的布朗运动，从而降低内浓差极化。

6.3.3.2 正向渗透的反向盐通量

半透膜并不会完全截留所有的溶质，当原料液和汲取液浓度差较大时，会有溶质从汲取液透过膜进入原料液，引起反向盐渗透。反向盐通量会造成原料液浓度升高，从而降低膜两侧的有效渗透压。溶液的反向盐通量 J_s [mol/(m²·h)] 可以通过原料液侧的溶质浓度的增加来计算，见式(6-4)。

$$J_s = \frac{C_t V_t - C_0 V_0}{\Delta t} \times \frac{i}{A_m}$$

(6-4)

式中，C_0 为原料液初始浓度，mol/L；V_0 为原料液初始体积，L；Δt 为渗透时间，h；C_t 为经过 Δt 后的原料液浓度，mol/L；V_t 为经过 Δt 后的原料液体积，L；i 为范特霍夫因子；A_m 为有效膜面积，m²。C_0 和 C_t 可以通过原料液中的电导率推导出来。

6.3.4 正向渗透膜材料

(1) 膜的选择

缺乏高性能的膜材料成为制约当前正向渗透技术进一步发展的因素。正向渗透膜通常是由致密层和支撑层组成的非对称膜，最典型的是 HTI（Hydration Technology Innovations）公司生产的商业化正向渗透膜。理想的正向渗透膜支撑层应在满足强度要求的同时尽可能薄且多孔，为汲取液和致密层之间提供更直接的通道，可以提高正向渗透膜性能。如果可以制备无支撑层的对称正向渗透膜，则有望排除内浓差极化对正向渗透膜的性能影响。

对于降低正向渗透膜浓差极化这一问题，有人尝试制备对称正向渗透膜，这类膜的支撑层两侧都被致密层覆盖，具有双层致密层结构，可显著降低内浓差极化的影响，该类膜目前已取得良好的效果。

此外，对正向渗透膜表面进行亲水性改性，共聚物亲水性支撑层的构建都是提高正向渗透性能的有效手段。由于正向渗透过程中内浓差极化现象的存在，支撑层的结构设计优化以及膜表面亲水性能的提升，不仅对于 FO 膜抗污染有着重要的影响，也是 FO 膜过程效率提升的关键。从膜材料角度出发构建共聚物亲水性支撑层以提高膜材料渗透性能，对整个膜材料领域的发展有着重要意义，将继续成为今后研究的热点和前沿。

有研究者在正向渗透发电的运用中提出膜结构参数 S 的概念，如式(6-5)：

$$S = \frac{t\tau}{\varphi}$$

(6-5)

式中，t、τ 和 φ 分别是膜的厚度、孔的弯曲系数和孔隙率。

合适的多孔支撑层结构将会最大化地降低内浓差极化，制备出高性能的 PRO 膜。研究者使用膜结构参数 S 来描述多孔支撑层结构的影响，膜结构参数 S 越小，PRO 膜性能越好。

(2) 膜取向

选用非对称正向渗透膜时，膜的放置方式即膜取向，对渗透结果也存在明显的影响。在相同渗透压下，正向渗透膜致密层面对汲取液（AL-DS）模式，膜通量较高，但通量衰减得也快，因为该模式下膜污染相对严重，清洗后恢复率低。与之相比，正向渗透膜致密层面对原料液（AL-FS）模式下膜通量偏低，但有较好的抗污染性能，膜通量恢复率较高。有学者发现，在 AL-DS 模式下，通过 0.5h 的水力清洗，水通量恢复率为 75%～80%，而在 AL-FS 模式下，水通量恢复率可达 90%。

6.3.5　正向渗透的应用

调查发现 FO 已经被广泛地应用在多个领域中，包括发电、海水/苦咸水淡化、废水处理和食品加工。所有这些应用都可以归纳为水、能源和生命科学三大领域，如图 6-8 所示。图 6-9 展示了 PRO 用于发电的原理。当浓缩海水和稀释淡水（即河水）被半透膜隔开时，水将从进料液侧扩散到加压的汲取液侧（即海水侧）。然后将加压和稀释的海水分成两股水流：一股作为减压稀释的海水，通过水轮机而发电；另一股通过压力交换器协助给海水加压，并因此维持压力循环。

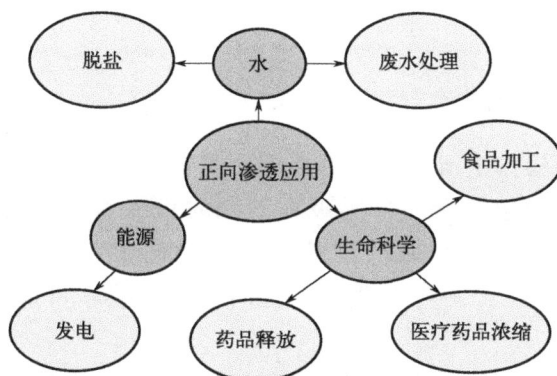

图 6-8　正向渗透在水、能源和生命科学领域中的应用

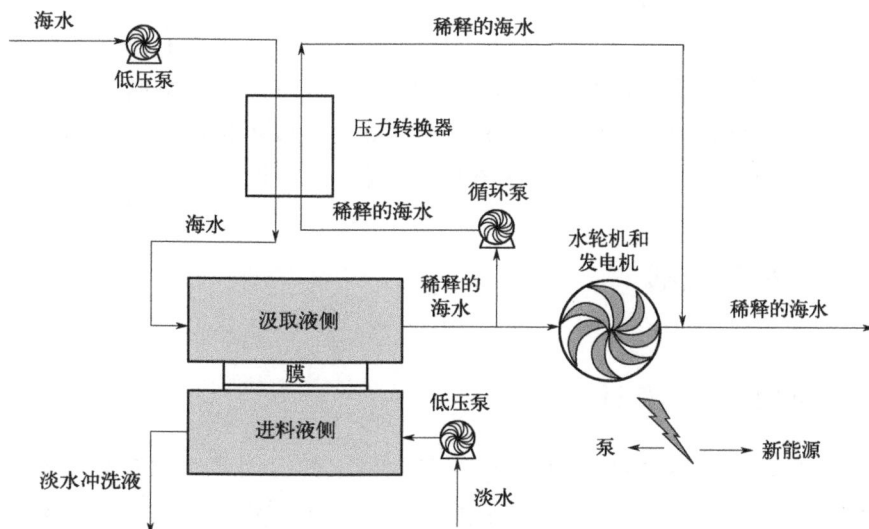

图 6-9　PRO 用于发电的原理

近年来国内外开展了正向渗透膜技术在多个领域中的应用研究，其中在绿色产能、水处理与回收、食品加工及医药生产行业等领域的应用研究最为突出。

6.3.5.1 绿色产能

海水和淡水之间或两种含盐浓度不同的海水之间的化学电位差能可通过 PRO 转换为电能。目前 PRO 已逐渐由实验室研究转向实际应用。Statkraft 公司作为渗透能开发的引导者，其在挪威建设的世界上第一座渗透压发电站已于 2009 年正式运行；荷兰首家盐差能试验电厂每小时可分别处理 $2.2 \times 10^5 L$ 海水和淡水。

6.3.5.2 水处理与回收

正向渗透膜技术自 20 世纪 70 年代起开始应用于盐水脱盐领域。正向渗透膜脱盐包括两个步骤：渗透稀释汲取液和从稀释的汲取液中制备淡水。正向渗透膜在废水处理中的应用主要包括：废水的浓缩分离、土壤渗滤液处理、厌氧消化液的浓缩、重金属去除等。

6.3.5.3 食品加工及医药生产行业

正向渗透膜技术操作上所具有的低温低压特性使其在水果或蔬菜汁的浓缩方面得到了广泛运用，在减小对食品口感破坏的同时可保留食物的营养价值，研究表明，在 18h 内正向渗透过程可以将花青素从 49.63mg/L 浓缩至 2.69g/L，而蒸馏过程仅能浓缩至 72mg/L。制药工业中，正向渗透膜技术可应用于富集医药产品、精确传输和释放药物。

在现阶段，FO 技术绝大部分还处于理论实验阶段，距离在化工领域中的运用以及对主流水处理技术取而代之的目标仍然有很长一段路。FO 技术由于其运用过程中存在着显著的内浓差极化现象，在海水淡化和食品加工领域，其技术通量不太理想，因此 FO 技术要想在市场中得到广泛应用，解决膜材料的设计和制备是前提条件。FO 膜材料抗污染性能优异，但是其化学和物理原理与机制尚不明确，这方面需要更加深入地探讨与研究。目前 FO 技术应用领域还相当有限，如何结合实际生产需要对 FO 膜材料进行设计，是 FO 技术得以广泛运用的前提条件。

6.4 膜萃取反应器

6.4.1 膜萃取反应器概述

膜萃取就是将一微孔膜置于原料液与萃取剂之间，因萃取剂对膜的浸润性而迅速地浸透膜的每个微孔并与膜另一侧原料液相接触形成稳定界面层，微分离溶质透过界面层从原料液移到萃取剂中（图 6-10）。膜萃取过程中不存在通常萃取过程中液滴的分散和聚合现象，作为一种新的膜分离技术，与传统的液-液接触萃取过程相比，膜萃取过程有其特殊的优点：

① 由于无两相间的分散和聚合过程，减少了萃取剂的夹带损失，并放宽了对萃取剂密度、黏度、界面张力等物性要求，扩大了萃取剂应用范围。

② 原料液相和萃取相各自在膜两侧流动，流体流速独立控制，可避免返混的影响，突破"液泛"条件的限制。

③ 不仅可避免使用大型澄清设备，简化操作流程，还能实现传统液-液萃取无法轻易实现的同级萃取-反萃取过程，提高过程的传质效率。

膜萃取过程一般采用中空纤维膜器和槽式膜萃取器，许多研究者都选用了有工业应用背景的体系进行研究，在金属萃取、有机物萃取、生化产物及药物的萃取以及膜萃取生物降解反应器和酶膜反应器等方面都取得了很大的进展。

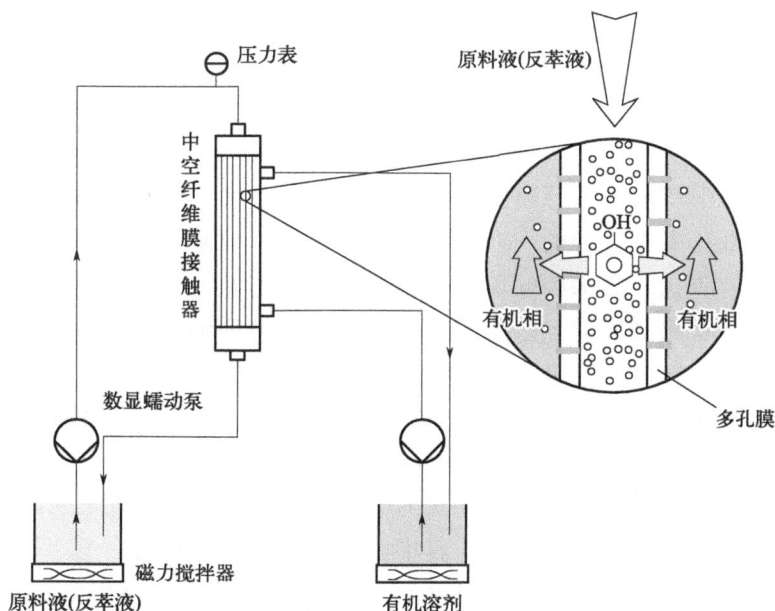

图 6-10　单膜萃取示意图

膜萃取生物膜反应器结合了膜的分离作用和微生物的降解作用（图 6-11），其主要特点是废水中的挥发、半挥发性有机污染物通过亲有机质的膜逐渐进入微生物体系，而废水中其他的无机组分（如酸、碱、盐、重金属）和温度等则不会对微生物的生长代谢产生影响。由于膜将微生物和废水隔开，微生物不会与废水混合，不存在微生物与废水的分离问题。同时微生物及其代谢产物、污染物生物代谢的中间产物也不会对废水造成二次污染。对于存在一定生物毒性的有机污染物，当有机负荷高时，普通活性污泥的降解效率会下降甚至出现微生物中毒现象。而膜萃取过程是一个污染物逐渐释放到微生物体系的过程，当微生物体系中污染物浓度过高时，浓度梯度和渗透压的变化将会使萃取速率自动降低，从而使微生物体系的有机负荷相对稳定。

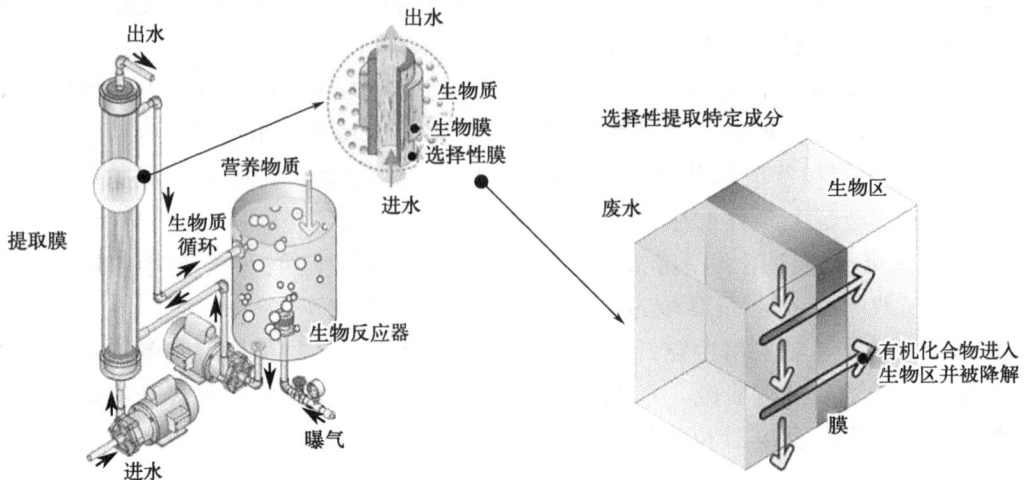

图 6-11　膜萃取生物膜反应器原理图

6.4.2　膜萃取过程

膜萃取过程中萃取剂和原料液分别在膜两侧流动，其传质过程是在分隔原料液相和萃取相的微孔表面进行的。在有机相与水相间置以疏水性微孔膜，有机相将优先浸润膜并进入膜孔。当水相的压力等于或大于有机相的压力时，在膜孔的水相侧将形成有机相与水相的界面。该相界面是固定的，溶质通过这一固定的相界面从一相传递到另一相，然后扩散进入接受相的主体，完成膜萃取过程。当采用亲水性微孔膜时，水相将优先浸润膜，并进入膜孔；若采用一侧亲水，另一侧疏水的复合膜，则亲水-疏水复合膜的界面处就是水相和有机相的界面。

影响膜萃取过程的因素有两相的压差浓度和流量、相平衡分配系数、膜材料浸润性能、体系界面张力和渗透压等，其中膜材料的浸润性能是一重要因素。膜萃取过程中需要选择溶剂浸润性能良好的膜材料。膜材料溶胀直接影响微孔膜的孔径、孔隙率、溶胀率、孔径分布和膜厚等，而且有些溶胀会造成膜的破裂、溶解。另外，膜萃取过程使用的膜材料一般具有很强的亲油能力，因此在操作中，特别是当水相流速较快时，会出现有机相向水相的渗漏现象。为了解决这一问题，两相间维持一定的压力差，即水相压力大于有机相压力，是有效的。

6.4.2.1　膜萃取器传质研究

膜萃取过程一般采用中空纤维膜器和槽式膜萃取器，其中中空纤维膜器最适于工业应用，其传质性能的研究是一个热点课题。采用中空纤维膜器萃取原料液相，溶质的传质模型主要有三种类型：壳程传质、膜内传质及管内传质。

（1）壳程传质

大多数研究者认为，流体在壳程中的流速较低，其浓度和速度均呈平推流状态，但由此得到的分传质系数的关联式差异较大，这主要是由于壳程纤维的装填存在不均匀性，在壳程中存在前混、返混和沟流等现象。通过对轴流式中空纤维膜中壳程流体传质性能的研究，认为由于壳程纤维装填的不均匀性，壳程流体会不断地从一流道转向另一流道，从而导致壳程流动由平推流转变为一种返混的复杂流动，使壳程实际流动状态与假设不同，出现偏差。

（2）膜内传质

溶质在膜内的传质模型可分为两类：一类是以传质机理为基础建立的溶解-扩散模型，另一类是以不可逆热力学为基础建立的数学模型。对溶质在膜内的传质特性多年来一直采用溶解-扩散模型表征。有研究者结合不可逆过程热力学，建立了"粉状液体模型"，该模型考虑了各组分间的相互影响，更加接近实际状况。在膜萃取中，由于有机溶剂对膜材料的浸润及溶胀，会引起膜孔隙率、厚度及膜结构发生变化，从而影响膜内溶质的传质特性，因而研究膜材料的耐有机性能，开发具有耐溶胀等性能的膜材料是提高膜萃取传质性能的关键因素之一。

（3）管内传质

由于中空纤维膜器的纤维直径很小，所以管内的流动大多为层流。在进行传质模型的建立时，通常假设中空纤维壁外的浓度恒定和浓度边界层未完全发展，实际上，这个假设是有条件的，更为准确的方法是采用质量连续方程与边界条件联合求解。用疏水膜进行小分子和蛋白质的溶剂萃取，建立的管内传质系数关联式在 Re（雷诺数）和 Sc（施密特数）不变的条件下，传质系数可从 8 变到 40。

6.4.2.2　萃取剂研究

膜萃取过程中最重要的是萃取剂的选取，良好的萃取剂能够提供很强的选择性和萃取能力。根据萃取机理的不同，可以将萃取剂分为物理萃取剂和络合萃取剂。

（1）物理萃取剂

物理萃取法利用酚在废水和有机溶剂中溶解度的不同，使酚从废水中转移至有机相中。通过分离有机相和水相，使废水得到初步净化。常见的物理萃取剂主要包括：甲基异丁基甲酮（MIBK）、二异丁基甲酮（DIBK）等酮类；辛醇、癸醇等醇类；乙酸乙酯、乙酸丁酯等酯类；苯、甲苯以及二异丙醚等。衡量萃取剂性能的主要参数是其对酚类的分配系数和在水中的溶解度。

（2）络合萃取剂

络合萃取法是基于可逆络合反应萃取分离极性有机物的新方法，是近年来研究的热点。络合萃取剂通过与酚类进行化学反应实现酚类在废水中的分离，其具有高选择性、高效的特点。萃取完成后，络合萃取剂通过反萃再生。络合萃取法的有机溶剂由萃取剂和稀释剂组成。酚类作为 Lewis 酸，其常见的络合萃取剂包括中性磷的氧化物三辛基氧膦（TOPO）、三烷基氧膦（TRPO）、磷酸三丁酯（TBP），以及 Lewis 碱烷基胺类化合物。良好的稀释剂可以调节萃取体系的黏度、密度及表面张力系数等参数，有利于液-液萃取过程的实施，实验中最常见的稀释剂是煤油。

6.4.3 膜萃取反应器的应用

与传统的萃取过程相比,膜萃取虽然存在膜阻力,会使总传质系数减小,但由于中空纤维等膜器具有很大的传质表面积,可使总体积传质系数呈数量级增加,所以从理论上讲,几乎所有采用传统萃取的分散相体系都可用膜萃取取代。

6.4.3.1 金属萃取

(1) 稀土元素的分离

张凤君等采用聚偏氟乙烯中空纤维膜器,研究了二(2,4,4-三甲基戊基)膦酸(HBTMPP)-庚烷体系中,镱、铒的萃取及传质性能。膜萃取器由外壳玻璃管和多孔中空纤维管封装而成,聚偏氟乙烯膜的平均孔径为 $0.06\mu m$,孔隙率为 81%。研究表明,稀土离子通过中空纤维膜的传质机理是伴有扩散控制的界面反应模式,增加萃取剂的浓度和氢化萃取剂可提高传质系数。采用同级萃取-反萃可较好地发挥萃取过程的单元操作优势,也是提高过程传质效率的有效途径。

莫启武等采用乳状液膜研究了草酸稀土的制备,其膜相为 2.0% LMS-2+1.0% P204+磺化煤油,外水相直接使用稀土矿渗浸液(pH=4~5),内水相为草酸溶液。实验研究表明:只要外水相的 pH 值在 2.5 以上,内水相草酸溶液浓度在 0.5mol/L 左右,稀土的迁移率就可达 99.5% 以上,所得草酸稀土经灼烧后可得纯度大于 99.5% 的氧化物。与传统萃取法相比,此方法具有成本低、能耗少、污染程度低等特点。

Yoshida 等采用微孔疏水中空纤维膜反应器,研究了以 2-乙基己基磷酸单-2-乙基己基酯和庚烷为络合萃取剂体系,萃取稀土金属。实验表明:溶质渗透速率受溶质在水相及有机相中的扩散和界面化学反应共同控制,并用伴有界面化学反应的扩散模型分析和解释了实验结果。

(2) 重金属等元素的萃取

Eto 等采用面积 $150cm^2$、孔径 $0.45\mu m$、厚 0.5mm 的聚四氟乙烯膜设备,以 40:60(体积比)的 SME[529]-ShellsolD[70] 为萃取剂,研究了 Cu^{2+} 的萃取过程,可以从 Cu^{2+} 含量为 1000mg/L 的稀 $CuSO_4$ 溶液中以 0.09g/h 的萃取速率稳定地萃取铜。

马铭等研究了 Cd(Ⅱ) 在三正辛胺-二甲苯支撑液膜体系中的迁移规律,支撑膜材料为微孔聚丙烯,其孔隙率为 0.51,膜厚度为 0.02mm。研究表明,载体三正辛胺浓度对 Cd(Ⅱ) 的渗透系数有显著影响,升高温度能提高 Cd(Ⅱ) 的迁移速率。

Fu 等研究了以含有 15% LIX[26] 和 10% 1-辛醇液中浸泡过的支撑液膜,用 LIX[26] 从盐酸溶液中萃取 Pt^{4+},可高效富集 Pt^{4+}。

石太宏等研究了采用液膜从硫酸介质中用二(2-乙基己基)-膦酸(D_2EHPA)与 C_{5-7} 羟肟酸协同萃取 Ga^{3+} 过程及其机理,其协萃平衡常数为 24.55,远大于单独使用 D_2EHPA 萃取 Ga^{3+} 的萃取平衡常数(1.56×10^{-2})。

Marty 等采用聚砜超滤膜，研究了用 D_2EHPA 的己烷稀溶液从稀溶液中对 Ni(Ⅱ) 的萃取过程，并探讨了 Ni(Ⅱ) 的渗透机理。

6.4.3.2　有机物及药物的萃取

王玉军等报道，使用疏水性聚丙烯中空纤维膜器，用煤油可有效地从水中萃取氯仿，去除率达 95％以上，其传质由水相边界层控制。

林立等研究了采用由 2％～4％表面活性剂、4％～5％载体和 10％～20％ Na_2CO_3 组成的乳化液膜技术，从水溶液中萃取柠檬酸，探讨了影响柠檬酸传质速率和乳化液膜溶胀的因素。

张卫东等利用聚砜中空纤维膜器，以三烷基胺＋正辛醇＋煤油混合溶剂为萃取剂，以清水为反萃取剂，研究了乳酸稀溶液的萃取分离过程。实验表明，采用鼓泡技术可大大提高中空纤维封闭液膜的传质效率，乳酸的回收率可达 30％左右。

Yamini 等报道了用膜从水溶液中萃取分离醚类有机物的研究，其萃取率大于 95％。

沈力人等报道，以含 Span-80、醋酸丁酯的煤油溶液为有机膜相，Na_2CO_3 水溶液为膜内相的乳状液膜，萃取发酵液中的青霉素 G，在外水相 pH＝4.0 时，采用二级错流萃取，每级萃取 10min，青霉素 G 的萃取率达到 99％以上，浓缩倍数约为 20 倍。

Hano 等报道，采用乳状液膜在外水相 pH＝6.0 时，连续萃取发酵液中的青霉素 G，萃取率为 85％～90％。

用膜萃取去除水中的有机物不仅效率高，而且不会造成二次污染。同时在化学工业和石油工业等领域，经常会产生一些含有酸、碱、金属离子和有毒有机物的废水，膜萃取生物膜反应器是比较新颖的处理废水的技术之一。

6.4.3.3　酶膜反应-萃取集合技术

酶膜反应-萃取集合技术是集酶促反应与萃取分离于一体的新技术，它是借助膜孔的二通性，用膜萃取过程来强化和优化酶促反应，同时也用酶促反应过程来强化和优化膜萃取过程，它综合了酶膜反应和萃取分离的诸多优点，能有效改善对产物的抑制作用，提高产物转化率，使其在诸多领域得到了很好的应用，如氨基酸的生产、油脂和酯类水解、有机物分离与合成、药物制造等。

课后要点

1. 膜蒸馏过程的基本原理。
2. 膜蒸馏的工艺形式。
3. 膜蒸馏的技术特点。
4. MABR 的基本原理及特点。

5. MABR 在污水脱氮除碳中的作用。

6. 正渗透的基本原理。

7. 影响正渗透水通量的主要因素。

8. 汲取液对正渗透性能的影响。

9. 浓差极化对正渗透性能的影响。

10. 膜萃取过程的基本原理。

11. 膜萃取的传质模型。

12. 膜萃取过程的影响因素。

课后习题

1. 膜蒸馏过程的传热和传质包括哪些步骤？

2. 膜蒸馏有哪几种形式，各种形式的优缺点是什么？

3. 膜蒸馏与常规蒸馏相比的优点是什么？

4. MABR 的几个主要特点是什么？

5. MABR 的异相传质的机理及在污水处理中有什么优势？

6. MABR 如何实现同步硝化反硝化？

7. 正渗透的原理是什么，其与反渗透过程的差别是什么？请分别画出正渗透和反渗透的原理图。

8. 正渗透过程的特点有哪些？

9. 请列出三个正渗透的应用场景，并说明为什么使用正渗透工艺而不用其他工艺。

10. 理想汲取液应满足的基本性质要求有哪些？

11. 请简述正渗透浓差极化的特点及分类。

12. 请简述膜萃取过程原理。

13. 膜萃取传质过程主要包括哪些？

14. 影响膜萃取过程的因素有哪些？

参考文献

[1] LAWSON K W，LLOYD D R. Membrane distillation. II. Direct contact MD [J]. Journal of Membrane Science，2015，120（1）：123-33.

[2] 于德贤，于德良，韩彬，等. 膜蒸馏海水淡化研究 [J]. 膜科学与技术，2002，22（1）：17-20.

[3] 颜学升，王彩云. PVDF 膜用于真空膜蒸馏淡化盐水的实验研究 [J]. 成都大学学报（自然科学版），2017，36（2）：221-224.

[4] 武春瑞，吴刚，陈华艳，等. PVDF 疏水中空纤维膜与组件对真空膜蒸馏性能的影响 [J]. 功能材料，2008，39（6）：922-925，930.

[5] HUANG J，HU Y，BAI Y，et al. Novel solar membrane distillation enabled by a PDMS/CNT/PVDF mem-

brane with localized heating [J]. Desalination，2020，489：114529.

［6］　MA Q，AHMADI A，CABASSUD C. Optimization and design of a novel small-scale integrated vacuum membrane distillation-solar flat-plate collector module with heat recovery strategy through heat pumps [J]. Desalination，2020，478：114285.

［7］　李萌. 海上救援便携式海水淡化装置设计 [D]. 海口：海南大学，2018.

［8］　张建芳，李玲. 减压膜蒸馏淡化处理盐水的实验研究 [J]. 精细石油化工进展，2005，6 (3)：10-12，20.

［9］　涂正环，贺高红，尹立运，等. 减压膜蒸馏法咸水淡化的实验研究 [J]. 盐科学与化工，2003，32 (5)：10-14.

［10］　李玲，匡琼芝，闵犁园，等. 减压膜蒸馏淡化罗布泊地下苦咸水研究 [J]. 水处理技术，2007，33 (1)：67-70.

［11］　匡琼芝，李玲，闵犁园，等. 用减压膜蒸馏淡化罗布泊地下苦咸水 [J]. 膜科学与技术，2007，27 (4)：45-49.

［12］　KARAKULSKI K，GRYTA M，MORAWSKI A. Membrane processes used for potable water quality improvement [J]. Desalination，2002，145 (1-3)：315-319.

［13］　杨兰，马润宇. 膜蒸馏法淡化苦咸水中的膜污染初步研究 [J]. 水处理技术，2004，30 (3)：128-131.

［14］　娄蒙蒙. 印染废水及其特征污染物膜蒸馏过程研究 [D]. 上海：东华大学，2017.

［15］　苏华. 基于 PVDF 纳米纤维膜的膜蒸馏技术处理印染废水的研究 [D]. 杭州：浙江理工大学，2016.

［16］　王婷，唐娜，王学魁. 真空膜蒸馏方法处理高盐印染中间体废水研究 [J]. 盐业与化工，2011，40 (2)：9-12.

［17］　张学敏，王三反. 焦化废水处理方法研究与进展 [J]. 工业水处理，2015，35 (9)：11-16.

［18］　李建国，李剑锋，任静，等. 超疏水疏油改性 PVDF 膜用于膜蒸馏深度处理焦化废水 [J]. 水处理技术，2018，44 (3)：58-62，68.

［19］　JACOB P，PHUNGSAI P，FUKUSHI K，et al. Direct contact membrane distillation for anaerobic effluent treatment [J]. Journal of Membrane Science，2015，475：330-339.

［20］　YAN Z，LIU K，YU H，et al. Treatment of anaerobic digestion effluent using membrane distillation：Effects of feed acidification on pollutant removal，nutrient concentration and membrane fouling [J]. Desalination，2019，449：6-15.

［21］　KIM S，LEE D W，CHO J. Application of direct contact membrane distillation process to treat anaerobic digestate [J]. Journal of Membrane Science，2016，511：20-28.

［22］　EL-BOURAWI M S，KHAYET M，MA R，et al. Application of vacuum membrane distillation for ammonia removal [J]. Journal of Membrane Science，2007，301 (1)：200-209.

［23］　UKWUANI A T，TAO W. Developing a vacuum thermal stripping - acid absorption process for ammonia recovery from anaerobic digester effluent [J]. Water Research，2016，106：108-115.

［24］　TUN L L，JEONG D，JEONG S，et al. Dewatering of source-separated human urine for nitrogen recovery by membrane distillation [J]. Journal of Membrane Science，2016，512：13-20.

［25］　ZHAO Z P，LIANG X，XIN S，et al. Water regeneration from human urine by vacuum membrane distillation and analysis of membrane fouling characteristics [J]. Separation and Purification Technology，2013，118：369-376.

［26］　KAI Y W，TEOH M M，NUGROHO A，et al. Integrated forward osmosis-membrane distillation (FO-MD) hybrid system for the concentration of protein solutions [J]. Chemical Engineering Science，2011，66 (11)：2421-2430.

［27］　丁闩保. 基于 PTFE 平板膜的膜蒸馏技术处理垃圾渗滤液的研究 [D]. 杭州：浙江理工大学，2015.

［28］　宋明杰. 膜蒸馏在焦化蒸氨废水处理中的应用 [D]. 合肥：安徽工业大学，2017.

［29］　XIE M，NGHIEM L D，PRICE W E，et al. Toward resource recovery from wastewater：Extraction of phosphorus from digested sludge using a hybrid forward osmosis-membrane distillation process [J]. Environ-scitechnollett，2014，1 (2)：191-195.

［30］ YULIWATI E，ISMAIL A F，MATSUURA T，et al. Characterization of surface-modified porous PVDF hollow fibers for refinery wastewater treatment using microscopic observation ［J］. Desalination，2011，283：206-213.

［31］ 闫凯波，郭贵宝，刘金彦，等. 聚偏氟乙烯按枝甲基丙烯酸甲酯油水分离膜的研究 ［J］. 高分子学报，2016（5）：659-666.

［32］ LI C，CHEN X，LUO J，et al. PVDF grafted Gallic acid to enhance the hydrophilicity and antibacterial properties of PVDF composite membrane ［J］. Separation and Purification Technology，2020，259：118-127.

［33］ ZHANG S，WANG P，FU X，et al. Sustainable water recovery from oily wastewater via forward osmosis-membrane distillation （FO-MD） ［J］. Water Research，2014，52：112-121.

［34］ 王军，栾兆坤，曲丹，等. 疏水膜蒸馏浓缩技术用于 RO 浓水回用处理的研究 ［J］. 中国给水排水，2007，23（19）：1-5.

［35］ 王奔. 多效膜蒸馏用于海水及浓海水深度浓缩研究 ［D］. 天津：天津大学，2013.

［36］ 唐娜，陈明玉，袁建军. 海水淡化浓盐水真空膜蒸馏研究 ［J］. 膜科学与技术，2007，27（6）：93-96.

［37］ 陈利，沈江南，阮慧敏. 真空膜蒸馏浓缩反渗透浓盐水的工艺研究 ［J］. 过滤与分离，2009，19（3）：4-6，21.

［38］ 刘东，武春瑞，吕晓龙. 减压膜蒸馏法浓缩反渗透浓水试验研究 ［J］. 水处理技术，2009，35（5）：60-63.

［39］ 吕晓龙，武春瑞，刘东，等. 膜蒸馏耦合技术处理反渗透浓水与海水淡化 ［C］//中国膜工业协会. 新膜过程研究与应用研讨会论文集，2008：35-39，47.

［40］ 孙项城，王军，侯得印，等. 膜蒸馏法浓缩反渗透浓水的试验研究 ［J］. 中国给水排水，2011，27（17）：22-25，30.

［41］ COTE P. Bubble-free aeration using membranes：Mass transfer analysis ［J］. Journal of Membrane Science，1989，47（1）：91-96.

［42］ 郑斐. 无泡曝气膜生物反应器的初步研究 ［D］. 天津：天津大学，2004.

［43］ 王碧玮. 膜曝气生物反应器处理生活污水的研究 ［D］. 武汉：华中科技大学，2018.

［44］ VO G D，BRINDLE E，HEYS J. An experimentally validated immersed boundary model of fluid-biofilm interaction ［J］. Water Science and Technology：A Journal of the International Association on Water Pollution Research，2010，61（12）：3033-3040.

［45］ DOWNING L S，NERENBERG R. Effect of bulk liquid BOD concentration on activity and microbial community structure of a nitrifying，Membrane-aerated biofilm ［J］. Applied Microbiology and Biotechnology，2008，81（1）：153-162.

［46］ BRINDLE K，STEPHENSON T，SEMMENS M J. Nitrification and oxygen utilization in a membrane aeration bioreactor ［J］. Journal of Membrane Science，1998，144：197-209.

［47］ LI M，LI P，DU C，et al. Pilot-scale study of an integrated membrane-aerated biofilm reactor system on urban river remediation ［J］. Industrial & Engineering Chemistry Research，2016，55（30）：8373-8382.

［48］ 杨玥，钟惠舟. MABR 与微生物菌剂联用治理小型黑臭河道的效果 ［J］. 环境工程技术学报，2020，10（5）：853-859.

［49］ 李浩，李鹏，李波，等. MABR 用于城市景观河道水体修复的研究 ［J］. 膜科学与技术，2016，36（6）：101-107，118.

［50］ 李保安，李鹏. MABR 处理受污染河道水的试验研究 ［C］//中膜工业协会. 2015 年中国——欧盟膜技术研究与应用研讨会论文集，2015：27-32，38.

［51］ 孙治冶，李保安，李玫，等. 基于 MABR 的市政污水处理强化脱氮中试研究 ［J］. 化学工业与工程，2020，37（6）：61-71.

［52］ 魏爱书，牛晓君. MABR 工艺在污水处理站提标改造中的应用 ［J］. 环境工程学报，2021，15（6）：2174-2180.

［53］ 陈文华，潘超群，厉雄峰，等. MABR 技术在农村生活污水处理上的应用 ［J］. 水处理技术，2019，45（5）：126-128.

［54］　SEMMENS M J，DAHM K，SHANAHAN J，et al. COD and nitrogen removal by biofilms growing on gas permeable membranes ［J］. Water Research，2003，37 (18)：4343-4350.

［55］　CHAVAN A，MUKHERJI S. Treatment of hydrocarbon-rich wastewater using oil degrading bacteria and phototrophic microorganisms in rotating biological contactor：Effect of N：P ratio ［J］. Journal of Hazardous Materials，2008，154 (1-3)：63-72.

［56］　WEI X，LI B，ZHAO S，et al. Mixed pharmaceutical wastewater treatment by integrated membrane-aerated biofilm reactor (MABR) system-A pilot-scale study ［J］. Bioresource Technology，2012，122：189-195.

［57］　LAI Y S，ONTIVEROS-VALENCIA A，ILHAN Z E，et al. Enhancing biodegradation of C_{16}-alkyl quaternary ammonium compounds using an oxygen-based membrane biofilm reactor ［J］. Water Research，2017，123：825-833.

［58］　LAN M，LI M，LIU J，et al. Coal chemical reverse osmosis concentrate treatment by membrane-aerated biofilm reactor system ［J］. Bioresource Technology，2018，270：120-28.

［59］　胡亮，赵德喜，侯飞飞，等 . MABR-絮凝联合工艺处理合成橡胶废水的探索 ［J］. 工业水处理，2015，35 (4)：60-64.

［60］　ZHANG Y，ZHONG F，XIA S，et al. Autohydrogenotrophic denitrification of drinking water using a polyvinyl chloride hollow fiber membrane biofilm reactor ［J］. Journal of Hazardous Materials，2009，170 (1)：203-209.

［61］　TERADA A，KAKU S，MATSUMOTO S，et al. Rapid autohydrogenotrophic denitrification by a membrane biofilm reactor equipped with a fibrous support around a gas-permeable membrane ［J］. Biochemical Engineering Journal，2006，31 (1)：84-91.

［62］　夏四清，钟佛华，张彦浩 . 氢自养反硝化去除水中硝酸盐的影响因素研究 ［J］. 中国给水排水，2008，24 (21)：5-8.

［63］　ONTIVEROS-VALENCIA A，TANG Y，KRAJMALNIK B R，et al. Managing the interactions between sulfate-and perchlorate-reducing bacteria when using hydrogen-Fed biofilms to treat a groundwater with a high perchlorate concentration ［J］. Water Research，2014，55：215-224.

［64］　ZHAO H，VAN G S，TANG Y，et al. Interactions between perchlorate and nitrate reductions in the biofilm of a hydrogen-based membrane biofilm reactor ［J］. Environmental Science & Technology，2011，45 (23)：10155-10162.

［65］　ASSUNCAO A，MARTINS M，SILVA G，et al. Bromate removal by anaerobic bacterial community：Mechanism and phylogenetic characterization ［J］. Journal of Hazardous Materials，2011，197：237-243.

［66］　夏四清，杨昕，钟佛华，等 . 利用氢基质生物膜反应器去除地下水中的 Cr (Ⅵ) ［J］. 同济大学学报 (自然科学版)，2010，38 (9)：1303-1308，1328.

［67］　CHUNG J，NERENBERG R，RITTMANN B E. Bio-reduction of soluble chromate using a hydrogen -based membrane biofilm reactor ［J］. Water Research，2006，40 (8)：1634-42.

［68］　王晨辉，徐晓茵，夏四清 . 氢基质生物膜反应器去除水中硒酸盐研究 ［J］. 中国环境科学，2014，34 (6)：1442-1447.

［69］　CHUNG J，NERENBERG R，RITTMANN B E. Bioreduction of selenate using a hydrogen-based membrane biofilm reactor ［J］. Environmental Science & Technology，2006，40 (5)：1664-1671.

［70］　CHUNG J，LI X，RITTMANN B E. Bio-reduction of arsenate using a hydrogen-based membrane biofilm reactor ［J］. Chemosphere，2006，65 (1)：24-34.

［71］　KARATAS S，HASAR H，TASKAN E，et al. Bio-reduction of tetrachloroethen using a H_2-based membrane biofilm reactor and community fingerprinting ［J］. Water Research，2014，58：21-28.

［72］　CHUNG J，KRAJMALNIK-BROWN R，RITTMANN B E. Bioreduction of trichloroethene using a hydrogen-based membrane biofilm reactor ［J］. Environmental Science & Technology，2008，42 (2)：477-483.

［73］　李海翔，徐晓茵，梁郡，等 . 氢基质自养微生物还原降解水中对氯硝基苯的研究 ［J］. 环境科学学报，2012，32 (10)：2394-2401.

[74] LONG M, ILHAN Z E, XIA S, et al. Complete dechlorination and mineralization of pentachlorophenol (PCP) in a hydrogen-based membrane biofilm reactor (MBfR) [J]. Water Research, 2018, 144: 134-144.

[75] XIA S Q, ZHANG Z Q, ZHONG F H, et al. High efficiency removal of 2-chlorophenol from drinking water by a hydrogen-based polyvinyl chloride membrane biofilm reactor [J]. Journal of Hazardous Materials, 2011, 186 (2-3): 1367-1373.

[76] CAI C, HU S, GUO J H, et al. Nitrate reduction by denitrifying anaerobic methane oxidizing microorganisms can reach a practically useful rate [J]. Water Research, 2015, 87: 211-217.

[77] LONG M, ZHOU C, XIA S, et al. Concomitant Cr(Ⅵ) reduction and Cr(Ⅲ) precipitation with nitrate in a methane/oxygen-based membrane biofilm reactor [J]. Chemical Engineering Journal, 2017, 315: 58-66.

[78] SHUAI F Z, LIN D Z, CHU Y Y, et al. Recent developments in forward osmosis: Opportunities and challenges [J]. Journal of Membrane Science, 2012, 396: 1-21.

[79] 李刚, 李雪梅, 柳越, 等. 正渗透原理及浓差极化现象 [J]. 化学进展, 2010, 22 (5): 812-821.

[80] 李轻轻, 马伟芳, 聂超, 等. 正渗透汲取液类型及分离回收工艺研究进展 [J]. 环境工程, 2016, 34 (03): 11-17.

[81] 丁柳, 邵良程, 安乐生. 正渗透水处理关键技术研究进展 [J]. 广州化工, 2018, 46 (1): 1-3, 32.

[82] NGAI Y Y, ALBERTO T, WILLIAM A P, et al. High performance thin-film composite forward osmosis membrane [J]. Environmental Science & Technology, 2010, 44: 3812-3818.

[83] GERSTANDT K, PEINEMANN K V, SKILHAGEN S E, et al. Membrane processes in energy supply for an osmotic power plant. Desalination, 2008, 224 (1/3): 64-70.

[84] ZHAO S, ZOU L, MULCAHY D. Effects of membrane orientation on process performance in forward osmosis applications [J]. Journal of Membrane Science, 2011, 382 (1-2): 308-315.

[85] 潘淑芳, 钟鹭斌, 苑志华, 等. 正渗透膜材料及其应用技术研究进展 [J]. 水处理技术, 2015, 41 (11): 1-6.

[86] 刘芳, 杨辛怡. 荷兰首家盐差能试验电厂近期发电 [N]. 中国科学报, 2014-12-09 (2).

[87] NAYAK C A, RASTOGI N K. Comparison of osmotic menbrane distillation and forward osmosis membrane processes for concentration of anthocyanin [J]. Desalination and Water Treatment, 2010, 16: 134-145.

[88] 任潇, 王策, 李咏梅. 正渗透膜技术的研究与应用进展 [J]. 环境污染与治理, 2018, 40 (2): 230-235.

[89] 刘彤. 试简述膜萃取过程分离原理 [J]. 广东化工, 2011, 38 (03): 24-25, 57.

[90] 刘伟, 高书宝, 吴丹, 等. 膜萃取分离技术及应用进展 [J]. 盐业与化工, 2013, 42 (11): 26-31.

[91] 朱山, 陈珏. 膜萃取技术在湿法冶金中的研究进展 [J]. 湿法冶金, 2024, 43 (5): 473-482.

[92] 孙广垠, 张恒, 王勇. 膜萃取在含铀废水处理中的应用研究进展 [J]. 工业水处理, 2020, 40 (01): 13-17.

[93] 刘梅清, 段瑞, 孙晓燕, 等. 超滤-固体膜萃取-反萃取技术制备异甘草苷工艺研究 [J]. 中草药, 2022, 53 (15): 4673-4677.

[94] 王玉军, 骆广生, 戴猷元. 膜萃取的应用研究 [J]. 现代化工, 2000 (01): 13-16, 18.

[95] 张凤君, 马根祥, 李德谦. 二 (2,4,4-三甲基戊基) 膦酸在中空纤维膜器中萃取镱、铒及传质研究 [J]. 应用化学, 1999, 16 (02): 84-86.

[96] 莫启武, 王向德, 万印华, 等. 乳状液膜法制备草酸稀土 [J]. 膜科学与技术, 1998 (04): 20-23.

[97] YOSHIDA W, KUBOTA F, BABA Y, et al. Separation and recovery of scandium from sulfate media by solvent extraction and polymer inclusion membranes with amic acid extractants [J]. ACS omega, 2019, 4 (25): 21122-21130.

[98] ETO S, FUKUDA Y, MITSUI Y, et al. Stable structure, magnetic and electronic properties of (Mn, Cr) AlGe [J]. Journal of the Physical Society of Japan, 2019, 88 (6): 064709.

[99] 马铭, 何鼎胜, 谢赛花. 三正辛胺-二甲苯支撑液膜萃取 Cd(Ⅱ) 的研究 [J]. 膜科学与技术, 1999, 19 (02): 45-48.

[100] MARTY J, PERSIN M, SARRAZIN J. Dialysis of NI(Ⅱ) through an ultrafiltration membrane enhanced

by polymer complexation [J]. Journal of Membrane Science，2000，167（2）：291-297.

[101]　FU X，LI Z，ZHAO J，et al. Coupling plasmon and catalytic-active hotspots of Au@Pt core-satellite nanop-articles for in-situ spectroscopic observation of plasmon-promoted decarboxylation [J]. Journal of Colloid and Interface Science，2024，676：127-138.

[102]　石太宏，王向德，万印华，等 . D_2EHPA 与 C_{5-7} 羟肟酸自硫酸介质中协同萃取 Ga^{3+} 的液膜理论基础研究（Ⅰ）[J]. 膜科学与技术，1999（03）：27-30.

[103]　王玉军，朱慎林，戴猷元 . 膜萃取去除水中氯仿的研究 [J]. 膜科学与技术，1999，19（03）：32-35.

[104]　林立，孙海波，梁立娜，等 . 离子色谱法测定复方氨基酸注射液中钠、钾、镁和钙含量 [J]. 分析试验室，2023，42（07）：964-967.

[105]　张卫东，朱慎林，骆广生，等 . 膜萃取防止溶剂污染的优势 [J]. 水处理技术，1998（01）：41-45.

[106]　YAMINI Y，FARAJI M. Extraction and determination of trace amounts of chlorpromazine in biological flu-ids using magnetic solid phase extraction followed by HPLC [J]. Journal of Pharmaceutical Analysis，2014，4（04）：279-285.

[107]　沈力人，杨品钊，陈丽亚 . 液膜法处理对硝基苯胺废水的研究 [J]. 水处理技术，1997（01）：47-51.

[108]　TADASHI H，廖福荣 . 头孢菌素 C 的反应性萃取 [J]. 国外医药（抗生素分册），1993（05）：333-336.

[109]　谭世语，杨红，汤波 . 二（2-乙基己基）磷酸萃取亮氨酸平衡研究 [J]. 应用化学，2001，18（03）：212-215.

第7章 膜法水处理技术的组合工艺应用案例

7.1 某化工工业园区集中供水工程

7.1.1 工程概况

某水务公司为实现向化工园区供水，建立处理规模为 20 万吨每天的地表水处理水厂，主要包括工业自来水厂和一级脱盐水厂，外送水量分别各 10 万吨每天。项目水源取自该水厂外 5 公里处某河水，工业自来水厂作为一级脱盐水厂的预处理厂，一部分产水送往化工园区，一部分产水送至脱盐水厂，一级除盐水分两期建设，每期产水规模均为 5 万吨每天。本案例主要分析一级脱盐水厂一期工程，项目整体投资约 2.4 亿元。

原水和外送水水质指标如表 7-1 所示。

表 7-1　原水和外送水水质情况表

序号	项目	单位	地表水水质	外送水质	备注
1	pH 值	—	8	6.5～8.5	
2	浊度	NTU	3	0.1	
3	Ca^{2+}	mg/L	175	6	
4	Fe^{2+}	mg/L	0.3	0.01	
5	Mg^{2+}	mg/L	30	1.0	
6	总硬度	mg/L	560	17	以 $CaCO_3$ 计
7	HCO_3^-	mg/L	295	—	以 $CaCO_3$ 计
8	Cl^-	mg/L	250	9	
9	COD_{Mn}	mg/L	8	0.5	
10	TDS	mg/L	1000	40	

续表

序号	项目	单位	地表水水质	外送水质	备注
11	电导率	μS/cm	1500	60	
12	SO_4^{2-}	mg/L	185	6	
13	色度	Hazen	5	0.1	

7.1.2　工艺流程

根据该厂提供的原水水质情况及各机组脱盐水水质要求，通过工艺比选和经济技术指标的分析比较，确定选用目前技术较先进的膜分离技术：超滤-反渗透处理方法（一般称为双膜法）。为了保证超滤和反渗透的进水水质，在进入膜分离工艺之前设预处理系统，由于超滤和反渗透装置产水量随水温变化较大（一般温度每升高1℃，膜元件产水量提高2.5%），因而为了保证冬季系统供水量，在预处理系统中设生水加热器，保证原水的水温在15～25℃。

脱盐水厂工艺流程示意图如图7-1所示，工程现场情况见图7-2。

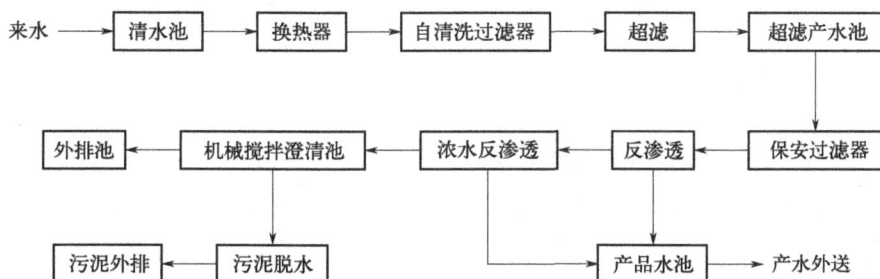

图 7-1　脱盐水厂工艺流程示意图

图 7-2　工程现场照片

该脱盐水厂处理系统主要由超滤、一级反渗透、浓水反渗透装置组成。河水经过工业自来水厂的混凝沉淀过滤预处理后，通过水泵加压送入脱盐水厂。加药后的工业自来水通过生水换热器，进行升温，保证后续设备的正常运行。升温后的自来水进入自清洗过滤器，去除水中大颗粒杂质，防止对超滤膜造成破坏。自清洗过滤器出水进入超滤装置，进一步去除水中的胶体颗粒和悬浮物，保证反渗透膜系统的进水水质。超滤产水加压后经保安过滤器和高压泵进入反渗透装置（一级 RO）。反渗透膜可去除水中大部分溶解性盐和 COD_{Cr}，达到外送脱盐水水质的要求。产水在产品水池收集后，由产水泵房加压外送到化工园区各用水单位。为提高系统的回收率，设置一级 RO 浓水反渗透装置。浓水反渗透的产水进入产品水池，浓水经化学反应除硬后，进入机械搅拌澄清池，在澄清池沉淀后出水送往高盐废水处理系统。工艺设置污泥处理系统，机械搅拌澄清池排泥经板框压滤后，滤液回流至机械搅拌澄清池，板框压滤机产出的污泥外送至高盐废水处理系统处理。各工段装置产水能力见表 7-2。

表 7-2　各工段装置产水能力

项目	单台装置产水能力/(m³/h)	回收率/%
超滤装置	275(共 10 套装置)	91.5
一级反渗透装置	235(共 10 套装置)	75
浓水反渗透装置	175(共 2 套装置)	50
机械搅拌澄清池	200(共 2 套装置)	98

7.1.3　工艺设计

（1）脱盐水预处理（工业自来水厂）

原水（河水）首先进入混凝沉淀池，通过投加混凝剂和絮凝剂，去除原水中的悬浮物及胶体等杂质，混凝沉淀池出水进入石英砂滤池，过滤出水进入中间水池储存，减轻后续超滤系统的处理负荷。石英砂滤池采用中间水池出水进行反冲洗。

（2）超滤处理系统

预处理出水进入超滤系统，为保护超滤膜元件不被大颗粒物质堵塞或划伤损坏，在进入超滤系统前设置过滤精度 $100\mu m$ 的自清洗过滤器。超滤膜的物理截留作用可以去除水中绝大部分的胶体、悬浮颗粒和细菌、病毒等，使产水水质符合后续反渗透系统进水的要求。超滤运行方式采用错流过滤，每运行一段时间需进行一次反冲洗来恢复膜通量，超滤产水进入超滤产水池储存。

超滤装置共有 10 套，每套产水能力 $275m^3/h$，膜运行通量 $55L/(m^2 \cdot h)$，回收率 91.5%，出水 SDI≤3（进水在最差情况时≤5），反洗通量 $250L/(m^2 \cdot h)$，系统中设置在线 SDI 监测仪。当膜污染指数 SDI 大于 5 时，应对超滤装置进行化学强化清洗。超滤浓水经回收泵返回工业自来水厂进行混凝处理。

① 自清洗过滤器。自清洗过滤器共 3 套，单套处理量 $930m^3/h$，过滤精度 $100\mu m$。超滤供水泵 3 台（2 用 1 备），采用卧式双吸离心泵，单台流量 $2750m^3/h$，扬程 45m。采用一台变频电机，两台工频电机，可实现超滤进水侧流量为恒流量。当超滤进水流速较大时，不仅会造成能量的浪费并产生过大的压降，还会加速超滤膜性能的衰退。反之，如果流速较小，截留物在膜表面形成的边界层厚度增大，引

起浓差极化现象，既影响了产水率，又影响了产水质量。超滤反洗水泵 3 台（2 用 1 备），单台流量 420m³/h，扬程 30m。

② 加药装置。超滤系统中共设加药装置 3 套，分别为杀菌剂、酸和碱投加装置。

杀菌剂投加装置 1 套，设置在超滤装置的反洗进水总管上。超滤反洗时投加杀菌剂，以氧化去除污堵在超滤膜内的有机物、微生物等杂质。

酸投加装置 1 套，设置在超滤装置的反洗进水总管上。在超滤反洗时投加酸，有利于去除碳酸盐等杂质。

碱投加装置 1 套，设置在超滤装置的反洗进水总管上。在超滤反洗时投加碱，有利于去除污堵在超滤膜内的有机物、微生物等杂质。

③ 化学清洗装置。随着超滤膜组件的长期使用，当超滤膜的产水量下降 20% 以上或超滤出水 SDI>5 时，需要对超滤膜进行化学清洗，以便及时去除超滤膜内的污染物，防止超滤膜形成顽固性结垢而无法恢复通量。不同的进水水质需要离线清洗的周期不一样，通常为 1～4 个月。

化学清洗分为酸洗和碱洗。

酸洗：用一级反渗透出水（或超滤产水）配制成质量浓度为 2% 的柠檬酸溶液，pH＝2。

碱洗：用一级反渗透出水（或超滤产水）配制成质量浓度为 0.5% 的氢氧化钠和 30mg/L 的次氯酸钠溶液，pH＝12。

酸洗后再用碱洗，最后用清水清洗，直到出水呈中性为止，否则会影响膜通量。

（3）反渗透系统

反渗透技术是当今应用非常广泛的盐水分离技术。其原理是在高于溶液渗透压的压力下，借助于只允许水分子透过的反渗透膜的选择截留作用，将溶液中的溶质与溶剂分离，从而达到脱除水中无机盐的目的。反渗透膜的功能层由具有高度有序矩阵结构的聚酰胺材质构成，其孔径为 0.1～1nm，即最小可达 10^{-10}m（相当于大肠杆菌大小的千分之一，病毒的百分之一）。

反渗透供水泵将超滤水池中的水加压送至 5μm 保安过滤器中，进保安过滤器前通过管道静态混合器依次投加阻垢剂、还原剂、盐酸。其中，阻垢剂起到减缓反渗透膜表面产生碳酸钙、磷酸钙、硅酸盐等结垢的作用；还原剂可以去除水中的氧化性物质；投加盐酸调节原水 pH 值为弱酸性，减缓钙、镁盐的结垢倾向。经保安过滤器过滤后，出水通过高压泵进入一级反渗透系统进行脱盐处理。一级反渗透产水进入产品水池储存，并通过供水泵送至各用水点。反渗透系统每运行一段时间需进行一次化学清洗以恢复膜通量。

① 一级反渗透装置。一级反渗透装置共 10 套，每套产水量 235m³/h，并联运行。膜通量为 22～23L/(m²·h)，设计回收率为 75%。可通过调节反渗透产水侧和浓水侧的流量比调节反渗透回收率（73%～75%），以适应进水中离子浓度的变化（主要是 Ca^{2+}、Mg^{2+}、SO_4^{2-} 等离子）。

　　一级反渗透前配置保安过滤器，以防止颗粒进入高压泵及一级反渗透膜组件损伤高压泵部件和划伤反渗透膜表面。保安过滤器 10 套，单套处理流量 $Q = 315\text{m}^3/\text{h}$，过滤精度 $5\mu\text{m}$，11 支大流量滤芯，进出水最大压差 0.08MPa。

　　系统中共设一级反渗透高压泵 10 套，单台流量 $Q = 315\text{m}^3/\text{h}$，扬程 $H = 120\text{m}$，该泵采用变频电机。通过反渗透高压泵的变频调速，使开机时反渗透膜进水压力缓慢升高，以及停机时进水压力缓慢降低，避免对膜的突然冲击以及在管路系统中产生水锤等不利影响。

　　反渗透系统开机和停机时，利用反渗透产水对反渗透膜进行正冲洗，排挤膜和管道中的高含盐水，使停运膜完全浸泡在脱盐水中，可以防止膜内结垢和膜的自然渗透造成的膜损伤，因此系统中设一级反渗透冲洗泵 2 套（1 用 1 备，单台泵流量 $Q = 250\text{m}^3/\text{h}$，扬程 $H = 20\text{m}$）。

　　在长期的运行过程中，反渗透膜面会积累污染物，从而使装置的性能（产水量和脱盐率）下降，膜组件进出口压差升高。为此，除日常启停装置前进行低压冲洗外，还需进行定期化学清洗。

　　② 浓水反渗透装置。浓水反渗透装置共 2 套，每套产水量 $175\text{m}^3/\text{h}$，并联运行，主要用于反渗透浓水的回收。膜运行通量为 $17 \sim 18\text{L}/(\text{m}^2 \cdot \text{h})$，设计回收率为 50%，可通过调节反渗透产水侧和浓水侧的流量比调节反渗透的回收率。

　　浓水反渗透装置前设保安过滤器 2 套，单套处理流量 $Q = 350\text{m}^3/\text{h}$，过滤精度 $5\mu\text{m}$，进出水最大压差 0.1MPa。

　　浓水反渗透高压泵 2 台，单台流量 $Q = 350\text{m}^3/\text{h}$，扬程 $H = 150\text{m}$，该泵采用变频电机。通过反渗透高压泵的变频调速，使开机时反渗透膜进水压力缓慢升高，以及停机时进水压力缓慢降低，避免对膜的突然冲击以及产生管路系统的水锤等不利影响。

　　③ 机械搅拌澄清池。机械搅拌澄清池 2 套，单套处理流量 $200\text{m}^3/\text{h}$，并联运行。主要功能：用于浓水反渗透装置高盐浓水的硬度及 SS（悬浮物）的去除，其主要由反应仓、布水仓、搅拌提升装置、刮泥板、集水堰等组成。通过投加各种药剂 [NaOH、PAM（聚丙烯酰胺）、PAC（聚合氯化铝）、Na_2CO_3 和 HCl 等] 至预反应段和机械搅拌加速澄清池主反应段反应室，固液分离后的上清液自流至后续处理单元，底部沉积泥渣经刮泥机刮至中心集泥锥斗，经排渣泵定期排至污泥脱水系统，降低反渗透浓水外排时的硬度。

7.1.4　结果与建议

　　按照年运行 8700h，系统日供水量 5 万立方米计算。各项运行费用的吨水单价如表 7-3 所示。从运行成本分析，该系统整体运行成本仅 2.84 元/t 产水，吨水运行成本低于常规企业自建水处理车间的运行成本。化工园区采用超滤-反渗透工艺建设大规模的水处理厂，对于面向园区进行分质供水具有显著优势。本工程案例中超滤和反渗透设备运行稳定，回收率可达到 87.5%，产生的反渗透浓盐水经除硬后，经深度处理仍可进行回收利用，极大地减少了外排废水的量。另外该模式降低了园区内各企业的用水成本和管理难度，有利于提高入园企业的生产效率。

表 7-3　系统运行费用核算

序号	明细	折合吨水单价/(元/t)	备注
1	药剂费	0.63	
2	电费	0.75	按 0.6 元/(kW·h)计算
3	备品备件费	0.01	
4	消耗品费	0.11	
5	人员费	0.28	
6	污泥处置费	0.38	
7	膜更换费	0.22	
8	管理费	0.21	
9	安全生产费	0.25	
10	合计	2.84	

系统运行过程中要重点关注进水温度的影响，尤其是冬季时，要防止因工业水处理厂在低温下发生混凝剂水解不彻底问题，导致除盐水站的无机盐污堵。因此，工业水处理厂冬季时应适当减少混凝剂的投加量，注意避免二次絮凝问题的发生。夏季主要问题是水温高，会引起微生物滋生进而导致膜系统发生大规模的微生物污染，因此在夏季来临时应注意系统的杀菌。

7.2　某新材料公司中水回用工程

7.2.1　工程概况

本工程设计处理能力为 $600m^3/h$，回用水产水率不低于 60%，供水压力为 $0.18MPa$（G，表压）。中水回用工程一期总进水量 $271.3\sim350.8m^3/h$，一期、二期总进水量为 $421.9\sim568.0m^3/h$。项目土建一期、二期一次建成，预留二期设备、管线安装位置。中水回用工程原水包括：企业循环水站排污水、脱盐水站的反渗透浓水以及超滤清洗水。系统设计进水水质如表 7-4 所示。

表 7-4　系统设计进水水质

序号	项目	单位	进水水质	备注
1	pH 值	—	6～9	
2	浊度	NTU	3	
3	Ca^{2+}	mg/L	1125	以 $CaCO_3$ 计
4	Mg^{2+}	mg/L	336.5	
5	总硬度	mg/L	1465	以 $CaCO_3$ 计
6	总碱度	mg/L	850.5	以 $CaCO_3$ 计

序号	项目	单位	进水水质	备注
7	Cl^-	mg/L	249	
8	COD_{Mn}	mg/L	18	
9	TDS	mg/L	2005	
10	SO_4^{2-}	mg/L	555	
11	色度	Hazen	3	

7.2.2 工艺流程

来自循环水站、脱盐水站的排污水等清净废水硬度较高，为避免后续膜处理结垢风险，预处理设置石灰、纯碱除硬系统。来水经调节后首先进入石灰反应池，通过向水中投加石灰，让钙离子和水中碳酸氢根反应生成沉淀，同时石灰与水中镁离子反应生成沉淀；接着来水流入混合池，向水中投加碳酸钠，与水中剩余的钙离子反应生成沉淀，同时向水中投加混凝剂 PAC 和助凝剂 PAM 促进水中的悬浮颗粒和胶体的去除。混合池出水流入絮凝反应池，形成大的矾花，推流进入高效澄清池去除絮体，澄清池上清液进入中和池，投加盐酸将水的 pH 值调至中性。中和池出水进入 V 形滤池过滤，使水中的悬浮物进一步得到去除，V 形滤池过滤后水经过超滤-反渗透的除盐工艺得到回用水，然后经过回用水提升泵输送至脱盐水站超滤产水罐作为脱盐水站原水，以及送至循环水站用于循环水补水。除硬过程中高效澄清池所沉淀下来的污泥，输送至厂区污水处理站的污泥脱水装置处理。反渗透系统的浓水输送至厂区污水处理站处理。中水回用工程工艺流程示意图见图 7-3，工程现场照片见图 7-4。

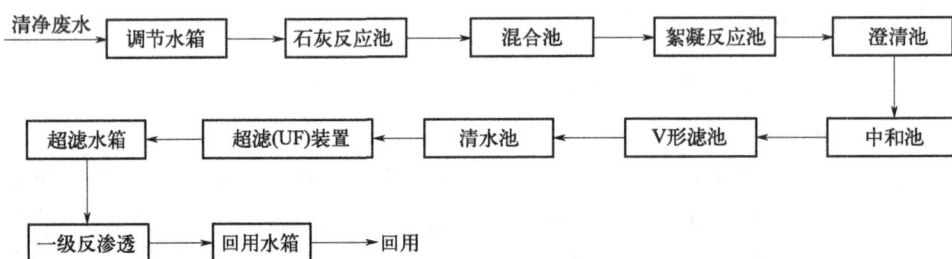

图 7-3 中水回用工程工艺流程简图

7.2.3 工艺设计

（1）高密度澄清池

除硬系统分 2 个系列，每个系列设计处理能力 335m³/h，采用高密度澄清池。

每个系列设置石灰反应池 1 座，停留时间 2.5min；混合池 1 座，停留时间约 2min；絮凝反应池 1 座，停留时间约 20min；澄清池 1 座，尺寸 7.5m×7.5m× 7.0m；石灰反应池、混合池、絮凝反应池均设置搅拌机 1 台，高密度澄清池设置

图 7-4　工程现场照片

刮泥机 1 台，池身为钢筋混凝土结构。除硬后出水进入中和池，投加 HCl 调节 pH 值至中性，停留时间约 30min。出水控制指标：总硬度＜120mg/L（以 CaCO₃ 计），浊度＜5NTU。

（2）V 形滤池

设备数量分 2 组，每组分 2 格，运行方式 1 用 1 备，设计处理能力 610m³/h。滤池尺寸（$L \times B \times H$）为 15.6m×12.8m×4.5m（不含管廊间），管廊间宽 4m，单组滤池过滤面积 54m²，单格尺寸 9.0m×3.0m，中间排水槽宽度 0.8m。正常滤速 5.65m/h，进水浊度＜3NTU，出水浊度＜1NTU。

滤池的滤料采用均粒石英砂滤料，粒径为 0.9～1.2mm，滤层厚度 1.2m；承托层采用粗石英砂，粒径 ϕ2～4mm，垫层厚 50mm。缝隙总面积与滤池过滤面积之比按 1.25％设计，滤柄长度按照 300mm 设计，滤头的个数按 49 个均匀布置，控制同格滤池中所有滤头的滤帽或滤柄顶表面在同一水平高程，误差小于 5mm。

（3）超滤

清净废水经除硬澄清-V 形滤池过滤后进入超滤系统，进一步去除水中悬浮物、胶体、细菌、病毒等，以保证后续反渗透单元的连续稳定运行。本工程设置 2 套超滤装置，为二期预留 1 套超滤装置的位置，超滤采用错流过滤。每套超滤装置都能单独运行或反洗，也可同时运行，但不可同时反洗或化学清洗。

超滤系统主要包括自清洗过滤器、超滤装置、反洗系统、加药系统、化学加强清洗系统（EFM）、定期化学清洗系统（CIP）、控制系统、仪表阀门及管道等。

① 自清洗过滤器。自清洗过滤器设置于超滤装置前端，作为超滤装置的保安过滤器配套使用。自清洗过滤器完全依靠系统管线内的水压，无须外部动力，其反洗为不停机反洗，该过滤器具有较低的冲洗水耗，以达到节水节能的目的。根据压差或时间自动清洗，也可手动清洗。

② 超滤装置。超滤装置 2 套，单套产水能力 180m³/h。预留 1 套装置的位置和管道接口。超滤膜过滤方式为错流过滤。超滤膜设计通量不高于 50L/(m²·h)，系统总产率大于 90％，出水浊度＜0.1NTU，出水 SDI＜3，超滤膜运行压差在 0.01～0.2MPa。超滤系统的运行、反洗、化学清洗可实现自动控制，所有控制均

通过 DCS（集散控制系统）实现。超滤装置配套所有进出口的气动阀门、出水流量计、进出口压差计和就地控制柜，系统的运行、反洗及清洗均可实现自动控制。根据跨膜压差和时长，自动进行反洗或化学清洗。

设置超滤反洗泵 2 台，1 用 1 备，反洗泵流量 300m³/h，扬程 20m。设置化学强化反洗设备，包含加酸泵、加碱泵、加次氯酸钠泵各两台，均为 1 用 1 备。加酸泵流量 500L/h，压力 3.5bar；加碱泵流量 500L/h，压力 3.5bar；加次氯酸钠泵流量 500L/h，压力 3.5bar。反洗母管设管道混合器和保安过滤器，滤芯 10 支。

③ 加药系统。加药装置 3 套，分别投加盐酸、氢氧化钠和次氯酸钠。系统所配防腐计量泵采用机械隔膜式，电机为泵厂配套。计量泵能力按照计算投加量的 150％配置。计量泵带自动变频调节，其流量调节范围为 0％～100％，计量泵具有手动冲程调节功能。

④ 化学加强清洗系统。超滤设置单独的化学清洗装置 1 套，其中化学清洗水箱容积 12m³，配备电加热器，功率 55kW；化学清洗泵 180m³/h，扬程 32m，过滤材质为氟塑料合金；保安过滤器材质选用 316L 不锈钢；滤芯采用大流量滤芯，数量 6 支。

（4）反渗透系统

反渗透采用一级二段排列，单套反渗透产水量 120m³/h，脱盐率≥98％，回收率≥70％，反渗透膜的设计平均通量超过 19L/(m²·h)。每套反渗透装置都能单独运行或反洗，也可同时运行，但不可同时反洗或化学清洗。每套装置的反渗透膜组件数量应满足系统正常运行的需要。

反渗透系统包括保安过滤器、高压泵、反渗透装置、反渗透冲洗装置、化学清洗系统、加药系统、控制系统、仪表阀门及管道等。

7.2.4 结果与建议

经实践证明，该回用工程处理工艺流程较简单、占地面积小、可操作性强、自动化程度高、实施简单，高密度澄清池和 V 形滤池预处理配合双膜系统脱盐，可实现厂区中水回用，系统整体回收率≥70％。通过有效去除水中的硬度，极大地保证了反渗透脱盐系统的产水量和运行稳定程度。系统实际外送水质情况见表 7-5。

表 7-5　系统实际外送水质情况表

序号	项目	单位	实际外送水质	备注
1	pH 值	—	6.8	
2	浊度	NTU	0.1	
3	Ca^{2+}	mg/L	10	以 $CaCO_3$ 计
4	Mg^{2+}	mg/L	3	
5	总硬度	mg/L	13	以 $CaCO_3$ 计
6	总碱度	mg/L	50	以 $CaCO_3$ 计
7	Cl^-	mg/L	10	

序号	项目	单位	实际外送水质	备注
8	COD_{Mn}	mg/L	2	
9	TDS	mg/L	65	
10	SO_4^{2-}	mg/L	20	

　　该中水回用系统在运行过程中要注意监控来水硬度指标的去除，防止出现膜元件的结垢问题，尤其是要注意高密度澄清池出水 pH 值的回调，控制在 6.8～7.3之间。此外由于该系统进水为中水回用系统供水，主要来源于企业污水处理系统生化出水，微生物的滋生问题会影响系统的稳定运行。因此，应向系统进水中投加大量次氯酸钠进行杀菌处理。由于反渗透膜元件极不耐氯氧化，在运行过程中要注意还原剂的投加量，保证反渗透系统进水氧化还原电位控制在 300mV 以下。

7.3　某氨基酸公司中水回用工程

7.3.1　工程概况

　　本项目是将电渗析装置用于循环排污水回用的典型案例，整体投资费用约450 万元。项目主要处理山东某氨基酸公司一、二、三期蒸发冷却装置排污水和循环水排污水，污水处理总水量为 $50m^3/h$，工程原水及回用水水质见表 7-6。根据蒸发冷却排污水和循环水排污水的水质特点，采用频繁倒极电渗析（EDR）对该污水进行深度处理。首先将全部外排污水集中到收集池中，经过预处理后再进行脱盐处理，主要去除水中悬浮物、氯离子、硬度、碱度及其他有害物质。深度处理后的出水水质能够满足《石油化工污水再生利用设计规范》（SH 3173—2013）的要求。

表 7-6　原水及回用水水质情况表

序号	项目	循环水排污水	蒸发冷却水盘排水	混合污水	回用水
1	浊度/NTU	<20	160	30	<10
2	电导率/(μS/cm)	<4000	219	4000	<800
3	pH 值	<8.6	8～9	8.5	8.5
4	总硬度(以 $CaCO_3$ 计)/(mg/L)	<1200	308	1200	<240
5	钙硬度(以 $CaCO_3$ 计)/(mg/L)	<1000	—	1000	<200
6	氯离子/(mg/L)	<700	241.06	700	<120
7	COD/(mg/L)	≤50	—	50	<50
8	总碱度(以 $CaCO_3$ 计)/(mg/L)	<250	4.79	250	<70
9	总铁/(mg/L)	<2	0.5	2	<0.5
10	总磷/(mg/L)	—	<17	5.2	5.2
11	余氯/(mg/L)	0.04	0.1～0.5	0.06	—

7.3.2 工艺流程

工艺流程说明：蒸发冷却装置排污水和循环水排污水由排污泵增压，经管道输送到混凝沉淀池中。通过加药混凝，使水中的悬浮固体物质及部分可吸附有机物团聚、凝结，在重力的作用下进行固液分离，从而使污水得到初步净化。上清液进入集水池后由供水泵依次经过机械过滤器、活性炭吸附器、袋式过滤器及精密过滤器过滤。随后，进入中间水箱，再经过一级增压泵送入一级 EDR 脱盐系统进行脱盐处理，产水回用于循环冷却水补水系统中；浓水进入浓水水箱，再经过二级增压泵送入二级 EDR 脱盐系统进行脱盐处理，产水回用于循环冷却水补水系统中，二级浓水排放或者进入污水处理系统。工艺流程示意图见图 7-5，工程现场照片见图 7-6。

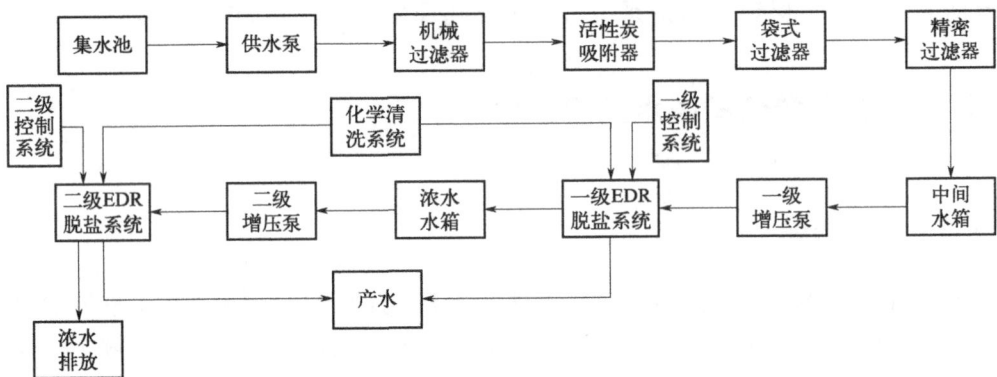

图 7-5 工艺流程图

图 7-6 工程现场照片

7.3.3 工艺设计

（1）机械过滤器

为了保证 EDR 系统能够稳定运行，蒸发冷却装置排污水和循环冷却排污水通过供水泵从过滤器上部进水，使水通过多级配粒径的滤料层，把水中的悬浮杂质以及部分有机物、胶体截留在滤料层中，从而降低原水的浊度。机械过滤器使用一段时间后，由于在滤料层上截留了大量的悬浮物质以及胶体，造成压力降（又称水头损失）增大。当达到最大允许值时，停止过滤，进行反冲洗以除去积存在滤料层中的悬浮物。反冲洗时，水以较大的流速自下向上流动，利用滤料颗粒间的相互碰撞、摩擦和水流的冲刷作用，使污染物从滤料表面脱落，并被反洗水流带出，从而恢复滤料的截污能力。

机械过滤器罐体为圆筒形式，罐体由碳钢制造，内部衬胶两层，4.5mm 厚，能接受 15000～20000V 电火花试验而不被击穿。衬胶设备整体硫化，罐外部有两层防腐底漆，喷涂两道丙烯酸聚氨酯锤纹面漆。机械过滤器配备完整的阀门、仪表、内部连接管、各种附件及控制设备等。所有内部管路采用法兰与本体连接，检修和部件更换便利，内部部件的材质均符合规定要求，紧固件等同内部管件材质相当，滤帽选用 ABS（丙烯腈-丁二烯-苯乙烯共聚物）材质。滤料选用多级配粒径石英砂进行配级：石英砂粒径 0.45～0.6mm，填充高度 800mm；石英砂粒径 0.9～1.25mm，填充高度 500mm；滤层高度 1300mm。过滤器规格为 $\phi2600 \times 2000$，产水水量为 50m³/h，滤速为 8～10m/h，工作压力小于 0.6MPa，反洗周期按照 3～5d 设计，或进出口差压达到 0.2MPa，两者以先到为准进行反洗。

（2）活性炭吸附器

活性炭吸附器的内部结构和过滤方式与机械过滤器一样，不同的是石英砂滤料换成了活性炭。活性炭是一种多孔性的吸附材料，由果壳经过长时间的高温干馏、活化处理后制成。由于经过高温活化处理，在其表面和内部存在大量的微孔和裂隙，形成了巨大的比表面积，一般活性炭的比表面积可达 500～2000m²/g，微孔直径从几个埃（Å，1Å＝10^{-10}m）到几十个埃，一般平均孔径为 20～50Å，因此活性炭具有很强的吸附能力，它能吸附水中的气体、臭味、油脂、氯离子、有机物、细菌以及铁、锰等杂质。设备材质为碳钢衬胶，活性炭过滤器中活性炭滤料粒径为 10～24 目，填充高度 1500mm。规格为 $\phi2400 \times 2000$，产水水量为 50m³/h，滤速为 12～15m/h，滤料高度为 1500mm，工作压力小于 0.6MPa，反洗周期按照 7d 设计，或进出口差压达到 0.2MPa，两者以先到为准进行反洗。

（3）袋式过滤器

袋式过滤器主要去除没有被过滤器截留的胶体物质及杂质，对 EDR 脱盐系统起到保护作用。本项目中袋式过滤器采用大通量滤袋过滤，滤袋的拆装方便，过滤器材质为不锈钢（304），规格为 $\phi600 \times 1000$，滤袋 6 支装，过滤精度 5～10μm，产水水量为 50m³/h，工作压力小于 0.6MPa。在正常工作条件下，滤器可持续运行 2～3 个月，或者当过滤器进出口压差大于 0.2MPa 时就需更换滤袋。

（4）精密过滤器

为防止袋式过滤器中一些未能被去除掉的悬浮颗粒进入 EDR 系统中，在 EDR 装置进水前设置滤芯式精密过滤器。它的过滤精度是 1～5μm，可以滤除粒径大于 5μm 的颗粒、胶体、悬浮物等。过滤器材质为不锈钢（SS304），规格为 $\phi500 \times 1000$，滤芯 4 支装（大通量滤芯），产水水量为 50m³/h，工作压力小于 0.6MPa。

在正常工作条件下，滤器可持续运行 5 个月左右，或者当滤器进出口压差大于 0.2MPa 时就需更换滤芯。

（5）化学清洗系统

EDR 化学清洗系统主要由清洗药箱、清洗泵、袋式过滤器、控制系统等组成。由于浓水中硬度、碱度和盐类含量都较高，虽然在装置内部利用设计与运行参数对 EDR 装置进行了优化设计，但是 EDR 经过一段时间的运行后，还是会在离子交换膜表面积累一些有机物、无机盐垢等污染物，这些污染物会造成 EDR 脱盐性能下降。因此必须用化学药品进行清洗才能恢复 EDR 的脱盐性能。

EDR 装置化学清洗周期一般为 30～60d，专用清洗剂能够有效恢复 EDR 的脱盐性能。化学清洗系统中袋式过滤器材质为不锈钢（SS316），规格为 $\phi 450 \times 1000$，滤袋 3 支装，过滤精度 5～10μm，进水流量为 50m³/h，工作压力小于 0.6MPa。脱盐率下降 10%～15%或者进水压力≥0.18MPa 时，就需要进行化学清洗。

（6）EDR 脱盐系统

EDR 是中海油天津化工研究设计院有限公司、石化工业水处理国家工程实验室开发的一项在石化行业重点推广的节水技术。EDR 脱盐技术是膜分离技术的一种，是在单向电渗析和倒极电渗析基础上发展起来的一种电化学膜分离过程，溶液在交替放置的阳离子交换膜和阴离子交换膜之间流过。EDR 是在外加直流电场作用下，以电位差为驱动力，利用离子交换膜对溶液中离子的选择透过性，使溶液中溶质和溶剂分离的膜过程，可达到淡化或浓缩的目的。EDR 具有如下优点：

① 每小时 3～4 次破坏极化层，可以防止因浓差极化引起的膜堆内部沉淀结垢。在阴膜朝阳极表面上生成的初始沉淀晶体，没有进一步生长并附着在膜面上以前，便被溶解或被液流冲走，不会形成运行障碍。

② 由于电极极性频繁倒转，水中带电荷的胶体或菌胶团的运行方向频繁倒转，减轻了黏泥性物质在膜面上的附着和积累。

③ 可以避免或减少向浓水流中加酸或阻垢剂等化学品。

④ 运行过程中，阳极室产生的酸可以自身清洗电极，清除阴极表面上的沉淀。

⑤ 同常规倒极电渗析相比，EDR 操作电流高，原水回收率高，稳定运行周期长。

该项技术具有处理工艺简单、设备投资低、运行成本低、离子交换膜的抗污染性强、进水水质宽泛、出水水质可以满足循环冷却水补充水水质的要求等优点。同时，EDR 程序控制器可使频繁倒极自动完成、倒极周期可以任意设置，这样能够有效消除膜面沉淀物积累，减缓膜堆结垢；另外，EDR 专用清洗剂和清洗工艺的开发，能够确保 EDR 脱盐系统的长周期稳定运行。

EDR 脱盐系统在运行过程中，靠电能来迁移水中已解离的离子，因此它耗用的电能与水中的含盐量成正比，去除效果与进水水质、进水温度、运行电压、运行电流、进水流量、进水流速、倒换电极时间、膜面积等参数有关。优化运行参数，控制操作电流低于极限电流密度，尽可能提高膜面流速，可以减少膜污染、降低能耗、提高电流效率等。

EDR 脱盐系统采用两级设计：

一级 EDR 脱盐系统 2 套，型号为 DSA-Ⅳ-1×1 8-16-300，规格为 800mm×1600mm。每套 3 台，每台膜堆由 300 对阴、阳离子交换膜组成。一级 EDR 脱盐系统脱盐率≥80%，回收率为 50%。

二级 EDR 脱盐系统 1 套，型号为 DSA-Ⅳ-1×1 8-16-300，规格为 800mm×1600mm。每套 3 台，每台膜堆由 300 对阴、阳离子交换膜组成。二级 EDR 脱盐系统脱盐率≥80%，回收率为 50%。

7.3.4　结果与建议

项目自验收后开始运行，系统运行稳定，整体回收率＞75%，脱盐率＞85%，稳定产水流量 37.5m³/h，吨水处理费用约 1.05 元，其中电费约 0.7 元，其他费用约 0.35 元。

设备运行脱盐率可随来水电导率的变化进行调节。电渗析设备运行过程中不需要投加任何药剂。上游来水中含有少量的悬浮物和石油类，活性炭过滤器可有效截留这些污染物。但长期运行时，活性炭有吸附饱和的风险，因此需要定期更换活性炭填料，以保证后续电渗析模块的稳定运行。

7.4　某石化企业全膜法除盐水锅炉供水工程

7.4.1　工程概况

广东某石化企业因生产工艺需要，除盐水流量应达 700m³/h，作为厂区锅炉补给水、各生产工艺单元用水等。系统采用全膜法处理工艺，设计操作弹性 70%～120%，按照弹性 120% 设计各单体设备容量。采用市政工业供水作为系统原水。各级膜产水水质要求如下：

① 超滤胶体硅去除率≥96%，出水 SDI≤2，出水浊度≤0.1NTU。

② 反渗透装置系统脱盐率在三年运行周期内≥98%，产水水质完全满足 EDI 进水要求。

③ EDI 电除盐装置产水电阻率（25℃）≥5MΩ，电导率≤0.2μS/cm。

最终 EDI 装置产水水质按《火力发电机组及蒸汽动力设备水汽质量》（GB/T 12145）国家标准执行，满足高温高压锅炉补水指标，设计原水及产水水质如表 7-7 所示。

表 7-7　原水及产水水质情况表

序号	项目	单位	原水水质	产水水质
1	Ca^{2+}	mg/L	4.8~9.9	
2	Mg^{2+}	mg/L	1.2~2.04	

续表

序号	项目	单位	原水水质	产水水质
3	K^+	mg/L	0～2.1	
4	Na^+	mg/L	0.838～3.856	
5	Cu^{2+}	mg/L	0.003～0.31	≤0.003
6	Al^{3+}	mg/L	0.01～10	
7	Fe^{3+}	mg/L	0.1～0.4	≤0.02
8	Mn^{3+}	mg/L	0.009～0.02	
9	Cl^-	mg/L	2.5～8.85	
10	F^-	mg/L	0～0.2	
11	SO_4^{2-}	mg/L	1.8～7.92	
12	NO_2^-	mg/L	0～1.16	
13	PO_4^{3-}	mg/L	0～6.8	
14	CO_3^{2-} 及 HCO_3^-	mmol/L	0.287～0.51	
15	pH 值(25℃)	—	6.5～8.5	8～9(外供水加氨后)
16	电导率(25℃)	μS/cm	74～94	≤0.2
17	总溶解固体	mg/L	20～36.8	≤0.05
18	总悬浮固体	mg/L	≤2	0
19	总碱度(以 $CaCO_3$ 计)	mmol/L	0.287～0.51	
20	总硬度(以 $CaCO_3$ 计)	mmol/L	0.182～0.33	未检出
21	二氧化硅	mg/L	3.4～9.5	≤0.02
22	溶解氧	mg/L	0.389～7.5	
23	原水水温	℃	5～30	

7.4.2　工艺流程

（1）工艺路线

原水→加杀菌剂→原水箱→超滤给水泵→自清洗过滤器→超滤装置→超滤水箱→一级 RO 增压泵→加还原剂、酸、阻垢剂→一级 RO 保安过滤器→一级高压泵→一级反渗透装置→中间水箱→EDI 供水泵→EDI 保安过滤器→EDI 装置→除盐水箱→除盐水泵→加氨→用户。

（2）浓水回收工艺路线

反渗透浓水→浓水箱→浓水增压泵→加酸、阻垢剂→浓水保安过滤器→浓水 RO 装置→超滤水箱；RO 浓水→浓水箱→外排浓水泵。

（3）反洗水回收工艺路线

超滤、自清洗过滤器反洗水、反渗透低压冲洗水、EDI 极水→废水收集池→高效纤维束过滤器进水泵→高效纤维过滤器→原水箱。

工程工艺流程简图见图 7-7，工程现场情况见图 7-8。

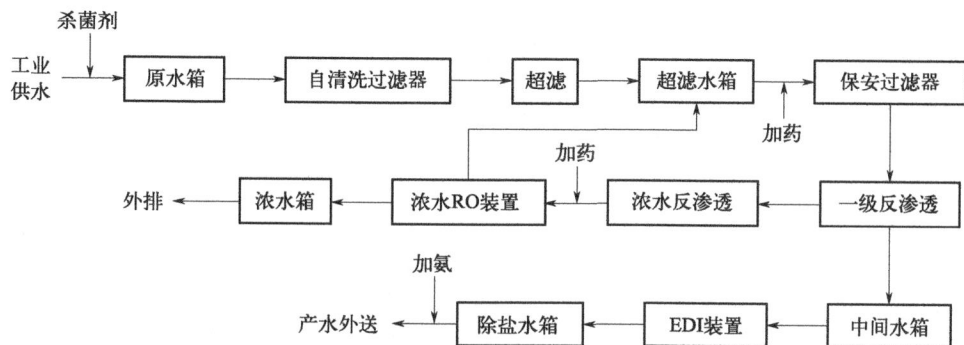

图 7-7　工艺流程简图

图 7-8　工程现场照片

7.4.3　工艺设计

（1）自清洗过滤器

网式自清洗过滤器通过 $100\mu m$ 滤网对进水中的颗粒物和纤维进行截留，为超滤提供保护。自清洗过滤的控制模式采用 DCS 直接控制，由 DCS 控制自清洗过滤器的自动清洗，可根据设备进出口压差及运行时间设定自动反冲洗操作。

（2）超滤系统

超滤（UF）装置共 4 套，超滤膜设计通量 $\leqslant 50$ L/（m^2·h）。单套设计产水量 194m^3/h，产水回收率 $\geqslant 90\%$。保证过滤精度，产水 $SDI_{15} \leqslant 3$。外压式超滤膜设计参数为：膜元件材质采用 PVDF，设计出水浊度 $\leqslant 0.1$ NTU，膜公称孔径 $0.02\mu m$，膜的反洗通量 $20 \sim 60$ L/（m^2·h）。膜元件 72h 初始运行跨膜压差 $0.01 \sim 0.03$ MPa，膜元件反洗跨膜压差 $0.025 \sim 0.1$ MPa，最大允许跨膜压差 $\leqslant 0.15$ MPa。

超滤供水泵 3 台，2 用 1 备，流量 290m^3/h，扬程 30m；超滤反洗泵流量 450m^3/h，扬程 25m；反洗母管设置管道混合器，管径 DN350；超滤设置在线化学强制反洗加药系统，主要有盐酸、液碱和次氯酸钠等药剂；盐酸加药泵设计流量 500L/h，压力 10bar；液碱加药泵设计流量 500L/h，压力 10bar；次氯酸钠加药泵设计流量 1000L/h，压力 10bar。

超滤设置产水箱一座，碳钢衬玻璃钢材质，水箱容积 1500m^3。

超滤系统采用 DCS 集中控制，运行参数由 DCS 设置，保证系统恒流量过滤。

（3）反渗透系统

一级反渗透装置共 4 套，单套产水 200m³/h；一级反渗透膜元件的通量（5℃）不大于 20L/(m²·h)，膜面积≥11650m²/套；反渗透系统脱盐率在三年内＞98％（25℃）。反渗透撬堆内管道及机架材质为 SS304；RO-CIP 采用分段全自动清洗模式。反渗透装置具有分段清洗功能，各段给水及浓水进出水总管上设有接口和阀门，方便清洗时与清洗液进出管连接。

一级反渗透供水泵共 5 台，4 用 1 备，单台设计进水流量 260m³/h，扬程 35m。设置保安过滤器 4 台，内装大流量折叠滤芯，材质为 PP（聚丙烯），滤芯数量 10 支，设计压力 0.3MPa。每套反渗透装置设置一台高压泵，流量 260m³/h，扬程 100m，变频设计。反渗透采用六芯玻璃钢膜壳，设计一级两段，膜壳排列比 36:17，设计回收率 75％。

浓水反渗透供水泵共 2 台，1 用 1 备，单台设计进水流量 260m³/h，扬程 35m。设置保安过滤器 2 台，内装大流量折叠滤芯，材质为 PP，滤芯数量 10 支，设计压力 0.3MPa。每套反渗透装置设置一台高压泵，流量 260m³/h，扬程 130m。反渗透采用六芯玻璃钢膜壳，设计一级两段，膜壳排列比 36:17，设计回收率 50％。浓水反渗透产水回流至超滤产水箱，作为一级反渗透的进水，浓水进入浓盐水箱，经外排水泵排放至污水处理厂。

反渗透系统设置产水箱一座，容积 1000m³；设置浓水箱一座，容积 500m³；设置浓水反渗透浓盐水箱 1 座，容积 200m³。

反渗透系统设置化学清洗装置，分别投加阻垢剂、非氧化杀菌剂、还原剂、液碱。

（4）EDI 系统

电除盐法（electrodeionization）又被称作填充床电渗析，简称 EDI。它利用电渗析过程中的极化现象对离子交换填充床进行电化学再生，结合了电渗析和离子交换法的优点，克服了两者的弊端。EDI 技术是离子交换和电渗析技术相结合的产物，因此 EDI 的除盐机理具有典型的离子交换和电渗析的工作特征。

① EDI 除盐原理。所谓离子交换就是水中的离子和离子交换树脂上的功能基团所进行的等电荷反应。它利用阴、阳离子交换树脂上的活性基团对水中阴、阳离子的不同选择性吸附特性，在水与离子交换树脂接触的过程中，阴离子交换树脂中的氢氧根离子（OH^-）同溶解在水中的阴离子（例如 Cl^- 等）交换，阳离子交换树脂中的氢离子（H^+）同溶解在水中的阳离子（例如 Na^+ 等）交换，从而使溶解在水中的阴、阳离子被去除，达到纯化的目的。

② EDI 系统设计。EDI 装置 4 套，单套产水量 175m³/h（20℃），设计回收率≥90％，浓水排放率≤10％，其中极水量＜2％，单个 EDI 模块设计流量按照厂家产品手册中最大流量的 70％或不超过 5.85m³/h 二者中的较小值进行设计，每套配置模块数量 30 块。设计进水泵 5 台，4 用 1 备，单台流量 200m³/h，扬程 60m。设置保安过滤器 4 套，过滤精度 1μm，单个过滤器滤芯数量 7 支。设计产水箱一

座，容积 2000m³，形式采用内浮顶覆盖球设计。

（5）高效纤维束过滤器系统

高效纤维束过滤器是一种结构先进、性能优良的压力式纤维过滤设备。它采用一种新型的束状软填料——纤维，作为滤元，其滤料直径可达几十微米甚至几微米，并具有比表面积大、过滤阻力小等优点，解决了粒状滤料的过滤精度受滤料粒径限制等问题。微小的滤料直径，极大地增加了滤料的比表面积和表面自由能，增加了水中杂质颗粒与滤料的接触机会及滤料的吸附能力，从而提高了过滤效率和截污能力。

系统设置高效纤维过滤器共 2 套（1 用 1 备），处理量 118m³/h。设计公称直径 3.0m，工作压力 0.6MPa，运行流速 15m/h，纤维束长度 1.8m，过滤器直筒段高度 2.25m。废水收集泵 2 台，1 用 1 备，采用自吸泵形式，设计流量 118m³/h，扬程 35m。本系统中高效纤维束过滤器主要处理超滤反洗水、反渗透及 EDI 设备的开停机冲洗水等废水。通过自吸泵打入高效纤维过滤器，过滤器的产水进入原水箱，作为超滤的供水。

7.4.4 结果与建议

全膜法除盐水系统通常采用超滤-反渗透-EDI 工艺，系统整体运行费用较低，具体直接运行费用明细如表 7-8 所示。除盐水吨水运行直接费用合计 3.71 元。

表 7-8 直接运行费用明细

序号	名称	单位	费用	备注
1	电费	元/t	1.84	
2	药剂费	元/t	0.63	含盐酸、阻垢剂、非氧化杀菌剂、还原剂、次氯酸钠
3	人工费	元/t	1.19	
4	备品备件费	元/t	0.05	
5	合计	元/t	3.71	

"全膜法"脱盐工艺运用到工程项目具有以下多种优势：

① 不需要酸碱再生，适应环保的要求；占地面积小（为第二代水处理的 1/2～2/3），基建投资省；现场安装工作量小，设备一次费用低。

② 自动化程度高；系统设有高压、低压保护，运行的安全性大大提高；运行人员减少，有利于减员增效；设备故障率低，维护费用低；运行时水回收率高，二级反渗透和 EDI 的浓水可以全部回收利用，一级反渗透的浓水视情况可以全部或部分回收；出水水质好且稳定。

③ 设备调试过程简单，无须烦琐的程序，只要预处理出水 SDI＜5.0 即可开始后续设备的调试；设备从系统调试到产出合格的水，所需时间短；设备调试所需的材料费用极低，不需要大量的酸、碱，更加符合当今的环保要求。

7.5 某农业园区地表咸水淡化工程

7.5.1 工程概况

(1) 项目背景

我国许多沿海地区土壤长期以来受到海水的侵蚀,形成盐碱地。盐碱地粮食产量低,生态环境脆弱。有效地开发和改造盐碱地,推进盐碱地综合利用,是改善水土生态环境、推进农业绿色低碳发展的有效途径。盐碱地的改良和利用是一项世界性难题,其最大的障碍就是缺少可利用的淡水资源,如果能够就近低成本利用咸水资源进行淡化,并将其用于盐碱地改良,将会极大改善我国盐碱地的现状。

本工程针对天津某农业园区地表咸水进行淡化处理,实现非常规咸水资源化,用于盐碱地改造,满足农业种植对淡水的需求,减少农业生产对常规淡水资源的消耗。园区年农业用水量约为33万立方米,用水主要集中在每年的3月中旬至12月初,共9个月,其中6～8月是天津地区的雨季,因此该系统设计时需考虑季节性用水不均及冬季供水量偏少或不供水的状况。

(2) 原水和产水水质

该工程原水供给为农业园区内的景观湖,湖水常年 TDS 为 3200～5500mg/L,水温为 4～31℃,pH 值为 7.9～9.5,水质符合北方地区高温高浊度地表水特性,其他指标见表 7-9。该咸水淡化工程的供水能力为 3500m³/d,其中纳滤淡化水供水能力为 1920m³/d。设施农业用水水质参照企业要求(TDS≤200mg/L)执行,其他农业种植项目水质参照《农田灌溉水质标准》(GB 5084—2021)执行。

表 7-9 地表咸水水质指标

序号	项目	单位	数值
1	COD_{Mn}	mg/L	7.4～21.5
2	SS	mg/L	17.6～67.2
3	浊度	NTU	12.4～134.8
4	碱度	mg/L	200.16～260.41
5	硬度	mg/L	60.13～75.12
6	藻类	10^8 个/L	3.29～5.1

7.5.2 工艺流程

本工程在园区景观湖修建取水泵站,地表咸水经由潜水泵提升送往后续处理单元。管路中预加入次氯酸钠,作为杀藻剂,提前对水中藻类进行灭杀,提高混凝效率,减小藻类对膜过滤过程的影响。加药后的水送入混凝反应池加入聚合氯化铝和聚丙烯酰胺进行混凝反应,形成矾花后流入气浮池进行固液分离,去除水中大部分悬浮物、藻类和胶体等污染物。为稳定达到纳滤系统进水的要求，工艺中设置了超滤膜过滤作为纳滤进水的预处理，进一步去除水中的胶体物质，满足进水 SDI＜3 的要求。由于天津地区地表水存在高温高藻的问题，在水温高于 15℃时藻类会迅速增多，对超滤膜产生较为明显的污染。因此为减小藻类对膜过滤过程的影响，该工艺设置了 2 套超滤膜过滤系统，分别应对高藻期和低藻期，以减少维护工作量，提高产水效率。超滤产水依次加入还原剂、杀菌剂和阻垢剂后经精密过滤器进入纳滤装置进行脱盐。脱盐后的纳滤产水存入脱盐水池备用，浓水排入园区排盐渠。工程工艺流程示意图见图 7-9，工程现场情况见图 7-10。

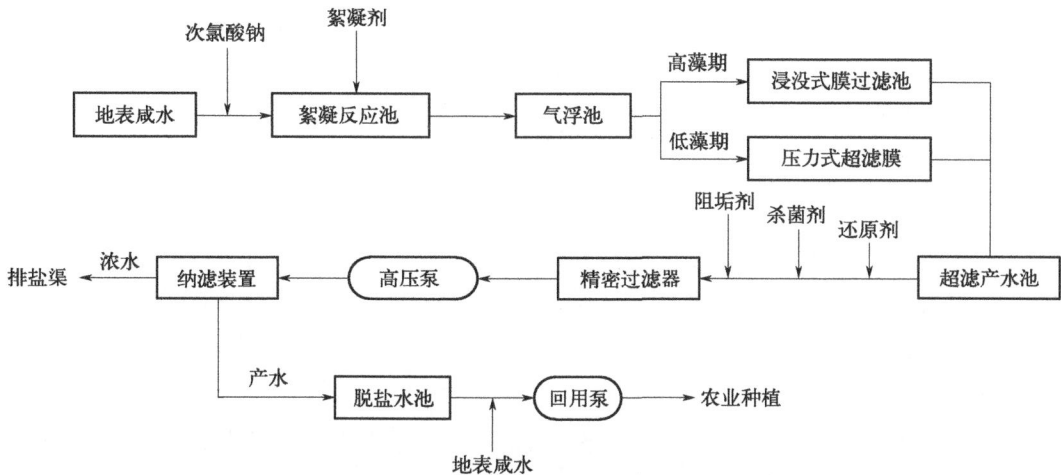

图 7-9　地表咸水淡化工艺流程示意图

图 7-10　工程现场照片

该工艺选择纳滤作为脱盐工艺，主要考虑大部分传统农业种植生产对灌溉用水中的 TDS 没有太高的要求，如选择反渗透进行脱盐，会导致水中的无机离子绝大多数被去除，可能会对植物生长不利，同时导致脱盐时的运行压力较高，增加运行成本。而纳滤装置可适当降低脱盐率，特别是降低一价离子的去除率，这将对改造盐碱地起到积极的作用。

企业要求设施农业用水完全采用纳滤产水。其他种植区域用水根据农作物对灌溉水水质的需求，用地表咸水与纳滤产水调配，满足各类植物生长所需即可。

7.5.3 工艺设计

(1) 取水泵站

设置取水泵站 1 座，钢筋混凝土结构，用于将湖水提升至设备间进行处理，尺寸 ($L \times B \times H$) 为 2.5m×2.5m×2.2m。设置自耦合潜水泵 2 台，单台流量为 185m³/h，功率 30kW，1 用 1 备。

(2) 混凝气浮装置

混凝气浮池 1 座，碳钢防腐结构，用于对湖水进行预处理，去除湖水中的藻类、悬浮物和部分胶体，确保湖水中的大部分污染物在预处理阶段得到去除，减轻后续膜过滤工艺的负荷，尺寸 ($L \times B \times H$) 为 15.0m×2.6m×3.8m。进水部分设置混凝池和反应搅拌机，转速分别为 120r/min 和 15r/min。气浮装置处理能力为 150m³/h。

(3) 气浮产水池

气浮产水池 1 座，波纹板拼装结构，直径 14m，深 3m。气浮产水池设置主要是为后端的压力式超滤系统提供水量缓冲，进出口设置对夹法兰式阀门，并配有排空阀，便于日常维护。

(4) 浸没式膜过滤 (SMF) 系统

膜池 1 座，钢防腐结构。用于高温高藻期的气浮产水膜过滤处理，为浸没式超滤膜提供过滤池。同时平衡气浮产水与浸没式膜过滤系统的进出水量差异，设计水力停留时间约为 60min，尺寸 ($L \times B \times H$) 为 12.0m×2.2m×3.5m。

SMF 系统包括帘式膜组件、自吸产水泵、反洗装置、气洗装置、膜清洗系统等。膜池设 3 组膜架，每组膜架安装 48 帘 PVDF 加强膜，总计安装 144 片帘式膜。系统设计平均通量为 25L/(m²·h)，运行压力为 −60～−20kPa。

(5) 管道过滤器

压力式超滤前端串联安装了 1 台过滤精度为 100μm 的自清洗式管道过滤器，可截留预处理水池中粒径＞100μm 的机械颗粒，防止其进入超滤装置。较大的机械颗粒会污堵超滤进水孔，影响进水量，从而降低产水量，甚至会对膜丝表面造成不可逆的划伤，形成串水，降低产水水质，增加维护成本。过滤器的进、出口都设有压力监控装置，目的是在进、出口压差增大，即污堵严重时进行滤网的自清洁。当两侧的压差达到 0.05MPa 时，过滤器内部的旋转刷会转动，将截留在滤网上的机械杂质清扫下来，同时排污阀打开，排放掉杂质。整个反洗过程需要 15～60s，也可根据现场实际情况适当调整清洗排污的时间。

(6) 压力式超滤系统

压力式超滤系统采用外压式进水，原水从膜丝外表面渗入膜丝内部，产水从中心管流出，汇集到产水池。浓缩的原水被截留在膜丝外部，提高错流速度，在一定程度上起到冲刷外表面的作用，该系统将部分浓缩液排回混凝气浮池进口，提高了水的回收率。

压力式超滤系统设备采用框架式结构，系统共配置 2 组超滤装置，每组设置 36 支膜组件。超滤系统设计的单套产水能力为 $1320m^3/d$，当其中一套超滤设备处于正冲洗、反冲洗或化学清洗过程中时，另外一套超滤装置可采用提高工作流量的方式保持系统的恒定产水量。

超滤装置设置 3 台单级离心进水泵，2 用 1 备，单台泵流量为 $70m^3/h$，扬程 28m。进水泵采用变频控制，控制参数为气浮产水池液位、超滤产水池液位以及超滤进水侧的压力。当气浮产水池处于低液位时，进水泵会自动停止并发出报警信号；压力信号的作用是调整泵的转速，保持各超滤装置进水压力的恒定。

超滤系统配有反洗装置，主要包括反洗泵 2 台以及阀门、仪表、管路等。反洗泵 1 用 1 备，流量为 $130m^3/h$，扬程为 32m。反洗泵采用变频控制。

另外，超滤系统还设置化学清洗装置 1 套，与纳滤化学清洗共用。包括清洗罐 1 个，有效容积为 $5m^3$；清洗泵 2 台，流量为 $40m^3/h$，扬程为 32m。两台泵同时工作。化学清洗周期一般为每 1~2 个月进行一次药洗，一次清洗时间为 10~24h。

(7) 超滤产水池

设置超滤产水池 1 座，波纹板拼装结构，直径 14m，深 3m，用于储存两套超滤系统的产水，平衡纳滤脱盐装置进水流量。

(8) 纳滤系统

纳滤装置 2 套，主要包含纳滤装置本体、$5\mu m$ 精密过滤器、高压泵、还原剂加药装置、杀菌剂加药装置、阻垢剂加药装置、反渗透冲洗/清洗装置、在线电导率仪表、在线 ORP 仪表等。单套纳滤装置产水量为 $40m^3/h$，进水压力 $<1.2MPa$，平均产水通量为 16~20$L/(m^2 \cdot h)$。

(9) 纳滤产水池

纳滤产水池 1 座，波纹板拼装结构，直径 15m，深 3m，用于储存纳滤装置的产水，平衡生产用水与制水的流量差。

7.5.4　结果与建议

系统安装调试完成后，试运行一个月，产水水质可满足要求。但在系统长期运行过程中，也发现一些问题。该系统的预处理受湖水水质影响较大，特别是湖中藻类爆发时，浊度最高为 106NTU，此时溶气气浮出水仅能勉强维持在 10NTU 以下，导致浸没式膜过滤系统的膜污染加剧，离线化学清洗周期从平时的两个月缩减到 2~3 周左右，降低了整个系统的产水效率。同时，纳滤系统的污染速率也有所上升。因此，在高温高藻期运行时，应考虑针对原水中存在大量藻类的情况，控制预加氯系统的投加量及投加位置。此外，为应对高温高藻期，设计时可适当放宽溶气气浮装置的处理能力，延长气浮池内的固液分离时间，可在一定程度上改善气浮出水水质。

7.6 某炼化企业炼油污水处理工程

7.6.1 工程概况

某炼化企业炼油生产过程中产生约 $300m^3/h$ 的污水，主要包括炼油装置的含油污水、酸性水、汽提装置净化水、生活污水。含油污水处理达标后可作为回用水用于循环水系统的补水，或者直接达标排放。项目总投资约 1.5 亿元。系统主要设计进、出水水质见表 7-10。

表 7-10　污水处理站进、出水水质指标

序号	名称	单位	进水指标	出水指标
1	pH 值	—	6～9	6～9
2	COD_{Cr}	mg/L	≤1500	≤60.0
3	氨氮	mg/L	≤210	≤8.0
4	油	mg/L	≤800	≤5.0
5	挥发酚	mg/L	≤2.0	≤0.3
6	硫化物	mg/L	≤25.0	≤0.5
7	总磷	mg/L	≤5.0	≤1.0
8	悬浮物	mg/L	≤120	≤60
9	BOD_5	mg/L	≤600	≤20.0
10	总氮	mg/L	≤120	≤40.0
11	甲苯	mg/L	≤2.0	≤0.1
12	对二甲苯	mg/L	≤1.5	≤0.4
13	总有机碳	mg/L	≤1200	≤20
14	乙苯	mg/L	≤4.0	≤0.4
15	间二甲苯	mg/L	≤1.8	≤0.4
16	苯	mg/L	≤5.3	≤0.1
17	邻二甲苯	mg/L	≤1.3	≤0.4
18	总氰化物	mg/L	≤2.0	≤0.3

7.6.2 工艺流程

含油污水混合其他污水进入含油污水调节罐，罐内设有浮动环流收油器，对在重力作用下上浮的浮油进行收集，油泥经底部排泥管排入油泥收集池处理。含油污水进行初步除油和水量、水质调节，进入油水分离器进一步分离油水，事故罐出水经泵也可送至油水分离器，经油水分离后的混合污水，自流至涡凹气浮池去除部分悬浮物胶体和乳化油，再自流至溶气气浮池进一步去除油和悬浮物。溶气气浮池出水进入中间水池，经泵提升至一级缺氧/好氧（A/O）池处理，去除污水中大部分有机物，一级生化出水自流进入中沉池进行泥水分离。中沉池出水自流进入二级 A/O 池中进一步去除污水中有机物并进行脱氮处理，二级生化池的污水进入 MBR 池进行泥水分离。膜出水由产水泵提升至"臭氧氧化塔-生物活性炭塔"进行氧化、吸附、生化，进一步去除生化工艺中无法去除的污染物，生物活性炭塔出水进入回用监测池，经检测达标后回用或排放。含油污水处理工艺流程示意图见图 7-11，工程现场情况见图 7-12。

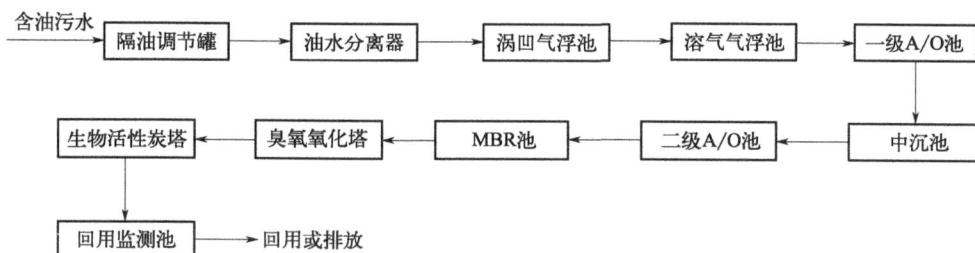

图 7-11 含油污水处理工艺流程图

图 7-12 工程现场照片

7.6.3 工艺设计

（1）含油储存调节系统

调节罐 2 座，钢筋混凝土结构。含油污水带压进入除油罐，利用油水密度差，在一定的流速及重力作用下分离出浮油、油泥及含油污水，含油污水自流至平流隔油池，油泥经底部排泥管储存在油泥收集池中，浮油自流至储油罐进行回收。总设计流量 300m³/h，单座处理水量 150m³/h，停留时间 32h。

（2）气浮系统

气浮系统包含两级气浮装置，4 座，即涡凹气浮池 2 座和溶气气浮池 2 座，碳钢防腐结构，用于去除油和悬浮物。涡凹气浮池及溶气气浮池的单座设计处理能力均为 150m³/h。两套装置处理前端分别投加 PAC 和 PAM 药剂，起到破乳、混凝、絮凝作用，去除污水中的油、悬浮物和部分胶体，保证后续处理工艺的正常运行。

气浮装置出水自流进入气浮出水池，经提升泵提升至水解酸化池，上部浮渣排入浮渣池，通过浮渣泵排入污泥池储存。

每台涡凹气浮池设置包含 1 台混凝池搅拌机、1 台絮凝池搅拌机、1 台涡凹气浮机和 1 台链条式刮渣机。内部设置自动连续或间歇运行程序。两台涡凹气浮池设计流量 300m³/h，表面负荷 4.8m³/(m²·h)，停留时间 25min，混合停留时间 45s，絮凝停留时间 7.3min。

每台溶气气浮池设置 1 台混凝池搅拌机、1 台絮凝池搅拌机、1 台链条式刮渣机、1 台溶气泵。内部设置自动连续或间歇运行程序。两台溶气气浮池设计流量 300m³/h，表面负荷 3.75m³/(m²·h)，停留时间 47min，混合停留时间 145s，絮凝停留时间 7.3min。

加药系统主要放置三槽式全自动 PAM 干粉加药装置一套，PAC 加药装置一套。PAM、PAC 加药至涡凹气浮池和溶气气浮池的混凝、絮凝反应区。PAC 投加浓度 20～40mg/L，PAM 投加浓度 1～3mg/L。

（3）两级 A/O 系统

一级 A/O 系统主要作用是去除炼油污水中的有机污染物。在 A 池中，控制池内溶解氧＜0.5mg/L，使兼性菌在缺氧状态下对污水中的有机污染物进行水解酸化，将污水中大分子有机物进行断链或开环，提高有机污染在好氧状态下的可生化性。在 O 池中，活性污泥中的微生物在有氧条件下，将经水解酸化池降解后的小分子有机物进一步氧化代谢为 CO_2 和 H_2O，去除污水中有机物。一级 A/O 池设计流量 310m³/h，A 池停留时间 10h，O 池停留时间 50h，污泥回流比 100%，混合液回流比 300%。

二级 A/O 池主要作用是去除一级 A/O 池产水中剩余的有机物、氨氮及回流硝化液中的总氮等污染物。在 A 池中，异养反硝化细菌利用来水中的有机物作为碳源，将回流混合液中的 NO_3^- 及 NO_2^- 还原为 N_2，从而使 NO_3^-、NO_2^- 浓度大幅度下降，去除 NO_3^-、NO_2^- 的同时，溶解性有机物被细胞吸收而使污水中 BOD_5 下降。在 O 池中，活性污泥中的好氧微生物在有氧条件下，将污水中的有机物降解成 CO_2 和 H_2O，从而达到去除污水中有机物的目的。二级 A/O 池泥水混合液自流进入 MBR 池进行泥水分离。

（4）MBR 池

MBR 池 2 座，钢筋混凝土结构。尺寸（$L \times B \times H$）为 12.0m×4.5m×5.1m；膜池控制水深 3.5～3.8m；膜曝气风量≤2500m³/h，膜曝气方式为开 20s、停 20s，脉冲曝气；产水方式为开 9min、停 1min；MBR 系统设计产水泵 5 台，4 用 1 备。

（5）臭氧催化氧化池

臭氧氧化法目前技术已经相对比较成熟，在工业废水处理中已有广泛的应用。水中的有机物主要可通过两种途径被臭氧强氧化去除：其一是臭氧对有机物直接氧化分解去除；其二是臭氧间接氧化，即由臭氧产生的·OH 进行氧化，·OH 的氧化能力比臭氧氧化能力强很多，从而能够发挥水中有机碳的有效降解和矿化的功能。

　　臭氧催化氧化池中的核心技术是借助催化氧化池内臭氧及流态化催化剂实现催化氧化，体现了"梯度复合、协同氧化、催化强化"的传质过程控制理念。流态化催化剂、复合多元氧化剂及定制化加药点位，可使催化氧化池内实现稳定的流动状态，强化气、液、固三相之间的传质效果，大幅提高臭氧利用率和氧化效率，显著提高废水的可生化性。该技术处理效果好、使用范围广、占地面积小、投资运行成本低。臭氧催化氧化工艺方法能够显著提高臭氧反应速率，快速降解反渗透浓水中难降解的有机物，是一种高效、清洁、无二次污染的处理技术。

　　臭氧发生器系统主要由制氧机系统、臭氧发生器、冷却水系统、尾气破坏系统、臭氧投加系统、电气系统等组成。臭氧接触氧化停留时间 120min，设计臭氧投加量≤80mg/L，臭氧稳定池停留时间 60min。臭氧发生器设计 3 套，2 用 1 备，单台臭氧发生量 12kg/h。

7.6.4　结果与建议

(1) 运行成本

　　污水预处理及生化处理段（至 MBR 出水）年直接运行总成本（按 8000h 计）约为 924 万元，污水处理费用计算见表 7-11。

表 7-11　污水预处理及生化处理段直接运行费用一览表

	药剂名称	处理水量 /(m³/h)	药剂用量 /(kg/h)	药剂单价 /(元/t)	药剂费 /(元/h)	吨水成本 /元
药剂成本	阴离子 PAM		0.8	12000	9.6	0.032
	阳离子 PAM		0.7	30000	21	0.07
	PAC	300	21	1500	31.5	0.105
	碳酸钠		138.3	1200	165.96	0.5532
	磷酸二氢钠		15	5400	81	0.27
	药剂费合计				309.06	1.03
电力成本	日耗电量 /(kW·h)	电费/[元/(kW·h)]			合计 /(元/d)	吨水成本 /元
	31280.85	0.65			20332.55	2.82
总运行成本	3.85 元/t					

(2) MBR 膜污染控制建议

　　MBR 运行过程中一定要定期反冲洗，冲洗周期不超过 24h。合理调控 MBR 池回流比，维持污泥浓度小于 10g/L，避免污泥浓度过高而加剧膜污染。确保膜擦洗曝气量大于 0.6m³/(m²·h)，防止污泥在膜表面沉积。需严密监控跨膜压差，正常范围要求跨膜压差不超过 30kPa。若跨膜压差骤升，应立即检查是否发生膜污染或污泥膨胀。当跨膜压差超过 50kPa 时，需停机化学清洗，一般采用次氯酸钠

（pH≥12）＋盐酸进行化学清洗。定期监测污泥 SVI（污泥容积指数）值，将其控制在正常范围 50～150mL/g，及时关注污泥膨胀风险。化学清洗与维护清洗频率：每 3～6 个月离线清洗（酸＋碱交替），每周在线维护清洗。

7.7　某印染废水脱盐回用工程

7.7.1　工程概况

目前我国是世界上最大的纺织品生产、消费和出口国家，纺织印染业需水量大，也是工业废水排放大户。近年来，随着国家各项环保政策日趋严格，实现印染废水的深度处理并回用已成为各印染企业污染治理的主流趋势。膜技术在印染废水处理回用中已逐渐兴起，膜分离技术不仅能去除废水中残存的 COD_{Cr}、BOD_5、悬浮物和色度等，还能脱除无机盐类，防止染色系统中无机盐类的累积，保证系统长期稳定运行。

江苏某纺织印染企业主要从事棉、麻、涤等质地的布料印染生产。印染废水排放量为 3000m³/d，经过调节池→絮凝反应池→初沉池→水解酸化池→好氧池→二沉池工艺处理后，出水水质达到所在工业园区的间接排放要求。随着园区对企业污水排放标准和排放水量管控力度的加强，企业生产用水、排水价格逐年提高。为满足企业减排增效的需求，决定将满足园区间接排放标准的废水进一步回收利用，实现废水回用率≥70％的目标。设计进、出水水质见表 7-12。由于回用水工程的脱盐工艺采用膜法工艺，其浓水的水质必然会较未改造前的达标排水变差，因此，工程还需考虑排放浓水满足园区间接排放的要求，见表 7-13。

表 7-12　设计进、出水水质

项目	pH 值	COD_{Cr}/(mg/L)	色度/倍	浊度/NTU	硬度/(mg/L)	碱度/(mg/L)	铁/(mg/L)	锰/(mg/L)	电导率/(μS/cm)
原水	6～9	≤100	≤80	≤10	—	—	≤10	≤10	10000～12000
产水	6.5～7.4	≤20	≤10	≤1	≤25	≤40	≤0.1	≤0.02	≤400

表 7-13　园区间接排放水质要求

项目	pH 值	COD_{Cr}/(mg/L)	BOD_5/(mg/L)	色度/倍	悬浮物/(mg/L)	氨氮/(mg/L)	总氮/(mg/L)	二氧化氯/(mg/L)	可吸附有机卤素/(μg/L)	硫化物/(mg/L)
原水	6～9	≤200	≤50	≤80	≤100	≤20	≤30	≤0.5	≤10	≤0.5

7.7.2　工艺流程

原有废水处理系统出水 COD_{Cr}、电导率、悬浮物、色度等指标仍然较高，满足不了染色等工艺用水要求。需要先将悬浮物、色度等去除，再去除小分子有机物及盐分等。根据对企业长期排放数据的分析结果，结合已有的工程经验，在充分考虑系统安全稳定运行的前提下，采用如图 7-13 所示的工艺进行设计，工程现场情况见图 7-14。

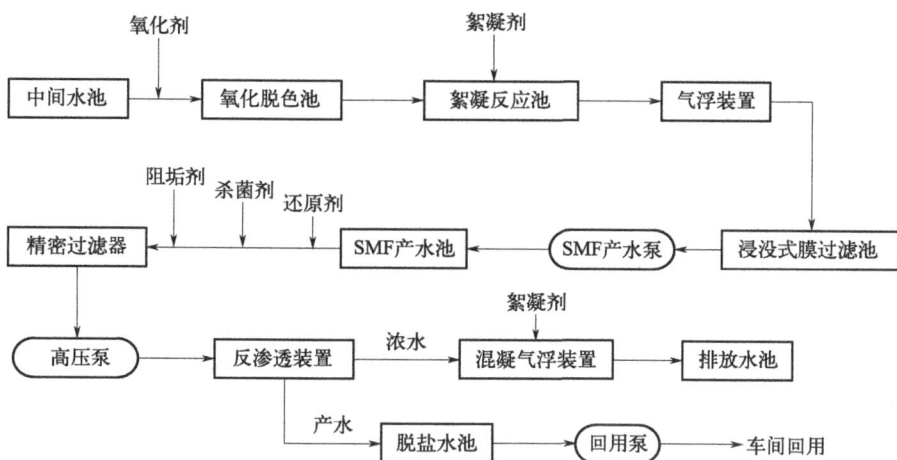

图 7-13 印染废水脱盐回用工艺流程简图

（SMF 表示浸没式膜过滤）

图 7-14 工程现场照片

回用工程的原水为该企业现有污水处理系统二沉池生化出水，废水自流进入中间水池，由泵提升后进入氧化脱色池，二氧化氯经管道与废水混合，在废水中残留亚铁的作用下氧化水中的有机物，同时起到脱色作用。经氧化脱色的废水进入絮凝反应池，与投入的聚合氯化铝和聚丙烯酰胺进行絮凝反应，形成的絮体矾花在气浮装置中进行固液分离，进一步去除废水中的悬浮物、有机物和色度。气浮出水在浸没式膜过滤池中经由膜过滤，将细微的颗粒及胶体物质进一步去除，使废水的 SDI 值满足反渗透的进水要求（SDI<3）。经深度处理的废水，分别投加还原剂［去除水中残留的氧化性物质（主要为余氯）］、杀菌剂和阻垢剂后经精密过滤器进入反渗透装置脱盐。脱盐后的产水达到企业生产所需的水质要求，暂存于脱盐水池，经回用泵房供往车间使用。废水在脱盐过程中被膜装置浓缩形成高盐浓水，其中含有的无机盐、有机物等成倍浓缩，浓水水质标准可能会超过间接排放的要求。因此，需对浓水进一步处理来满足排放的要求。本工艺选择了混凝气浮的方法，针对浓水中的总磷、色度和 COD_{Cr} 进行处理，以满足间接排放的要求，气浮池出水排入排放水池。

7.7.3 工艺设计

(1) 中间水池

中间水池 1 座，采用钢筋混凝土结构，用于接纳缓冲生化系统排放的废水，按照水力停留时间为 10min 设计，尺寸（$L \times B \times H$）为 2.5m×2.5m×4.5m。

(2) 氧化脱色系统

氧化反应池 1 座，采用钢筋混凝土结构，尺寸（$L \times B \times H$）为 7.5m×2.5m×4.5m，水力停留时间为 30min。在氧化脱色池进水管道中投加二氧化氯，对生化出水进行氧化脱色处理，使原水中二价铁离子氧化生成三价铁絮体，再通过后续处理工艺去除。

(3) 絮凝反应池

絮凝反应池 1 座，采用钢筋混凝土结构，尺寸（$L \times B \times H$）为 5.0m×2.5m×4.5m，混合絮凝时间为 20min。池内设置混合搅拌机 3 台，转速分别为 120r/min、60r/min 和 15r/min，分别向其中投加聚合氯化铝和聚丙烯酰胺。

(4) 溶气气浮装置

溶气气浮池 1 套，碳钢防腐结构。溶气气浮装置能够对原水经絮凝形成的悬浮物、细小颗粒、胶体等杂质通过气浮刮渣步骤去除，减轻后续浸没式膜过滤工艺中的膜污染情况，延长膜过滤过程中的离线清洗周期。气浮装置处理能力为 150m³/h，包含链式刮渣机、溶气装置等。

(5) 浸没式膜过滤系统

膜池 1 座，钢筋混凝土结构，用于储存调节经脱色和深度处理的生化系统排水，同时为浸没式微滤膜提供过滤池。为平衡污水生化处理系统的出水流量与新建脱盐系统的进水流量，设计水力停留时间约为 3.5h，尺寸（$L \times B \times H$）为 20m×4.5m×6.0m。

SMF 系统包括帘式膜组件、自吸产水泵、反洗装置、气洗装置、膜清洗系统等。膜池设 6 组膜架，每组膜架安装 48 帘 PVDF 加强膜，总计安装 288 帘膜片。系统设计平均通量为 20L/(m²·h)，运行压力为 −60～−20kPa。

SMF 膜清洗池 1 座，碳钢防腐结构，用于帘式膜组件的离线清洗，设计尺寸（$L \times B \times H$）为 4.0m×2.0m×3.5m。

(6) SMF 产水池

产水池 1 座，钢筋混凝土结构，用于暂存 SMF 系统产水，平衡反渗透脱盐装置进水流量，设计尺寸（$L \times B \times H$）为 5.0m×2.5m×6m。

(7) 反渗透系统

反渗透装置 2 套，主要包含反渗透本体装置、5μm 精密过滤器、高压泵、阻垢剂加药装置、还原剂加药装置、杀菌剂加药装置、反渗透冲洗/清洗装置、在线电导率仪表、在线 ORP 仪表等。单套反渗透装置产水量为 50m³/h，进水压力$\leqslant$1.5MPa，平均产水通量为 13～16L/(m² · h)。

（8）混凝气浮装置

混凝气浮机 1 套，碳钢防腐结构，用于对反渗透浓水进行深度处理，进一步去除浓水中的总磷、色度和 COD$_{Cr}$，确保符合反渗透浓水复合园区间接排放要求，尺寸（$L\times B\times H$）为 9.5m×2.6m×3.8m。设置絮凝反应搅拌机 2 台、链式刮渣机 1 台，气浮装置处理能力为 45m³/h。

7.7.4　结果与建议

（1）运行效果

该系统于 2021 年 12 月初投产运行，经过一个月的调试和连续运行，氧化脱色-气浮-浸没式膜过滤-反渗透的工艺流程运行稳定。系统产水水质经过检测，各项产水指标均优于企业提出的脱盐回用水指标。考核运行期间对回用水水质进行监测，水质指标见表 7-14。

表 7-14　回用水水质指标

项目	pH 值	COD$_{Cr}$ /(mg/L)	色度 /倍	浊度 /NTU	铁 /(mg/L)	电导率 /(μS/cm)
原水	8.16	73.4	72	8.40	1.65	9250
气浮出水	8.09	57.6	36	3.20	0.40	9275
SMF 产水	8.08	54.3	24	0.15	0.04	9270
反渗透产水	6.87	5.6	N.D.	N.D.	N.D.	176
反渗透浓水	8.21	176.4	48	1.87	0.11	28700

注："N. D." 表示未检出。

（2）技术经济分析

该中水回用工程总投资为 710 万元，处理水量为 3000m³/d，其中 2100m³/d 的脱盐水回用到纺织染色车间。土建等投资为 125 万元，其余 585 万元为设备投资，吨水设备投资为 2786 元/(m³ · d)。运行中电耗为 3.17kW · h/m³，平均电价按照 0.9 元/(kW · h) 计，电费为 2.853 元/m³；药剂费为 0.8 元/m³；SMF 膜折旧费用为 0.35 元/m³（膜寿命按 3 年计）；反渗透膜折旧费用为 0.27 元/m³（膜寿命按 3 年计）；人工及其他费用为 0.5714 元/m³。该工程回用水生产成本为 4.844 元/m³。企业所在工业园区工业水供水价格为 4.5 元/m³，间接排放废水价格为 4.2 元/m³，生产中每立方米水的使用成本为 7.44 元（排水按照用水的 70%计算），可见中水回用工程的经济优势明显。

课后习题

1. 双膜法脱盐工艺中两种膜工艺各自的作用和特点是什么？
2. 微滤、超滤作为纳滤、反渗透预处理工艺时如何选择组件形式？

3. 卷式纳滤、反渗透对进水水质一般有哪些要求，常见预处理工艺包括哪些？

4. 纳滤和反渗透系统进水中常投加哪些药剂，分别起到什么作用？

5. 纳滤、反渗透工艺中减缓无机盐结垢的方法是什么？

6. 纳滤、反渗透工艺中的石灰软化除硬预处理工艺原理是什么？

7. 地表水进行脱盐处理需要关注哪些水质指标，一般采用哪些预处理工艺？

8. 废水二级生化出水进行脱盐处理需要关注哪些水质指标，一般采用哪些预处理工艺？

9. 纳滤、反渗透进水前端设计保安过滤器（或精密过滤器）的目的是什么，判断滤芯需要更换的标准是什么？

10. 纳滤、反渗透设计一般采用哪些膜元件排布方式，排布时按照什么原则？

11. 纳滤、反渗透工艺中的石灰软化除硬预处理工艺原理是什么？

12. 纳滤、反渗透浓水如果直接排放需要关注哪些水质参数，一般采用什么工艺处理纳滤、反渗透浓水？

13. 传统 ED 工艺在运行中存在哪些常见问题？

14. MBR 工艺处理炼化废水需密切关注哪些水质指标？